油气开发地质建模

［瑞士］A. 罗宾逊 ［英］P. 格里菲思 ［挪］S. 普赖斯
［法］J. 赫格尔 ［英］A. 马格里奇 编

乔占峰 邵冠铭 曹 鹏 张 杰 孙晓伟 译

石油工业出版社

内容提要

本书针对油气藏地质建模静态模型和动态模型中涉及的各个环节和针对性建模方法进行了系统阐述，静态模型中，突出特殊沉积相类型和成岩作用建模，更适用于复杂沉积相类型且经历强成岩作用改造的碳酸盐岩油藏建模；动态模型中，强调了基于复杂静态模型特点的粗化方法，尽可能地实现静态模型信息的保留，给地质建模未来的发展方向给出了指引。

本书可供从事油气田勘探开发的管理人员、科研人员和工程技术人员参考阅读。

图书在版编目（CIP）数据

油气开发地质建模 /（瑞士）阿丹·罗宾逊（Adam Robinson）等编；乔占峰等译. — 北京：石油工业出版社，2024. 1

书名原文：The Future of Geological Modelling in Hydrocarbon Development

ISBN 978-7-5183-5260-9

Ⅰ. ①油… Ⅱ. ①阿… ②乔… Ⅲ. ①石油天然气地质-地质模型-建立模型 Ⅳ. ①P618. 130. 2

中国版本图书馆 CIP 数据核字（2022）第 036351 号

The Future of Geological Modelling in Hydrocarbon Development
Edited by A. Robinson, P. Griffiths, S. Price, J. Hegre and A. Muggeridge

出版发行：石油工业出版社
（北京安定门外安华里 2 区 1 号 100011）
网 址：www. petropub. com
编辑部：（010） 64253017
图书营销中心：（010） 64523633
经 销：全国新华书店
印 刷：北京中石油彩色印刷有限责任公司

2024 年 1 月第 1 版 2024 年 1 月第 1 次印刷
787×1092 毫米 开本：1/16 印张：15
字数：400 千字

定价：150. 00 元
（如出现印装质量问题，我社图书营销中心负责调换）

目　　录

1 油气开发中地质建模的发展方向

Adam Robinson

摘要：三维地质建模仍然是服务于油藏管理的最新且最具创新性的工具之一。油气藏中构造、岩石属性和流体流动的计算机模拟已经从专一的活动演变为标准界面工具包的一部分，这些技术的应用有利于各个领域的研究团队在一个通用的工作环境下协同工作。本书内容来自 Geological Society 召集地球科学学协会一些模拟软件实践者的一个为期两天的会议论文。本书针对工业界和学术界油气开发中地质建模目前的现状做了非常好的阐述，并对其发展方向给出了令人感兴趣的指引。

结构组分在地质建模流程中仍然处于核心地位，储层模型中跨断裂流动性降低的实现已经相对成熟，特别是在碎屑岩储层中。断裂部位地质属性的变化在预测绝对流动量的过程中会导致几个数量级的误差。Freeman 等综述了这种地质变化（见第 2 章），提出了一种确定高风险封堵或流动带的随机模拟工作流程。碳酸盐岩油藏中与断裂相关的流体流动通常很少受到关注，通常假设这种断裂是开启的，甚至可能作为流体通道。Pöppelreiter 等展示了委内瑞拉 Urdaneta West Field 的一个实例（见第 3 章），该实例根据构造、埋藏和成岩史对断裂进行了表征。Tveranger 等概述了不同构造参数对产量的影响（见第 4 章），并且针对不同碎屑岩沉积体系模拟了这些影响。

将融合的软数据（即包含详细沉积相变特征和复杂形态信息的沉积概念模式）与硬数据（通常指来自钻井的数据）转移到反映地质实际的储层模型中是很困难的，同样，许多模型不能也不应该简单地用于油藏数值模拟器，因为（这些模拟器的很多假设条件）在地质上是不合理的。Strebelle 和 Levy 提出了一种基于像元的方法（见第 5 章），即多点统计模拟（MPS），使用者把软数据作为训练数据集输入，以克服常规的基于变差函数和基于目标技术的缺点。该工作流将 MPS 方法与使用相分布概率体（来自多种数据库）的相分布模拟相结合，提供了改进的三维相控，特别是在井控区之外。Labourdette 等描述了一种精细标度沉积信息的相概率体的室内构建方法（见第 6 章）。相概率体模型是以输入概率域的形式约束基于像元的模型，或者以一种软约束条件来约束基于目标的模型，用于评估多种开发方案的产量预测。

地质模型的输入需要地质实际而不是虚拟现实，因此从露头岩石中获取定量空间数据来约束地质建模是当前的一个热点领域。Jones 等描述了如何利用最新技术（高精度激光扫描仪和实时 GPS）获取高精度空间信息并直接输入三维模型作为类比（见第 7 章），或者用于约束褶皱或裂缝生长的动力学模型。这种新技术可以实现小于网格尺寸的地质细节的模拟。

Howell 等在美国 Interior 盆地白垩系的研究实例中（见第 8 章），通过露头数据的约束在三角洲模型中再现了详细的斜坡沉积几何外形。第 8 章不仅提供了一个如何利用地质空间定位图片将露头信息直接用于储层建模的实例，还突出了网格中未能确切模拟斜坡沉积几何外形对油气采收率估计的重要影响（如在规则网格中未将斜坡沉积几何外形作为相属性进行模拟会导致采收率的严重高估）。在油田尺度的建模中，主要精力应放在相变尺度下保留地质特征的变异性。Ringrose 等强调了从孔隙到网格单元各个尺度下保留这些变异性的重要性（见第 9 章）。这些内容聚焦于在不同尺度下正确处理变量的重要性。在不同尺度下确切建模的方法为建模增加了复杂性和时间成本，尽管这种方法现在是可行且被证明是有价值的，但仍然存在一些挑战，采用多尺度建模对产量预测的影响显著。

关于一个典型项目生命周期中不同阶段的粗化影响，Zhang 等总结到（见第 10 章），在早期筛选阶段，在得到多个实现的情况下，粗化模型应该直接利用精细的地质统计模型建立，这样会部分消除平均化和去除非均质性的影响，同时又能再现精细尺度下的流动结果。当一个项目成熟时，Zhang 等提出利用锥井边界条件粗化精细的模型以降低粗化误差。

工业通常是在否定中发展吗？在地质模型的各个细节中，假定建立的模型是“准确的”这样可以很容易形成一种“精确”的错误印象：有时这些因素的局部性的和不成功的结果正是地质模型被管理者应用于“解决方案”的一部分。因此地质建模流程工作流程中处理不确定性不是微不足道的。Bentley 和 Smith 提供了一个多种方法的综述（见第 11 章）。他们反对固定到基本示例模型的概念，提倡一种基于方案的方法来管理不确定性。多重确定性实现要优于多重随机模拟，因为后者可能会丢失重要参数间的相关性，并且存在不确定性空间未完全取样的可能。

Chakravarty 等提供了一个西非海上处于开发前期的油田研究实例（见第 12 章），该实例利用实验设计方法从多重实现中生成了概率预测。这种方法中，可以选择最优的开发方案。选择阶段化的开发方案有助于降低下行风险。第 12 章提供了一个编制油田开发方案时如何有效应用实验方案方法的非常好的案例。Martin 描述了一个委内瑞拉新生代 Lake Maracaibo 确定关键的油藏参数（如砂岩连通性、流体界面）并利用历史生产数据进行约束的综合研究流程（见第 13 章）。然后将得到的模型应用于油田开发方案的编制。Keogh 等以北海 Glitne 油田为实例，描述了一种计算概率原始油气储量的工作流程（见第 14 章）。另一个油田实例中，Freeman 等描述了 Schiehallion 油田建模的工作流程（见第 15 章），并展示了在合资伙伴间使用多种软件包获取可靠模型的综合方法。通过识别关键参数的不确定性并且运行多次历史拟合模型，估算了不同开发方案的期望采收率。

总之，油气开发规划中地质模型的角色是非常关键的，而且在未来的一段时间内也是如此。认可数字模型天生具有不确定性的情况下，任何基于几何形态的分析，如井轨迹设计、储量计算、断裂封堵性调查，也都具有不确定性。这意味着要理解确定性地质模型与具有部分或完全概率性的模型（之间的区别）。采用各种技术手段量化或者包含这些几何形态不确定性的一个关键成果是，地质学家、钻井工程师和油藏工程师可以获得更客观的三维预测，以便降低钻井和开发意外，提升钻井预测和油气采收率。

本书展望了未来地质家和工程师提供静态和动态模型更多无缝交流将要面临的一系列挑战。这就需要开发常规和非常规模拟算法和方法学，提供更多经过风险评估的方案，从而使地质家和工程师能够在地质模型生命周期的每个方面都能更好地理解和捕捉到内在的不确定性。

2 断层封堵性成图：结合几何与属性方面的不确定性

S. R. Freeman S. D. Harris R. J. Knipe

摘要：本章介绍了在地质单元或（静态）储层网格上进行多重随机断层封闭性分析的工作流程、关键关系和结果。不确定性的范围是根据不同输入关系新的或已公开发表的数据集（例如穿透性、$V_{泥质}$-$V_{黏土}$、断层黏土预测、断层岩石黏土含量与渗透率）计算得到的；这些数据被用作随机建模过程的输入数据，并评估每种数据集的影响。专门针对随机模型解释和风险评估能力进行了评述。减少已公布的数据范围中的不确定性分布对预测断层封闭性的范围有很大影响。例如，将与传导因子计算相关的不确定性减半，可将该参数基本值的分布范围从 7 个数量级减少到 1~1.5 个数量级（无不确定性）。重要的是，当组合在一起时，来自每个单独参数的中值预测与最终的中值预测结果是不一样的，因此，组合在一起的平均关系不能得到最终预测的平均值。这是一个强有力的结果，原因有二：第一，目前的地质建模软件包使用全局趋势来定义断层性质，因此可能会得到一个错误的预测结果；第二，将特定关系的不确定性降低 50%左右是一个可以实现的目标。基于精细表征的样本的局部校准数据集和关系（特定于现场）能够提升预测精度。本章综述了断层封闭分析的各项技术，以及与这些分析相关的已发表的资料及其潜在的陷阱。

在断层封闭性分析过程中通过随机三维建模引入不确定性，有可能快速识别关键的高风险封闭性或流动性区带。该结果更准确地反映远景区或油田地质模型的风险性。与跨断层并置构造窗可能的储层—储层对接分布的计算相结合，简单的不确定合并技术，如变化的断距和黏土涂抹，功能是非常强大的，但目前大多数商业油藏地质建模软件包中都没有。利用这些技术有可能提高预测的准确性。本章总结了直接在地质模型或油藏模型（如柱状网格）作断层封堵性分析时引入不确定性的工作流程。

随机多次实现技术在油藏地质和属性建模过程中得到了广泛应用（Handyside 等，1992），但目前在断层封闭性预测中应用不足（James 等，2004）。随机方法的优势在于对关键相关性具有显著自然变异性结果的分析和预测。断层形态及其岩石性质当然属于这一类情况（Antonellini 和 Aydin，1995；Childs 等，1997；Knipe 等，1997，1998；Fisher 和 Knipe，1998，2002；Foxford 等，1998）。在公认的一般趋势有显著差异的系统中，任何单一结果的适用性都值得怀疑。如果不了解解决方案中的可能范围，就不可能理解单个解决方案案例的代表性。因此，开发了一个随机断层封堵性分析软件包（断层封堵性工具箱），它引入并集成了各种不同的参数和不确定性关系。引入不确定性途径广泛，从最初的解释和构造建模阶段开始，并一直贯穿到流动模拟。

为了实现随机建模，需要建立一套规则来联系不同的关系，并且这些关系变异性的确定也十分关键。本章对以前发表的揭示这些不同关系及其不确定性的研究和新数据做了综述。这些技术应用于三维地质网格化建模，与目前所有主要的油藏地质建模和流动模拟软件包［如 Roxar RMS（www. roxar. com）、Eclipse-FloViz 和 Petrel（www. slb. com）］具有相似的构架。提出了一个实现断层封堵不确定性随机分析的经过检验可靠的工作流程。虽然该技术处于不断发展的过程中，但核心工作流程应用于现场和前景评估中也已有几年时间，并且已经证实在确定关键的风险区域和相关的不确定性方面效果无与伦比。

首先，讨论了宏观尺度的几何不确定性，并回顾了可以应用于不确定性分类和量化的技术。接着，概要介绍了更详细的断裂带内部几何属性的相互关系。对围岩和断层岩石性质参数以及许多重要参数之间的相互关系进行了评价梳理，并且对每个参数的性质和不确定性的规模进行了描述。在不确定度定义之后，讨论了引入这些参数的各项技术；对一系列多次随机实现的技术进行了综述；概述了不同技术的适用性和单一断层封堵性分析结果的局限性；对多种方案和临界结果跟踪的分析强调了局部数据校准的重要性，达到减少不确定性并实现断层岩石性质准确预测的目的。

2.1 断层封堵性分析中不确定性的来源

导致断层封堵性分析不确定性的原因主要有三个层次。第一层次是宏观层次的断裂带构造形态。这是能直接观察到的（例如通过地震），与这些不确定性相关的数据可以直接从物理观测中得到量化。这些主要与地震成像以及依据这些数据建立的地质模型相关的不确定性和误差，通常没有纳入考虑或者进行分类。现有的量化误差的途径有很多，下面将选择其主要的方面进行简述。第二层次不确定性与断层带内中等到微观尺度的几何复合体有关。这些因素的相关性不能直接成像，因此需要确定它们与可观察的特征和目标参数之间的相关性。引起断层封堵性分析不确定性的第三层次原因也是如此，它们与断层带的物理性质有关（例如断层岩石的渗透性）。下面的章节中将回顾这些不同尺度的数据、不确定性及其相互关系。

2.2 连续体与数据类型的域分类器

在断层封堵性不确定性分析中有两种主要的数据类型。第一组参数可以直接映射到特定的不确定性值。例如像振幅这样基于地震的参数可以表征解释层位的信噪比。标准化后的这些参数可以作为不确定性的直接响应。在不确定性分析中，可以输入这些参数确定任何地理位置存在的不确定性的可能范围。在本例中，它可用于确定断距或断层位置可能存在的不确定性。第二组数据类型由域分类器组成。这些“过程”不能直接构成不确定性数学计算的一部分，但它们指示了决定不确定性参数选择的集合或规则，以及这些参数在计算不确定性时应如何使用。例如一种属于断层活化的域分类器，在这种情况下，域分类器将控制几何外形与属性之间的相互关系并用于不确定性计算（Sperrevik 等，2002）。

2.3 几何属性和不确定性

宏观尺度几何结构具有许多潜在的成因各异的不确定性，并且这些不确定性的空间变化性可以定量刻画。与应用整体不确定度值（例如断距±10m）不一样，通过地理和结构不确定性校准能显著提高成图的可信度和预测的精度。

几个关键的几何不确定性参数包括断层位置、断层倾角和走向、层位高程和向断层带的层位投影。几种不确定性的来源和不确定性量化方法如下所述。这与地表稳定性、地震质量和模型插值有关。关于空间变换深度转换的不确定性和地层结构等的其他问题不在下面详细讨论。

2.3.1 一般宏观尺度几何不确定性

地质网格模型的主要来源是原始地震解释反射数据。地质模型中建立的任何层面必然都简化或保留了原始地震层位解释的噪声。断层封堵性分析的一个关键环节是将层面投影到断层的鲁棒性（Townsend 等，1998；Jolley 等，2007）。评估原始地表数据中的噪声水平，原始层位解释数据要用于后续地质建模，实现平面制图和断层结构模拟，因此对其噪声水平的评价有助于很好地理解几何不确定性的程度和横向变化。目前还没有可用的曲面几何一致性工具，基于此，开发了自己的工具集。将应用于适当尺度地震层面几何不确定性定义为“表面稳定性指数”，已经证明该变量非常有效。该方法通过依次应用围绕中心点不断扩大的局部邻域来估计每个层位节点的高程。利用水平高程估计值的范围和分布来定量刻画局部层面的不确定性。其结果是将该尺度层面数据不一致性的估计值用于生成地质网格层位并将该层位投影到每一个断层几何体上［图 2.1（a)］。因此，这些数据提供了地质网格化层位不确定性强弱、层位投影稳定性和精确性置信水平的有用估计。

在有利的情况下，地层和断层位置的不确定性可以直接用地震体最初的解释来确定。研究人员很愿意使用这些数据，因为它们是所有其他数据的第一手资料，从地震得出测试和/或参数应该是相对客观的。但是，需要指出的是，基于地震的参数在地震资料的处理过程中也存在地球物理假象和主观的、用户自定义的参数。在使用更加复杂的计算不确定性时这一点尤为重要。

已经证实接近地震反射层的均方根振幅提供了比局部地震反射振幅明显可靠和一致性的结果，后者往往由局部地质和变化所主导（Townsend 等，1998）。相比较而言，体积法往往是受控于该地区大尺度信噪比。因此，应该选用合适的参数对不同的断层和断裂带位置进行分类（评价）。

可以定义一组属性来帮助定量分析地质网格化潜在的几何不确定性。计算几何模型和原始地震解释之间的差异提供了一种有用的测量不确定性的方法。原始地震解释数据包含地球物理假象，其中最相关的是近断层区域的菲涅耳带（Townsend 等，1998）。地球物理假象与其他特征的负面影响（例如较差的线平衡和过度偏移）通常会在地质网格化建模过程中降低。地质网格化模型的负面影响通常是由数据简化处理产生的，建模过程中复杂的（但实际存在的）几何特征难以模拟，往往需要简化以获得稳定求解。其他需要考虑的问题是简化处理必须使用的几何网格的特征；传统的以单元为中心的网格带来了最大的缺陷，而非结构化网格提供了最大的灵活性。所模拟的地质结构的性质限制了地质模型体现的地质精度；简单的正断层通常具有较高的精度，而复式交叉断层，包括低角度构造，问题较多。计算最终网格和输入数据之间的偏差（空间偏差）是判断不确定区域潜在分布和大小的快速且有效的工具。正如所强调的那样，这些偏差代表了有利的和有害的变化。虽

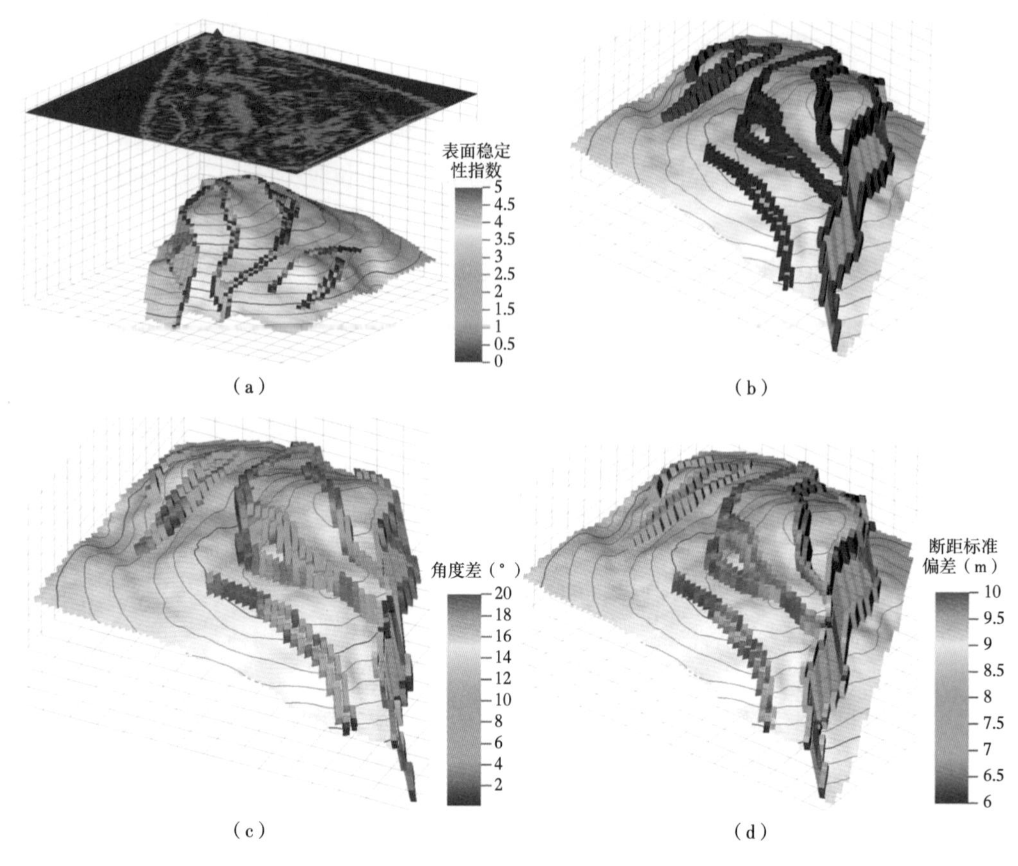

图 2.1　宏观几何不确定性估计

(a) 表面稳定性指数。上一个层面显示了通过层面计算的层面稳定性指数，下一个层面显示数据映射到与断层相邻的网格单元的数据。(b) 断层地质历史分类，在这种情况下，断层活化。网格定义了用于计算宏观构造不确定性的规则。红色活化的可能性很高，蓝色没有后期活化。(c) 断层附近地层的角度不一致。该值测量断层两侧的地层与法线之间的角度差。(d) 用于随机并置建模的断距标准偏差（m）。网格是使用归一化角度不一致和归一化表面稳定性指数结合断层地质史分类进行计算得到的。最终的网格保留了与断层位置、类型和可靠性相关的横向变化

然垂向偏差易于计算，但用于评估侧向或平面法向偏差的工具较少，而后者更适合评估断层模型的可靠性。目前，很少有软件环境能够提供评估这些断层建模偏差分布范围和规模大小的工具。当然，将这些数据提取出来并应用到模拟几何结构的不确定性和风险分析还不是常规工作流程。

2.3.2　局部断层—层面交会几何形态

2.3.2.1　地层—断层投影距离

由于地质（如碎裂）和地球物理成像（Townsend 等，1998）的原因，靠近断裂带的地震数据品质会显著降低。这往往会导致地震层面解释数据不稳定，即使在稳定的情况下，它们也容易在近断层区域出错。为了弥补这些不足，大多数地质建模包允许用户利用断层后退一段距离来构建模型，然后采用这种更稳定的三维层位，使用各种网格算法将其

投射回断层面。这个投影距离是一个判断不确定度参数的有用标准。本章的方法是扩展了传统建模过程中使用的数据，但在后续不确定性分析中最大限度地使用这个参数。把这些数据与已知的构造样式和断层的地质历史相结合，可以更准确地表征模型几何结构中可能存在的不确定性。例如，某一方向和时期的断层可能有利于拖曳褶皱的形成（Hesthammer 和 Fossen，2000），而稍后，成岩程度更高的地层可能形成更多离散构造。

2.3.2.2 构造样式和地质历史

断层的类型和它的历史演化是其局部几何形态和复杂性的基本控制因素（Childs 等，1997）。逆断层通常具有不同于伸展或走滑构造的内部形态（Childs 等，1997；Shipton 和 Cowie，2001；Kim 等，2003），同时早期简单的同沉积伸展断层与持续活化的伸展断裂带也具有不同的形态。构造地质文献中已经有关于构造样式及其地质历史演化对地层—断层并置几何形态的重要控制作用的很好记载，但是当前的地质建模程序将地层—断层相交问题视为基于所提供数据的纯粹的几何挑战。根据构造样式和地质历史为断层单元赋予不确定性参数非常简单明了［图 2.1(b)］。在我们的方法中，赋予每个断层段相应的地质历史样式。当它与地层—断层投影距离、上盘—下盘角度不一致和断距等其他参数相结合时，就成为判别可能存在的并置不确定性的非常有效的参数。

2.3.2.3 断层位置错误和相关插值误差——上盘—下盘角度不一致

下盘和上盘地层的角度不一致提示断层带中存在潜在的并置不确定性。共面的地层并置的性质不受断层位置错误的影响。这与非共面地层学形成鲜明对比，后者并置的变化程度是上盘和下盘地层方位（即倾角和走向）不一致的函数。

图 2.1(c) 显示了地质网格中断层下盘和上盘地层的角度不一致。将地层—断层投影距离与角度不一致和构造样式相结合，为更好地预测几何样式和几何不确定性提供了一套很好的约束架构。图 2.1(d) 显示了根据局部断层地质历史［图 2.1(b)］的标准化表面稳定性指数［图 2.1(a)］和角度不一致［图 2.1(c)］的综合结果。这些数据被用来赋予沿断层的断距不确定性，以便纳入随机建模。

除下盘和上盘数据不一致外，所有先前的参数都提供基于地图的数据。为了在断层封闭性分析过程中有效地利用数据，需要对数据进行粗化，并将其作为参数存储在地质模型网格中。业已证实，在将数据稳定粗化到合适尺度并入地质模型网格时，使用中值滤波对数据集进行处理是保持均匀数据域分布的最有效方法，前一组参数和不确定性是可以直接从特定油田或前景区计算出来的值。对于低于地震分辨率水平的几何属性和几乎所有属性参数，需要进行更大的插值，通常可能不存在特定现场的数据。在这些情况下，需要利用参数规则和关系，将可测量或可观测的参数（如地震断距或页岩含量）与目标参数（如断层渗透率）联系起来。文献中定义并使用了各种关系集（Ottesen Ellevs 等，1998；Manzocchi 等，1999；Fisher 和 Knipe，2002；Sperrevik 等，2002；Yielding，2002）。需要检查这些内在关系，并研究这些关系背后的信息。由于这些原因，下面介绍某些关系的新数据，并对其他已经公开发表的数据集进行回顾。

2.3.3 应变分区的估计

所有前述不确定性都与断层带最精确的宏观尺度结构形式的形成有关。在这种几何结构中，还存在一种与局部断裂构型相关的复杂程度更高的不确定性。在多个滑动面之间进行复杂的应变分区，以及在主断层破坏区内和邻近区域通过褶皱调节应变是常见的过程（Antonellini 和 Aydin 1995；Childs 等，1997；Knipe 1997；Hesthammer 和 Fossen 2000；Shipton 和 Cowie，2001）。通常的结果是这样，断层破坏区内的主滑动面只能解释整个区域的总偏移量或累积偏移量的一部分，即模拟或通过地震数据观察到的那部分。虽然主滑面往往只与少量断距有关，在某些情况下，主滑面对累积断距具有控制作用。这种现象在复杂的地堑式断层带和走滑系统中尤为普遍，在这些地区，与主要滑动面的偏移距相比，整个断层带的偏移距可以忽略不计（Shipton 和 Cowie 2001；Kim 等，2003）。确定断层带并置的真实特征对其封闭性具有根本的主导意义。引入这个参数的不确定性至关重要，但目前几乎没有相关的资料。

对断层网络的统计总体进行了广泛的研究（Antonellini 和 Aydin，1994；Knott，1994；Peacock 和 Sanderson，1994；Knott 等，1996；Childs 等，1997；Beach 等，1999；Hesthammer 等，2000），但几乎都不能确定地震数据观察到的断层带构型与滑动面形态之间的关系。图 2.2 所示的数据集部分解决了这个问题。图 2.2（a）为相对于所有断层通过损伤区的净偏移量，断层破坏区主滑动面的偏移量。这些数据来自英国西 Midlands 煤田的石炭系煤层分布图，是在一个相对较小的区域（约 $200km^2$）内跨越多个断裂带的一系列横断面的资料汇编。所有的断裂带资料均来自相同的地层高度，并具有大范围相似的构造形态。数据表明，总的来说，与整个断层带的累积断层偏移相比，主滑动面只包含了一个缩减的断距。这些数据的线性最佳拟合的模型表明，尽管在这种关系周围存在大量的散点主滑动面容纳了约 70%的净断层落差。图 2.2（b）为基于净断层落差的主滑动面断距与 70%断距相关的估计误差。样本估计误差以相对于 70%全局趋势的实际样本与净断距的百分比之间的差异绘图表示。为了得到系统中的变异性，净断层偏移距以 70%样本—净断距按照一个不确定性值进行模拟。虽然这个不确定性参数不是十分直观，但它按照一定方式计算出来后非常适用于不确定度建模。数据的不确定度中值约为 25%。要将不确定性模拟到这个中值的水平，净落差需要模拟为 70%落差±25%，即主滑动平面偏移距占净断层偏移的 45%～95%。P90 数据表明，全局数据存在一个 160%左右的较大的分布范围。

净偏移量超过 4m 的断裂带表现出更稳定的形式，单个断层滑动的例子很少。如图 2.2（b）所示，这些样本的估计误差（同样基于 70%的断距关系）的大幅减小证实了这一点。虽然整个数据集的 P10 到 P50 误差与净偏移量大于 4m 的样本相似，但误差极值大大减小，P90 误差由 160%降低到 40%。如果仅用断距大于 4m 的样本来定义图 2.2（b）中的总体趋势，则主断距与净断距的比例会从 70%降低。如果趋势线被强制通过零点，那么主断距与净断距误差会减小到 65%，而对于纯线性趋势线，这个比例会进一步下降到大约 54%。这些数据提供了一种从断距平面图估计主滑动面真实断距，以及该估值可能的不确定性的初步方法。

图 2.2 中的数据记录了主要滑动面与净滑动偏移量的比值，因此这些数据并不能得到一个依据震模拟断距的滑动面断距的综合估值。这些数据不包括与断层无关的应变、地震成像和几何模拟的不确定性。需要在这一领域开展进一步的工作，为这种至关重要的并置不确定性建模提供数据集，并评价其他数据集在探索应变率、成岩强度、活化、反演等方面的作用。

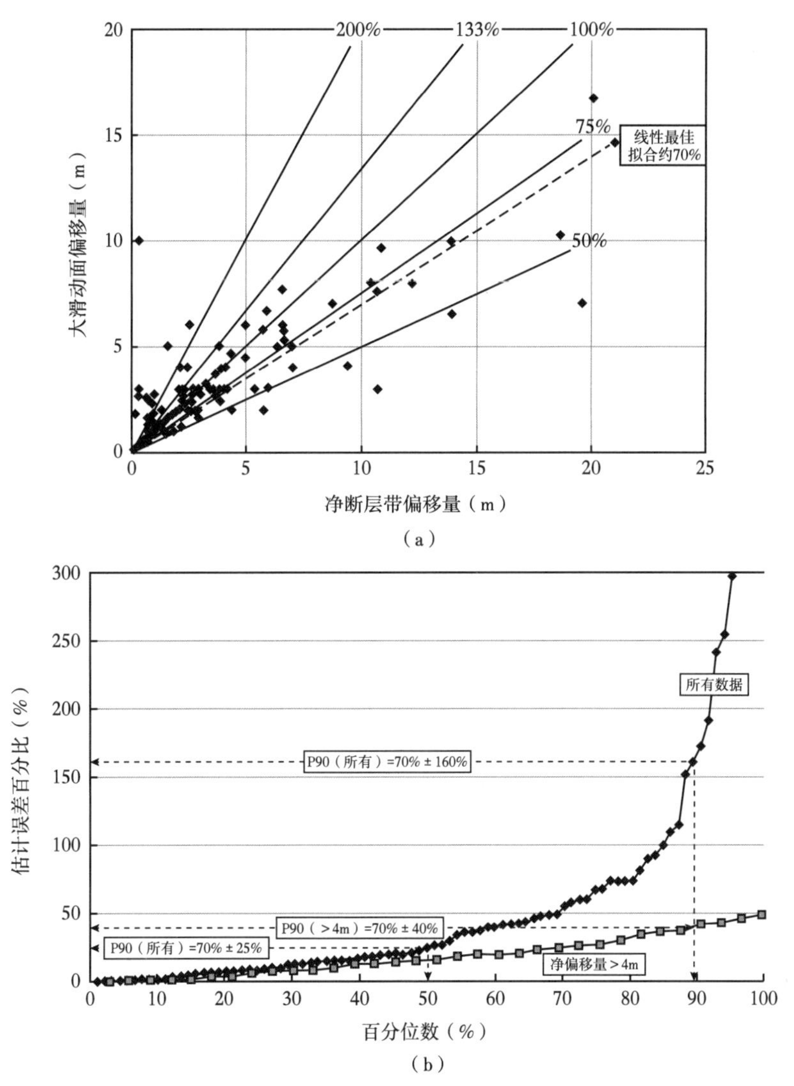

图 2.2 （a）净断层带偏移量与该区域内最大滑动面偏移量的关系。数据来源于英国中部地区石炭系煤田开采历史的断层数据。总趋势表明，主滑移面可容纳净偏移量的大约 70%。（b）主滑动面偏移量的估计误差百分比分布曲线。估算基于净断层平面偏移量和 70%趋势线。对于所有数据：P10=2%，P50=25%，P90=160%；对于净断距超过 4m 的断层：P10=2%，P50=15%，P90=40%。注意：反向断层显著减小净断层带偏移量时，估算误差会超过 100%

2.3.4 断层岩石厚度的估计

为了将断层岩石属性引入储层模拟网格，需要确定断层岩石的渗透性及其有效厚度。这些属性共同定义了断层的传导率（Knai 和 Knipe，1998）。Manzocchi 等（1999）定义了断层传导因子的公式，该公式将围岩和断层岩性性质联系起来，即上盘和下盘围岩渗透性、模拟网格块尺寸、断层渗透性和断层有效厚度。在进行生产模拟时，断层有效厚度常常是未知的，因此需要一个有效厚度的替代参数。许多学者发表了关于断层位移与断层岩石厚度之间关系的研究（Hull，1988；Blenkinsop，1989；Evans，1990；Knott，1994；

Antonellini 和 Aydin，1995；Knott 等，1996；Childs 等，1997；Manzocchi 等，1999）。图 2.3（a）为大量断层带［Childs 等（1997）的数据］的断层位移与断层岩石厚度（测井刻度）的函数关系。根据断层带的构造特征，将数据集分为两组：空心的正方形表示相对简单的断层带，主滑动面单一；实心菱形表示具有多个主滑动面的更复杂的断层带。线性趋势线（在对数空间中）表示的是整个数据集，以及两种不同构造样式的各自良好的线

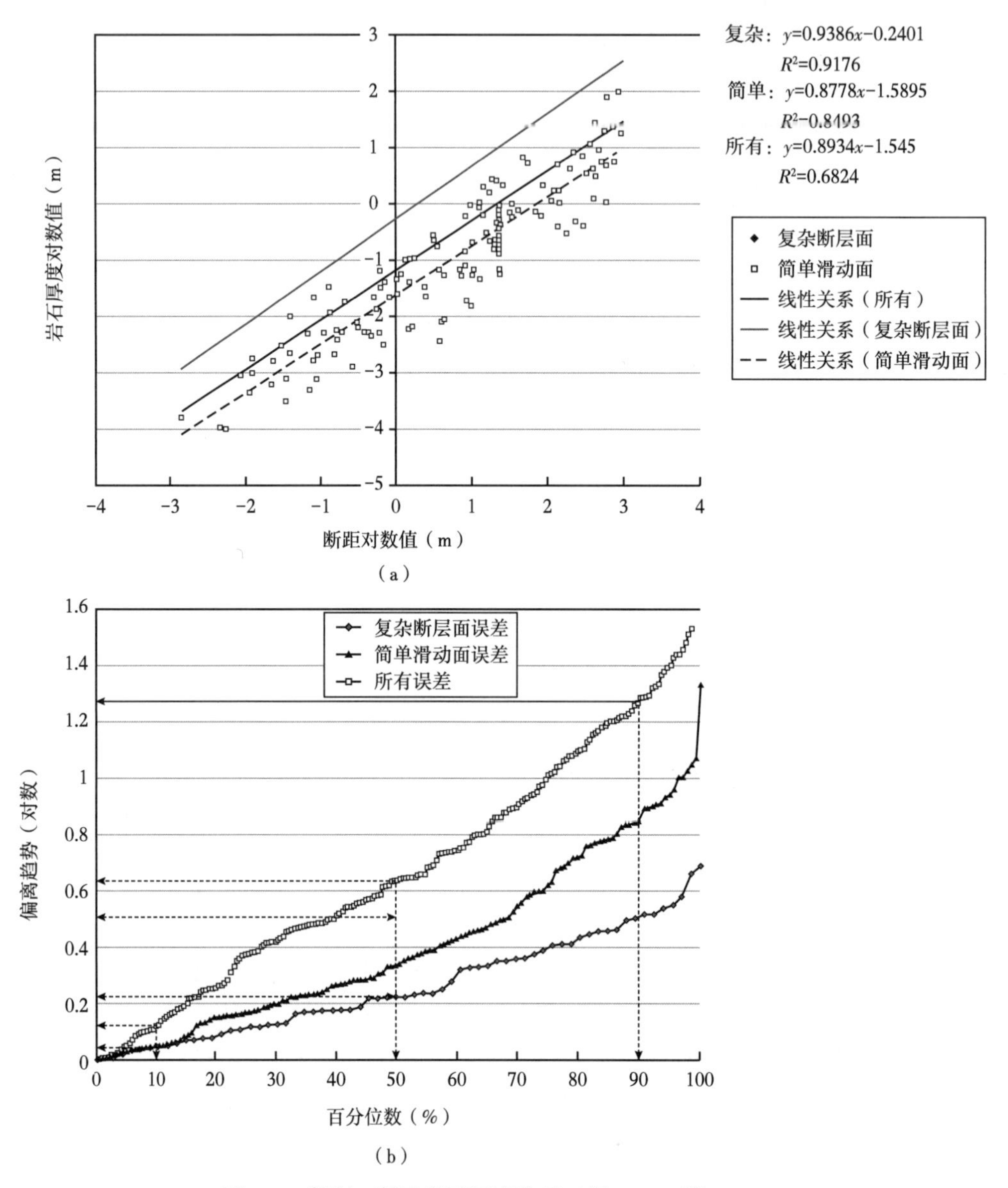

图 2.3　断距—断层岩石厚度关系（据 Childs 等，1997）

（a）不同构造样式的断层移距—厚度数据。空心正方形为简单的单滑动面或简单的断层带，实心菱形为具有多个主滑移面的复杂断层平面。（b）偏离（a）中所示的线性对数最佳拟合趋势线的百分比偏差。对于复杂断层，偏差为：P10 = 5%，P50 = 22%，P90 = 50%；对于简单的断层面：P10 = 5%，P50 = 34%，P90 = 85%；对于总数据集：P10 = 12%，P50 = 64%，P90 = 126%。数值按大小顺序排列。请注意，随着结构样式特征化数据的减少，不确定性增加了一倍

性关系［图2.3（a）］。图2.3（b）显示了不同数据子集相对于其自身特定趋势线在对数空间（数量级）中的样本断层厚度偏差。注意，相对于总数据集，“特定构造样式”数据估计的不确定性减少了40%~60%。这再次证实了特定类型数据在减少不确定性方面的重要性。

图2.4（a）显示Childs等（1997）数据叠置了“经验方法”得到的位移—厚度比例

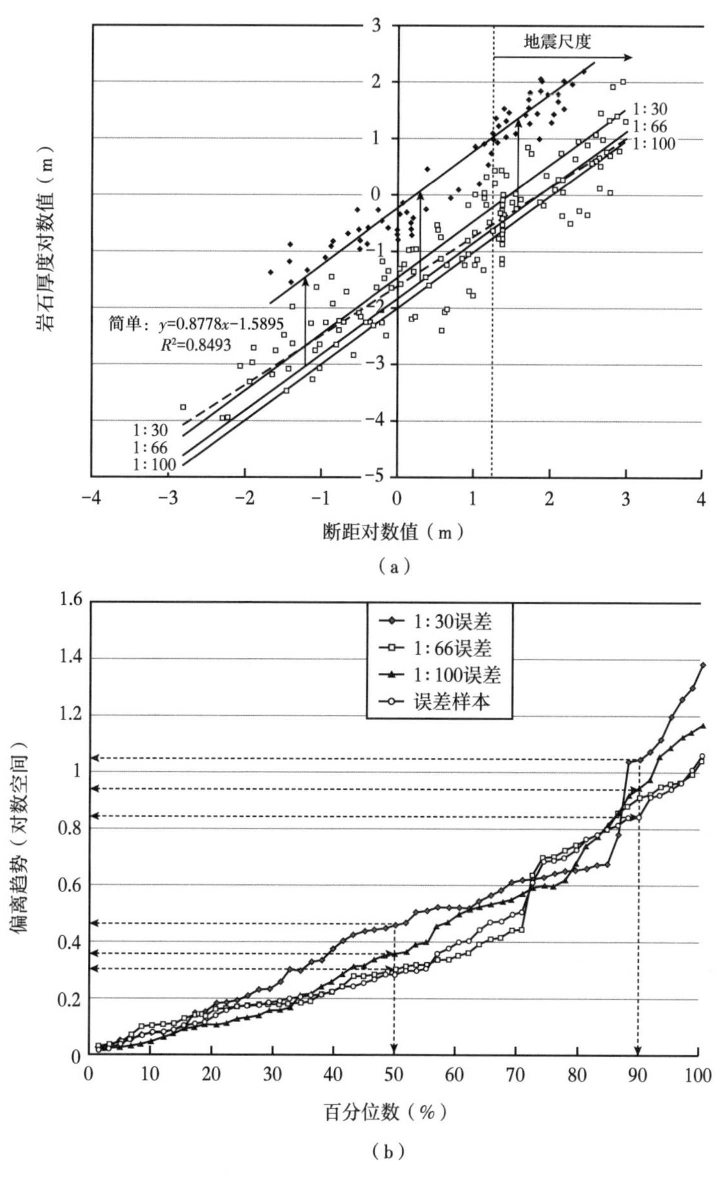

图2.4 断层位移与厚度的关系以及断距与厚度之间的线性趋势（据Childs等，1997）

（a）简单和复杂断层带的数据。显示了通过“简单断层”数据的最佳拟合线性对数趋势（虚线；有关定义请参见正文和图2.3），还显示了1∶30、1∶66和1∶100的断层位移—厚度趋势。注意，对于地震规模的构造，1∶66趋势提供了与总线性拟合最接近的近似值。来自较复杂断层带的数据遵循相同的总体趋势，但相差1.5~2个数量级。（b）使用1∶30、1∶66和1∶100位移—厚度关系以及简单断层数据集定义的线性趋势的地震规模“简单断层”类别断层岩石厚度估计误差。注意大多数估算技术会产生类似的误差，P50误差可达0.3~0.45个数量级，P90误差可达0.8~1个数量级

关系，展示了比值为1∶30、1∶66和1∶100的位移—厚度关系以及简单断层带的线性趋势。对于地震资料解释出的这些级别的构造，1∶30到1∶100线性关系中的任何一种都位于这些数据云中。最佳拟合线（虚线）切割了1∶66至1∶100的关系线，但十分近似，任何一种关系可视为提供了一个合理的估计。图2.4（b）显示，使用每个不同趋势线的估计误差得到了相同的总体不确定度分布。因此，这些数据表明，要对此类系统进行正确模拟，重要的不是具体的位移—厚度函数，而是需要捕捉该围绕该函数的不确定性。尤为重要的是，断层传导率（与断层渗透率成正比，与断层厚度成反比）对跨断层流体流动起控制作用。需要明确一系列尺度（包括子网格尺度和小于子网格块尺度）固有属性的变异性，才能正确理解粗化模拟尺度网格内流体的流动性。

2.4 属性参数及其相关的不确定性

断层岩石性质是断层渗流分析的基础。本节回顾了属性不确定性对断层封堵性分析的影响，包括地层层序的潜在变化性、围岩中黏土含量估值的准确性（这些往往是预测变形岩石属性的基础）、估算岩石断层泥组成和岩石物性属性的转换（渗透率、临界毛细管压力）等问题。

2.4.1 地层变化

采用了两种不同的方法来实现多套地层。在第一种方法中，考虑到给定的构造和地层框架内渗透率、岩相和围岩黏土含量是变化的。这是最常用的刻画地层变化性（包括测量不确定性和自然变化性）的方法，但是由于给定构造模型控制的地层单元恒定的厚度，其适用性有时会受到限制。第二种方法中，在考虑内部属性变化的同时，还认为地层单元的厚度在空间上也是变化的。为了将封堵性分析的结果联系起来，分析相似结果的最简单方法是将不同网格系统之间的单元格相互匹配。在构造模型中加入大型的地层层序，实现评估地层变化对断层封堵潜力的影响。

2.4.2 围岩黏土含量估算

大多数断层封闭性预测的基础是储层模型泥质含量（$V_{泥质}$）分布。通常认为$V_{泥质}$可以替代$V_{黏土}$（黏土含量）。这样可以应用多种算法试图预测地质模型断层面两侧黏土含量的变化程度和分布情况（Fulljames等，1997；Yielding等，1997；Bretan等，2003；Knipe等，2004）。因此，对初始黏土分布的准确评估对断层封堵性分析的整个过程及其值的准确求取都至关重要。一般来说，第一步是对模型进行沉积学取样（建立沉积相划分方案），然后使用井点$V_{泥质}$测井数据给每一个相块赋值。通常，由于用于计算渗透率和临界压力的公式与断层岩石的黏土含量相关，而不是与$V_{泥质}$相关（Fisher和Knipe，2002；Sperrevik等，2002），因此用$V_{泥质}$数据（认为直接替代黏土含量）用于断层封闭性计算可能会造成混乱。其导致的后果是在断层封堵性分析中引入了不必要的不确定性。如果要利用渗透率—黏土含量或临界压力—黏土含量关系估计断层渗透率或封闭能力，则应将$V_{泥质}$数据转换为$V_{黏土}$。然而，从$V_{泥质}$到$V_{黏土}$的转换并不像人们希望的那样简单。图2.5（a）显示了北海一口井的$V_{泥质}$（来自自然伽马测井数据）与X射线衍射（XRD）数据确定的黏土含量的函数关系。数据分散性很强，隔出了样品的线性拟合，以及恒定的黏土预测误差（漂移）线。所使用的井资料包含一个砂泥岩油藏地层内典型的差异很大的黏土含量。图 2.5（b）为样本黏土含量与线性拟合预测值之间误差的百分比分布。注意，误差的中值约为 8%，大多数样本的估计值与预测值相差 6%~15%（P33 到 P86）。

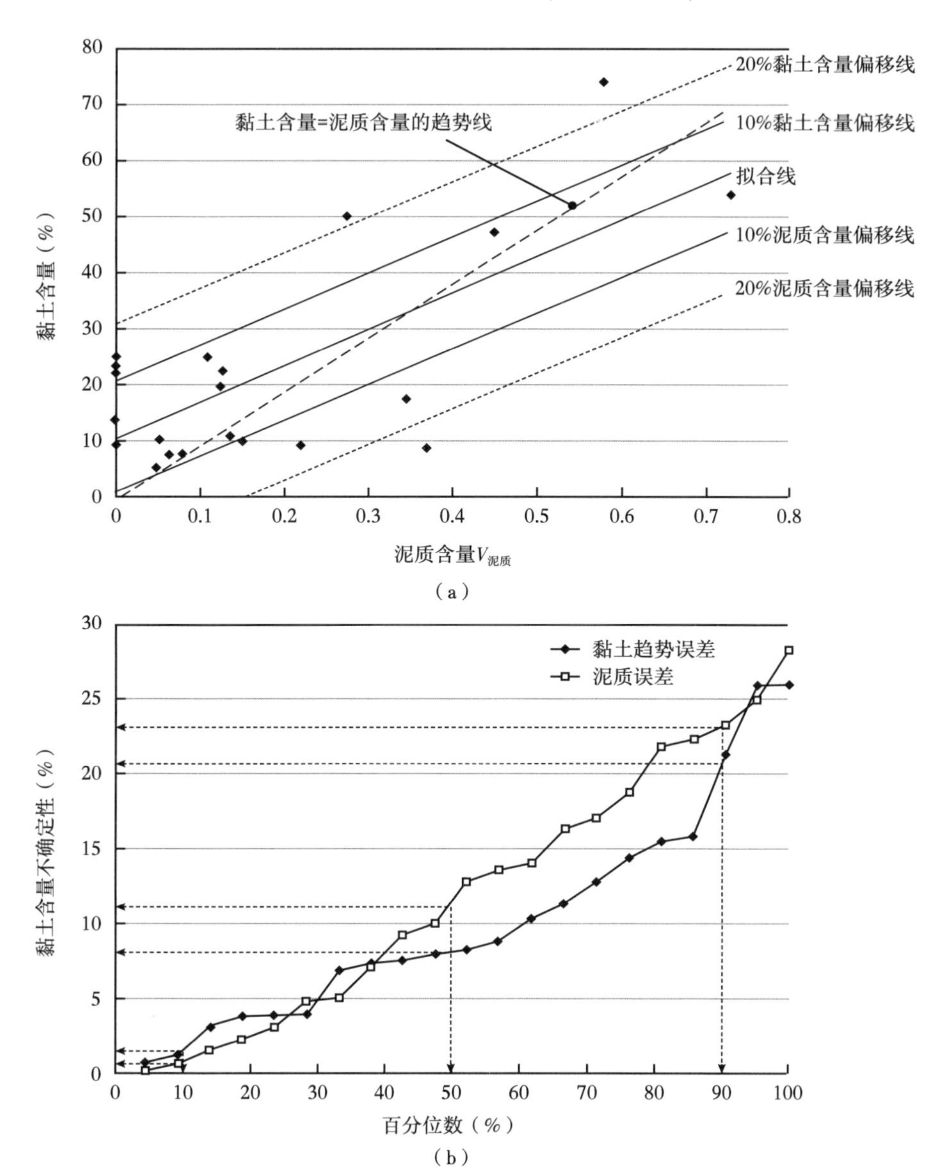

图 2.5 （a）北海井点 $V_{泥质}$—黏土含量（通过 XRD 计算）数据。显示了线性拟合和与线性拟合的恒定偏差线。虚线表示 $V_{黏土}=V_{泥质}$ 关系，相当于将 $V_{泥质}$ 用作 $V_{黏土}$ 的直接替代。（b）$V_{黏土}$ 估计误差。实心菱形表示基于自行确定的线性趋势估计的 $V_{黏土}$ 估计误差，其中 P10=2%，P50=8%，P90=21%。空心正方形表示基于 $V_{泥质}=V_{黏土}$ 的 $V_{黏土}$ 估计误差，P10=1%，P50=11%，P90=23%。注意，线性趋势估计的大部分误差都在 7%~16%黏土之间（P33—P86）。还要注意的是，对于超过 40%至 50%的数据范围，$V_{泥质}=V_{黏土}$ 变换在线性变换之上还有 5%的黏土估计误差

2.4.3 断层黏土含量分布的估计

断层岩石的黏土含量与断层岩石属性、临界压力和渗透性有关（Fisher 和 Knipe，2002）。有几种常用的预测断层泥分布的算法。一组旨在定义黏土连续分布的区域，即黏土涂抹（Lindsay 等，1993；Lehner 和 Pilaar，1997；Yielding 等，1997）。下面将描述其中一些算法。第二组算法试图预测断层带黏土含量的分布。目前实现的主要算法是页岩断层泥比率（Yielding 等，1997；Yielding，2002）。该算法已被集成到许多软件平台中，是实现模拟网格断层渗透率的核心代码［如 Roxar RMS（www.roxar.com）、Eclipse-FloViz 和 Petrel（www.slb.com）、FAPS/TrapTester 和 TransGen（www.badleys.co.uk）］。因此，了解该预测中的不确定性和固有变异性与使用这些软件环境进行的任何流场模拟都有直接关系。

2.4.3.1 断层泥比率

断层泥比率（SGR）只是断层上所有单元通过该点的平均黏土值（Yielding 等，1997）。该算法假定沿断层错动方向和穿过断层带方向完全相容。图 2.6（a）显示了根据 Foxford 等（1998）提供的现场工作中的 MOAB 断层带 SGR 方法计算的露头标定结果［Yielding（2002）］。数据点表明，断层带黏土断层泥的观测值与 SGR 算法的预测值相比，存在一个对称于零的中心误差。因此，广义而言，该算法提供了对观测数据的合理估计。图中还显示了距预测线 10%、20%和 30%的黏土误差线。数据点在该区域的分布较为分散。图 2.6（b）为使用 SGR 算法的样本估计的百分误差分布，并且表明使用该算法的中值误差约为 10%黏土含量。

估计值的百分比误差（图 2.6 中未显示）为测量值的 20%～50%，有些接近 100%（即 SGR 与原始露头值相差高达 100%）。一般来说，由于相对恒定的误差对较小的初始值的比例影响较大，而不是与黏土相关的误差分布，因此在较低的黏土含量下观察到较大的百分比误差。当根据原始露头黏土断层数据绘制 SGR 误差时，数据点表现为随机分布，这表明误差主要影响因素不是原始地层，而是断层泥分布范围内更一致的误差。

不确定性是地层叠加序列原始非均质性的函数，其地层厚度与断距相当。Moab 露头地层发育一系列不同尺度的差异较大的岩性，因此意味着会带来更高可能的不确定性。对于均一性更好的地层，SGR 算法可能提供更好的估算结果。然而，断层带内导致不完全混合的断层作用将否定 SGR 算法的主要假设，从而导致不准确的估计。这些断层带作用包括断层带展宽、断层折射、应变局部化和具有不同宏观黏度的岩性的结合（Evans，1990；Knott，1994；Knott 等，1996）。这些都是断层带中常见的作用，并且很可能在与断距相似的尺度上以流变性质不同的序列增强。因此，这些情况表明，对于相对均一的地层剖面（长度范围与断距相似），SGR 应能提供相对较小不确定性的良好估计，而对于具有显著的岩性差异和断距不断加大的地层或者靠近这些地层的地方，估值的精度会降低，不确定性会增大，因为在这些地方平均技术消除了局部地层的影响。

2.4.3.2 其他算法

有效页岩断层泥比（ESGR）：有限的沿位移矢量黏土混合（Knipe 等，2004）是 SGR 算法的加权版本，它假定沿断层断距方向的非完全断层岩石混合。对断裂带中物质的贡献更大的是围岩上盘和下盘，而不是已经远远超过关注点的原来的地层。由于岩性差异很大的地层在关心点的移动，其结果得到一种比 SGR 算法估值波动范围大得多的算法。图 2.7

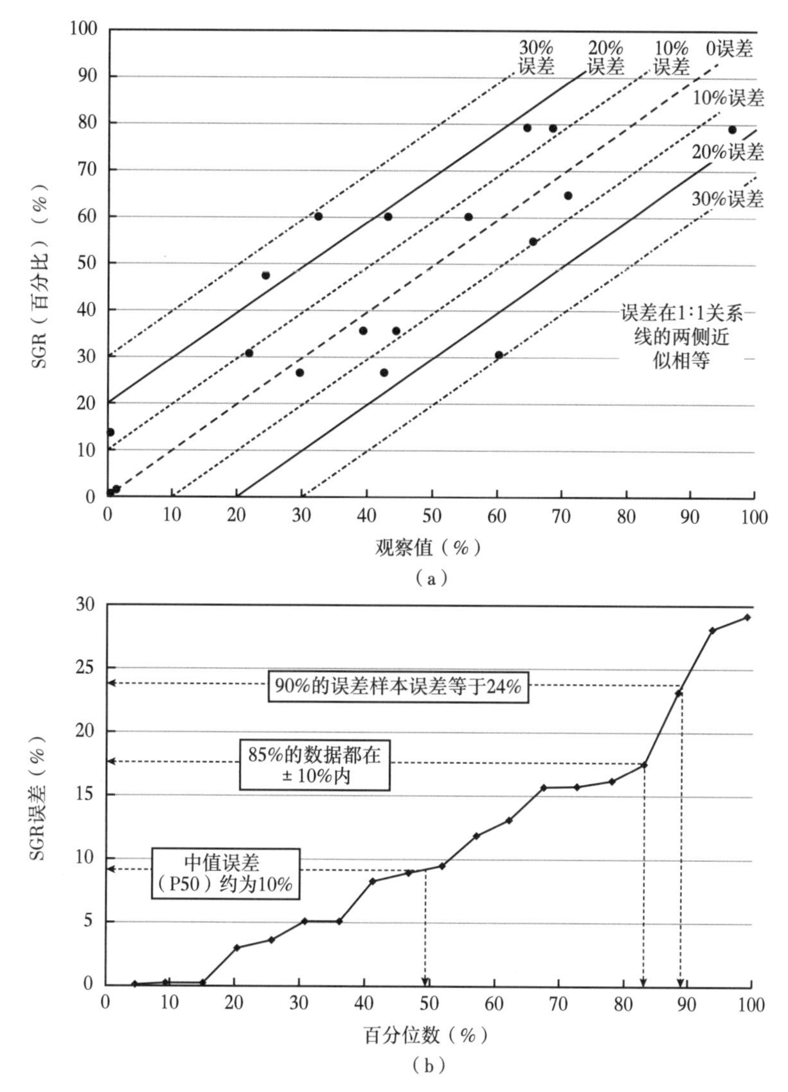

图 2.6　与 Moab 露头数据对比的 SGR 不确定性（据 Foxford 等，1998；Yielding，2002）

（a）在 Moab 断层带中观察到的黏土断层泥（据 Foxford 等，1998）与计算出的 SGR 值，还显示了 SGR 误差线。请注意，误差大约在零附近对称，但接近 30%（绝对 SGR 误差，而不是估计值或原始值的百分比）。（b）使用 SGR 算法的样本估计值的误差百分比分布

为美国犹他州 Ferron 砂岩中一套砂岩页岩互层的地层序列中断层带的数据（RDR）。图 2.7（a）显示了断层带中测得的黏土含量，以及在不同采样点为该发育断层的地层内发育的具有显著差异的黏土含量估计值。SGR 算法预测的值与围岩黏土总含量相似。相比之下，ESGR 算法预测的值变化更大，更接近于测量的断层岩石值。图 2.7（b）显示了两种不同算法的黏土预测误差分布。两种算法的中值误差都较低（ESGR = 2%，SGR = 5%），但它们总的误差明显不同。30% 的 SGR 估值，黏土含量误差超过 15%，而相同的极端 ESGR 误差估计误差为 3% ~ 6%。在这种特殊情况下，由于地层中黏土含量变化较大，局部加权 ESGR 算法在估计断层岩石中局部黏土分布方面更为准确。

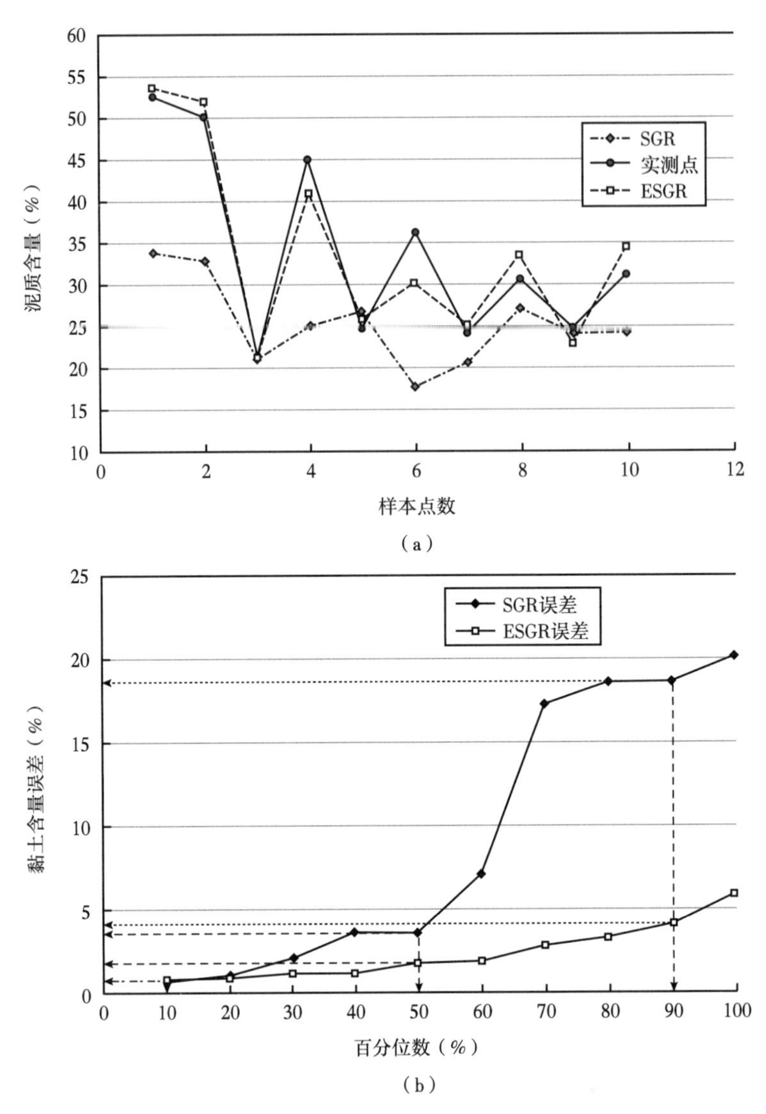

图 2.7 （a）美国犹他州 Ferron 砂岩（砂泥岩互层的地层）断层带的实测与预测断层岩石黏土含量。显示的数据来源于那些采样点位置的露头测量数据（XRD 法，实心黑色圆圈）和 SGR（黑色菱形）以及 ESGR 预测（空心正方形）的黏土含量。请注意，ESGR 算法可更好地估计该露头中的测量值。（b）黏土预测百分误差分布图。ESGR 误差（空心正方形）：P10=1%，P50=2%，P90=4%；SGR 误差（实心菱形）：P10=1%，P50=4%，P90=18%

有限的跨断层黏土混合：上盘和下盘各自的黏土混合算法。为了将断层带混合的非均质性考虑进来（无论是由于断层岩石特征，还是上盘或下盘序列的变化），利用上述混合算法对特定一侧（单独的上盘和下盘）进行计算。基于断层两侧的地层独立预测黏土混合。计算完成后，依据一套规则（例如最大黏土面主控）整合相关数据。在大量的实例研究中，这些算法应用于断层封堵性问题，特别是断层上盘和下盘地层变化很大的情况下，使用单独侧面算法提供了油田或圈闭的封闭性（通过油井数据证明）的一种简化解释，而不需要极端的断层封闭性值（例如黏土涂抹系数非常大）。

上述算法提供了帮助预测断层岩中的黏土分布一套技术方法，这些技术允许输入围岩地层不同部位的参数。尽管曾有多位学者（Yielding，2002；Knipe 等，2004）已经做了测试，以评估使用实施这些算法时可能存在的不确定性，但数据量很小，需要进一步开展工作来找到不确定性的关键控制因素以及这些不确定性的大小。当然，主要的断层岩石黏土预测不确定性很可能是受断层错动范围内地层非均质性和局部构造样式复杂性（其本身部分受控于地层非均质性）控制。

2.4.4 黏土涂抹估计

黏土涂抹是 Lindsay 等（1993）定义的，能以多种方式形成，并受多种地质参数控制，如岩化状态、黏土类型和有效应力条件（Lehner 和 Pilaar，1997）。断层封堵性关注的是这些黏土涂抹在断层岩石中形成连续黏土带时的高度不渗透性。渗透率通常小于 0.0001mD（Fisher 和 Knipe，2002）。黏土涂抹连续性最重要的控制因素是断距与泥岩层厚度的综合作用（Fulljames 等，1997）。

黏土涂抹因子 CSF（Yielding 等，1997），又叫黏土涂抹潜力（Bouvier 等，1989；Fulljames 等，1997），已被用于确定黏土涂抹连续性发生中断的部位相对断距与厚度的相互关系。已经使用和记载的黏土涂抹值的变化范围较广（Lindsay 等，1993）。Lehner 和 Pilaar（1997）记录了露头黏土涂抹高达 10 左右的实例，而其他一些野外露头的例子却表现为富含页岩的地层突然终止于断层（黏土涂抹为 1）。已经证明，CSF 约为 3（相当于黏土层的断距是其自身厚度的两倍）时，可以有效地区分连续和不连续的黏土涂抹。

黏土涂抹算法应用于模型网格相对简单。一旦确定了地层连续厚度超过某一临界黏土值，就用黏土涂抹算法来确定这些富含黏土的地层沿着断层能够涂抹的距离。目前，适用于不同地质条件的可能黏土涂抹值的范围没有给出很好的约束条件。目前记载的较大分布范围值不太可能适合于所有情况，较小的子范围可能更适合于不同的断层和地层地质演化。除了目前缺乏确定页岩涂抹因子不确定性的数据外，该技术还有另外两个问题。第一个问题，通常用一个任意临界来确定哪些地层发生黏土涂抹，哪些地层不发生黏土涂抹。这可能会产生不符合实际情况的结果，特别是地层中具有重要意义的变化范围接近临界值的地层（James 等，2004）。第二个问题，也可能是更重要的问题，与粗化有关。黏土涂抹算法使用连续富含黏土物质的厚度大于设定的临界值来确定连续涂抹区域。这种垂直连续性完全取决于研究尺度。对于夹薄层砂的富含页岩的剖面，如果使用最高分辨率的数据来定义黏土涂抹区域，则各薄层砂之间的距离是适用的。相比之下，如果井数据经过了粗化采样，那么模型网格可能只包含一个具有整体平均黏土含量的单一厚层页岩。对这两种来自相同输入数据的不同模型进行处理，将会得到迥然不同的结果。第一个高分辨率模型只会得到相互叠置的薄层黏土涂抹带，而粗化后的模型会产生可能更大数量级的黏土涂抹因子。一般关系是，对于特定的黏土涂抹因子，黏土涂抹算法预测的涂抹厚度与所使用的分辨率成反比；局部非均质性越强，出现的问题就越大，黏土涂抹因子及其分布范围必须在特定的分辨率范围内应用。

2.4.5 断层渗透率的估算

估计断层渗透性的一种常用方法是定义断层岩石黏土含量与渗透性之间的关系，并使用一种断层黏土预测算法（如 SGR）来定义断层黏土含量。目前许多软件系统使用这种方法。这些系统使用一套已经定义好的黏土含量—渗透率关系（大多数已经存在几年）；一些行业标准软件包能够使用其他方法预测断层渗透率。一些学者给出了这样的数据（Morrow 等，1984；Evans 等，1997；Faulkner 和 Rutter，1998；Manzocchi 等，2000；Fisher 和 Knipe，2002；Sperrevik 等，2002），而所有这些数据得到的数值非常分散，并不具有紧密的内在联系。然而，在目前的断层封闭性评价系统中，这种数据分散性并没有得到重视或用于断层渗透率的计算。图 2.8（a）显示了北海中—上侏罗统储层的黏土含量与测井渗

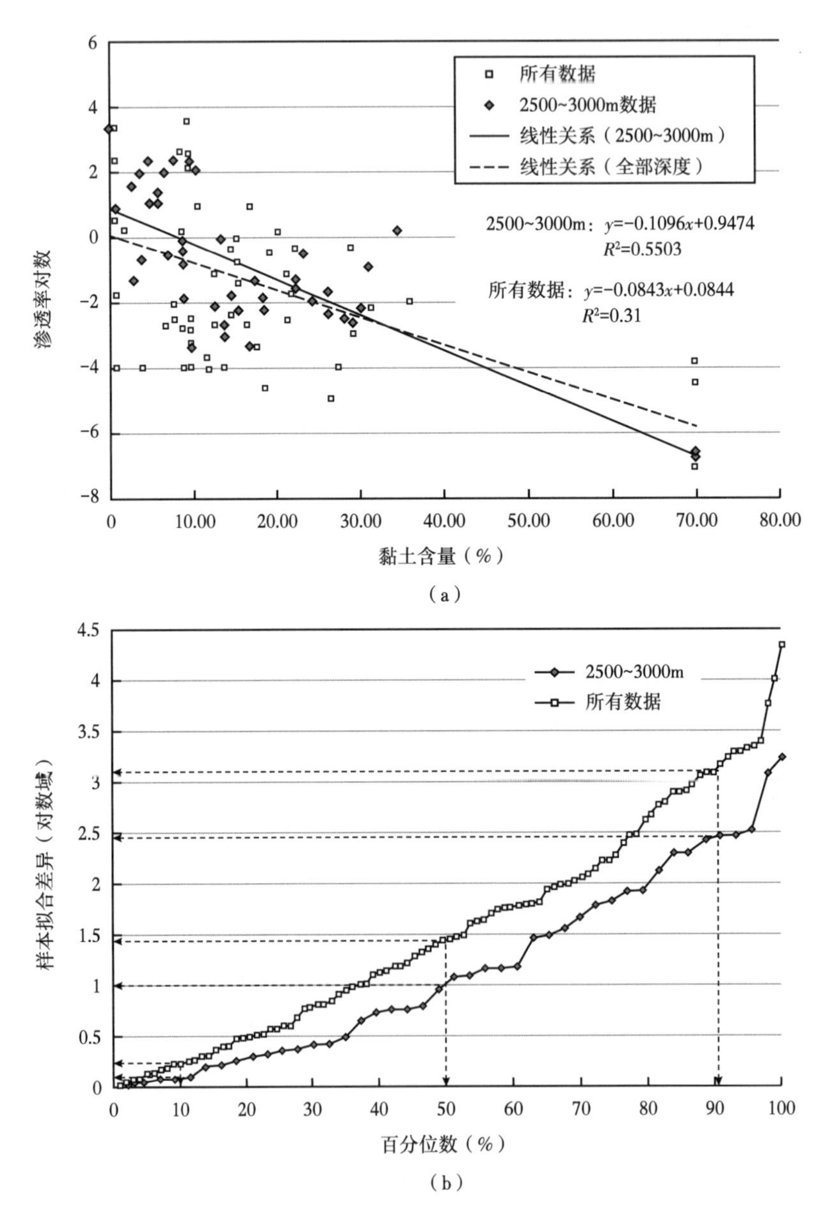

图 2.8 （a）黏土含量与断层岩石渗透率对数的关系，按样品深度分类（据 Sperrevik 等，2002），还显示了所有数据点的线性拟合和深度 2500~3000m 样本的拟合。（b）偏离整体趋势线和 2500~3000m 特定深度样本趋势线的渗透率样本百分比。对于特定深度的样品（实心菱形）：P10=0.1，P50=1.0，P90=2.5；对于所有样品（空心正方形）：P10=0.3，P50=1.45，P90=3.1，所有值按大小排序

透率的关系（Sperrevik 等，2002），该数据集意义重大，因为样本按区域、岩性和深度进行了分类。数据已经根据样品的深度进行了细分，并在数据中显示了两条趋势线。它们并不能表示“真实”的函数关系，而是仅仅提供了多种函数关系一种合理的估计方法。第一条线是整个数据集的总体趋势，第二条线是 2500~3000m 特定深度的样本趋势线。图 2.8（b）显示了与相应数据集的两条趋势线的百分位数样本偏差。总数据集（仅中—上侏罗统储层）表现为中等样品渗透率趋偏差，偏离趋势线 1.5 个数量级，P90 偏差超过 3 个数量级。特定深度样本也显示出与自身趋势线非常显著的偏差，偏移中值 1 个数量级。

数据显示，样品存在 1 个数量级左右的自然分散范围，尽管这可能高达 4 个数量级，随着样品定量化表征的水平降低，这些值的不确定性将显著增加。总体而言，与总体数据集相比，按深度分类的样品黏土含量—渗透率关系得到的结果大约减少了 30%的变异性。这个例子证明了在进行断层渗透率优化估计和减少不确定性处理过程中对样品进行精确深度标定的必要性和有效性。还应注意的是，其他断层岩封闭机制可能不会表现出简单的断层岩黏土含量与渗透率的关系，尤其是碎裂作用和胶结作用，将对黏土含量较低和渗透率较高的围岩产生特别的影响。

2.4.6 直接由 SGR 估算封堵性

相关文献中概述的预测断层封闭或渗流属性的一种方法是通过 SGR 直接解释断层岩黏土含量。Yielding（2002）给出了北海一系列油田和远景区的 SGR 和圈闭封堵性质（封堵性或泄漏）（图 2.9）。在这篇论文中，通过封堵圈闭和泄漏圈闭的 SGR 分布范围来说明主控断层的封堵性。然而，该文仅提供了一般的 SGR，而不是出现在关键断层构造窗内。假定 Yielding（2002）所记录的 SGR 服从线性分布，作如图 2.9（a）所示的分布曲线。如果深入了解这些分布，则这种假设仅需要提供近似关系。该图显示，不存在可用于确定（封堵性）的唯一 SGR 临界值，而是存在一个广泛的不确定性区域。来自“泄漏”断层的数据与“封堵性”圈闭有明显重叠。数据表明，只有当 SGR 小于 15%（泄漏）或大于 40%（封堵性）时，所判定的断层封堵性才具有很高的可信度。图 2.9（b）为给定 SGR 值的标准泄漏概率。在 15%~40%的分布区域内，圈闭发生漏失的概率大致呈线性下降。数据表明，SGR 小于 32%时，圈闭漏失的可能性远大于封闭性，反之，当 SGR 大于 32%时，圈闭封闭性的可能性远大于漏失性。考虑到系统中可能存在的不确定性，这些包括较大分布范围不确定性的关系具有十分重要的地质意义。使用单一临界值［Yielding（2002）建议 20%］不可能捕捉到包括自然地质变异性和模型不精确性的系统的复杂性。

SGR 值是层序中黏土含量的平均值，因此它反映了特定断距范围内层序的砂地比。如果数据是分岩相采集，那么它们将表明，如果围岩砂地比大于 0.85，切割油藏层序的断层具有泄漏性，当层序的砂地比小于 0.6 时，断层具有封闭性。如图 2.9 所示的封闭不确定性区域代表局部砂地比介于 0.6~0.85（在断距的长度范围内）。如果把这些数据与 SGR 不确定性（图 2.6）（平均 10%误差）结合起来，就会将油藏封堵性不确定区间扩大至砂地比在 0.5~0.95 之间。将泥质含量与黏土含量不确定性结合起来，可以进一步将该区域扩大到砂地比在 0.4~1 之间。将直接从 SGR 确定圈闭封闭性质的不确定性纳入其中，将该区域扩大到包括绝大多数天然原生渗透性储层。因此需要强调的一个事实：使用单个参数的单个临界值可能会导致很大的不确定性和可能不可靠的结果。这样的特殊的例子是从广义值中得到相关数据，并且可能导致不确定性的过高估计。识别具有特定断层岩石黏土含量的关键断层构造窗（与设定烃类探明烃柱高度支撑相关）可能会得到更明确的预测结果。

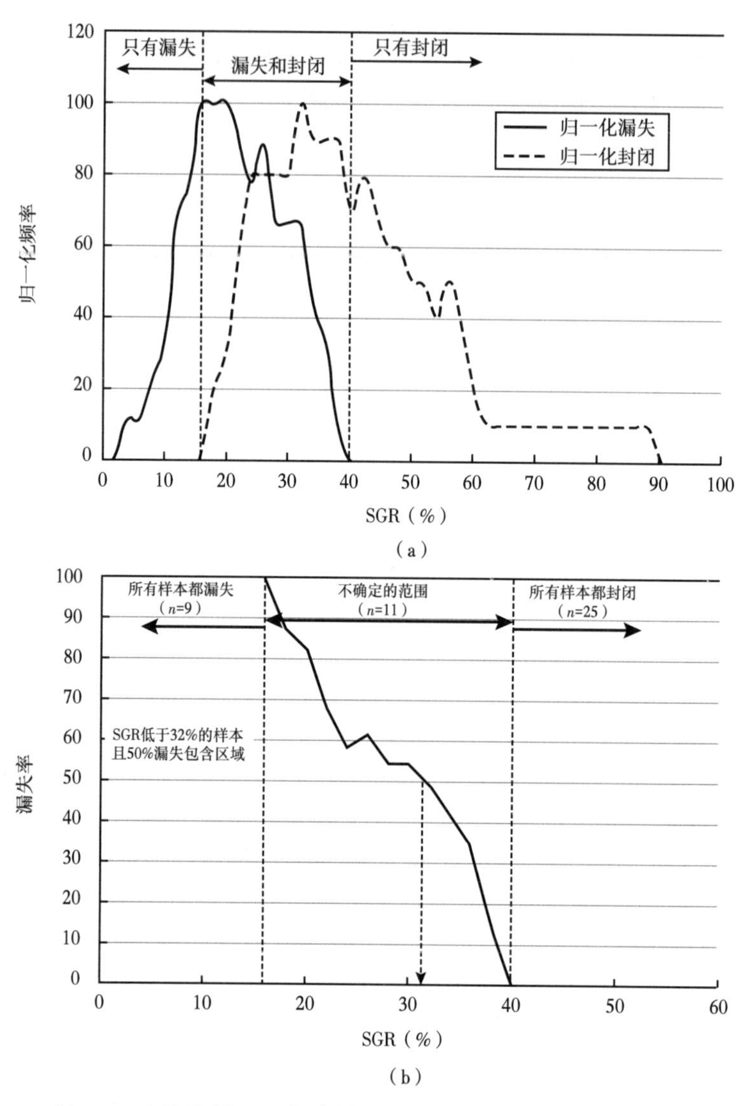

图 2.9　直接依据 SGR 定量刻画封闭类型（据 Yielding，2002）

（a）漏失和封闭层相对于 SGR 值的正态频率分布（假设从提供的数据来看 SGR 值呈线性分布）。请注意，低于 15%的 SGR，所有样本均为漏失；高于 40%的所有样本均为密闭。15%~40%的区域包含大量样本，分为密闭和漏失两类。（b）漏失圈闭归一化百分数是 SGR 的函数。请注意，介于 15%和 40%存在相对线性分布，表明在 SGR 范围内，在以漏失为主和以封闭为主之间是逐渐过渡的

2.4.7　基于临界压力的断层封闭能力估算

必须克服断层岩石的毛细管吸附压力（Schowert，1979；Watts，1987；Fulljames 等，1997；Fisher 等，2001；Bretan 等，2003；Brown，2003），油气才能穿过亲水断层。毛细管吸附压力是可以跨膜保持的最大压差。在静态流体情况下，封堵能力是可以支撑穿越断层的最大烃柱，这涉及毛细管吸附压力、油水界面张力和系统中烃类和水的相对密度

(Fulljames 等，1997)。对于动态情况，例如在生产环境或流体动力驱动区域，封堵能力将从这种静态情况改为考虑流体运移或压力下降产生的额外跨断层压差。如果要得到跨断层油气柱差异的合理估计，准确确定临界压力和封堵能力至关重要。临界压力的确定与勘探和生产方案都有明显的相关性。

图 2.10 为中—上侏罗统油藏相关岩石的断层岩石黏土含量与通过压汞孔隙度测定法

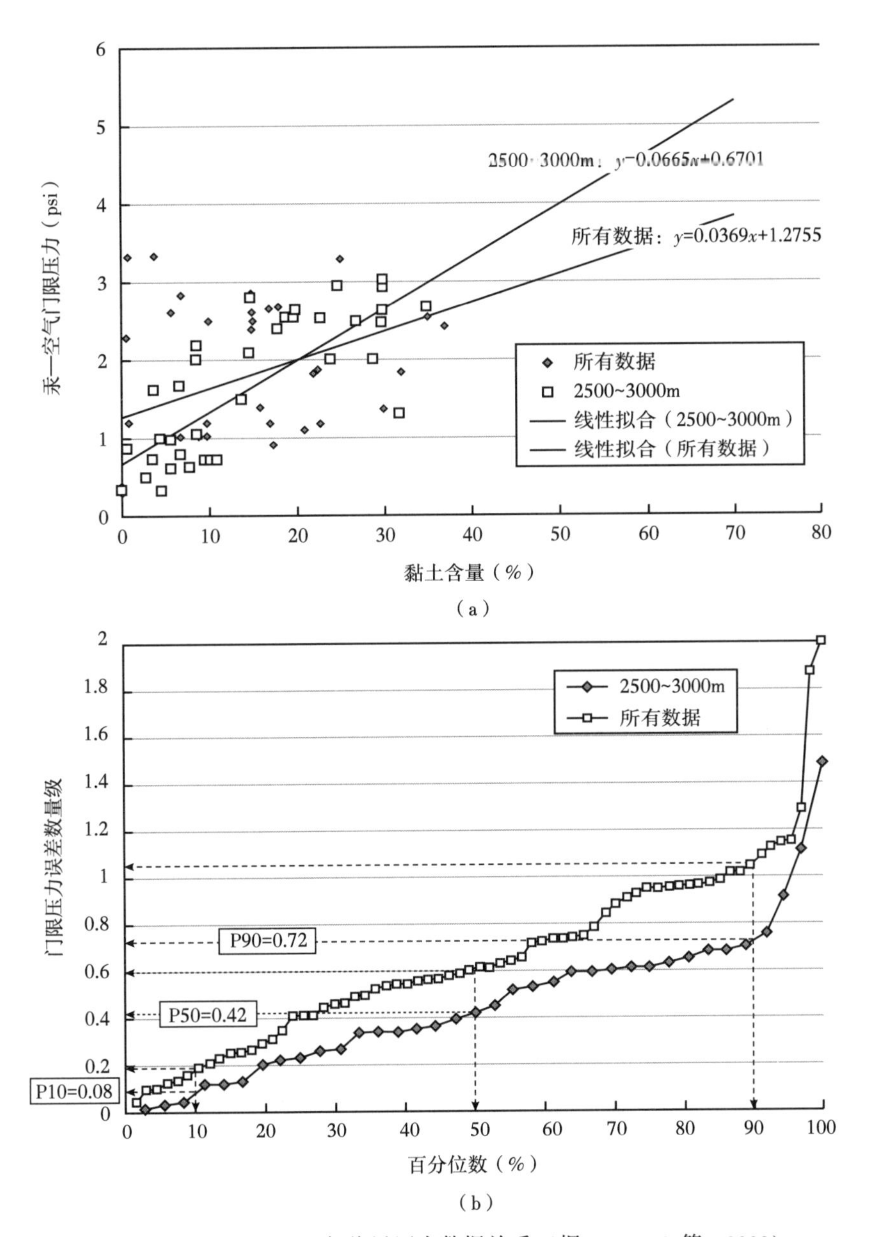

图 2.10 断层岩石黏土与临界压力数据关系（据 Sperrevik 等，2002）

(a) 北海中—上侏罗统岩心样品的黏土体积分数与汞—空气临界压力（对数）关系。空心正方形显示的深度范围是 2500~3000m，黑色菱形的图像则显示深度的数据。给出了针对特定深度和所有深度样本的线性拟合。(b) 特定深度样本和所有深度样本的估计误差百分比分布图。采用 (a) 中所示的线性趋势线进行估算。请注意，特定深度的样本在整个范围内的估算值均改善了约 30%

确定的汞—空气临界压力之间的关系（Sperrevik 等，2002）。图 2.10（a）显示了在所有深度范围内（小于 2500m 至大于 3600m，实心菱形）采集的样本数据以及 2500~3000m 深度区间（空心正方形）的样本数据。已经确定总体和特定深度数据集的最佳拟合线性趋势（对数线性空间）。2500~3000m 样品包括崩裂岩、碎裂岩和层状硅酸盐骨架断层岩［定义见 Fisher 和 Knipe（1998）］。图 2.10（b）为基于最佳拟合趋势线得到的临界压力样本估计误差。与所有取样深度的总体数据相比，特定深度样本（2500~3000m）在整个值范围内的估计误差通常减少 30%。对于特定深度范围的样本，中值估计误差约为 0.4 个数量级，P90 误差约为 0.7 个数量级。这些误差似乎在整个黏土含量范围内相当一致，但数据集中高黏土含量的样品数量有限。该分析结果强调需要将地质历史（特别是温度史和有效应力史）的影响作为减少不确定性估计的关键手段。还应注意的是，实验室样品粗化至储层尺度属性，并将实验室测量转换到有效流体和应力条件下使用会给上述处理带来更大的不确定性。

2.5 参数不确定性小结

前几节重点介绍了已经公开发表的不同属性之间的关系，依据油田或远景区观测或可测量参数，这些属性可用于计算断层岩封闭能力、断层岩石渗透性和断层传导因子。对于每种关系，我们回顾了它们对不确定性的规模和控制程度，表 2.1 给出了这些关系和不确定性规模的汇总。该数据集与直接可测量的几何不确定性（前面已回顾）结合使用时，为断层封堵性分析提供了一个综合的评估不确定的框架。

表 2.1 不同属性对不确定性的影响尺度和控制作用汇总表

一般参数	估算方法	主要不确定性控制	估算方法的改进	不确定性	局部校正的不确定性
断距（勘探与开发）	地震和构造建模	（1）地震分辨率； （2）构造样式	（1）高分辨地震资料； （2）构造面几何处理	（1）最小分辨率（5~30m）； （2）成图与建模的不确定性（20%~100%）	（1）最小分辨率（约10m）； （2）成图与建模的不确定性（40%）
主要黏土含量（勘探与开发）	泥岩黏土比	井点处泥岩黏土比估算误差	$V_{黏土}$的 XDR 校准	泥质含量 5%~25%	±10%
断层岩黏土含量（勘探与开发）	黏土累计含量与断距相关算法	合适的算法	（1）算法校正； （2）改进岩相与泥质含量的关系	泥质含量 5%~60%	±10%
黏土涂抹（勘探与开发）	黏土累计含量与断距相关算法	合适的算法与截取频率	（1）算法校正； （2）改进岩相与泥质含量的关系	2%~10%	±1
断层岩石厚度（开发阶段）	断距相关算法	构造样式	拟合关系校正	0.25~3 个数量级	0.4 个数量级

续表

一般参数	估算方法	主要不确定性控制	估算方法的改进	不确定性	局部校正的不确定性
断层岩石渗透率（开发阶段）	断距岩黏土含量与渗透率算法	构造样式	拟合关系校正	1~4 个数量级	1~2 个数量级
临界压力（勘探与开发）	实验室测量与解释	样品的非均质性	拟合关系校正	1~2 个数量级	约 0.5 个数量级
密封能力（勘探与开发）	临界压力与流体性质相关算法	非静态条件，如流体的驱动动力	拟合关系校正	1~4 个数量级	约 0.5 个数量级

注：根据油田和远景区观察和测量的数据计算断层岩石封闭能力、断层岩石渗透率和传导率因子。

2.6 在地质网格建模中引入不确定性

2.6.1 修改网格参数

为了能够将不同类型的不确定性纳入一个地质模型网格中，需要以多种方式修改网格中的几何参数和属性参数。为了满足不同类型的不确定性，需要将绝对值改变和百分比改变结合起来。在某些非常特殊的情况下，使用单一改变及其计算属性结果是有用的。例如在某种情况下，理解亚地震断层的性质非常重要。这样可以计算地震级别主断层断距一定百分比的断层并置和黏土分布。这些单独的计算有它们的作用，但是在大量的不确定性领域的使用过程中最终受限于该解决方法的异常性质。在许多情况下，大量输入的情况下预测值的不确定性或范围是有利的。这在过去计算和可视化断层封堵性分析过程中是很困难的。计算速度的改善使多种方案的建模成为行业常规。到目前为止，这主要应用于地层和围岩石性质总体领域（Handyside 等，1992）。本节将展示如何在断层封堵性分析中按常规应用这些相同的技术。

在这里采用的方法中，各处理阶段都引入了不确定性。已为所有相关属性定义了不确定性的分布剖面，并将其用作建模的输入参数；不确定性是特定数据集的数据质量的函数。

2.6.2 不确定变化的应用

在应用不确定性变化时，可以使用两种主要方法。一种是试图保持数据的横向连通性质，另一种是独立地在单个断层化网格列上操作。例如，某种情况下，需要将断距减少到其原始值的 50%。计算这种情况对特定断层位置产生的影响相对简单。对相邻网格影响的计算就不那么简单了。如果试图保留数据的横向连通性质，则相邻单元格的断距也应在其自身计算之前减少到相似的水平。为了计算这些数据，需要建立一组复杂的横向变化规则。在变断距的简单例子中，可以通过侧向位移梯度来控制；同样，需要垂直位移梯度来遵从原始关注点上方和下方的单元。实际上，对于任何一个点上的不确定性变化的每一次应用，都需要用一组复杂的规则来修改整个网格。对于一个 200×200×50 单元的典型网格，独立处理每 8 个单元角点将需要在 1600 万个点上进行操作。如果只监控出现断层的网格单元，那么操作数据将减少到大约 50 万点。考虑到横向和纵向变化的复杂性，这将需要在每个单元方案中大约 5 亿次计算。如果运行几百到 1000 个实现（需要有效地对不确定度分布进行采样），那么每个单元将需要数千亿个计算。这将需要依次对每个单元进行重复处理，尽管对于每个后续单元的必要计算将系统性地减少，因为先前的数据变化将获得与这些单元相关的部分不确定性分布，然而，这种方法的可能计算时间太耗时，目前是不切实际的，而且这类方法的使用都超出了当前“快速”断层封闭性评估工具的范围，尽管它可能为未来提供了一种有用的途径。还需要注意的是，由于使用规则可能产生不可预见和不切实际的关系，采用这种横向总体存在重大风险，这些方法的可靠性必须通过评估不确定性分布是否与每个网格上属性相符来证实。

由于横向连接数据变化的计算和技术挑战，本节方法是在每个单元上单独操作并执行大量实现。对于每次运行，目标单元格属性和对计算有影响的所有单元格都允许根据指定的不确定性分布而变化。通常取决于系统的复杂性和包括参数不确定性分布的数量，每个目标网格执行几十到几千次实现。为了确认已经完成了足够的实现，将根据初始分布回代得到的实现。一个非常简单且有效的检查是提取最接近初始输入数据的实现结果。这两个模型的视觉和数学比较提供了一个评估是否已经执行了足够实现快速的第一次检查。第二次采用的检查是，计算所有实现中每个参数的中位数，从而评估不同参数分布的采样情况。例如，如果要把断距修改 10m，并且要执行 100 个均匀分布的实现，那么平均间距应该是大约 0.1m，也就是说，每次实现断距按照 10cm 的变化进行采样。为了使数字具有意义，必须以适当的规模（即对数或线性空间，视情况而定）计算样本间距。

2.6.3 不确定分析中的偏差最小化

本节提出的方法旨在消除一个引入不确定性的常见问题，即必须对解决方案进行预判。当不同方案建模的运行次数很多时，通常会试图大幅减少运行的次数，希望通过测试特定的几种情况来体现这些方法的可能分布范围。例如，运行基于 P10、P50 和 P90 输入参数的模型。这样做的好处是只需要对三种解决方案进行评估，而不是对几千个解决方案进行评估，但是，这三种解决方案是否能可靠地揭示所有的变异性却是令人质疑的。当不确定性和参数之间存在明确的数学关系时，该方法是有效的，但当这一关系不太清楚时（如断层封堵性分析），则该方法可能无法有效地对数据进行建模。为了避免这个问题，最好进行大量的实现。那么，现在的问题是如何有效地处理这些分析的结果。

2.7 可视化结果

多方案建模的主要挑战之一是实现对结果的有效可视化和审查。建立数千种不同方案的模型相对来说比较简单，但是如果不能快速识别和提取模型之间的重要关系，那么这项技术就失去了意义。本节利用三种技术对多重综合不确定性分析的结果进行排序和可视化：第一种技术是“临界结果捕捉”，第二种是“跟踪关键关系”，第三种是“模型自动排序”。

2.7.1 临界结果捕捉

“临界结果捕捉”是概率映射方法的术语。不是例行地跟踪所有可能的方案，而是设置非常具体的标准，只计算导致指定结果的参数组合。结果是成功满足特定条件的每个单元格概率值。一个简单的例子如图 2.11 所示。在这种情况下，分析了互层砂页岩层序的断层网格模型［图 2.11（a)］。使用高斯分布（平均值为 0)，该断层的断距允许静态模型以 10m 的标准差（该值代表此特定数据集）发生变化，并且服从高斯分布（平均值为 0)。特定的标准集（临界结果）通过改变断距是否形成砂岩—砂岩构造窗并置，使用如图 2.11（b）所示的基本情况（即映射的）砂岩—砂岩并置。为每个网格计算 1000 次实现，并且砂层—砂层构造窗发生的概率存储在网格中［图 2.11（c)］。

一旦将求解的概率映射回网格，就可以快速检查概率分布的特定部分。图 2.11（d）和（e）显示了形成的砂岩—砂岩构造窗 P90 和 P10 的网格。对于 P90 的情况，这些网格上的断距的变化，仅仅满足不到 10%的实现中形成了无砂并置。将那些砂岩—砂岩构造窗的存在归类为“高置信度”或低解释风险。许多网格具有 100%的砂岩—砂岩构造窗并置的可能性［图 2.11（c)］，因此在这些情况下，断距不确定性的范围不足以展现砂岩与砂岩错断开。在 P10 的情况下［图 2.11（e)］，出现了大量的砂岩—砂岩构造窗。最初绘制为未连通的地层剖面现在显示为可能存在砂岩—砂岩并置。这个简单的例子表明，结合了特定的结果事件轨迹的快速、高效的不同方案建模可以深刻理解可能存在的变异性或基本地质解释模型的风险性。

图 2.12 为一个面向生产的示例。该例子中，允许输入的一系列计算传导因子 TM（Knai 和 Knipe，1998；Manzocchi 等，1999）的参数（断距、围岩黏土含量、断层黏土含量、断层渗透率和断层厚度）可以发生变化。进行了两次临界结果试验，并对下盘或上盘的砂岩层进行了监测。第一个是测试概率生产时域封堵性（TM<0.00001)，图 2.12（a）显示了出现此结果的概率（1000 次实现的运行时间约为 30min)。网格显示，对于大多数砂层来说，断层的右侧具有很高的生产时域封闭的可能性，而左侧的砂层具有很低的可能性。虽然在输入参数上发生了很大变化，但是产生了一个简单且具有指示性的结果。对生产时域高流动区（TM>0.1）进行了第二次试验［图 2.12（b)］。分析表明，流体穿过右侧断层到对应层的概率为零到极低，并且流量局限于左侧断层特定的对应层。进行不确定性分析应该有助于简化地质模型，而不是使情况复杂化。这个例子表明，即使已经进行了 1000 次实现，确定临界结果概率仍然可以识别出一致的和操作发生变化的断层区域。

对远景风险也可以进行同样的分析。图 2.13 为断层能够保留的特定油水界面的概率［在图 2.13（a)—(c）中，油水界面的深度不断增加］。图中阐明了断距、围岩黏土含量、断层岩石黏土与临界压力的关系，以及临界压力与封闭能力或烃柱高度支撑的关系。不同支撑概率的断层标记为不同颜色。根据上述所有参数及其相关的不确定性，采用蒙特卡罗方法重复计算烃柱高度。记录下成功结果的比例（即对特定烃柱的支撑）。在图 2.13（a）中，沿断层所有高度支撑的数据预测具有很高的置信度。在图 2.13（b）中，概率下降。在图 2.13（c）中，沿断层上部的概率下降。这种类型的分析为开展远景评价提供了一个更加独立的客观的风险评估方法。

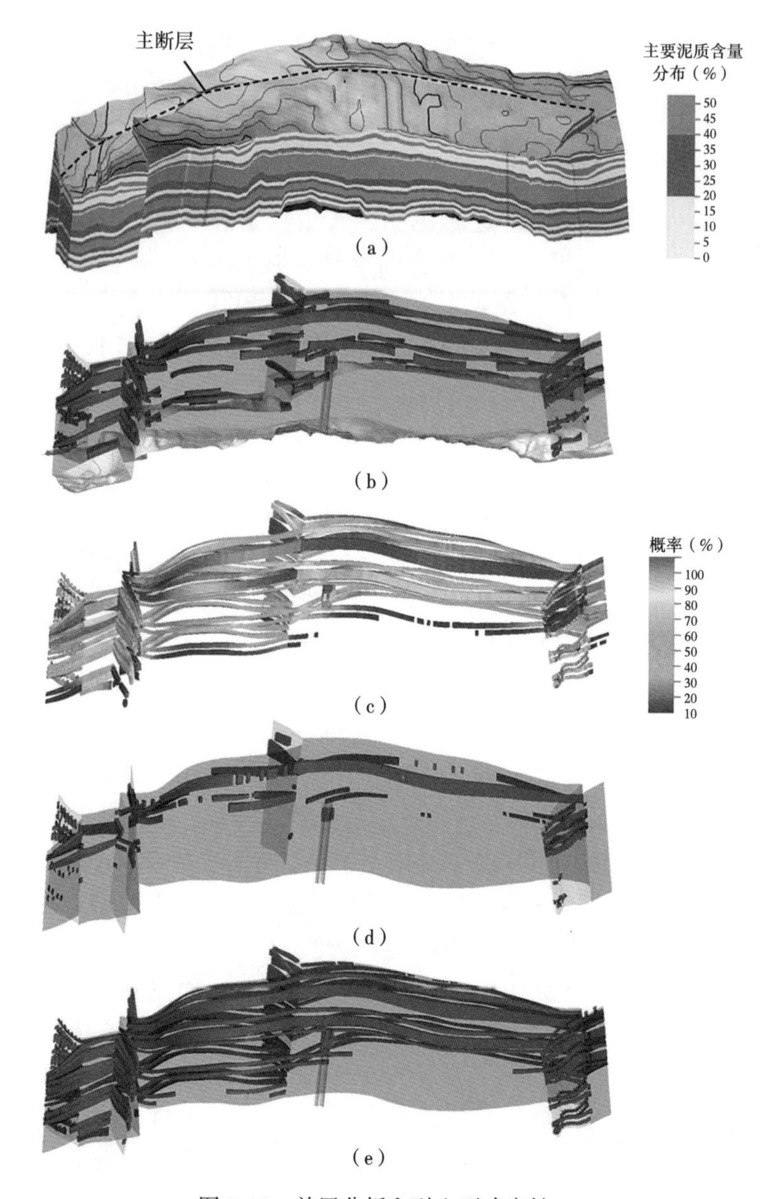

图 2.11　并置分析和引入不确定性

（a）地层围岩泥质含量。黄色=低黏土砂岩，紫色=中等黏土不纯砂岩，棕色=高黏土页岩。该层序是砂泥岩互层，具有多个潜在储层。顶面用颜色编码表示深度。（b）根据（a）中所示的原始地质网格单元模型计算出的砂岩—砂岩构造窗并置。（c）在（a）所示模型的原始砂岩—砂岩网格显示的砂岩—砂岩构造窗并置概率，使用 1000 次实现，其中允许断距变化 10m 标准偏差并假设服从高斯分布。（d）低砂岩—砂岩并置情况（P90）。多次实现中没有出现砂岩构造窗的可能性小于 10%。这些单元代表低解释风险的砂体窗。请注意，特定的砂层在并置中占主导，而其他砂层则不存在（可能是并置封闭性）。（e）高砂岩—砂岩并置情况（P10）。多重实现中出现砂岩窗口的可能性大于 10%。这是交叉断层并置分析非常乐观的案例。请注意，最初在静态模型（b）没有并置的砂岩现在显示具有构造窗开发的潜力

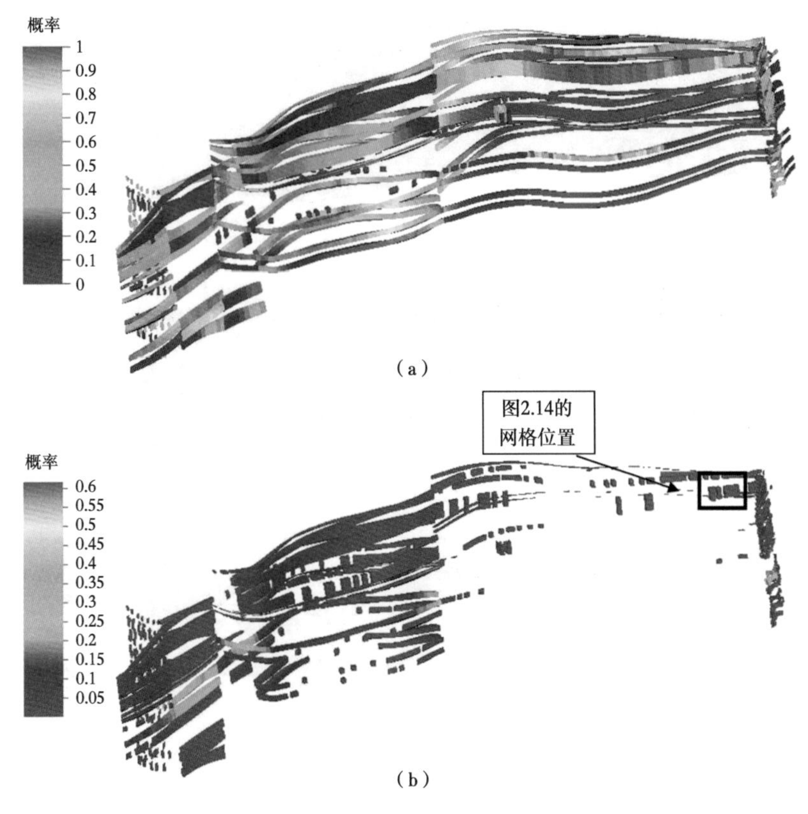

图 2.12　临界结果捕捉分析

(a) 得到储层砂岩传导因子小于 0.00001 的概率。执行了 1000 次实现，允许以下参数发生变化：断距、SGR 和断层黏土含量的关系，断层黏土含量与断层岩石渗透率关系以及断距与断距厚度关系。注意特定地层单元的红色区域，表明在几乎所有方案都实现了低目标 TM。(b) 使用与 (a) 中相同的参数不确定性，得到储层砂岩的传导因子大于 0.1 的概率。高 TM 仅在几个特定领域实现。对于大部分的储层地层，没有参数组合能够得到大 TM（>0.1）的预测。同时给出了图 2.14 中使用的网格位置

2.7.2　跟踪关键关系

临界结果捕捉法提供了一种直观评估网格中断层封闭能力差异性的有效方法。然而，简单的概率结果掩盖了导致临界结果发生的参数，很显然能够评估哪些因素组合导致最终结果会是很有用的。这就可以对相关参数范围的关键组合进行评估，并且依据不确定的不常见组合评价哪些参数组合具有地质意义。为了跟踪能形成解决方案的因素，可以锚定目标网格，记录下所有输入的参数。图 2.14 是图 2.12（b）突出显示的单个网格 1000 次实现的一个数值图解。在这个例子中，临界结果测试的目的是捕捉导致储层砂体［图 2.12（b）所讨论的生产时域跨断层流动］的 TM>0.1 的所有结果。导致这一结果的各种方案得以突出显示。所有其他未能产生高 TM 值的方案都用黑线表示。我们关注的是断距对临界 TM 值的控制作用。图 2.14 显示了三个非常特定的方案导致了高 TM 结果。这些方案涉及砂岩得以自身并置或者与最邻近的两个砂岩并置的各种断距。然后利用原始数据（如地震）对这些数据进行核对，以确定这些数据在地质上是否合理。

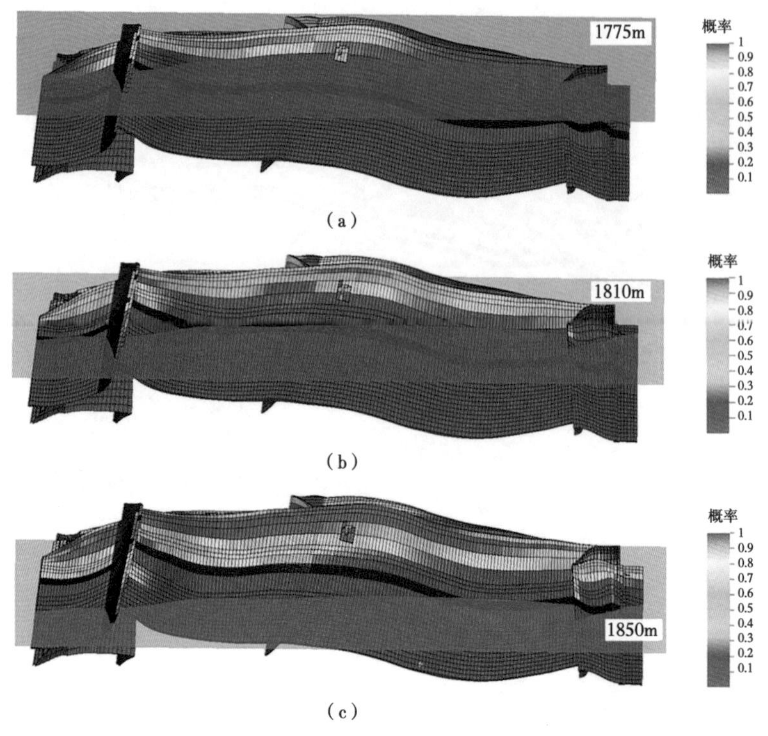

图 2.13　对于给定的油水界面烃柱高度支撑的远景分析概率

执行了 1000 次实现，允许以下参数发生变化：断距、SGR 和断层黏土含量的关系，以及断层黏土与断层岩石封闭能力的关系。目标油水界面为：(a) 1775m，(b) 1810m，(c) 1850m。其中 (c) 显示沿远景脊部的支撑概率非常低（<10%），与 (c) 相比，(a) 显示对穿过断层的所有单元都具有很高的支撑概率。请注意，对于跨断层流动，断层上盘和下盘网格都需要突破

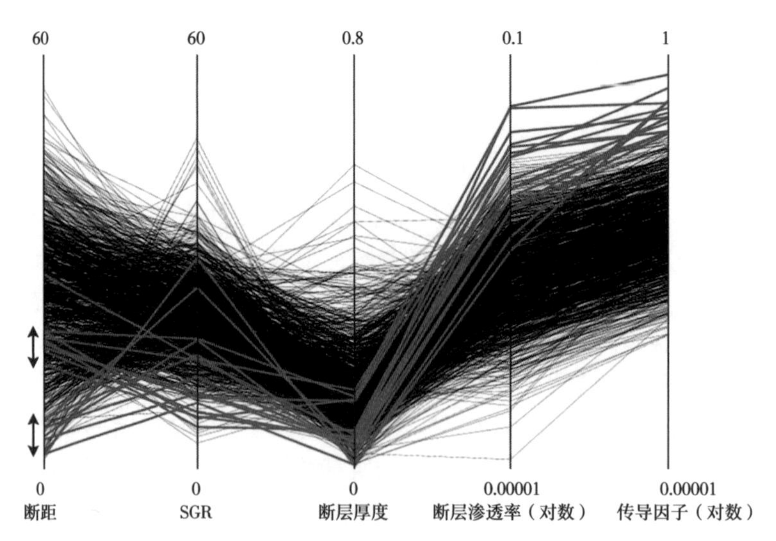

图 2.14　一个单元的 1000 次实现的单个参数输入，其位置如图 2.12 (b) 所示。这些线代表各个实现的输入值。测试的 TM>0.1，成功的实现以紫红色突出显示。该数值图解强调非常具体的断距控制了最终的结果，而 SGR、断层岩石厚度和渗透率的变化影响较小

2.7.3 模型自动排序

尽管临界结果捕捉法在定义最终结果的概率方面是有用的，但它不能生成可用于流动模拟建模的具体结果。提出了一种可以完成执行大量实现、提取数据对结果进行自动排序的方法。可以把关键数据，如传导因子与获取结果的所有属性值存储在一起。建模之后，可以自动对数据进行排序，并提取特定的分位数结果。这样，最终结果数据的百分位数分布可以用于正演流动模拟。

如图 2.15 所示的实例允许一系列属性值发生变化，并记录了与砂层—砂层构造窗相关的 TM。虽然这是一种快速的技术，而且在大多数情况下应该提供了有用的估计，但是

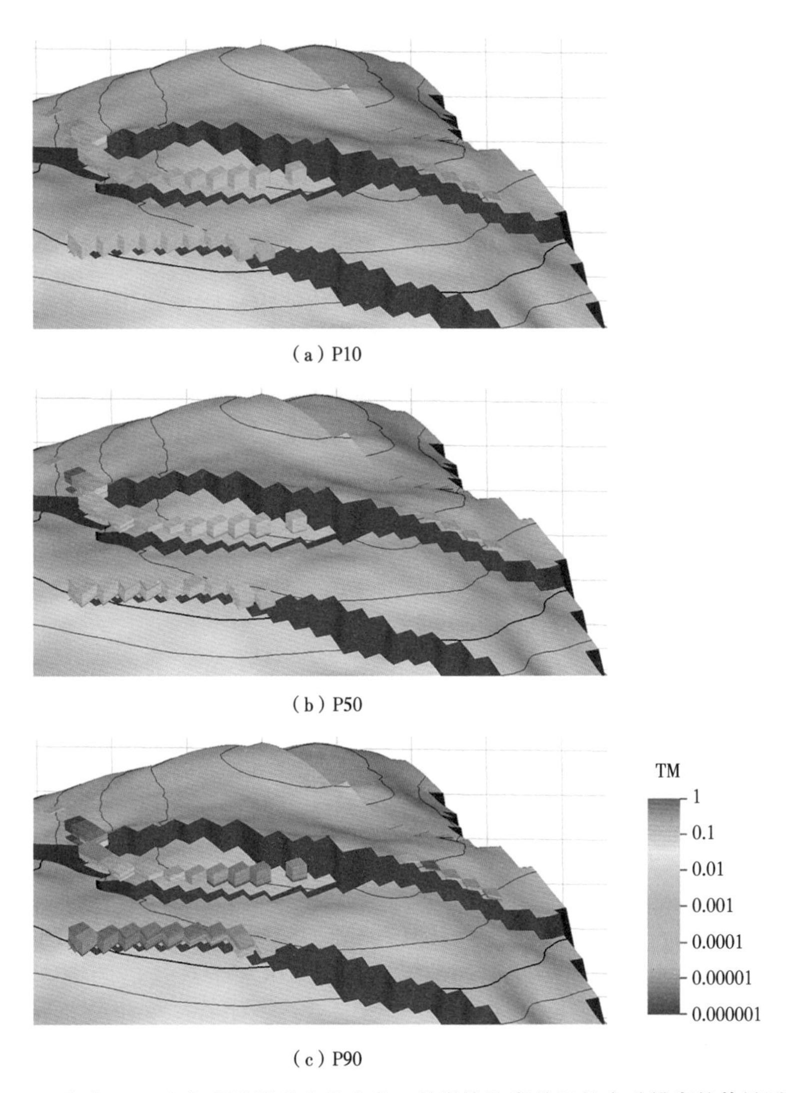

(a) P10

(b) P50

(c) P90

图 2.15 通过 1000 次实现模拟得出的砂岩—砂岩构造窗并置的自动排序的传导因子值

允许改变围岩黏土含量、断层黏土含量和断层岩石渗透率的关系以及断距与断层岩石厚度的关系。该技术使用相同的色标将每个单元格的结果自动排序，并在以下位置提取网格：(a) P10，(b) P50，(c) P90。该技术突出了整个网格解决方案的潜在范围，可以提取自动排序的数据，并应用于流动模拟

这种方法有许多限制。首先，为了提取数据进行流动模拟，断层上的属性必须直接映射回地质模型网格的物理几何形态。因此，在计算中不能改变几何性质，如断距或地层厚度，然后再应用到原始网格几何结构，这主要是因为跨断层网格连接将发生变化，这些是控制任何流动模拟结果的临界构造窗（Manzocchi 等，1999）。然而，仍然可以模拟并引入大量参数的不确定性，包括围岩和断层岩黏土含量，由断层岩黏土含量确定的断层岩渗透性，以及由断距数据得出的断层岩厚度。第二个限制是，相同的最终分位数结果值（如 P50TM）可能是通过对相邻单元的大量不同参数的组合而产生的。例如，要得到一个单元的结果，可能需要显著低估其黏土含量，而在下一个单元上可能需要高估黏土含量。因此，可能需要满足地质上不合理的横向变化，才能为邻近的单元产生相同的最终结果。在孤立断层化网格列上进行多方案建模（即允许单元属性独立于其横向邻居变化），而不是为每个实现修改每个单元的网格属性，这是一个基本的限制。如果实现的数量足够大，这个问题应该很小，可以通过参数网格跟踪来确定问题的大小（图 2.14）。

2.7.4 不同方案类型：参数聚类

自动排序程序和引入无偏不确定性相结合提供了基于特定输入参数及其不确定性建模可能的最终解决方案的一种强有力方式。其局限性之一是难以确定导致网格中所有单元出现特定解的地质组合。单个单元实现跟踪技术为评估特定地质控制作用提供了一种深入的手段，但在全局范围内应用是不可行的。一种结合这两端元分析技术之间距离的方法是参数聚类。当高 TM 与特定的断距范围相关时，参数的临界范围可以导致特定的结果，如图 2.14 所示。因此，图 2.14 中结果的断距参数显示了相对于其总变化范围的高度聚集效应。该观测结果可用于对不同参数的相对控制影响排序。如果计算中值参数空间值及其比值并将其引入网格中，则可以显示最大聚集效应的参数，确定其对数据场范围每个断层的影响，然后可以应用这些数据评估可能存在的不确定性和及其结果的地质意义。

2.7.5 评估单个参数不确定性的影响

除了定义系统总体不确定性外，评估具有不同确定性的参数各自对最终结果的影响是很有用的。最开始这一方法用来更好地理解数据，但它更是识别最大风险构成的强有力的工具，并能够以最有效的方式整合数据，以提高预测的准确性。图 2.4—图 2.6 和图 2.8 中定义的不确定性分别用于阐述断距—断层岩石厚度、泥质含量—黏土含量、断层岩石黏土含量预测函数（如 SGR、ESGR、黏土涂抹）和断层黏土—断层渗透率的变化。在这个特例中，保持原始围岩渗透率不变，当然也可能使其具有不确定性以解释地层的变异性。图 2.16 为油田尺度网格内某一个特定单元预测 TM 的实现结果。依据全局不确定性得到的中心 80%结果在相同输入值的情况下产生了 TM 预测中 5 个数量级的幅度变化。有趣的是，没有包含不确定性的情况大致与 P70 结果有关。这表明，如果在先前关系中观察到的变化是有意义的，那么真正的 TM 值应该比全局趋势预测的值低 1 个数量级左右。该观测结果与公开发表的预测 TM 值与流量模拟历史拟合结果一致（Sperrevik 等，2002）。除了基本情况模型（允许所有不确定性）外，按照每个参数中的不确定性依次移除，重复进行模拟。如图 2.16 所示的结果都显示了具有大致相同总体分布范围的不确定性（大约4~5 个数量级以上的中心分布的 80%），比组合不确定情况（基本情况模型）有显著的低于半

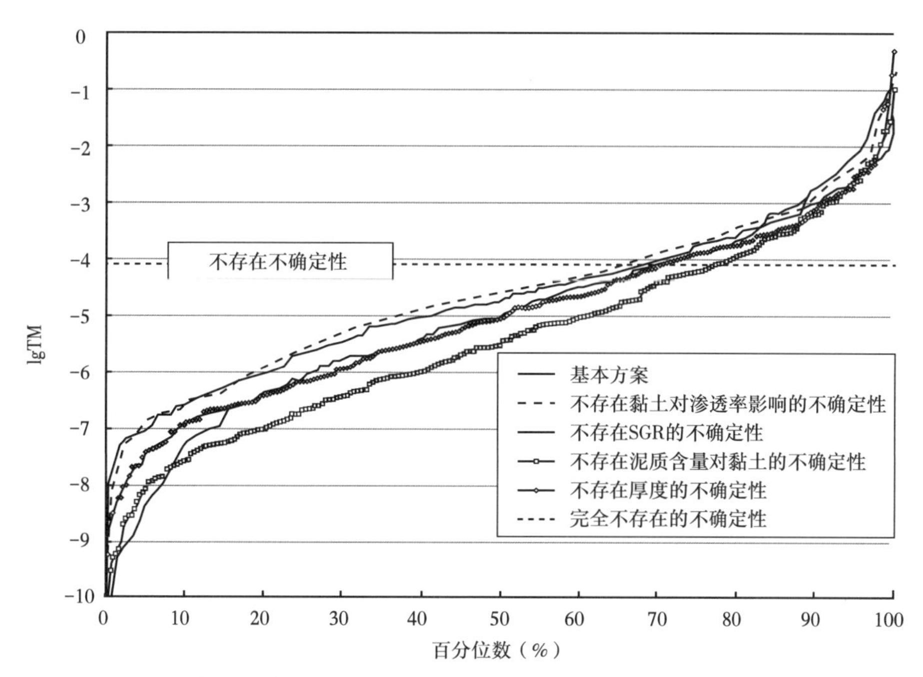

图 2.16　使用以前记载的全局趋势和不确定性范围通过 50 次不同实现对一个单元的传导系数预测百分位数

该图显示了基本方案模型（包括所有不确定性）以及依次去除每个参数的不确定性后的实现。任何单个参数不确定性的消除对整体不确定性的影响相对较小（对于中心分布 90%的数据，大致为 0.5 与 6 个数量级的对比）

个数量级的变化。这表明不存在单一主控结果的参数。与组合不确定性的基本模型相比，去除断层岩黏土—渗透性含量或 SGR—断层岩黏土含量关系的误差显示出稍高的流动模拟，而去除断距—断层岩石厚度的不确定性并没有明显的影响，去除泥质含量—黏土含量的不确定性得到了过度封闭的结果。数据表明，已发表的文献中观察到的不确定性规模对最终结果的影响程度具有相似性，因此，更好地表征每种关系对提高预测精度具有非常重要的意义。

2.7.6　全局不确定性与局部校准的例子

如图 2.16 所示，融合所有可用数据，引入全局数据定义的所有不确定性，可得到大范围分布的跨断层流动预测值。因此，全局不确定性可能产生无意义的结果。如果能根据围岩和断层的地质演化更好地描述样本并做好局部校准，就有可能显著降低特定参数的不确定性。为了评估不确定性水平与改善预测结果之间的相关性，所有不确定性都降低了相同的百分比，并重复了与图 2.16 的组合不确定性基本情况相对应的实现。如图 2.17 所示的结果表明，随着不确定性百分比的降低，预测精度有了显著提高。当不确定性达到原始全局误差的 50%时，TM 预测值是无不确定结果的 1～1.5 个数量级。这样的结果令人鼓舞，因为将不同全局关系的不确定性降低 50%，应用到特定地区的特定油藏是一个可以实现的目标。这些数据体现了有效跨断层流动预测的局部校准数据集的必要性。

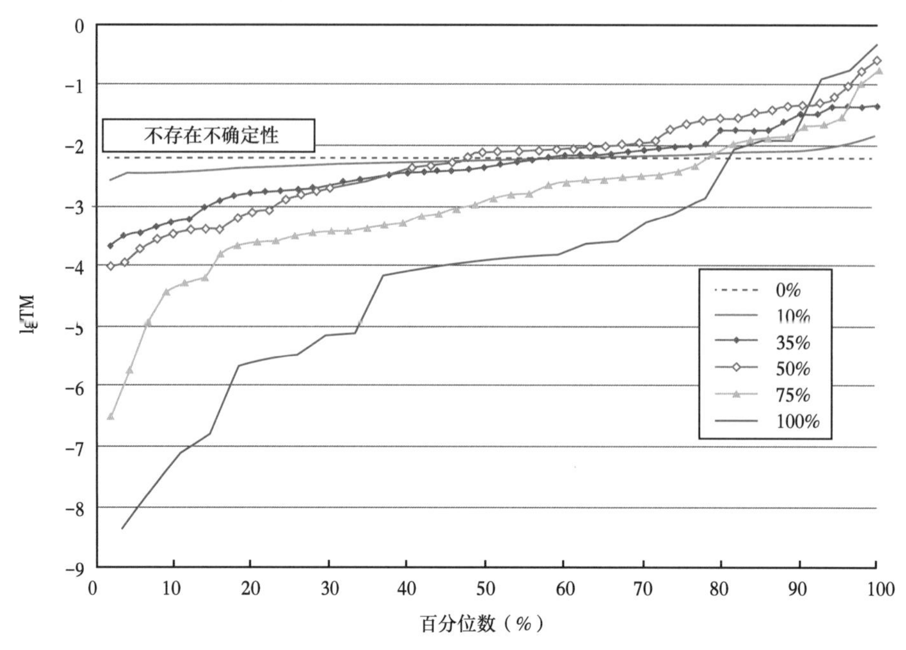

图 2. 17　提取自油田尺度网格中一个网格单元传导因子分布范围

该图显示了 50 个实现的结果，其中包含 100%、70%、50%、35%、10%和 0 的全局不确定性值。请注意，当不确定性降至整体不确定性的 50%以下时，中心分布 80%的数据位于基本方案（无不确定性）结果 1～1. 5 个数量级内。还应注意，无不确定性情况不会与其他曲线在 P50 相交。因此，P50 的“平均”结果（包括一定程度的不确定性）并不是真实的“无不确定性”值的近似值

2. 7. 7　利用不确定性分析确定特定问题的风险

与进行全面的不确定性分析不一样，迅速变化并确定采用不同方案发生概率的能力提供了理解不同地质因素导致的风险的有力手段。取决于叠加层序的性质和断距的变化，断距具有显著的不确定性，对任何特定的远景区或油田都会产生不同程度的影响。图 2. 18(a)和(c)显示了静态砂岩—砂岩构造窗并置，图 2. 18(b)和(d)显示了基于断距估计的不确定性而得到的砂岩—砂岩构造窗发生的概率。该技术确定了断距变化将会产生影响的区域，以及受断距变化可能为任何特定窗口带来的风险。这些信息可以直接用作风险分析的工具。更有利的是，它可以识别出需要进一步分析的关键区域，从而更好地量化地质结构和风险。因此，不确定性工具可以识别、量化初始风险区域，继而进行更好的评估。

第二个有利的不确定性分析程序是定义黏土涂抹因子算法下未涂抹的砂岩—砂岩构造窗。综合断距变化和黏土涂抹计算（根据分布范围为 2 的高斯分布计算黏土涂抹因子的变化），可以确定将黏土涂抹纳入并置分析的影响[将图 2. 19(a)和(c)与图 2. 18(a)和(c)中的静态模型进行比较]。图 2. 18(b)和(d)显示了不包括黏土涂抹计算时依据发生概率大小进行颜色编码的砂岩—砂岩构造窗分布，图 2. 19(b)和(d)为相同的模型，但包含上述黏土涂抹不确定性。比较图 2. 18 和图 2. 19 可以看出，引入黏土涂抹不确定性后，油田范围内未发生涂抹的砂岩—砂岩构造窗的数量和大小都发生了显著的变化。

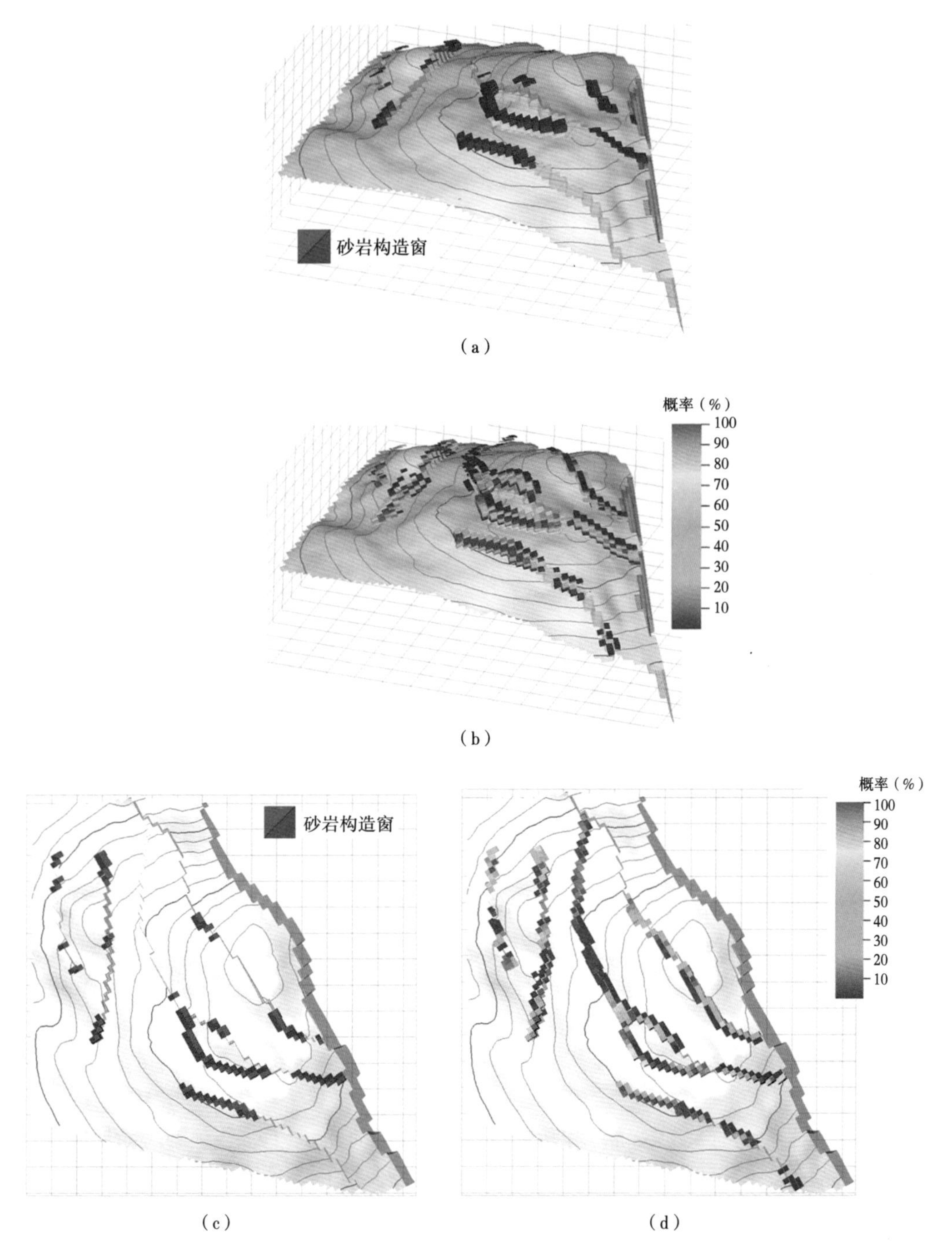

图 2.18　构造窗 3D 视图及其平面图

(a) 断层砂岩—砂岩构造窗 3D 视图，红色和蓝色用以区分算法扫过两个轴向网格时断层的不同侧面。(b) 包含断距不确定性的砂岩—砂岩构造窗概率 3D 视图［图 2.1（b)］。颜色表示砂岩—砂岩并置的概率。(c)（d) 分别显示了模型（a)（b）的平面映射视图。请注意，如果未使用不确定性，则砂岩—砂岩构造窗映射技术会突出显示关键区域。引入断距不确定性会扩大这些区域的范围，在这种情况下，沿着大部分断层网格会出现具备潜力的砂岩—砂岩构造窗。该模型中的微小几何变化有可能对跨断层流体流动产生较大影响

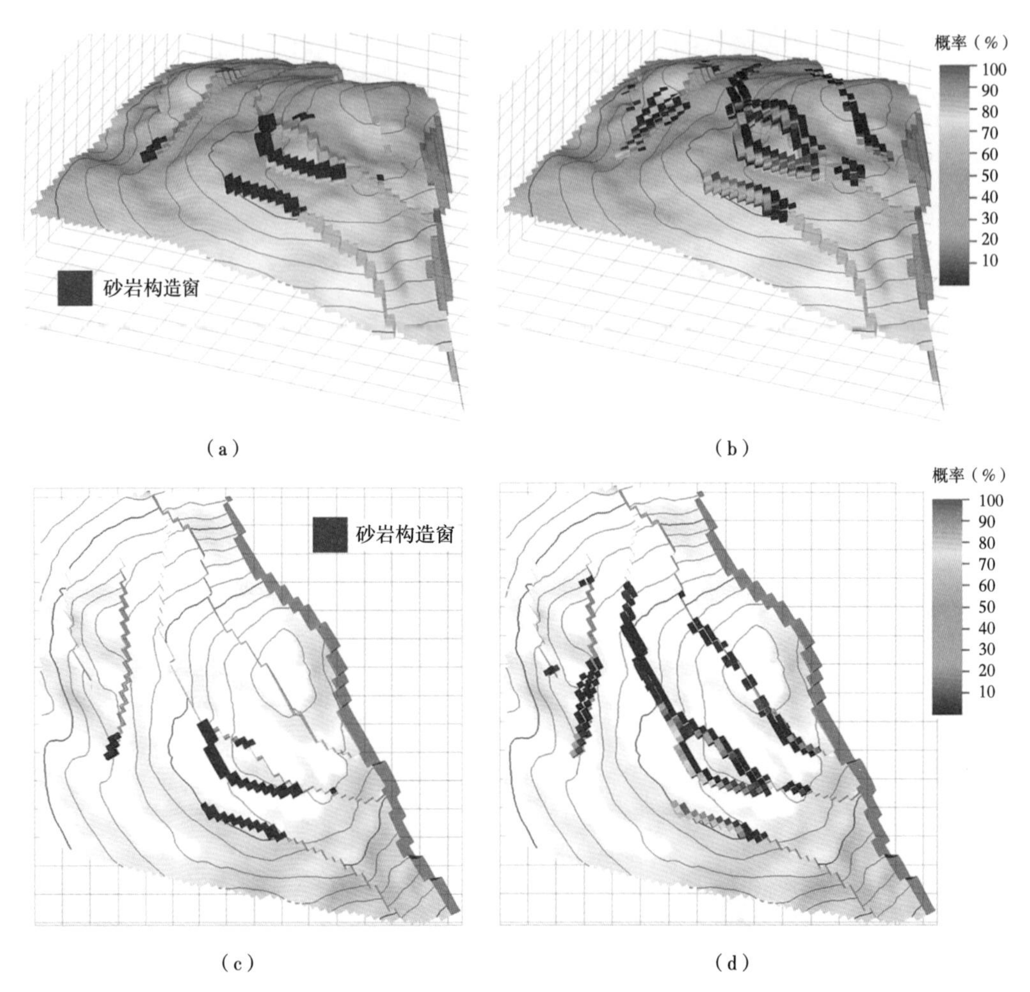

图 2.19 (a)(b)分别为原始地质网格模型沿断层的未涂抹砂岩—砂岩构造窗的 3D 和平面视图。(b)(d)分别为以 10m 标准偏差的断距不确定性和黏土涂抹因子不确定分布范围为 2（服从高斯分布）的涂抹砂岩—砂岩构造窗 3D 和平面视图。颜色表示执行了 400 次实现的砂岩—砂岩构造窗概率

2.8 讨论与结论

目前，已发表的有关断层统计和断层岩石属性的文献包含了一些预测跨断层流动属性所需的临界属性关系示例。然而，考虑到精确的流场模拟和远景风险的全局重要性，这些数据集数量相对较少。无论作了何种具体的表征，这些数据集包含的数据都非常分散（尽管更深入表征显著减少了数据的分散性）。在某些情况下，这种变异性可能与测量有关，但在大多数情况下，数据的分散性似乎体现了自然地质特征的变化性。因此，基于单一固定关系进行断层封闭性评估当然不太可能捕捉到系统的这种自然变化性。在某些情况下，中值关系情况（由最佳拟合趋势线定义）可能有用（例如流动模拟的控制渗透率），但在其他情况下，可能是控制结果的极端情况（例如控制累积勘探烃柱大小的最低封闭能力）。有可能对断层封堵性具有更重要意义的几何属性关系（James 等，2004），反而仍然没有很

好的记录。这里提供了揭示整个断层带内主滑动面位移的相对大小。这一点至关重要，因为它部分控制了局部断层并置的性质。需要进一步增加这一类数据，并应包括应变的韧性成分、地震成像和油藏规模的地质建模因子。

在过去的十年里，在现场流动模拟领域，人们普遍希望摆脱将断层视为完全开放或闭合的做法，转向跨断层流体流动，并引入更现实的断层岩石属性（Manzocchi 等，1999；Sperrevik 等，2002）。大量的地质和流动模拟建模软件包可以通过传导因子（例如 Roxar RMS、Eclipse-FloViz 和 Petrel、FAPS/TrapTester 和 TransGen）引入断层渗透性，但此计算通常基于已公布发表的全球化的关系进行。我们的分析使用了一系列构造样式和构造几何参数，揭示可能存在的并置不确定性，目前大多数行业标准软件包中还不能实现这些。

已经证明随机建模技术应用到三维断层封闭性分析具有很强的功能，运算迅速，操作简单。这种方法有助于改进制图，聚焦解释工作方向，更好地确定断层沿线的地理风险区域，更准确地理解风险和不确定性的规模，判断基于特定不确定性而导致的结果差异，并可以量化断层封闭性预测的质量。该方法在并置和断层膜封闭性分析中都有应用。

进行此类断层封闭性不确定性分析涉及四项主要任务：

（1）表征观测数据与断层封闭性输入之间的关系；

（2）界定围绕这种关系的地质不确定性；

（3）执行多次实现以便在某种程度上尊重数据并减少统计偏差；

（4）快速可视化并审视结果。

本章确定了实现这些目标的一些不同方法。

利用已发表文献中定义的趋势和数据范围，对各种断层封闭性进行多重随机实现，得到的结果表现出巨大的差异性。例如，基于定义明确的、自然发生的总体趋势的参数不确定性，预测出的传导因子达到 5~7 数量级取值分布范围，表明应用总体趋势关系有可能会导致非常反常的结果。对单参数不确定性影响的评估表明占主导作用的单一参数关系，降低单参数的不确定性对预测精度的提高相对较小。然而，将所有不确定性范围减少一半确实会对预测精度产生相当大的影响。如果将局部校准数据集与总体定义的趋势相结合，则可以改善这种不确定性水平。有趣的是，无不确定性、“最佳拟合”趋势线情况是大多数地质和流动模拟建模软件包使用的方法，它生成的 TM 预测通常比包含不确定性的模型高出 1~2 个数量级（预测的跨断层流动会高出几个数量级）。基于 TM 的流量模拟结果存在明显误差的这一观察结果与许多学者的观察结果非常吻合（Sperrevik 等，2002）。值得庆幸的是，减少总体数据集的不确定性范围大大改善了这种预测如果不确定性。减小总体不确定性的大约 35%，则预测精度提高大约 1 个数量级。已发布和未发布的数据都表明，这种水平的改进是可能的，但只适用于特征非常明确的特定领域数据集。综合使用特定断层地质历史分类器［图 2.1（b）］和特定地质历史的关系（图 2.3），应能有效地实现局部校准，从而大大降低不确定性，并得到更准确的预测结果。

在上述分析中，我们强调了利用最精确的校准数据对尽可能减小解决方案范围的至关重要性。工作流程的下一个步骤是根据油气聚集的物理观测和/或动态数据对预测结果进行校准。在缺少局部校准数据的地区，需要更加重视对油气聚集和生产数据的这些观测。

除了本章讨论和模拟的不确定性来源外，其他的不确定性来源包括多相流效应（Manzocchi 等，2002；Fisher 和 Jolley，2007）、断层破裂带内的多条断层线（Harris 等，

2007）以及断层带内高/低渗透带的内部并置（Fredman 等，2007）。

因此，该分析的结果总体表明，必须建立属性和几何关系数据库，以确定油田或远景相关的属性关系并进行校准。要想实现跨断层流动参数的有意义预测，就需要使用这些数据，而不是全球定义的趋势。

参考文献

Antonellini, M. & Aydin, A. 1994. Effect of faulting on fluid flow in porous sandstones: petrophysical properties. *American Association of Petroleum Geology Bulletin*, 78, 355-377.

Antonellini, M. & Aydin, A. 1995. Effect of faulting on fluid flow in porous sandstones: geometric properties. *American Association of Petroleum Geology Bulletin*, 79, 642-671.

Beach, A., Welbon, A. L., Brockbank, P. & McCallum, J. E. 1999. Reservoir damage around faults: outcrop examples from the Suez rift. *Petroleum Geoscience*, 5, 109-116.

Blenkinsop, T. G. 1989. Thickness-displacement relationships for deformation zones: discussion. *Journal of Structural Geology*, 11, 1051-1053.

Bouvier, J. D., Sijpesteijn, K., Kleusner, D. F., Onyejekwe, C. C. & vab der Pal, R. C. 1989. Three-dimensional seismic interpretation and fault sealing investigations, Nun River field Nigeria. *American Association of Petroleum Geology Bulletin*, 73, 1397-1414.

Bretan, P., Yielding, G. & Jones, H. 2003. Using calibrated shale gouge ratio to estimate hydrocarbon column heights. *American Association of Petroleum Geology Bulletin*, 87, 397-413.

Brown, A. 2003. Capillary effects on fault-fill sealing. *American Association of Petroleum Geology Bulletin*, 87, 381-395.

Childs, C., Walsh, J. J. & Watterson, J. 1997. Complexity in fault zone structure and implications for seal prediction. *In*: Møller-pedersen, P. & Koestler, A. G. (eds) *Hydrocarbon Seals: Importance for Exploration and Production*. Norwegian Petroleum Society (NPF), Special Publication, 7, 61-72.

Evans, J. P. 1990. Thickness-displacement relationships for deformation zone. *Journal of Structural Geology*, 12, 1061-1065.

Evans, J. P., Forster, C. B. & Goddard, J. V. 1997. Permeability of fault related rocks, and implications for hydraulic structure of fault zones. *Journal of Structural Geology*, 19, 1393-1404.

Faulkner, D. R. & Rutter, E. H. 1998. The gas permeability of clay-bearing fault gauge at 20℃. *In*: Jones, G., Knipe, R. J. & Fisher, Q. J. (eds) *Faulting, Fault Sealing and Fluid Flow in Hydrocarbon Reservoirs. Geological Society, London, Special Publication*, 147, 147-156.

Fisher, Q. J. & Jolley, S. J. 2007. Treatment of faults in production simulation models. *In*: Jolley, S. J., Barr, D., Walsh, J. J. & Knipe, R. J. (eds) *Structurally Complex Reservoirs*. Geological Society, London, Special Publication, 292, 219-233.

Fisher, Q. J. & Knipe, R. J. 1998. Fault sealing processes in siliciclastic sediments. *In*: Jones, G., Knipe, R. J. & Fisher, Q. J. (eds) *Faulting, Fault Sealing and Fluid Flow in Hydrocarbon Reservoirs*. Geological Society, London, Special Publication, 147, 147-156.

Fisher, Q. J. & Knipe, R. J. 2002. The permeability of faults within siliciclastic petroleum reservoirs of the North Sea and Norwegian continental shelf. *Marine and Petroleum Geology*, 18, 1063-1081.

Fisher, Q. J., Harris, S. D., Mcallister, E., Knipe, R. J. & Bolton, A. 2001. Hydrocarbon flow across faults by capillary leakage revisited. *Marine and Petroleum Geology*, 18, 251-257.

Foxford, K. A., Walsh, J. J., Watterson, J., Garden, I. R., Guscott, S. C. & Burley, S. D. 1998. Structure and content of the Moab Fault Zone, Utah, USA, and its implications for fault seal prediction. *In*: Jones, G., Knipe, R. J. & Fisher, Q. J. (eds) *Faulting, Fault Sealing and Fluid Flow in Hydrocarbon Reservoirs*. Geological Society, London, Special Publication, 147, 87–103.

Fredman, N., Tveranger, J., Semshaug, S., Braathen, A. & Sverdrup, E. 2007. Sensitivity of fluid flow to fault core architecture and petrophysical properties of fault rocks in siliciclastic reservoirs: a synthetic fault model study. *Petroleum Geoscience*, 13, 305–320.

Fulljames, J. R., Zijerveld, L. J. J. & Fransen, R. C. M. W. 1997. Fault seal processes: systematic analysis of fault seals over geological and production time scales. *In*: Møller–Pedersen, P. & Koestler, A. G. (eds) *Hydrocarbon Seals: Importance for Exploration and Production*. Norwegian Petroleum Society (NPF), Special Publication, 7, 51–59.

Handyside, D. D., Karaoguz, O. K., Deskin, R. H. & Mattson, G. A. 1992. A practical application of stochastic modeling techniques for turbidite reservoirs. SPE n° 24892.

Harris, S. D., Vaszi, A. Z. & Knipe, R. J. 2007. Three–dimensional upscaling of fault damage zones for reservoir simulation. *In*: Jolley, S. J., Barr, D., Walsh, J. J. & Knipe, R. J. (eds) *Structurally Complex Reservoirs*. Geological Society, London, Special Publication, 292, 353–374.

Hesthammer, J. & Fossen, H. 2000. Uncertainties associated with fault sealing. *Petroleum Geoscience*, 6, 37–45.

Hesthammer, J., Johansen, T. E. S. & Watts, L. 2000. Spatial relationships within fault damage zones in sandstone. *Marine and Petroleum Geology*, 17, 873–893.

Hull, J. 1988. Thickness–displacement relationships for deformation zone. *Journal of Structural Geology*, 10, 431–435.

James, W. R., Fairchild, L. H., Nakayama, G. P., Hippler, S. J. & Vrolik, P. J. 2004. Fault–seal analysis using a stochastic multifault approach. *American Association of Petroleum Geology Bulletin*, 88, 885–904.

Jolley, S. J., Stuart, G. W. Freeman, S. R. et al. 2007. Progressive evolution of a late–orogenic thrust system, from duplex development to extensional reactivation and disruption: Witwatersrand Basin, South Africa. *In*: Ries, A. C., Butler, R. W. H. & Graham, R. H. (eds) *Deformation of the Continental Crust*. Geological Society, London, Special Publication, 272, 543–569.

Kim, Y. –S., Peacock, D. C. P. & Sanderson, D. J. 2003. Mesoscale strike–slip faults and damage zones at Marsalforn, Gozo Island Malta. *Journal of Structural Geology*, 25, 793–812.

Knai, T. A. & Knipe, R. J. 1998. The impact of faults on fluid flow in the Heidrun Field. *In*: Jones, G., Knipe, R. J. & Fisher, Q. J. (eds) *Faulting, Fault Sealing and Fluid Flow in Fydrocarbon Reservoirs*. Geological Society, London, Special Publication, 147, 269–282.

Knipe, R. J. 1997. Juxtaposition and seal diagrams to help analyze fault seals in hydrocarbon reservoirs. *American Association of Petroleum Geology Bulletin*, 81, 187–195.

Knipe, R. J., Fisher, Q. J., Jones, G. et al. 1997. Fault seal analysis: successful methodologies, application and future direction. *In*: Møller–Pedersen, P. & Koestler, A. G. (eds) *Hydrocarbon Seals: Importance for Exploration and Production*. Norwegian Petroleum Society (NPF), Special Publication, 7, 15–40.

Knipe, R. J., Jones, G. & Fisher, Q. J. 1998. Faulting, fault seal and fluid flow in hydrocarbon reservoirs: an introduction. *In*: Jones, G., Knipe, R. J. & Fisher, Q. J. (eds) *Faulting, Fault Sealing and Fluid Flow in Hydrocarbon Reservoirs*. Geological Society, London, Special Publication, 147, vii–xxi.

Knipe, R. J., Freeman, S., Harris, S. D. & Davies, R. K. 2004. Structural uncertainty and scenario modelling for fault seal analysis. *Proceedings of the AAPG Annual Convention Abstracts*, *18th–21st April*, *Dallas*, *Texas*, 13, A77.

Knott, S. D. 1994. Fault zone thickness versus displacement in the Permo – Triassic sandstone of NW England. *Journal of the Geological Society of London*, 151, 17–25.

Knott, S. D., Beach, A., Brockbank, P. J., Lawson, Brown, J., McCallum, J. E. & Welbon, A. I. 1996.

Spatial and mechanical controls on normal fault populations. *Journal of Structural Geology*, 18, 359-372.

Lehner, F. K. & Pilaar, W. F. 1997. The emplacement of clay smears in syn-sedimentary normal faults: inferences from field observations near Frechen Germany. *In*: Møller-Pedersen, P. & Koestler, A. G. (eds) *Hydrocarbon Seals: Importance for Exploration and Production.* Norwegian Petroleum Society (NPF), Special Publication, 7, 39-50.

Lindsay, N. G., Murphy, F. C., Walsh, J. J. & Watterson, J. 1993. Outcrop studies of shale smears on fault surfaces. *In*: Flint, S. T. & Bryant, A. D. (eds) *The Geological Modelling of Hydrocarbon Reservoirs and Outcrop.* International Association of Sedimentology, Special Publication, 15, 113-123.

Manzocchi, T., Walsh, J. J., Nell, P. & Yielding, G. 1999. Fault transmissibility multipliers for flow simulation models. *Petroleum Geoscience*, 5, 53-63.

Manzocchi, T., Heath, A. E., Walsh, J. J. & Childs, C. 2000. Fault-rock capillary pressure: extending fault seal concepts to production simulation. *Norwegian Petroleum Society conference on hydrocarbon seal quantification, Stavanger Norway. Extended abstracts.* Norwegian Petroleum Society (NPF), 51-54.

Manzocchi, T., Heath, A. E., Walsh, J. J. & Childs, C. 2002. The representation of two phase fault-rock properties in flow simulation models. *Petroleum Geoscience*, 8, 119-132.

Morrow, C. A., Shi, L. Q. & Byerlee, J. D. 1984. Permeability of fault gauge under confining pressure and shear stress. *Journal of Geophysical Research*, 89 (B5), 3193-3200.

Ottesen Ellevset, S., Knipe, R. J., Svava Olsen, T., Fisher, Q. J. & Jones, G. 1998. Fault controlled communication in the Sleipner Vest Field, Norwegian Continental Shelf; detailed, quantitative input for reservoir simulation and well planning. *In*: Jones, G., Knipe, R. J. & Fisher, Q. J. (eds) *Faulting, Fault Sealing and Fluid Flow in Hydrocarbon Reservoirs.* Geological Society, London, Special Publication, 147, 283-297.

Peacock, D. C. P. & Sanderson, D. J. 1994. Strain and scaling of faults in the Chalk at Flamborough Head UK. *Journal of Structural Geology*, 16, 97-107.

Schowalter, T. T. 1979. Mechanisms of secondary hydrocarbon migration and entrapment. *American Association of Petroleum Geologists Bulletin*, 63, 723-760.

Shipton, Z. K. & Cowie, P. A. 2001. Damage zone and slip-surface evolution over mm to km scales in high-porosity Navajo sandstone Utah. *Journal of Structural Geology*, 23, 1825-1844.

Shipton, Z. K., Evans, J. P., Robeson, K. R., Forster, C. B. & Snelgrove, S. 2002. Structural heterogeneity and permeability in faulted eolian sandstone: implications for subsurface modelling of faults. *American Association of Petroleum Geologists Bulletin*, 86, 863-883.

Sperrevik, S., Gillespie, P. A., Fisher, Q. J., Halvorsen, T. & Knipe, R. J. 2002. *Empirical estimation of fault rock properties. In*: Koestler, A. G. & Hunsdale, R. (eds) *Hydrocarbon Seals Quantification.* Norwegian Petroleum Society (NPF), Special Publication, 11, 109-125.

Townsend, C., Firth, I. R., Westerman, R., Kirkevollen, L., Hårde, M. & Andersen, T. 1998. Small Seismic-scale fault identification and mapping. *In*: Jones, G., Knipe, R. J. & Fisher, Q. J. (eds) *Faulting, Fault Sealing and Fluid Flow in Hydrocarbon Reservoirs.* Geological Society, London, Special Publication, 147, 1-25.

Watts, N. L. 1987. Theoretical aspects of cap-rock and fault seals for single and two phase hydrocarbon columns. *Marine and Petroleum Geology*, 4, 274-307.

Yielding, G. 2002. Shale gouge ratio-calibration by geohistory. *In*: Koestler, A. G. & Hunsdale, R. (eds) *Hydrocarbon Seals Quantification.* Norwegian Petroleum Society (NPF), Special Publication, 11, Elsevier, Amsterdam, 1-15.

Yielding, G., Freeman, B. & Needham, D. T. 1997. Quantitative fault seal prediction. *American Association of Petroleum Geology Bulletin*, 81, 897-917.

3　采用标准储层模拟软件实现复杂碳酸盐岩岩相、成岩和裂缝属性建模

Michael C. Pöppelreiter　Maria A. Balzarini
Birger Hansen　Ronald Nelson

摘要： 由于成岩改造过的碳酸盐岩岩体的几何形态和孔隙系统通常是不规则的，因此对其网格化地质建模具有挑战性。然而，人们早就认识到，构造演化形成的地层格架影响着碳酸盐岩岩相、成岩作用和裂缝发育模式，而后两者的共同作用又决定了储层的形态和属性。解析这些过程可以揭示仅凭钻井数据无法发现的趋势。这些趋势对建立地质模型实现井间属性的外推十分有利，并能用于井区的经济筛选。本章展示了如何使用标准储层建模软件来建立复杂地质模型，尤其展示了如何根据沉积相、埋藏成岩作用、烃类充注和裂缝的概念模式建立碳酸盐岩储层模型。本章也讨论了与这些过程相关的用于预测储层属性分布的工作流程。

委内瑞拉西北部的马拉开波（Maracaibo）盆地（图 3.1）是世界上最古老的含油气区。其主要产出层段之一是埋深 5000~6000m 的 Cogollo 群石灰岩油藏（图 3.1）。与马拉开波盆地的其他 Cogollo 油田不同，本章关注的 Urdaneta West 油田并非单纯的裂缝油藏。油气主要产自以颗粒为主的地层，储集空间包括裂缝和次生（淋滤）孔隙。这些孔隙类型产生了复杂的储层结构（图 3.2），成为油田开发的主要不确定性。Urdaneta West 油田油井只有钻遇孔隙度足够高的岩层（即淋滤的颗粒岩层）时才有经济效益。因此，具备充分基质孔隙度（地层）的预测具有十分重要的经济意义。储层的平均孔隙度和渗透率都很低，分别为 3% 和 0.01mD（图 3.3）。然而，局部孔隙度通常达 10%~20%，渗透率在几十毫达西的储层也是很常见的（图 3.3）。这些岩石属性明显高于目前埋藏深度的期望值（Scholle 和 Halley，1985；Ehrenberg 和 Nadeau，2005）。这归因于以下事实：很大一部分孔隙体积可能为埋藏成岩作用形成的次生孔洞。此外，该油田构造高部位的早期烃类充注可能在某些地区抑制了淋滤后的胶结作用，随后的裂缝可能沟通了基质“甜点”。

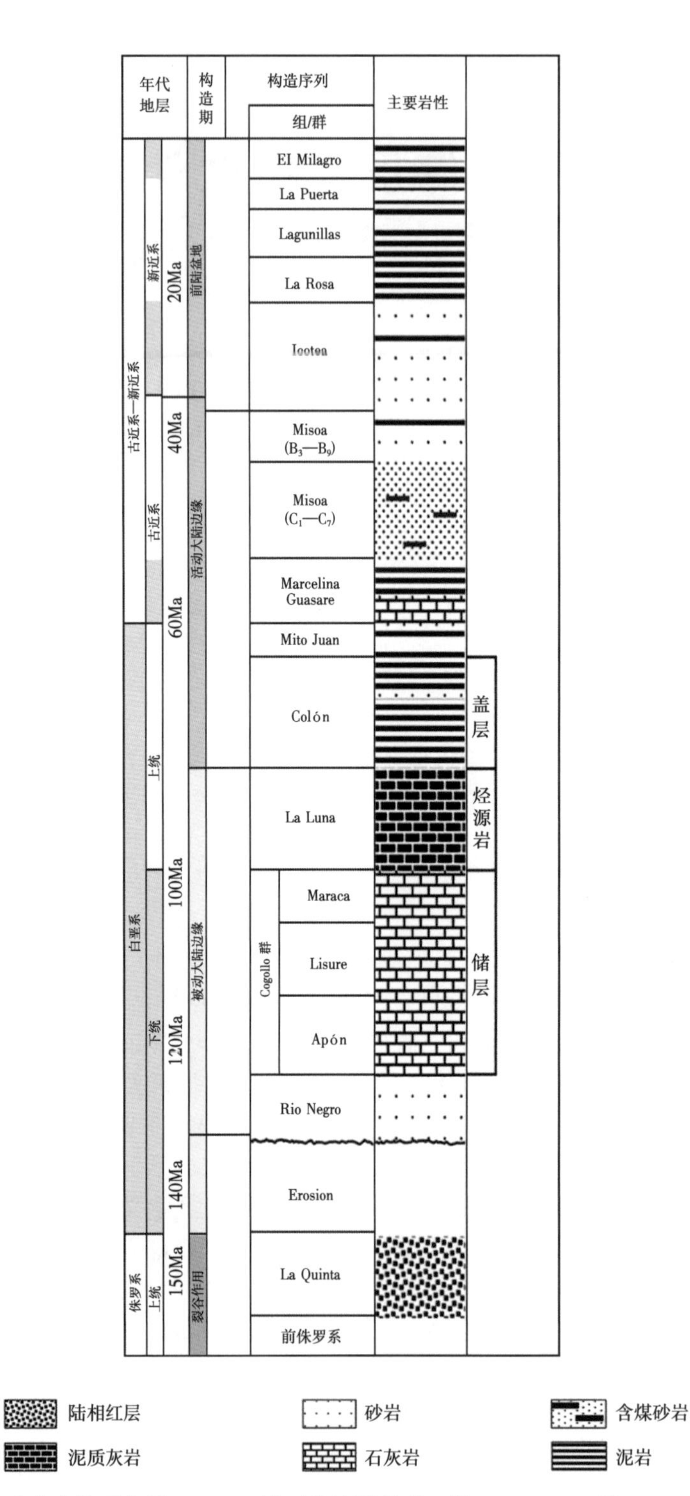

图 3.1　委内瑞拉西北部 Urdaneta 油田的地层序列（据 Pöppelreiter 等，2005，修改）

柱状图标出的是委内瑞拉西北部盆地开发的主要层位以及 Cogollo 成藏组合要素

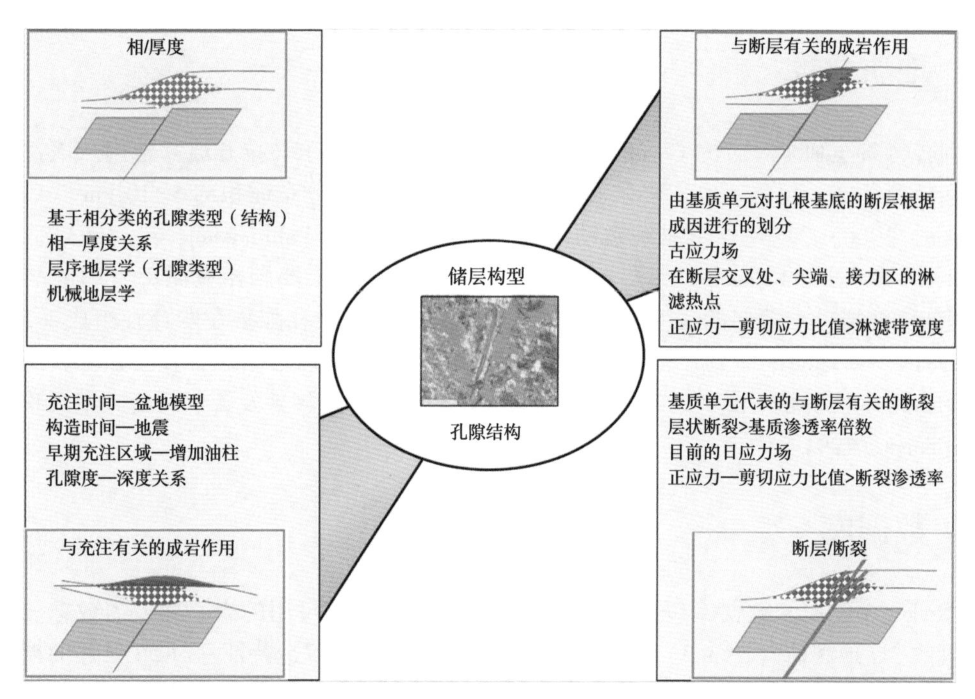

图 3.2　岩相、断层/裂缝、与断层和充注有关的成岩作用之间的相互作用，是影响埋藏期发生了成岩改造的碳酸盐岩油藏复杂储层构型和孔隙结构的主要因素

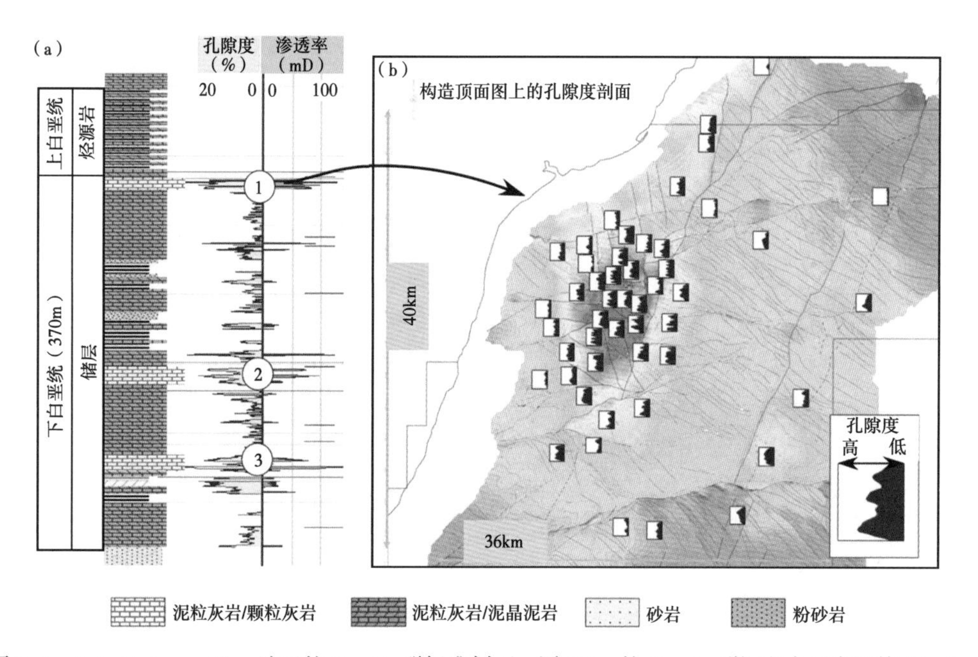

图 3.3　(a) Urdaneta West 油田的 Cogollo 群标准剖面。厚 370m 的 Cogollo 群沉积在下白垩统 Rio Negro 砂岩上。该储层上覆上白垩统 La Luna 泥质灰岩（烃源岩）。Cogollo 群石灰岩通常由三套致密层组成，具备基质孔隙度和渗透率层。(b) 绘制在 Cogollo 群顶面构造图的最顶部小层的孔隙度剖面（红色表示构造高部位，而深蓝色表示构造最低部位）。注意存在大量的地震上可识别的断层。不同颜色的断层表示这些断层成因不同

3.1 地质背景

阿普特阶至阿尔布阶的 Cogollo 群（Renz，1981）沉积于马拉开波盆地内。该盆地在委内瑞拉西北部、秘鲁、厄瓜多尔和哥伦比亚的部分地区分布面积约 5×10^4km^2（Castillo 和 Mann，2006）。它是下白垩统被动大陆边缘的一部分（Vahrenkamp 等，1993），如图 3.3 所示。研究区的 Cogollo 群厚约 370m（1200ft），由厚层潟湖相粒泥灰岩和泥晶灰岩（致密且易破裂）夹薄层的浅滩泥粒灰岩和颗粒灰岩（基质孔隙潜在发育）组成（Bartok 等，1981）。全球海平面上升和温室条件触发了薄层陆相碎屑之上或者直接在基岩局部区域上的台地生长。相对海平面的振荡导致碳酸盐岩缓坡的迁移并发育了六套大型沉积序列（Azpiritxaga，1991）。

3.2 数据库

本研究中使用的数据库包括 Urdaneta West 油田中所有可用的岩心和岩屑数据。对重新处理的 3D 地震体（图 3.3）进行了重新评估，重点放在构造特征。对 56 口井的裸眼测井进行了详细的一致性的重新评估。此外，以裂缝、应力指标和次生孔隙为中心重新解释了 17 口井成像测井，同时对 14 条测斜仪测井曲线进行了快速研究，以及岩心塞的岩石强度和声学测量。此外，整合了详细的盆地模拟结果，并得到了广泛的文献的支撑。综合沉积地层学、岩石物理学和地质力学分析，为下面讨论的概念性储层模型提供了支撑（图 3.4）。

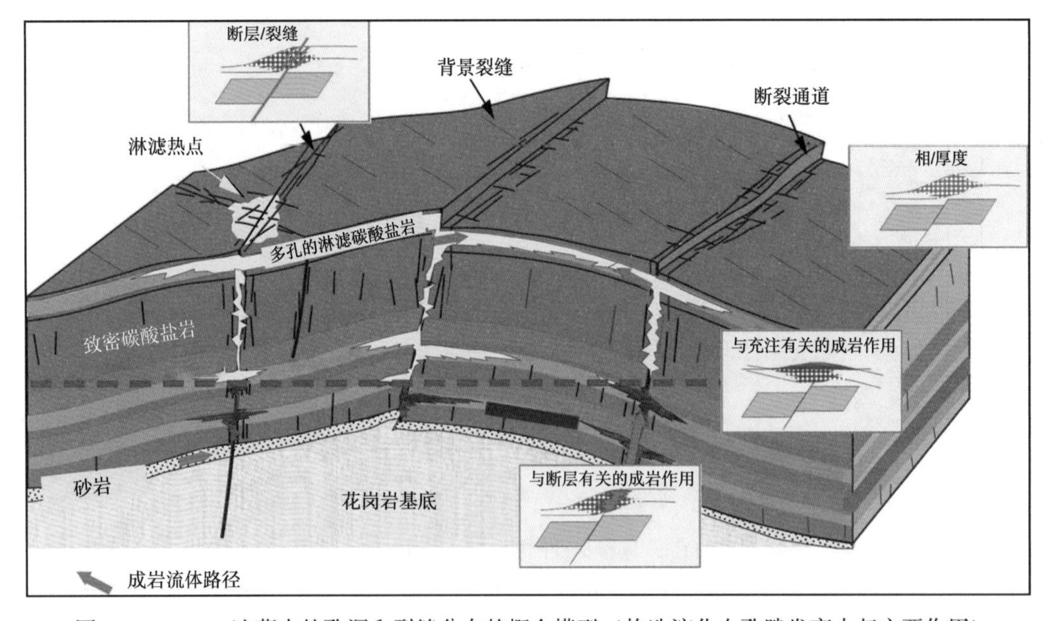

图 3.4　Cogollo 油藏中的孔洞和裂缝分布的概念模型（构造演化在孔隙发育中起主要作用）

3.3 岩相和厚度

3.3.1 观察

50 口以上的钻井较好地控制了 Urdaneta West 油田的总储层厚度。岩心、岩屑、裸眼测井和井眼成像测井等资料很好地揭示了油田脊部岩相的空间分布，但这些资料对侧翼的控制性较弱。岩相分析表明，具有重要经济价值的孔隙仅发育在颗粒岩相中，即出现的生物碎屑泥粒灰岩和颗粒灰岩的沉积旋回（图 3.4）。叠置模式控制颗粒岩相的垂直分布。颗粒岩占比最高的厚层组合主要发育海侵沉积底部和中等尺度海退沉积顶部。

使用岩心标定后的井资料，完成了约 300km 区域内碳酸盐岩台地六个大尺度地层旋回的区域对比。对比面表现为加积型的沉积构型，席状薄层颗粒灰岩层延伸达数十千米（图 3.5）。该剖面图支持了早期的研究人员的观察结果，即泥粒灰岩和颗粒灰岩优先发育在古地垒块体上（Bartok 等，1981），说明先期地貌影响了沉积相的分布（Lomando，1999）。与古地堑区域相比，古地垒块体上总储层厚度较小，然而净储层厚度可能更大。

地震地层学

(a)

NW

SE

加厚

区域地磁图

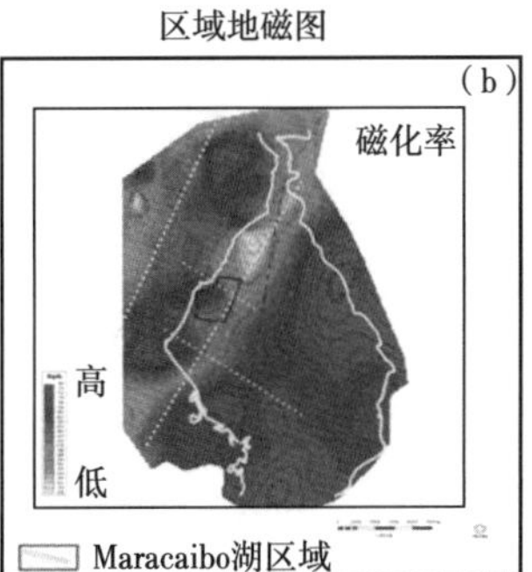

主要旋回的区域对比

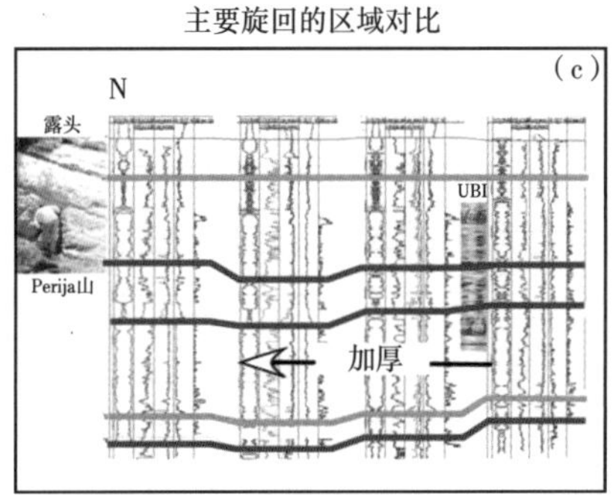

区域总厚度图

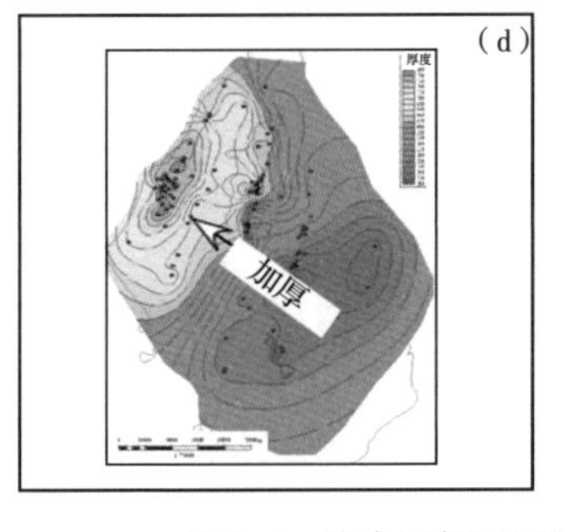

油田尺度相分布

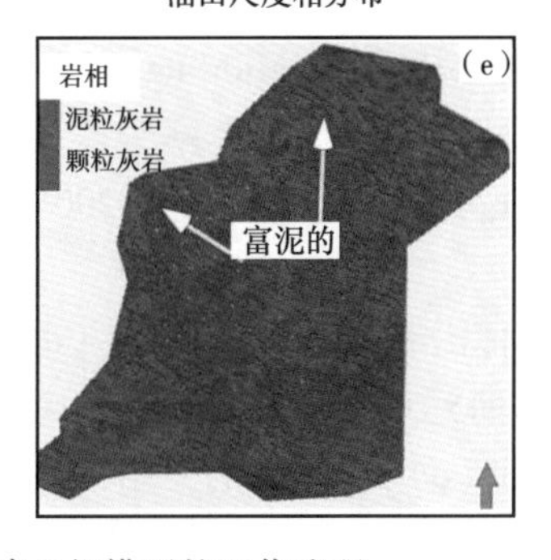

图 3.5 综合局部和区域信息来建立相模型的工作流程

(a) 地震地层学用于确定和绘制大尺度地层单元的厚度。(b) 通过检查重力和磁力以了解主要构造单元的区域方位和边界。(c) 与沉积相分析结合的储层内（Cogollo 群）旋回测井对比能显示同沉积厚度和相趋势。(d) 与其他属性图相比，储层内旋回的厚度可能揭示出可以用作油田尺度建模间接证据的常见模式。(e) 观测结果的总结有助建立更精确的油田尺度的相趋势

制作了大尺度地层单元的厚度分布图（图 3.5）。这些图件与重力、磁力和地震断层线叠加在一起。Apón 组油藏下部储层厚度似乎更小，对应于低重力和低磁化率，与 NE—SW 走向地垒块体一致（Bartok，等，1981；Lugo，1991）。岩心、岩屑、测井和露头数据显示泥质结构的总厚度具有随远离地垒块体而增加的微弱趋势。大尺度地层单元厚度的减薄对应更慢的沉降速率和更高比例的颗粒浅滩沉积的地垒块体。

3.3.2 建模

建立了基于层序地层单元的分层方案，将具有特定岩石结构和孔隙类型的地层区分开。每一个小层的横向变化局限在油田范围内。然后建立了两种主要岩石类型的相模型：颗粒支撑的骨架泥粒灰岩和颗粒灰岩、灰泥支撑的致密泥晶灰岩和粒泥灰岩（图 3.5）。这些类型岩石的分布是利用趋势图进行随机插值模拟得到的。该趋势也应用于现有井控制区以外约束较差的区域。前期地形对相的明确控制作用被用作利用厚度趋势进行相建模的间接证据。因此，颗粒支撑结构的百分比随着总厚度的增加而逐渐降低（图 3.5）。

3.4 与断裂相关的成岩作用

3.4.1 观察

生物碎屑泥粒灰岩和颗粒灰岩中大多数孔隙是次生孔隙，无论是生物碎屑铸模孔还是孔洞（溶蚀扩大）。有趣的是，孔洞中常与“外来胶结相”有关，例如异形白云石、自生高岭石和玉髓（Vahrenkamp 等，1993）。它们呈现出与原始沉积体系不一致的地球化学指标，如盐度、温度、同位素。上面提到的成岩相在次生孔隙和裂缝中是相似的，表明这些孔隙属于晚期埋藏成因（Esteban 和 Taberner，2003）。此外，现有井中次生孔隙度增加现象似乎主要发生在地震可识别的源于基底的断裂附近。

沿基底断裂发育的次生孔隙（Knipe，1993）在多个油藏中都较常见（Hurley 和 Budros，1990；Wilde 和 Muhling，2000；Boreen 和 Colquhoun，2003；Tinker 等，2004；Davies 和 Smith，2006）。多个露头类比研究中也记录了与断裂相关的淋滤带的几何形态（Wilson，1990；Lopez-Horgue 等，2005）。上述实例可以作为 Urdaneta West 成岩改造的类比案例。

腐蚀性流体沿着 Rio Negro 地层 Cogollo 群底部的砂岩含水层迁移（图 3.2）。腐蚀性流体最有效的垂向运移通道应是临界应力走滑断层、断层尖端和转换带（Hickman 等，2003）[图 3.5（d）]。先存的受结构控制的孔隙度和渗透率网络影响了流体在地层中侧向运移的距离。台地之上数千米范围内，成岩改造带的孔隙度和渗透率侧向变化很大，沿断裂破碎溶蚀带渗透率超过 100mD，而台地上方数千米微弱淋滤的基岩渗透率只有几毫达西。淋滤带的宽度可以从致密岩石中的仅几米变化到高渗岩石中的几千米不等。相对于压实作用的淋滤时间对产生足够的次生孔隙至关重要。垂向上，最强的淋滤作用见于低渗透性页岩和泥质碳酸盐岩之下，它们可能阻碍了腐蚀性流体向上运移，并迫使它们侧向进入渗透性稍好的地层。

3.4.2 建模

利用重新处理的3D地震数据体重新评估了白垩纪到现今的构造史，以表征断裂系统成为成岩流体通道的可能性。将基底断层与浅层上覆断层进行了区分。基于淋滤过程的认识，所有中新统和浅层断裂都被忽略。

综合地震地层学和属性分析（Galarraga 等，2005），基底断裂划分为上石炭统（NEE 走向）断层、侏罗系（NNE 走向）断层和始新统（NNW 走向）断层三套组系。仅沿基底断层模拟淋滤通道，这些断层形成于始新世，正是推断发生淋滤的时间（图3.6）。淋滤作用改造岩石的横向展布范围（即孔隙度升高的区域），作为岩石结构、断层长度、褶皱、构造史和淋滤期间应力状态的函数进行模拟。按照 Hansen（2002）的地质力学工作流程，估算了所有基底断裂带的应力状态（图3.6），该工作流程类似于 Akbar 等（2003）和 Wynn 等（2005）描述的方法。该算法直接应用到地质建模程序包 Petrel 中（图3.7），详见 Poppelreiter 等（2005）的讨论。该模型需要岩石弹性属性、外部应力场及应力与裂缝渗透率之间关系的3D表达。这些参数来自区域构造认识、井眼成像测井、密度和声波测

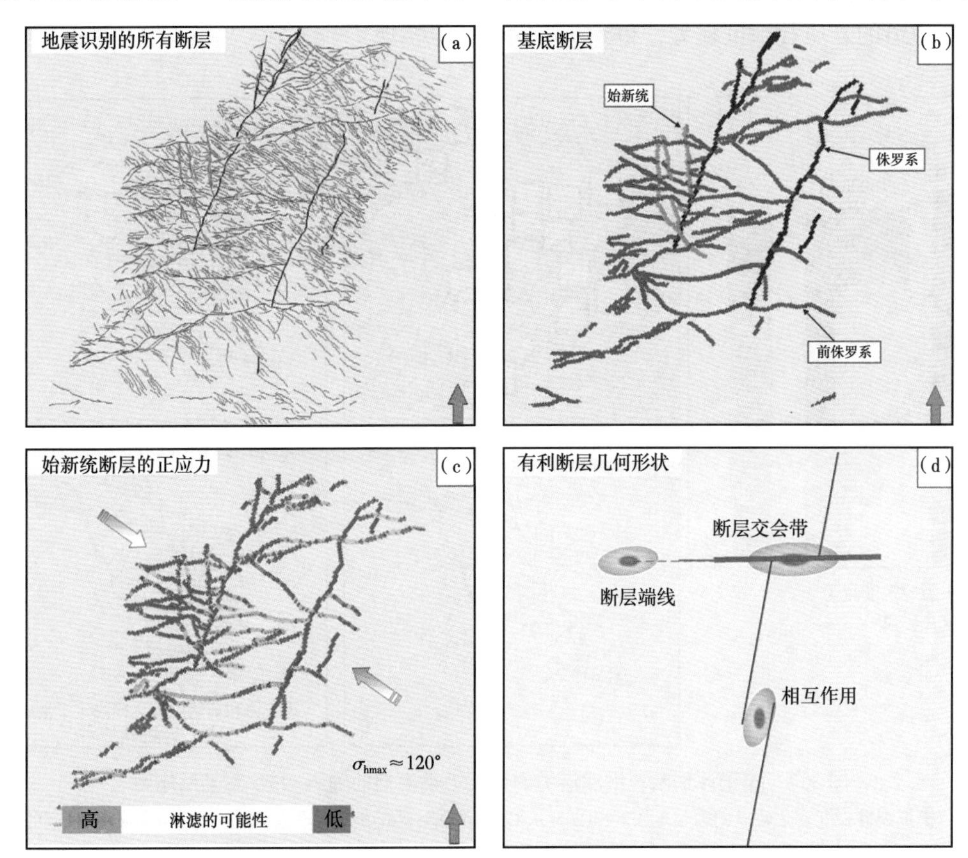

图3.6 识别淋滤断层隔层的工作流程，可能会使得周边的孔隙度提高

(a) 在 Urdaneta West 解释的所有地震规模断层。(b) 按照成因，仅将基底断层划分为前侏罗系（上石炭统）(粉红色)、侏罗系（黑色）和始新统（浅蓝色）断层。(c) 通过应力值（地质力学算法的输出参数）来划分断层，将其缩放到可能性相对较高或较低的淋滤带。(d) 断层交会带，相互作用区域和沿着基底断层［对比图3.6（b）］的断层端线是可能淋滤的附加位置

井、孔隙压力分布、漏失测试、实验室测试、压力测试和断层方位（Zoback，2007）。岩石弹性属性的垂直分布是按照地质力学地层扩展层序地层分层方案得到的。致密层根据泥质含量及其易破裂的可能性进行了区分（图 3.7）。早期混有致密石灰岩的泥质单元，缺乏基质和裂缝渗透率，它们可能限制了腐蚀性流体的上升，所以把它们单独分离出来。

地质力学模型的输出包括每个断层单元的法向应力和剪应力。这两种应力的比值被用作断层滑动趋势的半定量度量（Jaeger 和 Cook，1979）。将它转换成裂缝渗透率（Bai 和 Elsworth，1994；Bai 等，1999），就可以代表腐蚀性流体流通的可能性（图 3.7）。通过将应力比按比例刻度到现有井中测量的高孔带与断层间的距离，就可以将应力比转换为淋滤带的宽度（图 3.8）。因此，颗粒岩相中淋滤通道的宽度从 800m 到 2500m 不等，而泥质岩相淋滤通道的最大宽度为 200m。使用 Poly 3D 软件（斯坦福大学）对容易发生成岩流体运移的断层交会处、断尖区域和转换带进行了筛查（图 3.6）（Hickman 等，2002，2003），以预测可能发生拉张和剪切破坏的区域（Bourne 等，2000，2001）。将选定的断层交会处、断尖区域和转换带分别作为“淋滤热点”进行单独建模，直径约 5000m。把它们添加到上述的淋滤通道中。随后，使用仅有孔隙度升高部分的井的孔隙度测井曲线建立了淋滤通道的基质孔隙度模型，得到了不同的随机实现。

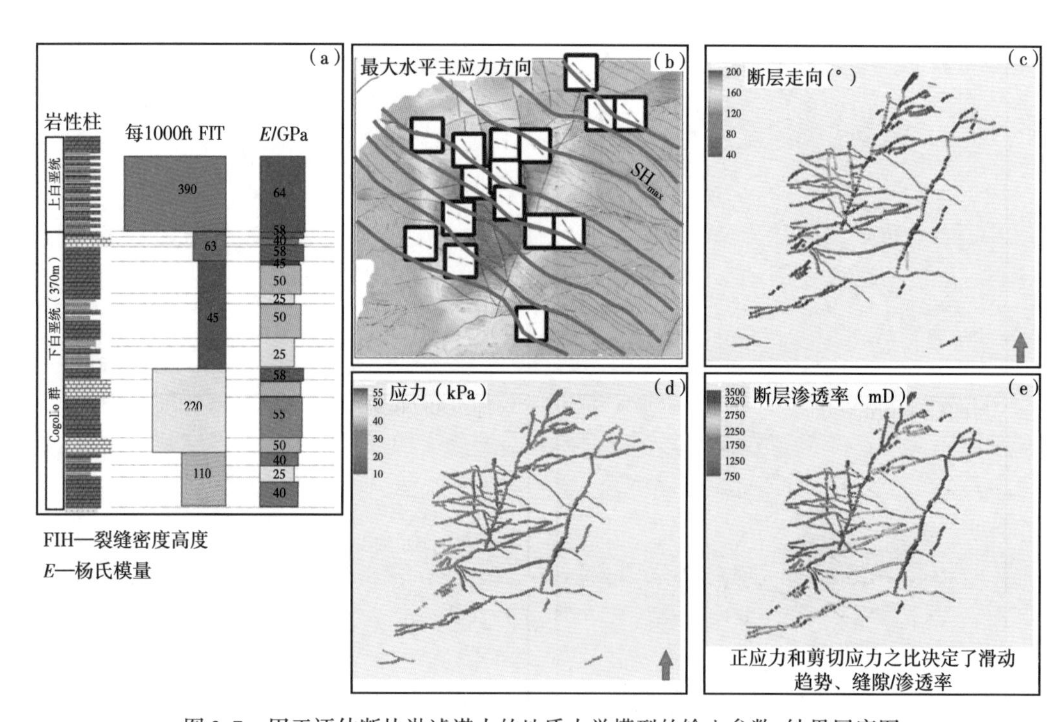

图 3.7　用于评估断块淋滤潜力的地质力学模型的输入参数/结果层序图

（a）模拟裂缝强度变化建立的力学地层。（b）显示 Cogollo 地层裂缝方位的玫瑰花图（绘制在 Cogollo 顶部的深度图上），这些数据源自成像测井和定向岩心。深蓝色线表示解释的最大水平主应力方向。（c）3D 模型中网格单元展示的断层。此处显示的断层特性是断层走向，这是计算应力的一个参数。（d）在每个断层单元所计算的法向应力值。（e）将应力值刻度到现有井观察到的断层渗透率

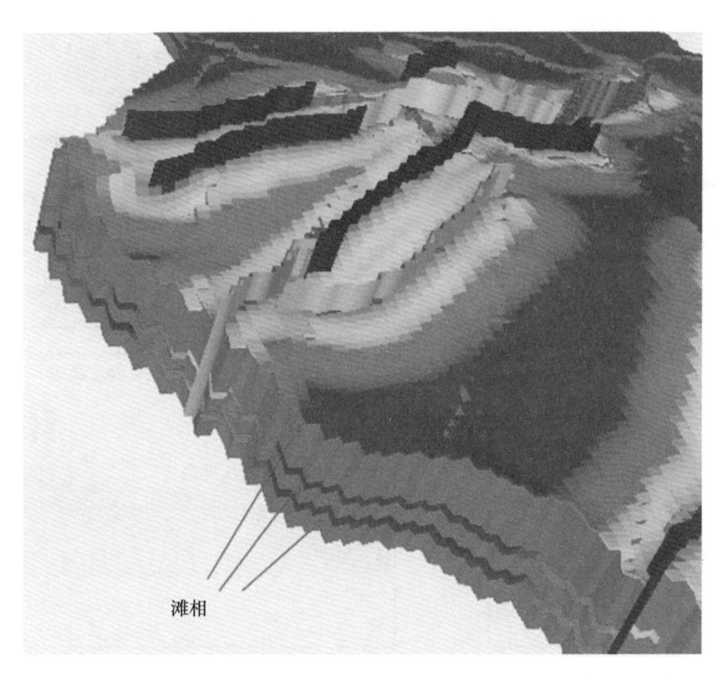

图 3.8　沿着颗粒岩相中的临界压缩基底断裂模拟的高孔淋滤廊道

淋滤带宽度=1/应力比值，缩放到井和露头数据

3.5　与充注相关的成岩作用

3.5.1　观察

岩相分析表明，先前淋滤的颗粒岩相中的一些次生孔隙（生物碎屑铸模孔、孔洞）消失的原因是胶结作用，而不是由相变或缺乏孔洞孔隙度造成的。胶结作用通常在该油藏的构造低部位有发现，而构造较高部位沿断层的最厚颗粒岩层中通常保留了一定的孔隙空间（Bartok 等，1981）。高部位胶结较弱可能是由于如 Marchand 等（2002）和 Wilkinson 等（2006）在其他地区所讨论的早期烃类充注所致。

3.5.2　建模

通过分析 Urdaneta West 地区的充注历史和构造演化来研究烃类充填减少后期胶结作用的可能性（图 3.9）。采用盆地模拟重建充注历史。结果表明，第一次烃类充注发生在始新世中期。利用具有连续的整合地震反射层的九个地震深度图重建了构造演化史。这些层面的时间跨度从早白垩世到上新世，在整个油田范围进行了成图。超压层进行了去压实校正，并通过拉平单个地震反射层恢复了 Cogollo 顶部的形态。这项研究表明，从始新世中期开始，在 Urdaneta West 便开始形成背斜构造（图 3.9）。随后，将九张单独的深度图进行叠合，构造高部位在整个地质历史时期保持不变。将推测的油柱添加到重建的油藏顶部构造图上，以估计早期充注的构造高点的范围（图 3.9）。测试了两种情况，分别是薄和厚油柱，以评估其对烃类充注区范围的影响。

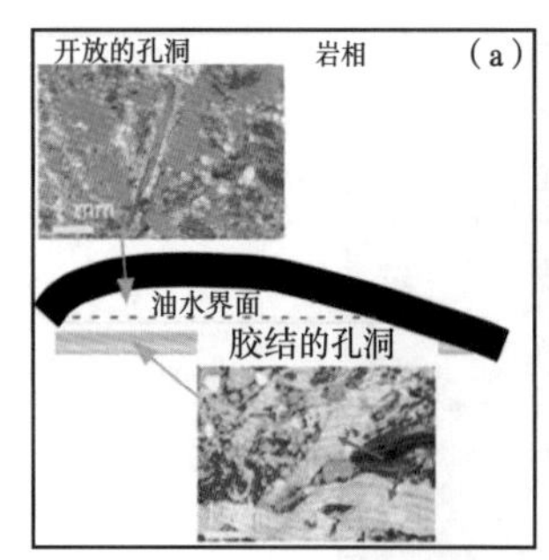

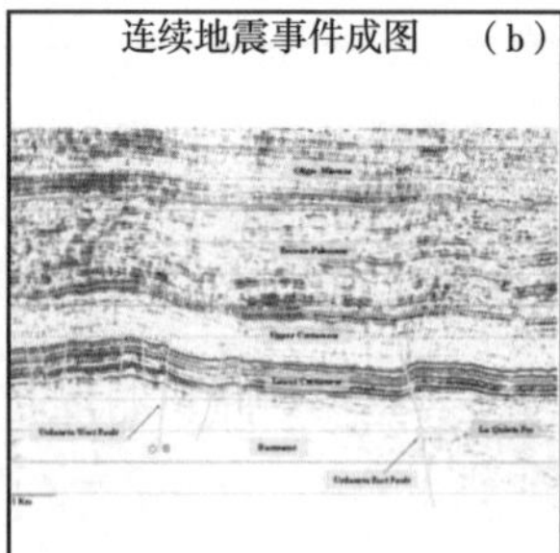

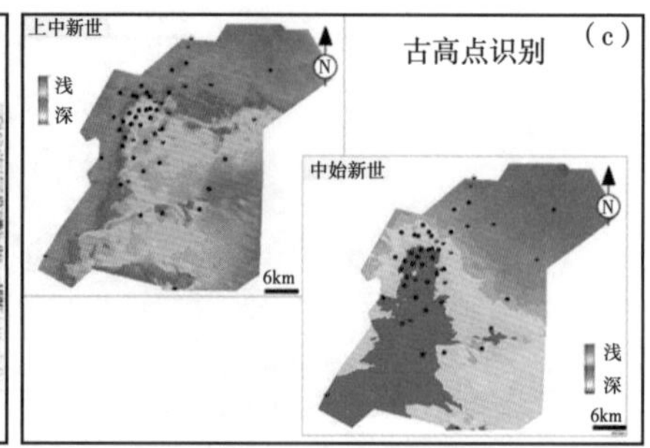

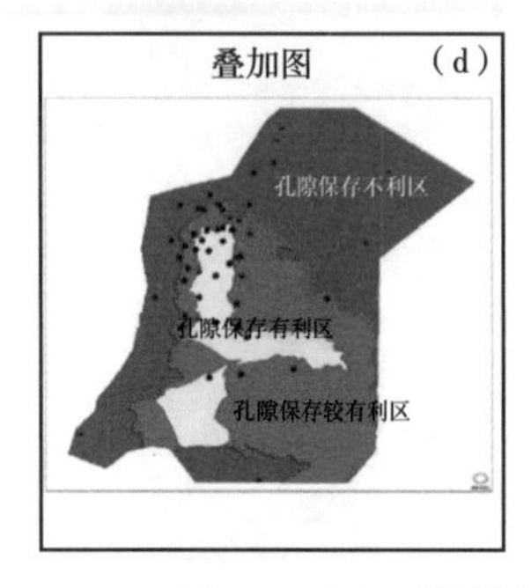

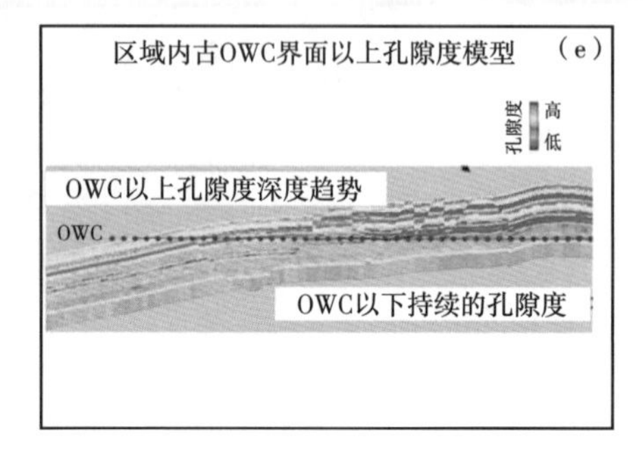

图 3.9　用于模拟烃类充注对孔隙度分布模式影响的工作流程

(a) 在岩心和岩屑中观察到，孔隙度较低的区域通常与孔隙被胶结充填有关。(b) 绘制所有可能的连续地震反射层以研究 Cogollo 顶部的构造演化。(c) 重建的中始新世和上中新世 Cogollo 顶部构造样式的例子（红色表示浅构造，蓝色表示深构造）。(d) 在 Cogollo 顶部构造图上添加了两个任意油柱（厚层和薄层）的地图。由于早期充注，构造高部位可能经历了较弱的胶结作用。黑点表示钻井的位置。(e) 利用古油水界面以上高度为函数建立的古隆起区孔隙度模型

油田南部区域烃类聚集的概率最高，从而避免了胶结作用。这种持续性的构造高部位与孔隙度较高的井位之间完全吻合。将该构造高点的轮廓叠加在与断层相关的淋滤通道 3D 孔隙度模型上，可以将淋滤开启区与淋滤胶结区分开。

随后，用上述叠加在断层淋滤的孔隙度体上的深度趋势建立孔隙度模型。在古隆起区域，以油水界面之上高度为函数模拟孔隙度（图 3.9），体现胶结作用随含油饱和度的降低而增强。

3.6　裂缝

3.6.1　观察

Urdaneta West 的产量主要受基质流控制，但油井产量和压力动态揭示存在裂缝的影响。岩心和成像测井显示，裂缝表现为单一的 NW—SE 向节理和断层附近的多向裂缝通道。各个单层中的破裂程度似乎随地质力学属性变化而变化，尤其是泥质含量（Li 和 Schmitt，1998）。

3.6.2　建模

层内单向节理按方向性因子处理。利用特定地层特定因素的平面图将基质渗透率增加

到接近生产指数和单井动态的水平。断层相关的裂缝通道（Trice，1999）由特定的网格单元表示。裂缝通道的宽度根据地震相似图和成像测井进行估算。估算的侏罗系断裂带宽度约为200m，而上石炭统和始新统断裂带的宽度约为100m。断层带在地质模型中是用网格单元表示的离散通道模拟得到的。将断层走向作为一种属性加载到这些单元（图3.7）。根据地质力学模型计算出法向应力和剪应力之比，应用该比值将渗透率标定到与单井分析相似的结果（Barton等，1995）。

3.7 结果

多个因素的综合对Urdaneta West油田中规模高孔带形成显得十分重要，这些包括：

（1）早期受结构控制的孔隙度—渗透率网络；

（2）作为腐蚀性流体通道的开放裂缝网络；

（3）区域含水层和利于腐蚀性流体流动的方向；

（4）烃类充注和圈闭形成；

（5）层内和与断裂有关的裂缝网络。

储层物性分析和建模的综合方法提供了一种表现与地质概念模型一致、与现有钻井观察到的属性模式相符的多种属性体的手段。因此，测试了多种方案，以估计其对储层属性分布的影响。应用储层模型进行数值模拟和历史拟合，从而增加模拟结果的可信度。该模型说明油田南部地区是一个具有潜在优质储层属性的区域。这些成果已经用于该地质条件复杂的碳酸盐岩油藏的井网设计。

3.8 结论

（1）成岩改造区的几何形态和孔隙系统通常十分复杂，构成了油田开发的主要不确定性。

（2）构造演化提供了控制沉积相、成岩作用和储层属性分布的平台。其重建可以帮助更好地理解和模拟复杂的成岩带。

（3）埋藏成岩作用可能是Urdaneta West油田孔隙形成的重要因素。

（4）多孔淋滤带的范围可能受如下因素相互作用共同控制：早期岩石组构控制的孔隙度—渗透率网络、开放的构造通道、通过含水层输送腐蚀性流体的区域性流体流动，以及烃类充注和圈闭演化。

（5）使用趋势图和简单算法，可以利用以标准地质建模为主的工具来表现复杂的概念储层模型。总体上，该工作流程可能有助于成岩改造的碳酸盐岩油藏的油田开发或勘探。

参考文献

Akbar, A. H., Brown, T., Delgado, R. et al. 2003. Watching rocks change-mechanical earth modelling. *Oilfield Review*, 2, 22-39.

Azpiritxaga, I. 1991. *Carbonate depositional style controlled by siliciclastic influx and relative sea level changes, Lower Cretaceous Central Maracaibo Lake, Venezuela*. University of Austin, Master Thesis, 151.

Bai, M. & Elsworth, D. 1994. Modelling of subsidence and stress-dependent hydraulic conductivity for intact and fractured porous media. *Rock Mechanics and Rock Engineering*, 27, 209-234.

Bai, M., Feng, F., Elsworth, D. & Roegiers, J. -C. 1999. Analysis of stress-dependent permeability in non-orthogonal flow and deformation fields. *Rock Mechanics and Rock Engineering*, 32, 195-219.

Bartok, P., Reijers, T. J. A. & Juhasz, I. 1981. Lower Cretaceous Cogollo Group, Maracaibo basin, Venezuela-sedimentology, diagenesis, and petrophysics. *AAPG Bulletin*, 65, 1110-1134.

Barton, C. A., Zoback, M. D. & Moos, D. 1995. Fluid flow along potentially active faults in crystalline rock, *Geology*, 23, 683-686.

Boreen, T. D. & Colquhoun, K. 2003. The Ladyfern gas field-Canada is still hiding mammoths. *Abstracts AAPG Annual Meeting*, 12, A17.

Bourne, S. J., Ita, J. J., Kampman-Reinhartz, B. E., Rijkels, L., Stephenson, B. J. & Willemse, E. J. M. 2000. Integrated fractured reservoir modelling using geomechanics and flow simulation. *AAPG Bulletin*, 1395-1518.

Bourne, S. J., Rijkels, L., Stephenson, B. J. & Willemse, E. J. M. 2001. Predictive modelling of naturally fractured reservoirs using geomechanics and flow simulation. *GeoArabia*, 6, 27-42.

Castillo, M. V. & Mann, P. 2006. Cretaceous to Holocene structural and stratigraphic development in south Lake Maracaibo, Venezuela, inferred from well and three-dimensional seismic data. *AAPG Bulletin*, 90, 529-565.

Davies, G. R. & Smith, L. B., Jr. 2006. Structurally controlled hydrothermal dolomite reservoir facies: An overview. *AAPG Bulletin*, 90, 1641-1690.

Ehrenberg, S. N. & Nadeau, P. H. 2005. Sandstone vs. carbonate petroleum reservoirs: A global perspective on porosity-depth and porosity-permeability relationships. *AAPG Bulletin*, 89, 435-445.

Esteban, M. & Taberner, C. 2003. Secondary porosity development during late burial in carbonate reservoirs as a result of mixing and/or cooling of brines. *Journal of Geochemical Exploration*, 79, 355-359.

Galarraga, M., Engel, S. & Hansen, B. 2005. *Detailed 3D seismic interpretation using HFI seismic data, fault throw and stress analysis for fault reactivation in the Cogollo group, Lower Cretaceous, Urdaneta West Field, Maracaibo Basin.* SPE n° 95060.

Hansen, B. 2002. Geomechanics in 3D. Abstract of talk, Roxar user group meeting, Paris, Abstract volume. Hickman, R. G., Kent, W. N., Odegard, M. E. & Martin, J. R. 2002. Where are the Trenton-Black River hydrothermal dolomite-hosted fields of the Illinois Basin? Abstract of talk, *AAPG 31st Annual Eastern Section Meeting, Conference Volume*, Champaign, Illinois.

Hickman, R. G., Kent, N. W., Odegard, M., Henshaw, N. & Martin, J. 2003. *Hydrothermal Dolomite Reservoirs. A Play Whose Time Has Come.* Abstract of talk, AAPG Annual Convention, Salt Lake City, Abstract Volume.

Hurley, N. F. & Budros, R. 1990. Albion-Scipio And Stoney Point Fields-U. S. A. In: Beaumont, E. A. & Foster, N. H. (eds) *Stratigraphic Traps I: AAPG Treatise of Petroleum Geology Atlas of Oil and Gas Fields*, 1-37.

Jaeger, J. C. & Cook, N. G. W. 1979. *Fundamentals of Rock Mechanics.* (3rd edn) New York, Chapman & Hall, 28-30.

Knipe, R. J. 1993. The influence of fault zone processes on diagenesis and fluid flow. In: Horbury, A. D. & Robinson, A. G. (eds) *Diagenesis and Basin Development.* AAPG Studies in Geology, 36, 135-151.

Li, Y. & Schmitt, D. R. 1998. Drilling-induced core fractures and in situ stress. *Journal of Geophysical Research*, 103, 5225-5239.

Lockner, D. A. & Beeler, N. M. 2002. Rock failure and earthquakes. *In*: Lee, W. K., Kanamori, H., Jennings, P. & Kisslinger, C. (eds) *International Handbook of Earthquake and Engineering Seismology.* San Diego, CA,

Academic Press, 81A, 505–537.

Lomando, A. J. 1999. Structural influence on facies trends of carbonate inner ramp systems, examples from the Kuwait–Saudi Arabian Coast of the Arabian Gulf and Northern Yucatan, Mexico. *Geo–Arabia*, 4, 339–360.

Lopez–Horgue, M. A., Fernandez Mendiola, P. A., Iriarte, E., Sudrie, M., Caline, B., Gomez, J. –P. & Corneyllie, H. 2005. *Fault–related hydrothermal dolomite bodies in Early Cretaceous Platform Carbonates.* Poster, 10th French Sedimentological Congress.

Lugo, J. M. 1991. *Cretaceous to Neogene tectonic control on sedimentation: Maracaibo basin, Venezuela.* PhD Thesis, University of Texas, Austin.

Marchand, M. E., Smalley, P. C., Haszeldine, R. S. & Fallick, A. E. 2002. Note on the importance ofhydrocarbon fill for reservoir quality prediction in sandstones. *AAPG Bulletin*, 86, 1561–1571.

Pöppelreiter, M., Balzarini, M. A., De Sousa, P. et al. 2005. Structural control on sweet spot distribution in a carbonate reservoir: Concepts and 3D Models (Cogollo Group, Lower Cretaceous, Venezuela). *AAPG Bulletin*, 89, 1651–1676.

Renz, O. 1981. Venezuela. *In*: Reyment, R. A. & Bengston, P. (eds) *Aspects of Mid–Cretaceous Regional Geology.* Academic Press, New York, 197–220.

Scholle, P. E. & Halley, R. B. 1985. Burial diagenesis: out of sight, out of mind! *In*: Beaumont, E. & Foster, N. H. (eds) *Reservoirs* Ⅲ. Treatise of Petroleum Geology Reprint Series, 5, 294–319.

Tinker, S. W., Caldwell, D. H., Cox, D. M., Zahm, L. C. & Brinton, L. 2004. Integrated reservoir characterization of a carbonate ramp reservoir, South Dagger Draw Field, New Mexico: seismic data are only part of the story. In: Eberli, G., Massaferro, J. L. & Sarg, J. F. (eds) *Seismic Imaging of Carbonate Reservoirs and Systems.* AAPG Memoir, 81, 91–105.

Trice, R. 1999. Application of borehole image logs in constructing 3D static models of productive fractures in the Apulian Platform, Southern Apennines. *In*: Lovell, M., Williamson, G. & Harvey, P. (eds) *Borehole Imaging; Applications and Case Histories.* Geological Society, London, Special Publications, 159, 155–176.

Vahrenkamp, V. C., Franssen, R. C. W. M., Grötsch, J. & Munoz, P. J. 1993, Maracaibo Platform (Aptian–Albian), northwestern Venezuela. *In*: Simo, J. A. T., Scott, R. W. & Masse, J. P. (eds) *Cretaceous Carbonate Platforms.* AAPG Memoir, 25, 25–33.

Wilde, A. R. & Muhling, P. 2000. Comparison between the Lennard Shelf MVT Province of Western Australia and the Carlin Trend of Nevada: Implications for genesis and exploration. *In*: Cluer, J. K., Price, J. G., Struhsacker, E. M., Hardyman, R. F. & Morris, C. L. (eds) *Geology and Ore Deposits* 2000: *The Great Basin and Beyond.* Geological Society of Nevada Symposium Proceedings, 769–781.

Wilkinson, M., Haszeldine, S. R. & Fallick, A. E. 2006. Hydrocarbon filling and leakage history of a deep geopressured sandstone, Fulmar Formation, United Kingdom North Sea. *AAPG Bulletin*, 90, 1945–1961.

Wilson, E. N. 1990. Dolomitisation front geometry, fluid flow patterns, and the origin of massive dolomites: The Triassic Latemar buildup, northern Italy. *American Journal of Science*, 290, 741–796.

Wynn, T., Bentley, M., Smith, S., Southwood, D. & Spence, A. 2005. In situ stress properties in reservoir models. *In*: *The Future of Geological Modelling in Hydrocarbon Development.* Meeting abstract volume, 154.

Zoback, M. D. 2007. *Reservoir geomechanics: earth stress and rock mechanics applied to exploration, production and wellbore stability. Cambridge University Press.*

4　不同地层背景下构造对油藏动态控制作用的评价

J. Tveranger　J. Howell　S. I. Aanonsen　O. Kolbjørnsen
S. L. Semshaug　A. Skorstad　S. Ottesen

摘要：本章试图定量评价构造参数对代表四种碎屑沉积环境的油藏模型油气产量的影响。将现有三维油藏模型中代表河流、潮道、浅海和深海沉积环境的 11 条剖面重新置于一个体积固定无断层的模型网格中。利用预先定义的断层样式组合、最大断距、泥质断层泥比值和泥岩涂抹因子，把每个样品重新变换到 73 种不同的断层模型构架中。在流体流动模拟器中运行得到 803 模型，对结果进行统计分析，通过改变模型输入参数确定流体流动响应的变化。最后，对四种沉积环境的结果进行对比。虽然输入模型的数据库的不足和技术的局限性限制了我们得出定量结论的能力，但是可以做出许多定性解释。在相同断层参数设置条件下，研究的四种地层响应迥异。因此，输入的沉积模式和断层对生产参数的影响之间具有明显的联系。这表明沉积因素对那些影响石油产量的断层参数及其影响程度具有显著的影响。可以确定四种沉积模式中每个断层参数的影响程度。在本章有限的研究范围内，实现了这些参数影响的定性评价。

在油气运移和生产两个阶段，断层属性对地下烃类的聚集和流动起着重要的控制作用（Bouvier 等，1989；Harding 和 Tuminas，1989；Knipe 等，1997；Gauthier 和 Lake，1993）。所以，构造非均质性表征也就是就其空间分布和各种属性（以下称为断层参数），应该成为断块油藏任何精细油藏模拟的一个重要组成部分（Knipc 等，1997）。断层属性建模，并以之模拟断块油藏的生产动态，通常是应用模型参数组合完成的。前期针对断层参数变化的油藏响应表明，下面几个方面非常重要：（1）沉积相；（2）断层密度；（3）断层封闭性算法的选择；（4）断层中黏土含量和渗透率的关系（Ottesen 等，2003）。然而，目前对于受到相同构造变形的不同沉积样式的生产动态对比研究还是相对缺乏，尽管该领域的研究有所增加（Lescoffit 和 Townsend，2005；Ottesen 等，2005）。本章采用新的工作流程，致力研究断层参数和沉积构造的综合效应。从现有的生产油田和相似露头提取了一系列预先确定的确定性断层参数，输入相同尺寸的油藏模型。这些模型代表了四种不同的沉积环境：深海相、浅海相、河流相和潮坪相。应用所有的模型进行流体流动模拟，并对结果进行统计分析，以确定四种沉积环境中如何修改断层参数产生动态的影响。

如果 CPU 的消耗需要保持在一定范围内，那么这类研究涉及的参数和模型数量就会对模型大小和网格分辨率做出某些限制。采样的储层和露头模型表现出广泛的分辨率和细节特征。仅有个别用作输入的储层和露头模型包含了高分辨率数据。在我们的研究中，所有样品都重新调整为 50m×50m×0. 3m 的相同分辨率，这样可以捕捉到总体的构造叠置样式，但不足以包含详细的沉积构造。因此，尽管选择的分辨率可以表现油田生产，但是更高分辨率的沉积结构的影响不是本章的主题。我们的模拟仅限于水驱油藏的测试方案。

4.1 方法和工具

使用了三种建模软件工具：IRAP_RMS™ 7.2，用于地质建模和采样处理；HAVANA™（Hollund 等，2002），用于建立断层结构和属性模型；ECLIPSE 100™，用于开展流体流动模拟。统计分析工作采用 Splus™ 6.0。

选择的工作程序包含四个步骤，详述如下：

（1）将 11 个现有的三维油藏模型实现（代表河流、潮坪、浅海和深海沉积环境）中的无断层剖面的岩相和岩石物理参数采样到固定尺寸的无断层网格中；

（2）将反映断层密度/断层样式、最大断距、断层泥比率（SGR）曲线（Yielding 等，1997）和泥质涂沫因子（shale smear factor，SSF）值（Lindsay 等，1993）等的定性参数组合起来，应用不同的断层组合建立一系列构造模型案例，并把这些模型与采样的岩性相结合；

（3）在油藏流体流动模拟器中对所得模型进行模拟，同时保持井位和采样点岩性参数（详见下述）在所有的模型中保持不变，对 8 个生产参数（列于下面的流体流动模拟中）进行了监测；

（4）对输入参数和模拟结果进行统计分析，以分别确定断层样式复合体、断距、SGR 和 SSF 对 11 个采样模型实现中每个模型所监测的 8 个生产参数中的每个参数的影响。

4.2 取样程序

许多现有的 RMS™模型可用于取样，包括了实际的地下油藏和陆上露头，代表了河流、潮汐、浅海和深海沉积环境（表 4.1）。这些模型展现了一系列的建模技术和网格精度，从仅包含少量沉积相和固定岩石物理参数的简单的低分辨率模型（例如 DeMa1，表 4.1）到复杂的岩石物理参数设置的高度复杂的高精度模型（例如样品 Tid2）。

表 4.1　作为输入的地质模型实现列表

沉积环境	样本	注　释
深海	DeMa1	海上油田模型。每种岩相的岩石物理值恒定
	DeMa2	与 DeMa1 模型设备一致。随机岩石物理模型实现
浅海	ShMa1	陆上模型，合成岩相数据
	ShMa2	海上油田模型
	ShMa3	海上油田模型
潮坪	Tid1	陆上模型，来自 Tid2 模型岩石物理数据
	Tid2	海上油田模型
	Tid3	海上油田模型
河流	Flu1	海上油田模型
	Flu2	海上油田模型
	Flu3	与 Flu2 模型设置一致，但是模型实现不同

初始陆上露头模型（ShMa1 和 Tid1）不包含岩石物理参数。必须为这两个模型建立合成的岩石物理模型。ShMa1 的岩石物理模型是利用现有的浅海相岩石物理属性通用数据库建立的。另一方面，Tid1 利用与 Tid2 相同的岩石物理参数设置。其中的两个样品（Flu2 和 Flu3）来自相同的模型设置，但是从两个不同的模型实现中筛选出来的。显然，样本群体为本章形成了一个高度多样化的平台，这种效果将在后面讨论。

为了将所选择的 11 个模型中的岩相和岩石物理参数转换为统一的格式，将每个模型的固定体积（1500m×1000m×30m）采样为尺寸相似的、无断层、无旋转的网格，此处称为“基础网格”。基础网格顶面从北部的平均海拔 1997m（垂深）缓慢倾斜到南部的平均海拔 2168m（垂深）。底部与顶部平行，但是加深了 30m。基础网格的精度设置为 50m×50m×0.33m（即全模型的网格数为 30×20×90 个），生成的总网格数为 54000 个。

RSM™ 7.2 要求分“水平”和“垂直”两个步骤进行尺度转换。因此，允许操作者在重新刻度的每一步进行质量控制和不一致检查。

因此，重采样分三个步骤进行：

（1）明确模型实现的体积（1500m×1000m×30m），该模型实现包含了典型沉积环境的沉积构型元素；

（2）生成一个 50m×50m 的水平分辨率的无旋转网格，与所选位置的输入模型整合并具有相同的垂直分辨率，并将输入模型进行“水平尺度转换”到这个网格；

（3）在相同的位置生成一个新的 50m×50m×0.33m 的无旋转网格，在把样品转换到 *ijk* 坐标的真实基础网格之前，执行从先前的网格体系到新网格体系的“垂向尺度转换”程序。

所有模型的岩相和岩石物理参数利用该程序进行采样。所有的连续性参数利用算术平均的算法进行重新刻度。

4.3 沉积模型参数

用上述的软件工具开展相关研究需要下面这些三维地质模型参数：孔隙度（PORO），*X*、*Y*、*X*方向的渗透率（PERMX、PERMY、PERMZ），页岩体积百分含量（VSHALE），以及一个简化的沉积相参数（FACIES），以“砂岩”（0）和“页岩”（1）相区分。孔隙度（PORO）和水平渗透率（PERMX）在大多数模型中都是可用的。缺失的参数必须通过已有的岩石物理参数和沉积相参数进行估算。

在一些模型中，V_{shale}参数已经基于V_{shale}测井曲线生成，然而这并不是建立一个油藏模型的标准程序，在现有项目使用的 RMSTM 模型中，仅有三个实现具有这个参数。为了利用一致的方法生成V_{shale}参数，需要给各采用实现的每种沉积相给定V_{shale}的平均值和标准偏差（表 4.2）。将这些参数输入 RMSTM 中岩石物理建模模块的转换方程，产生V_{shale}参数的随机实现。V_{shale}的最高和最低截止值分别设定为 0.7 和 0.1。这些岩石物理处理工作是运行重新采样的基础模型完成的，而不是原始的输入模型。

最终的 11 个样本模型的孔隙度、渗透率、V_{shale}、Havana 相和净毛比的平均值等参数如表 4.3 所示。图 4.1 为这些参数与基础模型的对比交会图。

表 4.2 输入模型中沉积相列表，以及它们估计和计算出的平均 V_{shale}值和标准偏差（S_{td}）

沉积模型	RMS™相	V_{shale}	标准偏差	HAVANA™相
深海	半远洋	0.7	0.05	1
	漫滩	0.4	0.1	1
	席状砂岩	0.25	0.1	0
	潮道	0.1	0.05	0
	背景相	0.3	0.25	1
浅海	胶结带	0.1	—	0
	煤层	0.1	—	0
	上临滨	0.1	0.05	0
	下临滨	0.3	0.2	1
	离岸过渡区	0.5	0.1	1
	潮汐和河漫滩	0.6	0.05	1
	上—下临滨	0.25	0.2	0
潮坪	边缘海	0.1	0.05	0
	曲流河	0.2	0.05	0
	穿越河床横截面	0.1	0.05	0
	泥质充填带	0.5	0.1	1
	混杂带	0.4	0.1	1
	含砂带	0.3	0.1	0
	潮下带	0.3	0.05	0
	土壤层	0.5	0.1	1
	贝壳层	0.1	—	0
	海湾充填	0.6	0.1	1
	胶结带	0.1	—	0
	潮道砂*	0.15	0.05	0
	杂岩河道砂*	0.2	0.1	0
	泥质充填*	0.5	0.1	1
	混合潮滩*	0.4	0.1	1
	潮下滩*	0.3	0.05	0
	海湾充填*	0.6	0.1	1
	含砂带*	0.3	0.1	0
	胶结带*	0.1	—	0
	潮汐泥坪*	0.7	0.1	1
	潮汐沙坝*	0.3	0.1	0
	潮汐河口坝*	0.3	0.1	0
	潮道砂*	0.2	0.1	0

续表

沉积模型	RMS™相	$V_{泥质}$	标准偏差	HAVANA™相
河流	潮道*	0.2	0.16	0
	裂缝*	0.44	0.2	1
	洪泛平原*	0.6	0.1	1
	海湾泥岩	0.7	0.1	1
	背景相-1	0.3	0.2	1
	背景相-2	0.5	0.2	1
	背景相-3	0.5	0.15	1
	胶结带	0.1	—	0

注：标有*的相的 V_{shale} 是根据模型中存在的实际 V_{shale} 测井计算得出的，其他沉积相的值是估算的。右侧标记为"HAVANA™相"的列指示相是分类为"砂岩"（0）还是"页岩"（1）。该参数用作 HAVANA 断层建模的输入。并非所有列出的沉积相都在同一模型中出现。

表 4.3　来自不同沉积环境的 11 个采样模型的孔隙度、渗透率(三维)、V_{shale}、砂地比和 HAVANA 相的平均值

模型	孔隙度	PERMX	PERMY	PERMZ	V_{shale}	砂地比	HANANA 相
DeMa1	0.281	337.829	337.829	33.78	0.335	0.90	0.581
DeMa2	0.155	216.508	216.508	21.65	0.328	0.64	0.851
ShMa1	0.140	183.901	183.901	13.362	0.289	0.64	0.488
ShMa2	0.260	1672.700	1672.700	867.262	0.276	0.61	0.444
ShMa3	0.288	572.602	572.602	389.439	0.225	0.90	0.719
Flu1	0.260	740.601	740.601	228.323	0.540	0.62	0.997
Flu2	0.092	39.680	39.680	3.968	0.425	0.23	0.594
Flu3	0.070	28.665	28.665	2.866	0.475	0.17	0.693
Tid1	0.259	332.072	332.072	33.207	0.306	0.94	0.320
Tid2	0.280	755.163	755.163	72.431	0.289	0.95	0.335
Tid3	0.239	61.544	61.544	9.025	0.446	0.57	0.486

注：渗透率值以毫达西为单位；所有其他数字均以小数形式给出。如果输入模型中不存在 PERMZ，则使用 PERMX 乘以 0.1 进行估算。砂地比的渗透率截止值设置为 25mD。另请参阅图 4.1。

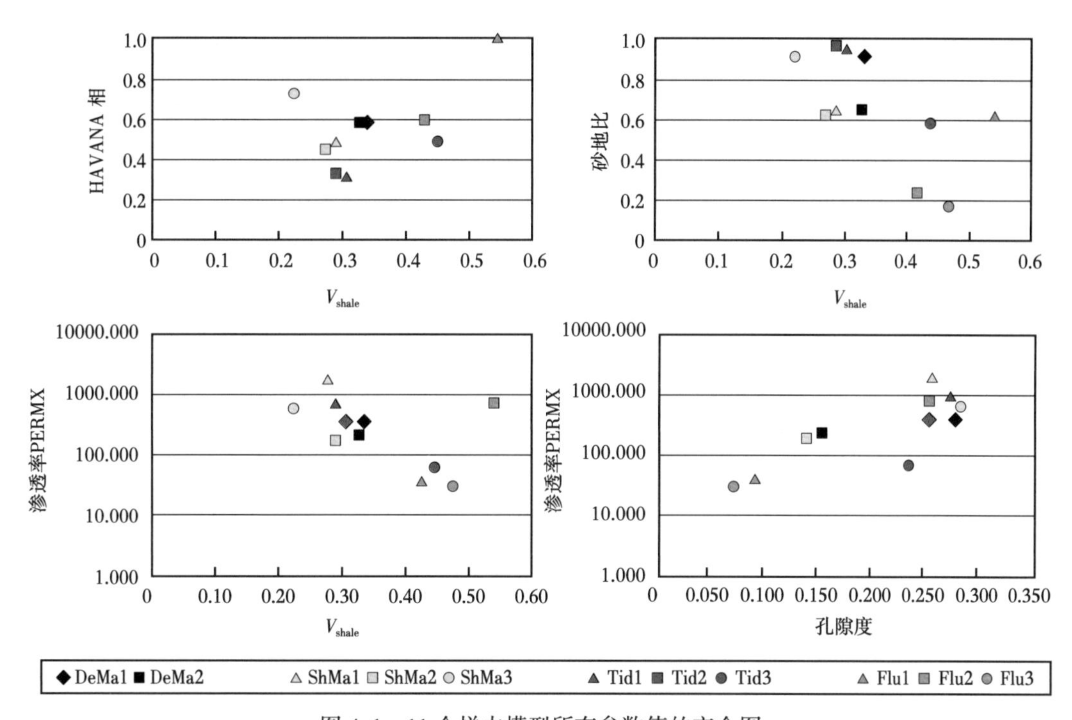

图 4.1　11 个样本模型所有参数值的交会图

不同沉积环境样本之间存在明显的属性重叠。PERMX 单位为毫达西，V_{shale}和孔隙度单位为小数

4.4　断层建模

采用 HAVANA™（Hollund 等，2002；Holden 等，2003）断层建模工具将下述 72 种不同组合的确定性断层参数值加入到 11 个基础模型（图 4.2）。选择了 4 个模型参数，赋予了 2~3 组预先确定的数值：

（1）断层密度/断层样式——三种不同的确定性方案（详见下述）；

（2）最大断距——两种方案（20m 和 35m）；

（3）泥岩涂抹因子（SSF）——4 种方案：0，3，5，7；

（4）泥岩断层泥比率与断层渗透率的转换因子——三种方案/曲线：高、低和零。

除了无断层的基础方案之外，这里产生了总共 72 种不同的构造参数值/构造方案组合。每个断层建模输入参数后面都会详细描述，这里的所有的变形构造是正断层。

4.4.1　断层密度和最大断距

预先定义了代表不同程度的断层密度和渐增复杂性的三种确定性的合成断层样式（图 4.2 和图 4.3）。它们原则上是体现分辨率逐渐增加的地震解释的断层数据。第一个包含 6 条“巨大”参数化断层模型（PFM）断层，第二个包括相同的 6 条“巨大”断层，外加 11 条“中等”PFM 断层。第三个方案包括 17 条“中等”和“巨大”断层，外加 50 条“亚地震”断层。在目前的研究中，“巨大”断层是指运移距离大于 15m 的断层（即基

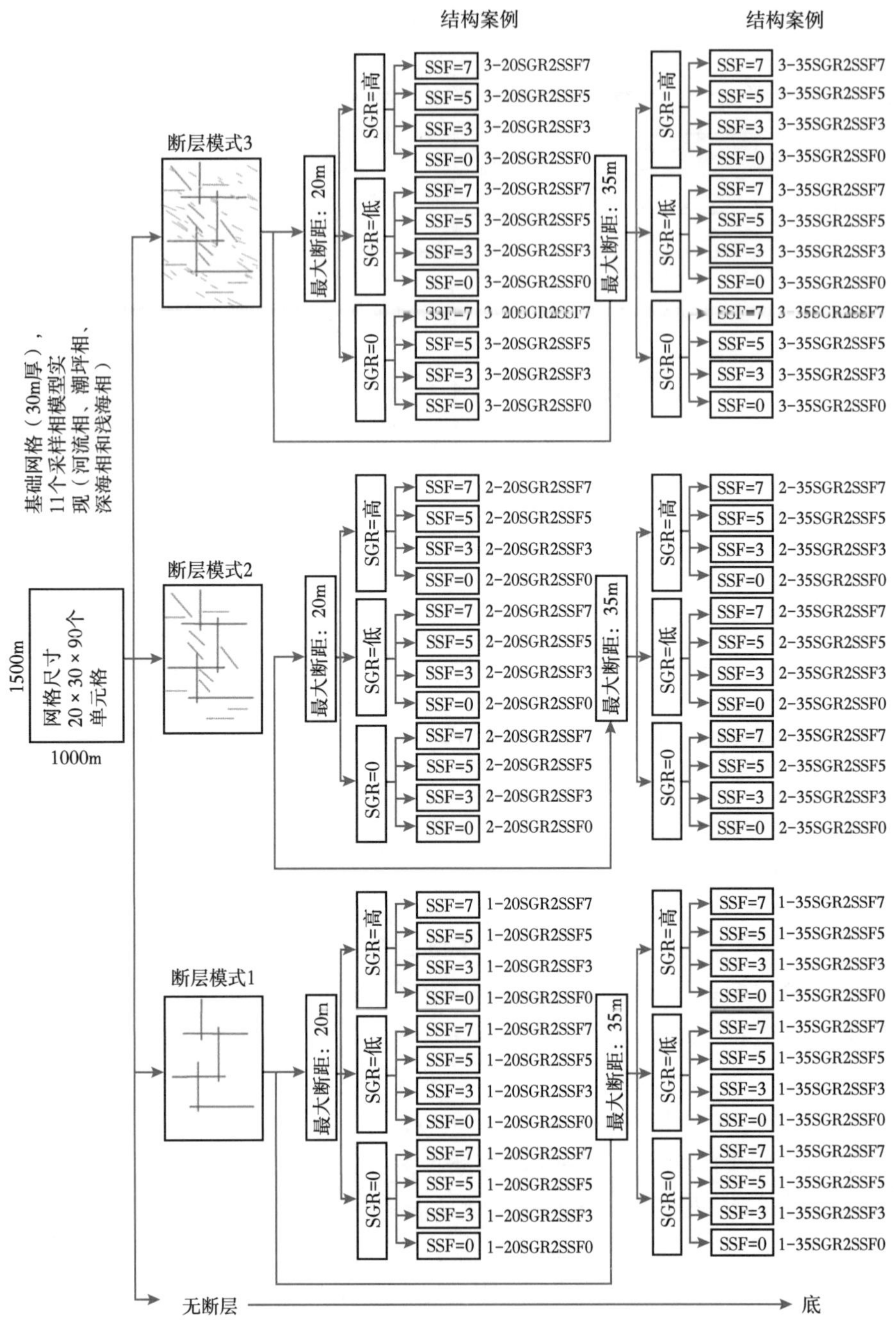

图 4.2　显示不同构造情况下的断参数组合流程图

依据配置对最终的结果进行标记：[断层模式：1、2 或 3]-[最大断距：20 或 35]

SGR [0、2 或 1] SSF [0、3、5 或 7]

础模型厚度的一半)。“亚地震”断层的平均运移距离大约是 2m。在网格中对它们没有几何表达，但是它们对流体流动的影响是采用 Manzocchi 等（1999）所描述的传导因子刻画的。除了三个 NS 向的“巨大”断层近于直立外，所有断层的倾角都在 60°左右。这些断层的最大断距参数设定为20m或35m；而后一种情况（最大断距为35m）则意味着最大断距位置点断层两侧不会产生模型地层的并置。把三种断层样式和两个可选最大断距结合起来，可以生成六种不同的构造组合，在上下文中，这些构造组合命名为“断层组”，在统计分析中按一个断层参数处理。

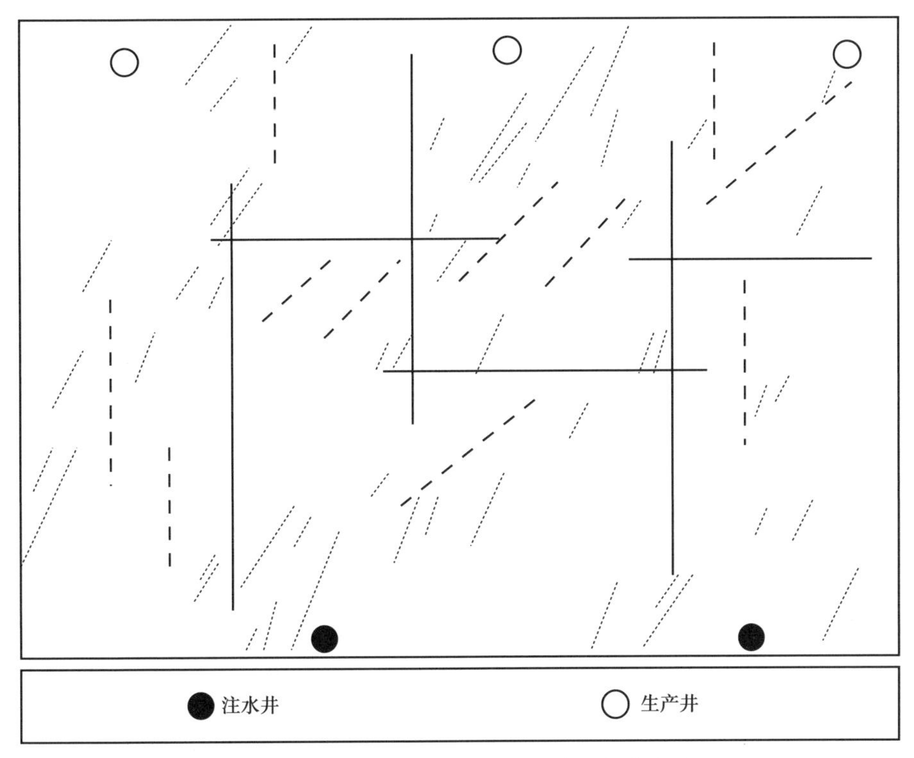

图4.3　流体流动模拟中使用的固定的开发和操作方案（PDO）
生产井和注入井均为直井。指示了所有的三种断层模式（参见图4.2）

4.4.2　断层封闭性参数

HAVANA™利用泥岩涂抹因子（SSF）和断层泥比率（SGR）的概念，基于岩性和断层移距计算断层渗透率。SSF定义为断层移距与泥岩层视厚度的比值（即沿着断层线测量的厚度），用于确定断层面上估计为连续泥岩涂抹的位置。本节使用的SSF截止值为0、3、5和7，意味着在给定的页岩层内沿着断层面产生的连续性泥岩涂抹是页岩层视厚度的0、3、5和7倍。

SGR是断层带内估算的泥岩或者黏土含量。断层性质的岩心测量表明，断层渗透率和黏土含量之间具有相关性（Fisher和Knipe，2001）。输入不同的断层渗透率/SGR曲线用来计算断层传导率。这里利用的断层渗透率/SGR曲线与采样的初始油藏模型是一致的，对于两个陆上相似露头，选用具有相似沉积环境的模型曲线。测试中使用了两个方案/曲线：“高”和“低”，相差两个数量级的幅度，所有的SGR值见表4.4。

表 4.4　研究中使用的不同 SGR 值的断层渗透率，单位毫达西

SGR	DeMa1，DeMa2，ShMa2		Flu1，ShMa1，ShMa3		Tid1，Tid2，Tid3	
	高（2）	低（1）	高（2）	低（1）	高（2）	低（1）
0	1000	10	100	1	1	0.01
10	500	5	50	0.5	0.5	0.005
14	100	1	10	0.01	0.3	0.0003
20	1	0.001	0.1	0.0001	0.1	0.0001
30	0.01	0.000011	0.001	0.000012	0.001	0.000012
40	0.000011	0.000011	0.000011	0.000011	0.000011	0.000011
100	0.000010	0.000010	0.000010	0.000010	0.000010	0.000010

注：SGR 曲线是初始采样储层模型中使用的。两个露头 Tid1 和 ShMa1 的值分别取自 Tid2/Tid3 和 ShMa3。括号中的数字表示在标记构造方案时使用的序号（请参见图 4.2）。

4.4.3　断层属性建模

基础网格的采样岩石物理数据输出为独立的文件（.PERM,. PORO,. FACIES,. VSHALE）。基础网格（.GRDECL）也从 IRAP-RMS™输出，放到 HAVANA™建模的目录中。使用 HAVANA™ RunSum Action 模块，可以在一次单独运算中同时调用不同的断层封闭参数组合，HAVANA™能够为 11 个样本的每个方案提供包括一个断层化网格和断层传导因子的 72 种构造方案系列。这些文件被输出到 ECLIPSE™，作为流体流动模拟的输入。模型未进行粗化，用于基础网格相同的精度进行模拟。所有的构造方案及其断层参数集的组合见图 4.2。

4.5　流体流动模拟

采用一套固定的开发和操作方案（PDO）进行流动模拟，该方案由两口垂直注水井和三口垂直油井组成（图 4.3），所有井都射开整个油层厚度。模型体积被设定为 2000m（垂深）下参考压力 200bar（$1bar=1\times10^5Pa$）的原始油气充满度。所有模型均使用一组相对渗透率曲线和一组毛细管压力曲线。原油的黏度遵从一个线性函数发生变化，油藏压力为 202.7bar 时，黏度为 2.313mPa・s，油藏压力为 377.7bar 时，黏度为 2.940mPa・s。水的黏度保持不变，取值为 0.38mPa・s。注采平衡维持生产井的井底压力为 150bar。模拟终止时间为 7200 天，或者含水率达到 90%。

监测以下 8 个生产参数：

（1）终止时间（即含水率 90%时）；

（2）生产井见水时间（WBT）；

（3）注入 1 可动孔隙体积（1MPV）时间；

（4）生产结束时（含水率 90%）的采收率；

（5）生产井见水时的采收率；

（6）注入 1 可动孔隙体积时的采收率；

（7）第 10 天的累计产量；

（8）10%产量贴现。

所有模拟输出结果见图 4.4。

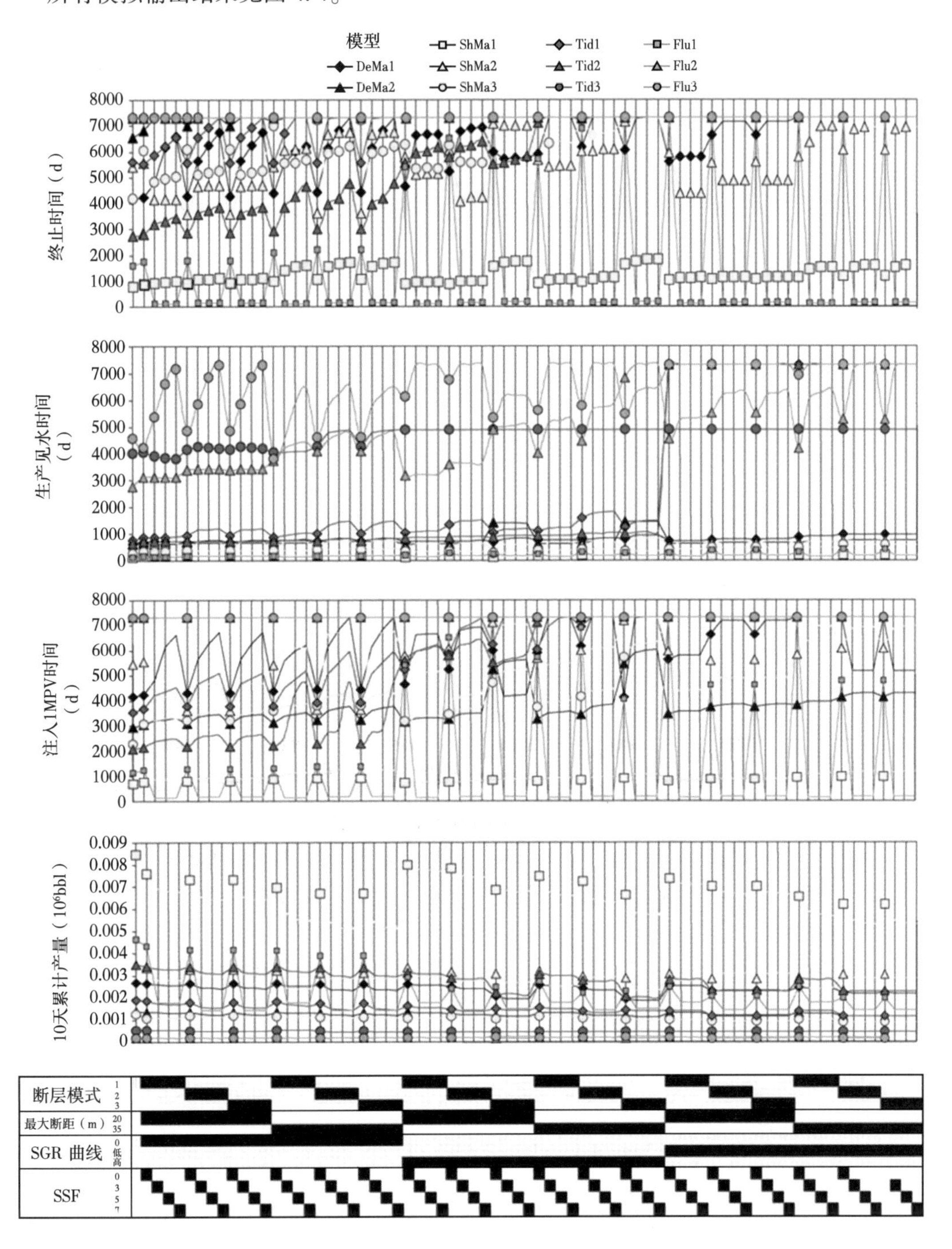

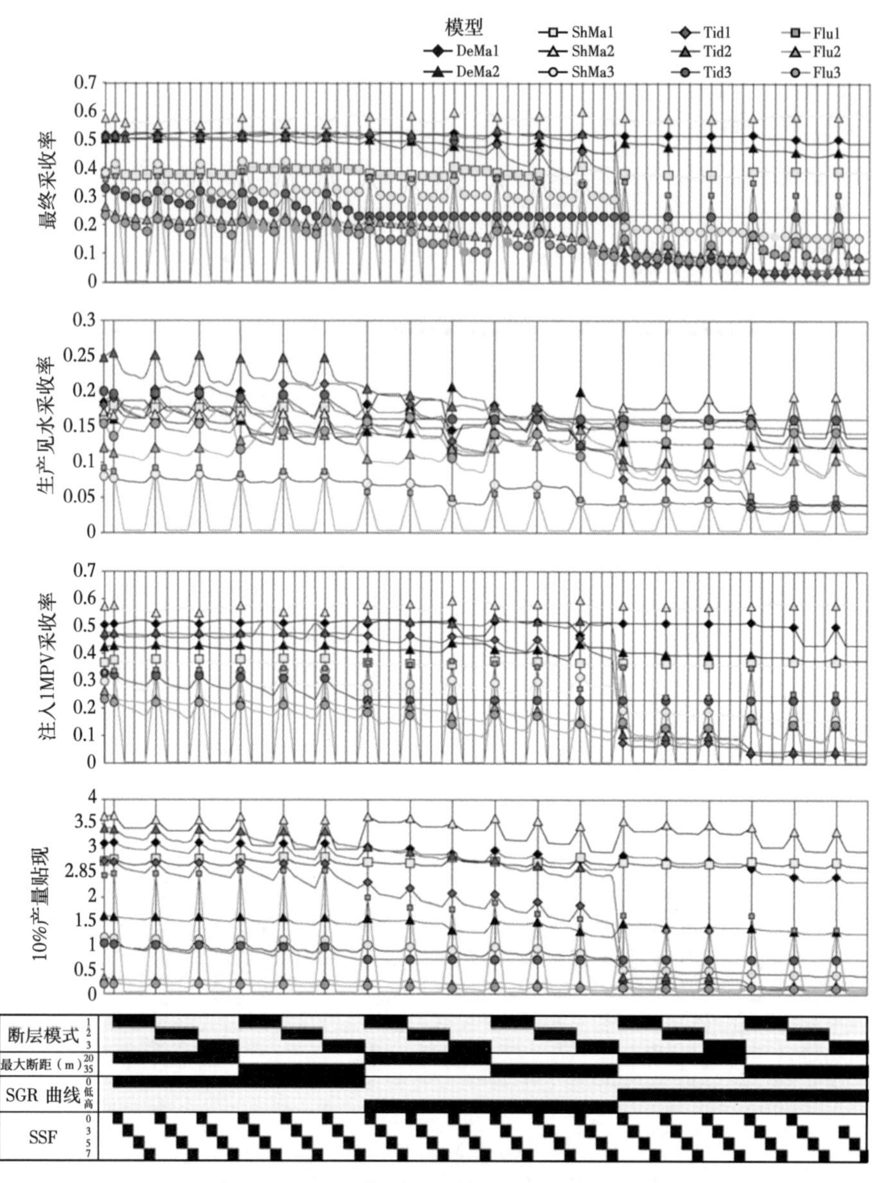

图 4.4　图 4.2 中列出的所有情况的模拟结果

显示了从左侧无断层（基础模型）到右侧最复杂的（3-35SGR1SSF7）的结果。任何给定参数的模拟结果都用于估算方差分量。估算方差分量的集合定义了生成这些数据的最佳统计模型的推测。注意：样品 Flu1 的极端响应可能是对基础网格的非代表性采样导致的，该采样得到非常高的页岩比例（另也可见图 4.1）

4.6 统计分析

统计分析的目的是用来确定不同的断层参数对所监测的产量变量总体变化的贡献大小。数据的总体变化细分成由断层因子及其相互作用引起的方差分量。使用有限最大概似法（restricted maximum likelihood method，REML）估算方差分量（Corbeil 和 Searle，1976），采用具有高斯方差分量的参数自举法评估不确定性边界，见 4.10。

统计分析中自然需要用到方差分量，因为它们具有叠加性。该方法用来估算断层因子及其相互作用对整个变量的影响大小。设 Y 表示产量变量，A、B、C 表示断层因子。产量变量是所有这三个因子的函数，用下面的流动方程表达，即 $Y=K_0+K(A,B,C)$，其中 K_0 代表平均水平，复杂方程 $K(A,B,C)$ 代表围绕这个水平的整体变化。当整体变化被劈分成方差变量时，对应于把整体变化劈分成正交函数，即

$$
\begin{aligned}
K(A,B,C)=&K_A(A)+K_B(B)+K_C(C)\\
&+K_{AB}(A,B)+K_{AC}(A,C)\\
&+K_{BC}(B,C)+K_{ABC}(A,B,C)
\end{aligned}
$$

式中，$K_A(A)$，$K_B(B)$ 和 $K_C(C)$ 为断层因子的主要影响；$K_{AB}(A,B)$、$K_{AC}(A,C)$ 和 $K_{BC}(B,C)$ 为断层因子之间次级相互作用；$K_{ABC}(A,B,C)$ 为第三级相互作用。

方差分量是相应函数的平方。A 的主要影响作用是 $\|K_A\|^2$；相应地，A 和 B 之间的相互作用表示为 $\|K_{AB}\|^2$ 等。$K_{ABC}(A,B,C)$ 表示残差项，因为它包含了所有低序次相互作用都考虑后的变化性。在传统的统计学中，残差项还包括不可见因子的影响，即观测噪声。在目前的实验方案中，所有的因子都用计算机实验进行控制，因此只有第三序次的相互作用保留在残差项中。

总方差是方差分量的总和，即一个三因子方案：

$$
\begin{aligned}
\|K\|^2=&\|K_A\|^2+\|K_B\|^2+\|K_C\|^2+\|K_{AB}\|^2\\
&+\|K_{AC}\|^2+\|K_{BC}\|^2+\|K_{ABC}\|^2
\end{aligned}
$$

在所有的因子都允许自由变化时，就可以求取产量变量的总体方差。某一个因子产生的方差分量等于保持该因子不变时总方差的减少量。如果两个因子固定不变，由于二阶相互作用，方差的减小量通常大于两者的总和。如果允许一个因子发生变化，而所有其他因素保持不变，则观察到的方差等于该因子的影响加上包括该因子在内的所有高阶相互作用的影响。

当要对方差分量值进行比较并提供报表时，很自然就会使用标准偏差，因为它具有与生产变量相同的数量级。也有人使用相对生产偏差，即 $\|K_A\|/\|K\|$ 等。

4.7 结果和解释

模拟结果显示在图 4.4 的两个部分。当应用相同的断层参数组合时，即使对来自相同沉积环境的样本，模拟参数也显示出变化很大的结果。这种结果的分布范围比改变单个模型的断层参数引起的变化还要大，说明本章模拟响应主要受控于输入的沉积学/岩石物理参数，构造参数的变化起次要作用。这表明与从现有模型提取沉积相和岩石物理数据处理过程有关的潜在缺点应该考虑到。

（1）样品输入模型的格式非一致性。即使是相同类型沉积环境的模型，也是不同的人员基于不同的目的建立的，他们使用了大量的网格方向/精度，不同的沉积相细分和对于岩石物理模型设置的不同水平的细节和复杂性。所有这些因素在重采样到基础网格体系时都需要改变和调节，以获得一个通用的格式，但仍然会存在不需要的、无法量化的、特殊

偏倚性的偏差。

（2）基础（取样）网格的尺寸：在某些情况下，输入模型中给定沉积构型的“典型”要素超出了基础网格的尺寸，因此很难找到选择代表性样本的最佳位置。

（3）输入模型样本的尺寸：事后分析，每种沉积环境采用的样品太少。加之在同一沉积类型环境中的模拟响应结果的某些广泛分布，要想得到四种沉积环境严格的量化统计差异是站不住脚的。

上述缺点都会对所选择尺度的模型所体现的特定沉积环境的给定取样是否具有代表性有影响，影响我们选择定性而不是定量的方法对最终结构进行解释。这样做的目的是避免得到基于太弱或太强非均质性方案的具有误导性的差异绝对值。

为每个受监测的模拟参数和断层模型的输入参数绘制了方差分量和平均方差分量图（图 4.5，图 4.6）。简而言之，这些图显示了给定的断层参数对四种沉积环境特定模拟参数结果影响的估计。*Y* 轴的高值反映了较高的影响，0 值或者低值反映了较低或者无影响。在图中，估计的影响以黑线显示。彩色误差线显示反映了估计不确定性的 P10—P90 区间。

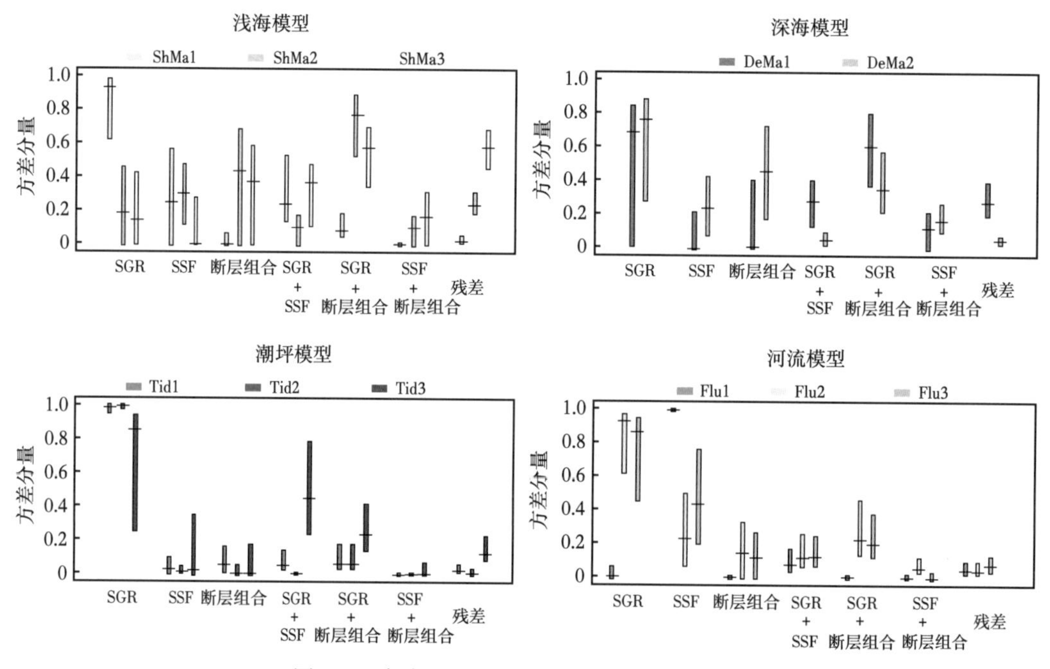

图 4.5　完成引导程序第四步后的方差分量图

以所有模型的断层参数方差分量表示“最终采收率”。彩色区域表示给定的断层因子及其沿 *X* 轴的组合的 80% 置信区间，黑条表示 50%。简而言之，相对标准偏差的高值表示断层因子或断层组合对模拟结果有很大影响

考虑到在不同沉积环境响应的分布范围较广，方差变量的综合量度应该提供一种非常稳健的方法来突显它们之间的任何差异。但是，每种沉积环境的样本点很少，且其中任一样本的极端响应可能会导致结果出现偏差（图 4.5）。为了定量估计，*Y* 轴的平均方差分量的截断值设定为 0.1 和 0.3，意味着如果一个给定的沉积环境中的断层参数的估计值位于 0.1 和 0.3 之间，那么该参数对监测的模拟参数输出结果具有“影响”；如果大于 0.3，则认为具有“显著的影响”；如果低于 0.1，则认为“无影响”（表 4.5）。这些截止值是根

据对估算值的整体考虑而主观选择的，由于样本数量少且每个沉积环境模拟的结果分布范围较大，所以大多数情况下这些临界值非常低。

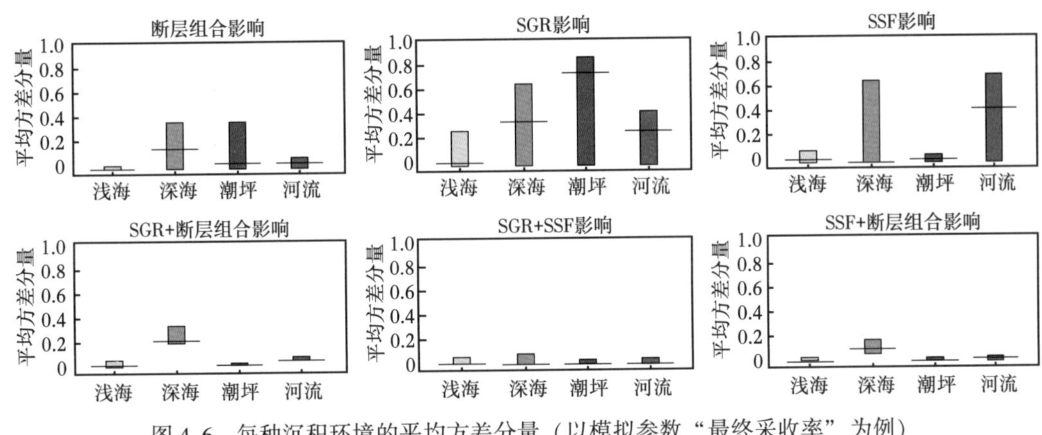

图 4.6　每种沉积环境的平均方差分量（以模拟参数“最终采收率”为例）

为了定性确定某个断层参数对模拟结果的总体影响程度，一种直接的方法是用表 4.5 合成结果生成一个“影响指数”。影响指数就是受特定断层参数影响的监测模拟参数一个简单数值。表 4.5 中，“影响”取值为 1，“显著影响”取值为 2，“无影响”取值为 0。如果某个特定断层参数对所有模拟参数都是“显著影响”，该参数的最大得分为 16（8×2=16）。针对每个断层参数和沉积环境，该指数都能很容易成图，如图 4.7 所示。我们可以根据断层影响指数为四种沉积环境中影响总体生产动态的断层参数进行排序。

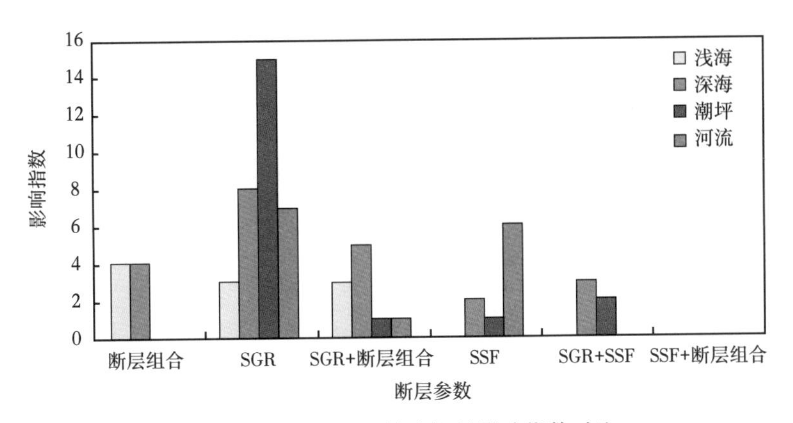

图 4.7　四种沉积环境之间的影响指数对比

影响指数给出了一种相对的量度，说明不同的断层参数通常如何影响四种不同沉积环境中的模拟结果。影响指数是一个简单的加权计数，基于表 4.5 特定断层参数或参数组合影响的八个模拟参数

另一种简单的定性汇总表 4.5 参数的方法，是对影响八个模拟参数中任何一个的断层参数/断层参数组合的数量进行计数。这个“敏感性指数”计量与上述描述的影响参数方法相似，上述“有影响”计数为 1，“显著影响”计数为 2，“无影响”计数为 0。每种沉积环境的结果如图 4.8 所示。

表 4.5　断层参数对模拟参数结果的定性评估

	结束时间	生产井见水时间	1MPV注入时间	废弃采收率	生产井见水采收率	生产井见水采收率	10天后产量	10%生产贴现
浅海								
断层组合	X	X	X		X			
SGR	X	X	X					
SGR+断层组合	X		X		X			
SSF								
SGR+SSF								
SSF+断层组合								
浅海								
断层组合		XX		X			X	
SGR	X		X	XX	XX	X		X
SGR+断层组合		XX		X		X	X	
SSF	X				X			
SGR+SSF	X		X		X			
SSF+断层组合								
潮坪								
断层组合								
SGR	XX	XX	XX	XX	XX	XX	X	XX
SGR+断层组合					X			
SSF			X					
SGR+SSF	X		X					
SSF+断层组合								
河流								
断层组合								
SGR		X		XX	X	XX		X
SGR+断层组合						X		
SSF				XX	X	XX		X
SGR+SSF								
SSF+断层组合								

注：断层参数的影响分为“影响”（在表中以“ X”标记）和“显著影响”（以“ XX”标记）。有关定义，请参见正文。请注意，河流相模型的生产时间超出了7200天的时间限制，这意味着河流相模型未获得“终止时间”的结果。

影响指数和敏感性指数（图4.7，图4.8）以定性方式突显了四种沉积环境之间的响应对比：

（1）浅海沉积体系：断层设置和SGR渗透率转换的选择是影响生产动态最重要的断层参数。构造因素对生产动态的影响主要限于随时间变化的变量和生产井见水时的采收率。

（2）深海沉积体系：所有的断层参数影响一个或者多个模拟参数，断层设置和SGR渗透率转换的选择是最重要的。改变断层设置参数显著影响“生产井见水时间”，对“生产10天后的采收率”影响甚微。改变SGR较强地影响“生产末期的采收率”和“生产井见水时的采收率”。记录到的SGR对“结束时间”“1MPV的注入时间”“1MPV时的采收率”“10%生产贴现”影响不明显。

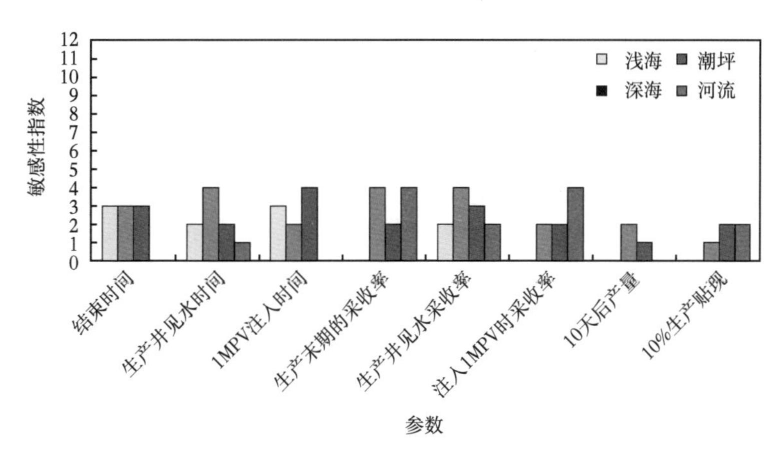

图 4.8 四种沉积环境之间的敏感性指数比较

敏感性指数是基于表 4.5 的加权计数，六个断层参数/参数组合中有多少个会影响特定的模拟参数。表 4.5 中的“影响”计为 1；“显著影响”计为 2

(3) 潮坪沉积体系：SGR 渗透率转换的选择是目前为止最重要的断层参数。改变 SGR 对监测的产量参数具有明显的影响。SSF 变化限定在“1MPV 注入时间”的影响。改变断层设置对生产动态仅有轻微的影响。

(4) 河流沉积体系：河流模型生产超过了最大模拟时间 7200 天，含水率未达到 90%，意味着除了“10 天累计产量”外，其他与时间相关的生产参数的影响不能评价。其他监测产量参数的响应受 SGR 和 SSF 综合控制，显示其对“生产末期的采收率”和“注入 1MPV 时的采收率”具有明显影响。改变断层设置对模拟动态影响甚微。

应该强调的是，由于上述研究的局限性，应谨慎对待这些结果的有效普适性，有待进一步检验。

4.8 讨论

与近期类似的生产动态对断层参数设定的敏感性分析研究结果（Ottesen 等，2005；Lescoffit 和 Townsend，2005）进行对比，可以看出二者既有相似性，又有差异性。Ottesen 等（2005）在一个气田的全区块模型中进行敏感性分析测试，使用的是以近乎全部的 Brent 地层作为沉积输入的单一模型实现。很难与他们的研究结果进行对比，因为他们的论文描述的是气田，与之相反，我们的研究对象是油田；再者，不能获得关于模型尺寸、网格精度、真实的模型大小、模拟设定以及沉积学等方面的信息，这些都可能对模拟结果产生潜在的影响。另一个对比障碍是他们的模拟是在包含多种沉积环境地层序列开展的，使得很难从同一模型中区分出不同沉积相的潜在影响。

Ottesen 等（2005）测试的 Brent 模型在浅海体系中断层密度对采收率具有明显的影响，这种现象在我们的研究方案中没有观察到（图 4.4，图 4.5）。尽管一般而言，断层密度/断层设定似乎是影响浅海沉积生产性能最重要的定性参数（图 4.7），但影响仅限于与时间有关的变量（例如“BWT 时间”“结束时间”“注入 1MPV 的时间”和“WBT 时的采收率”）。这似乎支持 Lescoffit 和 Townsend（2005）的观点，他们基于一种与本章研究中所用的模型相似的饱和油模型，得出断层模式影响与时间相关的变量，但不影响采收率的结论。

对比同一沉积环境和不同沉积环境之间中断层参数对几乎所有生产参数的影响幅度(图4.4)。很有趣，与 Lescoffit 和 Townsend（2005）的定义略有出入，后者定义了许多“主要因素”，包括沉积模型、断层封闭模型和断层模式，他们认为应该对几乎所有生产变量都会产生重大影响，他们也定义了一些“次要因素”(断层渗透率、断层落差和断层带厚度)，其影响是变化的，与输入的沉积模型密切相关。但是，在本章研究中，断层样式似乎对潮汐模型或河流模型中任何的生产参数都没有显著影响（表4.5，图4.7)。出乎意料的是，这或许意味着断层样式应该属于 Lescoffit 和 Townsend（2005）定义的“次要因素”。

4.9 结论

研究结果表明，来自相同沉积环境的两个模型对断层的响应可能有很大不同，这与 Lescoffit 和 Townsend（2005）的结论是一致的。尽管可以初步确定四种沉积环境的响应模式，但本章还是受输入数据不足的影响。另外，基础网格的尺寸太小，在某些情况下，为该研究选择四种沉积环境的特殊沉积体系、沉积构型规模大于模拟中使用的基础网格。基于定性的方法，仍然可以得出以下初步结论：

（1）浅海相、深海相、潮坪相和河流相储层模型对相似断层模型参数设置的反应是有区别的。

（2）差异很可能是由沉积构型不同造成的，因为样本总体的平均孔隙度和渗透率值存在高度重叠。

（3）浅海相断层油藏的模拟响应受控于断层密度和 SGR，但影响一般较小。

（4）在深海沉积体系中，所有建模的断层参数都对生产参表现出显著影响，其中 SGR 是最重要的因素。

（5）潮坪断层油藏的响应主要由 SGR 值的选择决定。断层模式的复杂性对潮坪油藏似乎作用不大。

（6）河流相油藏最重要的影响因素是 SSF，其次是 SGR 和断层模式。与潮坪相油藏一样，断层模式的复杂性在河流储层中作用较小。

研究结果表明，为了得出有关不同沉积环境中断层影响的可靠结论，需要一种涉及使用大量合成沉积模型的综合方法。这将提供沉积物输入模型的完整参数描述，从而允许对模拟结果和输入参数之间的联系进行更复杂和可靠的分析。

在更好地理解沉积学和构造因素之间的相互作用之前，应谨慎对待有关断层对储层性能影响的任何方面。

4.10 附录 A：自引导程序

自引导方法（Efron 和 Tibshirani，1993）被用来估计方差分量的不确定性，可以通过以下四个步骤实现：

（1）估计方差分量。估计方差分量的集合定义了每个单独因素的贡献。然后将这些估计值用于生成统计模型，这些模型具有与估计值相同的方差分量（图 4.4）。

（2）使用估计的模型来生成大量独立的数据集，这些数据集的大小与原始数据相同。在本章的案例中，生成 400 个大小为 72 的数据集，并假设变量服从估计方差分量的多维高斯分布。

（3）在第（2）步中生成的 400 个数据集中，执行了与第（1）步中原始数据集相同的估算程序。这样就得出了每个相关方差分量的 400 个估算。这些估计值代表方差分量的不确定性。

（4）基于选择的 400 个估计值，选择 P10 和 P90 来表示不确定性。由两个值定义的间隔表示估算的 80%置信区间。每一个值也可以以高于或低于单边 90%置信区间的限制进行解释（图 4.5）。

如图 4.5 和图 4.6 中的例子所示，这些分量以标准偏差进行表达。相应的界限是步骤（4）中得到的经验分布的百分数。

参考文献

Bouvier, J. D., Sijpesteijn, K., Kluesner, D. F., Onyejekwe, C. C. & van der Pal, R. C. 1989. Three-dimensional seismic interpretation and fault sealing investigations. *American Association of Petroleum Geologists Bulletin*, 73, 1397-1414.

Corbeil, R. R. & Searle, S. R. 1976. Restricted maximum likelihood (REML) estimation of variance components in the mixed model. *Technometrics*, 18, 31-38.

Efron, B. & Tibshirani, R. J. 1993. An introduction to bootstrap. *Monographs on Statistics and Applied Probability*, 57. Chapman & Hall.

Fisher, Q. J. & Knipe, R. J. 2001. The permeability of faults within siliciclastic petroleum reservoirs of the North Sea and Norwegian continental shelf. *Marine and Petroleum Geology*, 18, 1063-1081.

Gauthier, B. D. M. & Lake, S. D. 1993. Probabilistic modelling of faults below the limit of seismic resolution in Pelican Field, North Sea, offshore United Kingdom. *American Association of Petroleum Geologists Bulletin*, 77, 761-777.

Harding, T. P. & Tuminas, A. C. 1989. Structural interpretation of hydrocarbon traps sealed by basement normal blocks and at stable flank of foredeep basins and at rift basins. *American Association of Petroleum Geologists Bulletin*, 73, 812-840.

Holden, L., Mostad, P., Nielsen, B. F., Gjerde, J., Townsend, C. & Ottesen, S. 2003. Stochastic structural modelling. *Mathematical Geology*, 35, 899-914.

Hollund, K., Mostad, P., Nielsen, B. F. et al. 2002. Havana-a fault-modelling tool. *In*: Koestler, A. G. & Hunsdale, R. (eds) *Hydrocarbon Seal Quantification*. Norwegian Petroleum Society (NPF), Special Publication, 11, 157-171.

Knipe, R. J., Fisher, Q. J., Jones, G. et al. 1997. Fault Seal Prediction Methodologies, Applications and Successes. *In*: Møller-Pedersen, P. & Koestler, A. G. (eds) *Hydrocarbon Seals-Importance for Exploration and Production*. NPF Special Publication, 7, 15-38.

Lescoffit, G. & Townsend, C. 2005. Quantifying impact of fault modelling parameters on production forecasting for clastic reservoirs. *In*: Boult, P. & Kaldi, J. (eds) *Evaluating Fault and Cap Rock Seals*. AAPG Hedberg Series, No. 2, 137-149.

Lindsay, N. G., Murphy, F. C., Walsh, J. J. &Watterson, J. 1993. Outcrop studies of shale smear on fault surfaces. *In*: Flint, S. & Bryant, A. D. (eds) *The Geological Modelling of Hydrocarbon Reservoirs and Outcrop Analogues*. International Association of Sedimentology, 15, 113-123.

Manzocchi, T., Walsh, J. J., Nell, P. & Yielding, G. 1999. Fault transmissibility multipliers for fluid flow simulation models. *Petroleum Geoscience*, 5, 53-63.

Ottesen, S., Osland, R., Hegstad, B. K. et al. 2003. Why understanding reservoir uncertainty is essential to increase recovery and identify remaining hydrocarbons in existing fields. *In*: Strand, T. (ed.) *The Norwegian Continental Shelf: An Advanced 'Laboratory' for Production Geoscience* 2003. NGF Abstracts and Proceedings, 3, 29.

Ottesen, S., Townsend, C. & Øverland, K. M. 2005. Investigating the effect of varying fault geometry and transmissibility on recovery: Using a new workflow for structural uncertainty modelling for clastic reservoirs. *In*: Boult, P. & Kaldi, J. (eds) *Evaluating Fault and Cap Rock Seals*. AAPG Hedberg Series, No. 2, 125-136.

Yielding, G., Freeman, B. & Needham, D. T. 1997. Quantitative fault seal prediction. *American Association of Petroleum Geologists Bulletin*, 81, 897-917.

5 应用多点统计法建立仿真储层地质模型：多点统计法/相分布模拟法建模流程

Sebastien Strebelle　Marjorie Levy

摘要：建立尊重井数据和地震信息的仿真储层地质模型仍然是一个重大挑战。传统的基于变差函数的建模技术通常无法捕捉复杂的地质结构，而基于对象的建模技术则受条件数据量的限制。本章提出了一种新的储层相模拟工具，与传统的地质统计学方法相比，该工具提高了建模的质量和效率。利用多点统计进行地质统计学模拟是一种新的沉积相建模技术，它利用概念地质模型作为训练图像，将地质信息集成到储层模型中。将两点统计变差函数替换为从训练图像提取的多点统计，可以模拟像曲流河这样的非线性沉积相地质体形态，并捕捉到多个相之间的复杂空间关系。此外，由于多点地质统计算法是基于像元的，它可以处理大量的条件数据，包括大量的井数据、地震数据、相比例平面图和曲线、变量方位图和解释的地质体等，从而减少了相空间分布的不确定性。相分布模型（FDM）是一种基于用户数字化的沉积相平面和剖面图、井资料和垂直相比例曲线生成相概率数据体的新技术。利用 FDM 生成的相概率数据体作为多点统计模拟（MPS）地质统计建模的软约束。它们对确保模拟相的空间分布与油田的沉积相解释一致性至关重要，尤其是对稀疏井网地区。将 MPS 和 FDM 相结合的工作流程已成功应用于 Chevron 油田浅水和深水沉积环境中的重要油田建模。沉积环境可以应用地质历史时期沉积要素序列或岩石体加以表征。传统上，依据岩性、岩石物理性质和生物结构这些要素划分为不同类型，通常称之为沉积相。例如，河流环境在低渗透泥岩相背景下，典型的沉积相为高渗砂岩河道以及具有更大渗透率和净毛比分布范围的天然堤和决口扇。

储层非均质性和与之相关的流动特征主要受沉积相空间分布的控制。最有代表性的储层表征建议首先建立沉积相模型，然后给每种沉积相赋予相应的孔隙度和渗透率。然而，人们常常忽略这种最佳的实践，主要是因为传统的相模拟技术存在一些重要的局限性：

（1）基于变差函数的岩相模拟技术，如序贯指示模拟、SIS（Deutsch 和 Journel，1998），可以根据井、地震和生产数据建立相模型。然而，在大多数 SIS 模型中，模拟的沉积元素在地质学上看起来不具有地质真实性。这主要是因为两点统计相关函数（变差函数）不能有效模拟曲线或长距离连续相体，如砂质河道（Strebelle，2000）。

（2）基于对象的模拟方法（Lia 等，1996；Holden 等，1998；Viseur，1999），确实能模拟非常真实的沉积相构型，但是无法集成密井网数据集或软约束，如三维地震数据。

Guardiano 和 Srivastava（1993）首先提出并由 Strebelle（2002）进一步发展的使用多点统计学的一种创新替代方法，把基于对象方法再现“形状”的能力与基于变差函数技术快速及方便数据约束结合起来。多点统计模拟（MPS）的主要思想是，通过从训练图像（存在于储层中的相的三维概念地质模型）中推断更高阶、多点统计而胜过两点统计变差函数。MPS

程序的详细数学描述见 MPS 模拟一节及文献 Strebelle（2000）。简单地说，MPS 从训练图像中提取具有多点统计矩特征的模式，并将这些模式锚定到储层井数据中。

然而，在稀疏井网环境中，可能需要更多的地质信息控制井间模拟沉积相的空间分布。这些信息通常可以从地质学家对岩心数据和当地沉积环境的解释中获得。FDM 允许建模者将这些地质信息量化到相概率数据体，以便更好地约束 MPS 模型。

本章描述了在油藏建模软件 Gocad 中由 Chevron 团队实现的 MPS/FDM 工作流程，并使用真实的油田实例数据将该工作流程应用于一个潮控相油藏。

5.1 训练图像

训练图像是 MPS 在油藏建模中应用的重要概念和必需条件，可以定义为解释油藏地质特征的三维数值表现。训练图像应能捕捉被认为存在于地下的相体的可能尺寸范围和几何形态，以及沉积相之间的空间关系。然而，训练图像是一个纯粹的概念地质模型，它只包含相对的空间信息，尤其是它不受任何硬数据的约束。

最开始提出作为潜在的训练图像的是露头照片或者地质学家手绘的草图，然后将它们数字化。然而，它们只提供二维（平面或剖面视域）信息。将这些二维训练图像结合起来生成三维训练图像依赖于可能无法正确再现相模式的各种弱假设（Strebelle，2000；Okabe，2004）。使用基于对象或基于过程的方法生成非条件模拟岩相实现，似乎是获得三维训练图像最直接的方式。在 Chevron 开发的工作流程中，用于构建三维训练图像的基于对象的方法分两步进行：

（1）用户提供除背景相以外每种沉积相的描述，背景相通常是泥岩。更具体地说，用户需要定义相体的平面和剖面形态、这些相体分布的可能尺寸（长度、宽度、厚度）和延伸方向，以及它们的弯曲度（振幅和波长）。相体尺寸可以通过测井资料和高品质地震资料估算，也可以从露头资料和储层数据库中获取。

（2）根据岩心资料分析和地质工作者对局部沉积环境的认识，根据用户指定的剥蚀规则和相对的横向、纵向定位约束，将不同的岩相组合起来建立三维训练图像。三维训练图像通常使用无条件的基于对象或基于过程的建模方法生成。

本章以潮控相储层为例，阐述了 MPS/FDM 的工作流程，解释了孔隙度和渗透率变化幅度较大的五种沉积相：页岩、潮汐沙坝、潮汐沙坪、河口湾砂和海侵滞留层。除了泥岩背景外，每种相的几何特征都是根据测井和相似露头数据确定的。表 5.1 提供了基础模型的几何参数平均值。Chakravarty 等（2007）评价了通过生成可选训练图像和岩相概率数据体的 MPS/FDM 工作流程的不确定性。

表 5.1 所研究的潮控储层每种沉积相的几何特征与地层描述（不含泥岩背景相）

沉积相	概念描述	地层边界	长（m）	宽（m）	厚度（ft）	倾角（°）
潮汐沙坝	界面呈向上的椭圆		3000	500	5	35
潮汐沙坪	格状（矩形）	沙坪侵蚀	2000	1000	6	35
河口湾砂	格状（矩形）		4000	2000	8	35
海侵滞留层	格状（矩形）	河口砂顶部	3000	1000	4	35

因此，训练图像捕捉了地质学家确定的信息。例如，代表主要储集相类型，从而成为新钻井主要目标的潮汐沙坝，优势方位是 N35°E（这是该沉积体系的解释的总的沉积方向），当与沙坪相叠置时，前者侵蚀后者（图 5.1）。训练图像的尺寸应至少是最大沉积相相元素尺寸的两倍，训练图像可能小于模拟网格。

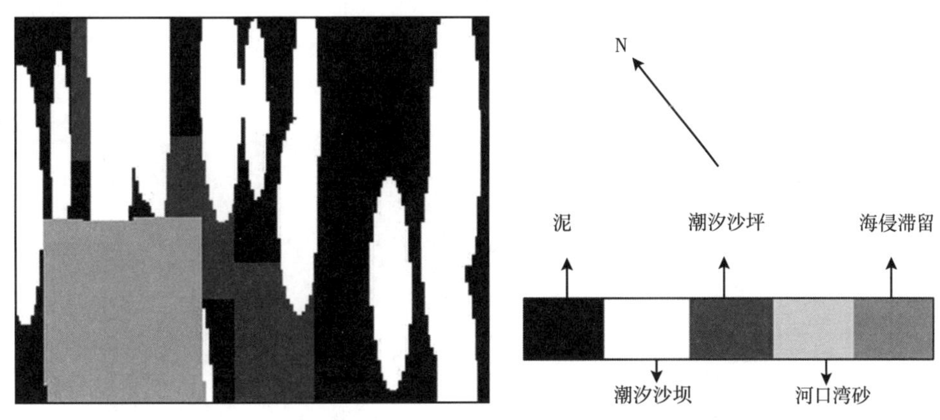

图 5.1　为所研究的潮控储层建立的训练图像的平面视图

5.2　模拟约束条件

支撑 MPS 建模中从训练图像得到多点统计推理及其重构的一个重要假设是所研究的油田数据具有稳定性。沉积相的相对比例、几何形态和空间组合必须是统计平稳的，以确保多点统计建模的假设条件（Strebelle 和 Zhang，2004）。然而，事实上，大多数储层在统计上并不稳定。如发育盐丘的局部地貌限制、海平面升降旋回或沉积物源的变化，都会引起沉积相比例（水平和垂直趋势）和岩体几何形态（方向和尺寸）发生显著空间变化。

这些非平稳变化（如沉积相比例统计）可使用统计分析工具从井和/或地震数据中提取（Strebelle 等，2002）。例如：

（1）通过逐层或逐列计算相比例，可应用井数据获取沉积相比例图和曲线。

（2）应用地震数据，通过计算每个网格单元所有可能方向上的局部变差函数，并保留最大连续性方向（最大变程）作为局部方位角，从而得到估计的变量方位图。

（3）可通过简单的线性回归或使用更先进的技术（如主成分分析）进行地震数据与井数据的标定，生成相概率数据体。

然而，在没有地震数据或地震数据品质很差的稀疏井数据的储层中，大多数信息来源于地质学家对岩心数据和局部储层沉积环境的解释，则需要用到更多的概念性建模工具，将这些定性信息转换为可用于 MPS 油藏建模程序的数值数据。

例如，可以将解释的沉积相数字化，然后进行插值，得到二维方位图。关于相的空间分布，Chevron 开发了一种称为相分布模拟（FDM）的创新技术，根据地质学家对局部沉积环境的解释，生成三维相概率数据体。使用 FDM 遵循以下三个步骤：

（1）建模者对井间对比解释的横剖面和代表垂直相趋势概念模型的垂直相比例剖面进行数字化。这些剖面和垂直比例剖面被赋予相对权重，并与井数据组合成一条垂直比例曲线。

（2）用户将（水平）沉积相趋势数字化，或者更准确地说，将每种沉积相预计发生的区域数字化。在这些沉积中心区域进行筛选，以逐渐降低区域边界外沉积相发育的概率。可以添加剥蚀区域来定义沉积相可以延伸到的最外部边界。

（3）相比例曲线和沉积中心区域最终组合成三维相概率数据体。

研究的潮控相储层垂向上是由两个连续的最大洪泛面界定的。以这些由油田钻的 7 口井解释的最大洪泛面为顶面和底面，建立一个 NE 走向的地层网格，网格单元个数为 254×119×15，平均单元尺寸为 40m×40m×1m（图 5.2）。

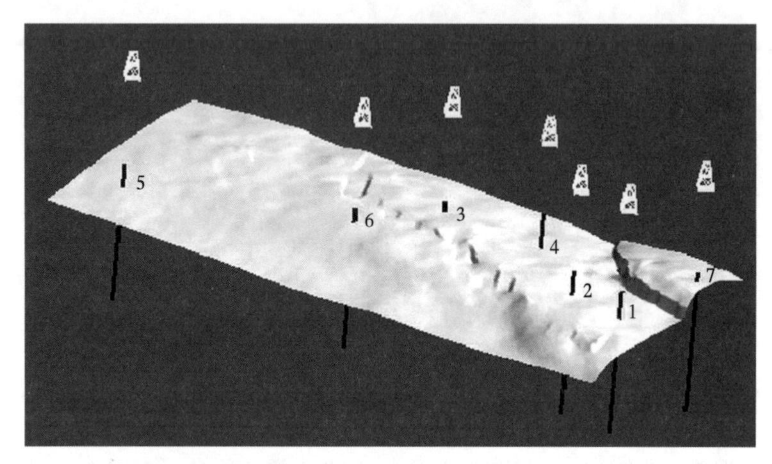

图 5.2　为所研究的潮控相储层建立的地层网格及钻穿该储层的 7 口井的位置

基于钻井储层数据，结合其他潮控相储层观察到的普遍趋势，得到了数字化的垂直比例曲线（图 5.3）。

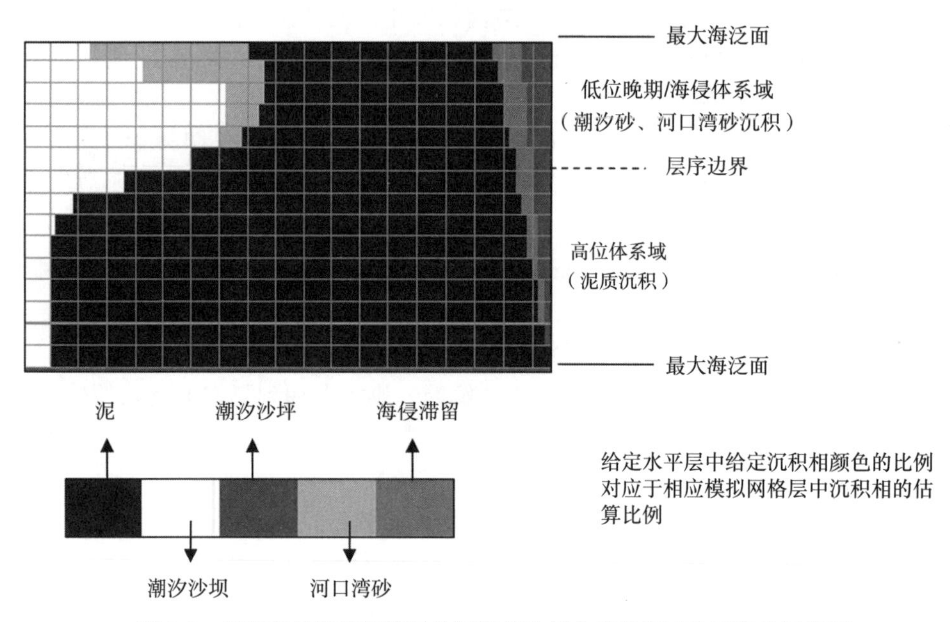

图 5.3　所研究的潮控相储层的沉积相比例曲线和相应的层序地层解释

（1）储层底部以泥岩沉积为特征，对应于典型的高位体系域。

（2）潮汐沙坝主要发育在层序界面之上，即发育在储层上半部分。

（3）潮汐沙坪和海侵滞留沉积都向上增加，但在沉积相中所占比例不高。

（4）河口湾砂主要分布在储层顶部、层序界面上方，对应于低位体系域或海侵体系域晚期沉积。

依据地质学家对测井数据的解释和局部沉积环境，实现沉积中心的数字化（图5.4）：

（1）潮汐沙坝倾向于在油田东南部占主导地位，并向西北方向减少。

（2）潮汐沙滩仅存在于东南部和西北部。

（3）河口湾砂位于油田中部，在东南部和西北部不太常见。

（4）海侵滞留沉积似乎只出现在东南部。

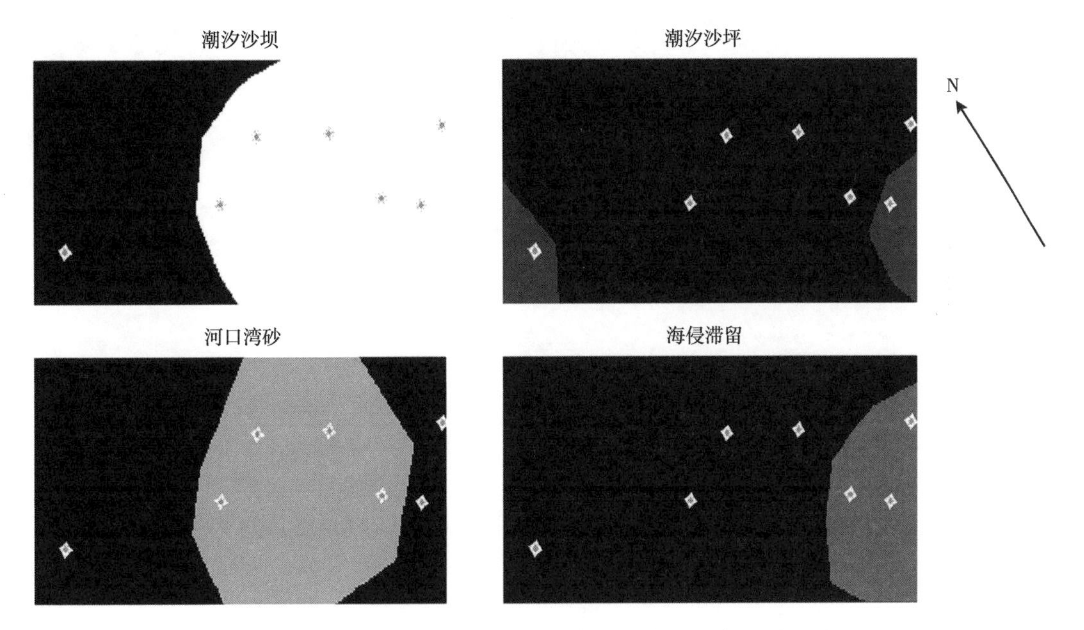

图5.4　为所研究的潮控相储层数字化的沉积中心平面图

页岩代表了背景相，并可能无处不在。

由于沉积中心区域边界的不确定性以及对过渡相带的渐变而非突变的解释，在2000~4000m宽的范围内，应用大范围的过滤以逐渐降低远离沉积中心区域边界的相出现的可能性。相比例曲线与沉积中心图相结合得到与储层的沉积解释完全一致的相概率数据体（图5.5）：

（1）泥岩最大概率发育在储层下部、层序界面（高位体系域）下方。

（2）在油田东南部的层序边界上方，潮汐沙坝的发生概率特别高。

（3）除储层顶部外，河口湾砂的发生概率普遍较低，尤其是在油田中部（低位体系域/海侵体系域）。

注意，每个网格单元中标准化相概率之和为1。

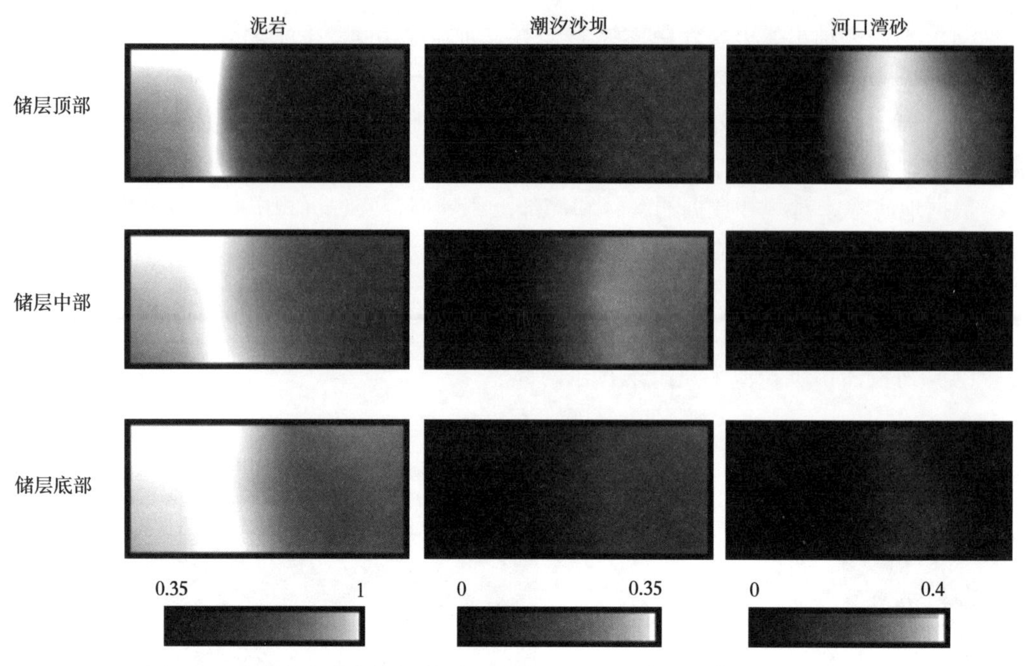

图 5.5 为所研究的潮控相储层生成的 FDM 相概率数据体的平面视图

5.3 MPS 模拟

Chevron 公司使用的 MPS 模拟程序基于斯坦福大学（Strebelle，2000）开发的公共算法 SNESIM（单正态方程模拟）。SNESIM 是一种基于像元的直接序贯模拟算法，它是指所有模拟网格单元在随机路径上只访问一次，模拟网格单元的值成为后续访问单元的条件数据。

沿随机路径访问的任何未取样网格单元 u 模拟如下：

（1）寻找最接近 u 的 n 个条件数据（原始井数据或先前模拟的单元值）。这些条件数据形成一个数据事件 d_n，具有特定的几何构型（相对于 u 的数据位置）和一组特定的数据值（数据位置处的相）。

（2）扫描训练图像以查找 d_n 的所有训练复制（与 d_n 相同的几何配置和相同的数据值）。对于每个复制，在训练复制的中心位置记录沉积相值。所谓中心位置是指与数据事件 d_n 中 u 的相对位置相对应的网格单元。

（3）u 处每个相的估计条件概率计算为 d_n 训练的中心位置在该相出现的地方的比例。

（4）使用蒙特卡罗抽样从得到的局部概率分布中提取模拟相值，并将该值分配给网格单元 u。

注意，如果在步骤（2）中找不到 d_n 的精确复制，则从距 u 最远位置开始逐个忽略条件数据，直到从减少的条件数据集中至少可以找到一个复制为止。

MPS 模拟与序贯指示符模拟（SIS）非常相似，主要区别在于用从训练图像中导出的多点相关函数代替传统的变差函数。因此，SIS 的主要优点保留在 MPS 中：

（1）MPS 仍然是一种随机算法。其多个可选实现是通过改变随机路径的种子或蒙特卡罗取值过程生成的。

（2）MPS 不针对任何地质环境，只要能提供训练图像即可。

（3）在模拟之前，井数据映像（或“方块化”）到网格，确保最终模型完全符合所有数据。

然而，用训练图像代替变差函数不仅可以使用户生成更符合地质实际的相模型，而且与 SIS 相比，MPS 更易于理解和应用。最后，如果在模拟之前，不是在每个未采样节点重复扫描整个训练图像以搜索局部条件数据事件的训练副本，而是从存储在称为搜索树的动态数据结构中（Strebelle，2000）训练图像推断所有条件相的概率，则 MPS 模拟时间与 SIS 非常相近。

除了井数据外，MPS 建模还可以施加不同的模拟约束条件，以解释相比例（水平和垂直趋势）和相体几何（方向和尺寸）的空间变化：

（1）通过对训练图像应用局部相似性（旋转和重刻度）变换（Strebelle 和 Zhang，2004），可把变量方位场和/或变量对象尺寸场集成到 MPS 模型中。

（2）目标沉积相比例，无论是全局的还是区域的、垂直的还是平面的，都可以通过一个名为“工区监测系统”的内部程序对模型施加影响，该系统监控模拟岩相的当前比例，并以当前岩相比例和目标模拟比例之间差异的函数（Strebelle，2000）逐步调整从训练图像中推断出的岩相概率。

（3）通过地震数据校准或使用 FDM 进行地质解释获得的相概率数据体在 MPS 模型中使用 Journel（2002）提出的条件独立公式进行计算。该公式允许在每个模拟网格单元处，将从训练图像推断出的条件相概率与本地地震数据或地质解释推导出的相概率组合成单个相概率分布，从中得出相模拟值。

利用训练图像和先前生成的 FDM 数据体为所研究的潮控相储层建立了 MPS 模型。模型以如图 5.2 所示的七口井为控制条件。从 FDM 数据体计算出的平均相概率用作模拟的目标边缘相比例：

（1）泥岩，66%；

（2）潮汐沙坝，17%；

（3）潮汐沙坪，4%；

（4）河口湾砂，10%；

（5）海侵滞留沉积，3%。

训练图像和 FDM 数据体提供的信息允许 MPS 模型与地质学家强调的信息完全一致（图 5.6）。特别要注意的代表主要储集相沙坝的以下几个方面：

（1）如训练图像所示，沙坝具有拉长的椭圆状，优势方位 N35°E，当与沙坪相重叠时会侵蚀沙坪。

（2）FDM 相概率体显示，沙坝在储层东南部为优势相，大部分位于层序界面之上。

为了便于比较，使用传统的基于变差函数的技术 SIS 生成了一个可选模型。采用与 MPS 训练图像中相体尺寸范围相等的球形变差函数模型。在 SIS 模型中，沙坝没有 MPS/FDM 模型中的拉长椭球形，也没有实际储层中的预期形状（图 5.6）。这种差异似乎对模型的连通性和流动模拟性能有重要影响。此外，代表第二种主要储集相的河口湾砂体在

SIS 模型西北部的比例相当高，特别是在下部地层，这与储层的层序地层解释不一致。

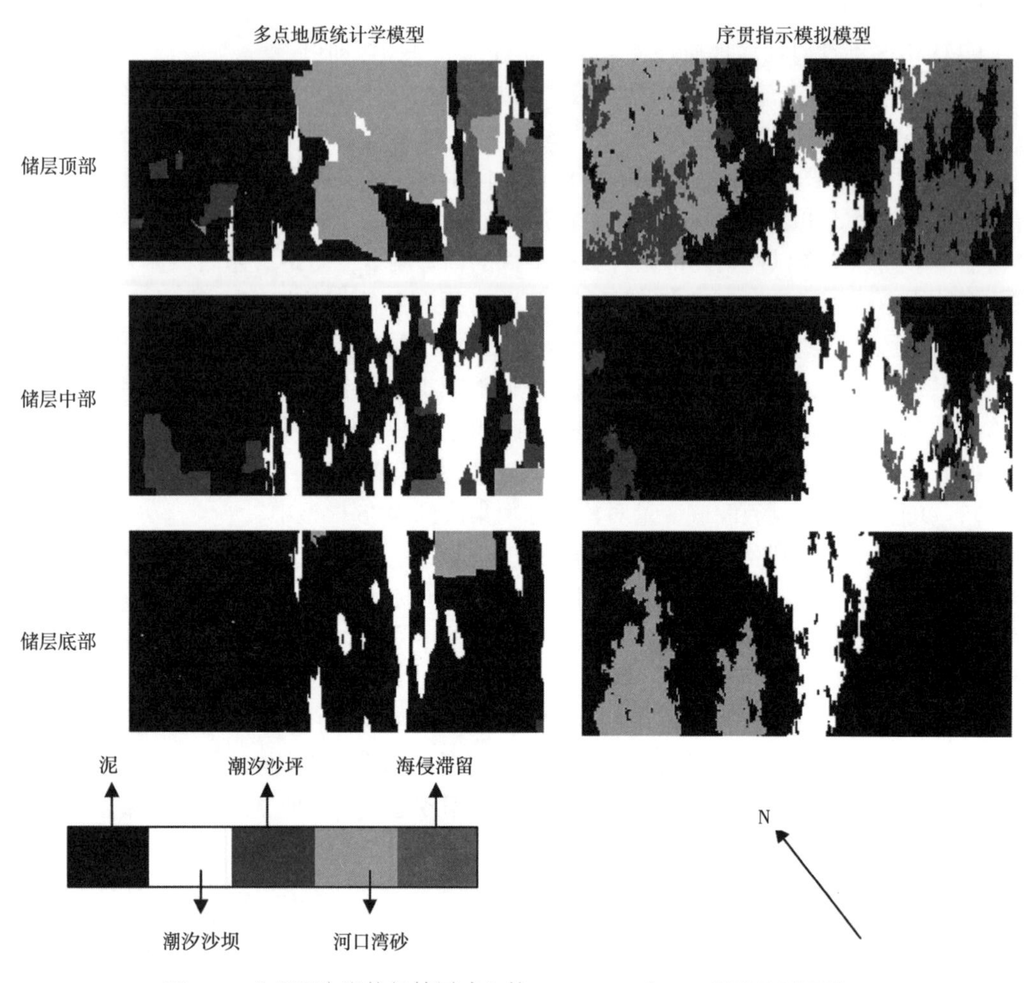

图 5.6　为所研究潮控相储层建立的 MPS/FDM 和 SIS 模型的平面图

5.4　结论

本章提出了一个创新的建立储层相模型工作流程，能够捕捉到具有独特的、可预测属性和形态的关键沉积相元素，不仅尊重井和地震数据，还尊重地质概念。这种新的岩相建模流程分三步进行。首先，使用无条件的基于对象的模拟工具构建三维训练图像，该图像提供了期望沉积在储层中的相体的概念描述。其次，FDM 允许建模者根据其对井数据的解释和对区域地质背景的了解，数字化相比例曲线和一些沉积相平面图。曲线和平面图组合生成一个提供任何储层模拟网格单元中每种沉积相发生概率的三维数据体。最后，利用一种称之为 MPS 的新的地质统计学方法生成相模型。MPS 再现了训练图像所显示的沉积相对比模式，同时尊重井数据，与 FDM 概率数据体所推导的空间相分布一致。过去三年，Chevron 公司已在截然不同的地质背景中使用 MPS/FDM 工作流程：深水和浅水储层，包括碎屑岩和碳酸盐岩环境。当然，任何使用公共领域和商业软件的人都可以使用这种方法。

参考文献

Chakravarty, A., Harding, A. W. & Scamman, R. 2007. Incorporating uncertainty into geological and flow simulation modelling in Chevron: application to Mafumeira, a pre-development field, Offshore Angola. *In*: Robinson, A., Griffiths, P., Price, S., Hegre, J. & Muggeridge, A. (eds) *The Future of Geological Modelling in Hydrocarbon Develop ment*. The Geological Society, London, Special Publications, 309, 161–179.

Deutsch, C. V. & Journel, A. G. 1998. *GSLIB: Geostatistical Software Library and User's Guide*. 2nd edn, Oxford University Press.

Guardiano, F. & Srivastava, R. M. 1993. Multi variate Geostatistics: Beyond Bivariate Moments. *In*: Soares, A. (ed.) *Geostatistics–Troia*. Kluwer Academic Publications, 1, 133 –144.

Holden, L., Hauge, R., Skare, Ø. & Skorstad, A. 1998. Modelling of fluvial reservoirs with object models. *Mathematical Geology*, 30/5.

Journel, A. 2002. Combining knowledge from diverse sources: an alternative to traditional data independence hypotheses. *Mathematical Geology*, 34/5.

Lia, O., Tjelmeland, H. & Kjellesvik, L. E. 1996. Modelling of facies architecture by marked point models. *In*: Baaii, E. Y. & Schofield, N. A. (eds) *Fifth International Geostatistics Congress*. Kluwer Academic Publishers, Dordrecht, The Netherlands.

Okabe, H. 2004. *Pore–Scale Modelling of Car–bonates*. Unpublished PhD Thesis, Imperial College, London.

Strebelle, S. 2000. *Sequential Simulation Drawing Structures from Training Images*. Unpublished PhD Thesis, Department of Geological and Environmental Sciences, Stanford University.

Strebelle, S. 2002. Conditional Simulation of Complex Geological Structures Using Multiple – Point Statistics. *Mathematical Geology*, 34/1.

Strebelle, S., Payrazyan, K. & Caers, J. 2002. Modelling of a Deepwater Turbidite Reservoir Con– ditional to Seismic Data Using Multiple–Point Geosta–tistics. SPE n° 77425 presented at the 2002 SPE Annual Technical Conference and Exhibition, San Antonio.

Strebelle, S. & Zhang, T. 2004. Non–Stationary Multiple–Point Geostatistical Models. *In*: Leuangth– Ong, O. & Deutsch, C. V. (eds) *Geostatistics Banff* 2004. Vol. 1, 235–244.

Viseur, S. 1999. Stochastic Boolean Simulation of Fluvial Deposits: a New Approach Combining Accuracy and Efficiency. SPE n° 56688 presented at the 1999 SPE Annual Technical Conference and Exhibition, Houston.

6 油藏级别的三维沉积建模：沉积学与储层表征相结合的流程方法

Richard Labourdette Joann Hegre
Patrice Imbert Enzo Insalaco

摘要：油藏生产高度依赖油藏模型。油气藏开发过程中面临的关键问题是建立一个能够为各种开发方案下进行可靠产量预测的油藏模型。因此，必须在三维空间内建立地质模型。然而，三维地质模型（确定性的）是不可能手动完成的，这就是地质学家通常将其解释限于二维地层对比剖面、栅状图或平面图的原因。因此，地质概念模型几乎不能纳入或者简化后用于流动模拟的储层模型，而是被随机的或地质统计学方法所取代。尽管存在这样的不足，但沉积剖面图和平面图仍包含了沉积学家大多数的知识和概念。它们代表了沉积学研究的成果，包括可用的井数据、地震解释，尤其是沉积学和环境的概念，并将所有相变和相序都纳入高分辨率层序地层学框架。它们能够识别出精细的时空尺度的沉积学非均质性。这些综合的精细沉积学非均质性是提高静态储层模型、体积计算精度和准确性的关键步骤。本章揭示了使用简单的确定性工作流程将沉积信息引入储层表征对工作流程的定量影响。上述通过沉积相三维比例数据体获取的沉积学知识可以对应用随机模拟得到的沉积相分布多次实现方案及其相关的不确定性进行直接评价。

使用计算的或近似的变差函数、观察到的空间关系或特有的目标形态，随机模拟可以在储层模型中实现井点观测到的沉积相和其他属性的空间分布。因此，选择使用哪种随机方法取决于通过条件模拟获得的非均质性的地质仿真分布。随机建模方法是在随机函数平稳假设前提下进行描述的，导致大部分时间耗费在不切实际的储层模型。由于石油工业中的硬数据密度低（井距）和地质空间变异性，平稳性是一个不需要检验的假设。随机模拟的最新发展是在两个对立的关注点取得：对符合硬数据的客观性的追求（Journel 和 Deutsch，1993；Journel，1996）和试图整合空间分布的其他信息的追求。因此，当怀疑建模域内存在不稳定性时，可以在建模流程中引入外部漂移约束随机模拟。然后，必须用其他定量手段来提取横向地质的变异性。

近年来，已经开发了几种方法来量化这种横向变异性：类比地质（Ravenne 和 Beucher，1988；Bryant 和 Flint，1993；Dreyer 等，1993；Grammer 等，2004）、地震勘测（Beucher 等，1999；Marion 等，2000；Raghavan 等，2001；Strebelle 等，2003；Andersen 等，2006）、手绘剖面（Cox 等，1994）或关于沉积学概念更精细的方法（Massonnat，1999；Massonnat 和 Pernarcic，2002）。随机模拟技术的另一个优势是它们可以灵活地整合以局部先验概率格式编码的软信息（Rudkiewicz 等，1990；Goovaerts，1997；Deutsch，2002；Mallet，2002）。该局部先验概率可以表示为储层模型中的比例数据体（或沉积相概率立方体）。

6.1 三维相比例数据体定义

三维相比例立方体是储层模型对于矢量属性的描述（模型的每个单元都包含达标模型中每一种相的发生概率）。该立方体表示相的分布，并包含相关不确定性的三维估计。

确定性的网格化模型可以通过相对简单的方法按比例描述（图6.1，图6.2）。对于网格的每个水平层，可以提取发生的相概率并将其作为二维矢量属性进行转换［图6.1（a）］。把这些二维矢量属性垂直叠加，就可以获取反映相比例垂向演化的比例曲线（一维）［即沿深度的相演化；图6.1（b）］。

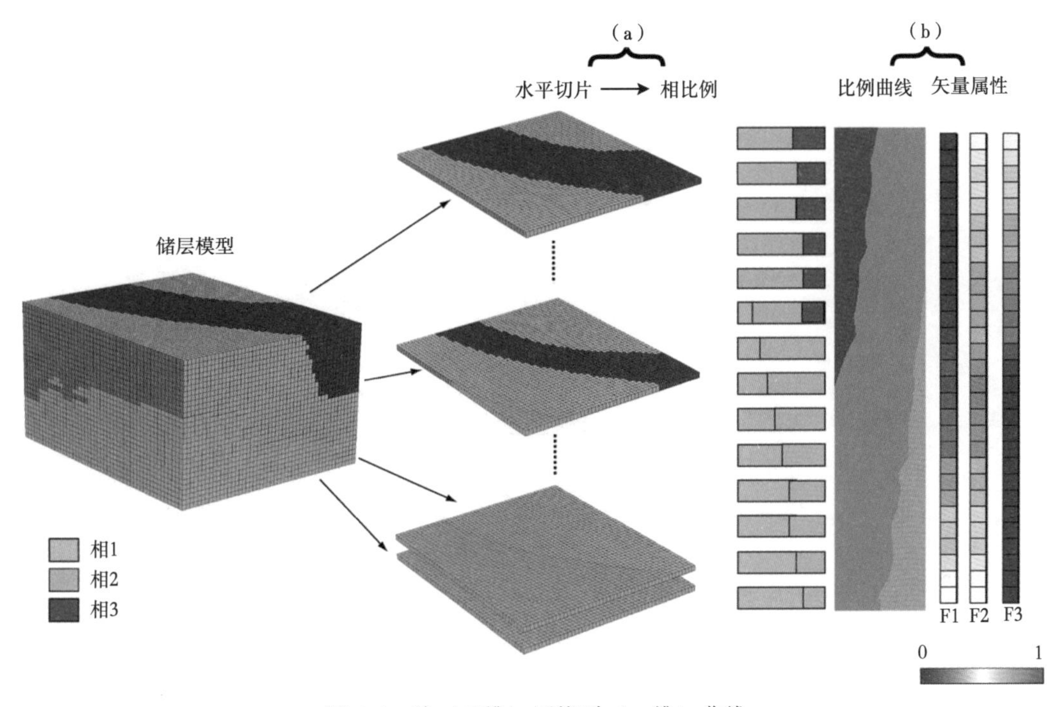

图6.1 从（三维）网格到（一维）曲线

（a）对于网格的每个水平层，可以提取沉积相出现的概率并转换为二维矢量属性；
（b）将这些二维矢量属性垂直叠加，将获得代表相比例垂直演变的比例曲线（一维）
F1、F2、F3分别对应相1、相2、相3

这种确定性的网格化模型也可以进行垂向描述，可以通过模型所包含的每种相的比例来定义模型的每一单列［图6.2（a）］。所有垂直比例分布图都是新的矢量比例，称为“比例平面图”，代表垂直比例在平面上的演化；它代表了二维平面中沉积相的演化［图6.2（b）］。比例曲线和平面图的组合就得到了三维相的比例立方体。

这种简单确定性模型的描述是我们工作流程的基础。根据可用的沉积学数据集，绘制了垂直比例曲线和比例平面图。

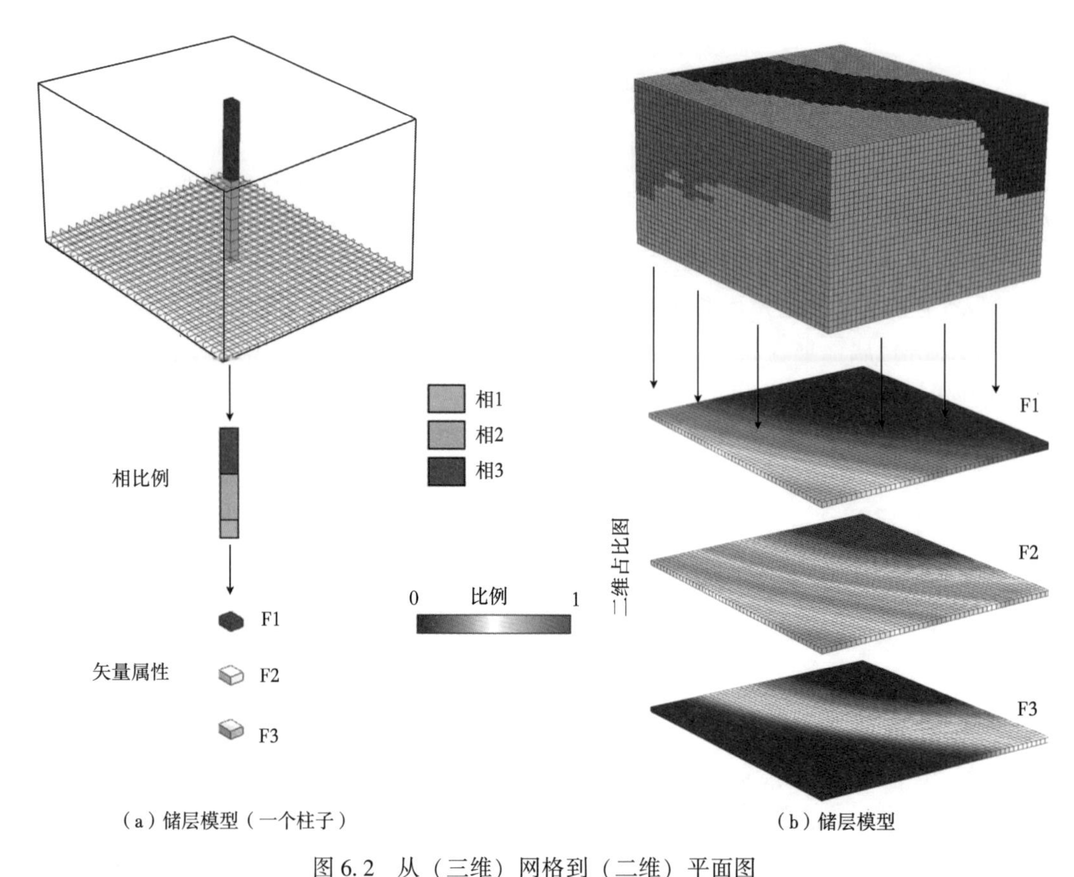

图 6.2 从（三维）网格到（二维）平面图

（a）模型的每一列用其包含每种沉积相的比例来定义；（b）所有垂直比例的平面图都是一个新的矢量比例，称为“比例平面图”，代表垂直比例的水平演变，体现了二维平面图中沉积相的演变

6.2 横剖面中的沉积概念

沉积学家基于层序地层学概念和所研究区域的知识，描述沉积相域从一口井到另一口井的横向和垂向演化。依据沉积概念可以确定井点处未钻遇的沉积相是所研究相域中的一部分（图 6.3）。该实例显示了两口井之间沉积相展布的三种沉积学解释。沉积相的侧向展布是基于地质学家对所研究体系域认知，因此可以将这些认知整合到设计的沉积相剖面。在图 6.3(a)的示例中，认为相 7 分布范围较窄，而在图 6.3(b)的解释中，认为其分布范围较宽。这些差异将导致最终三维比例立方体中不同的概率。在方案 A 中，相 7 的相关比例将局限在 B 井附近，而在方案 B 中，这些比例将延伸到远离 B 井的范围。受所创建的相比例的影响，随后的随机模拟将遵循所定义的沉积趋势。在图 6.3(c)中，沉积学家加入了一种相（相 4）作为研究相域的一部分。在剖面中加入这种相将意味着改变了现有的相比例，因此最终模型中随机相的分布也会发生相应的改变。加入新的沉积相通常不会改变层段内总体的确定性，定义为井点处确定性高，远离井点处确定性低，但是引入沉积学概念作为随后的随机模拟的外部漂移。

沉积横剖面反映了沉积相的空间分布，其唯一不确定性位于相过渡带。如下面简单示例的图像（图 6.4），剖面显示已经认识到的相（具有高度确定性）。相反，相 A 和相 B

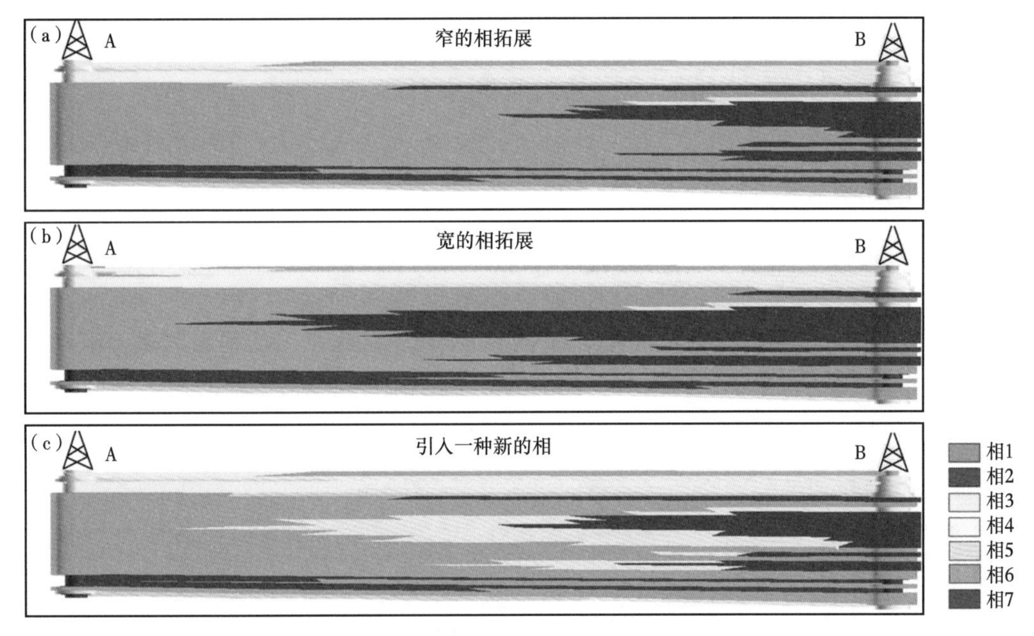

图 6.3　将沉积学概念应用到剖面图中

该实例显示了两口井之间沉积相展布的三种沉积学解释。(a) 相 7 被认为展布范围较窄，相 7 的相关比例将被限制在 B 井附近。(b) 相 7 被解释为展布范围较宽，相 7 的相关比例将从 B 井延伸较远。(c) 沉积学家将一种相 (相 4) 加入到研究相域中。在剖面中引入这种相将意味着对得到的相比例进行了修改，因此也对最终模型中随机相的分布进行了修改

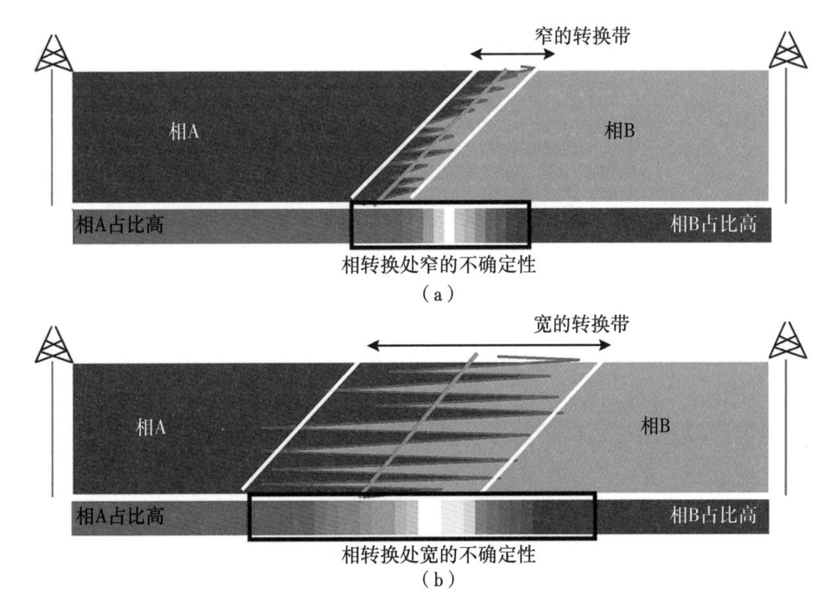

图 6.4　相变带不确定性

剖面展示了已知相的分布 (高度确定性的解释)。相 A 和相 B 之间的中间区域表现为相 A 和相 B 指状交叉，表示确定性较低。相变带的绘图方案包含相关的不确定性。(a) 解释表明相 A 和相 B 之间的过渡带狭窄，结果是在相变位置上存在一个狭窄的不确定区域。(b) 解释表明相 A 和相 B 之间的过渡带较宽，结果是在相变位置上存在很大不确定性的区域

之间的中间区域表现为A相和B相指状交叉，表示确定性较低。此外，相过渡带的成图方案包含相关的不确定性（图6.4）。这样，在沉积相物理上不发生指状交叉的情况下（例如洪泛区泥岩中河道的侵蚀边界），就会在沉积相边界位置产生不确定性。

6.3 从沉积横剖面中提取比例曲线和平面图

由于沉积横剖面包含建立三维比例立方体所需的所有信息，如果假设它们代表了整个三维模型体，则可以从每个沉积剖面中提取垂直和水平比例曲线（图6.5）。该提取过程分为两个阶段。第一个阶段是通过计算沿每个剖面上定义的水平层的相比例来构建垂直比例曲线［图6.5（a）］。第二个阶段通过计算沿每个剖面定义的垂直列的相比例来创建水平比例曲线［图6.5（b）］。

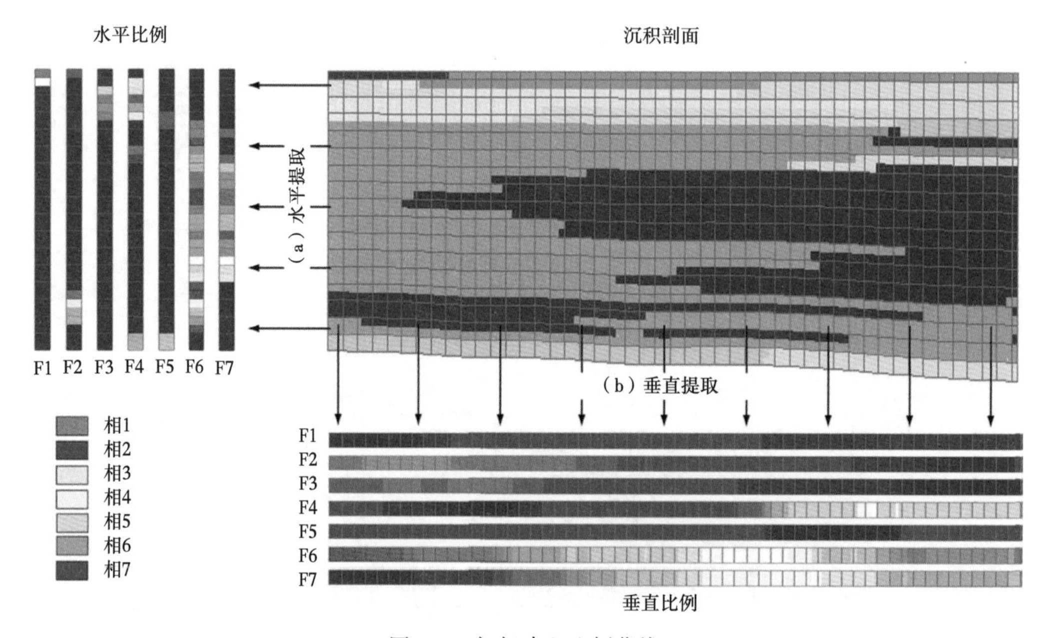

图6.5　如何建立比例曲线

（a）通过计算沿每个剖面定义的水平层的相比例来构建垂直比例曲线；

（b）通过计算沿每个剖面定义的垂直列的相比例来创建水平比例曲线

在所描述的工作流程中，首先考虑垂直比例曲线。可以合并所有垂直比例曲线（取决于地层对比的沉积学确定性，如果需要，可以使用不同的权重因子）来为建模的地层段构建单个比例曲线。

一旦构建了垂直比例曲线，就进入插值阶段，沿选定剖面定位的水平比例曲线（每个沉积学剖面一条曲线）建比例平面图。先前定义的水平比例曲线之间的插值在剖面之间可以不必是线性的关系，通常由任何可用信息源，通常是地震解释（例如振幅图）或概念性沉积模型（例如预期的河道形态、曲率或古地理图）定义的“趋势线”引导（图6.6）。

最后的步骤是执行Mallet（1989）提出的三维离散平滑插值（3D DSI）技术。3D DSI使用垂直比例曲线和平面比例图作为关键约束条件在井之间进行沉积相插值（图6.7）。

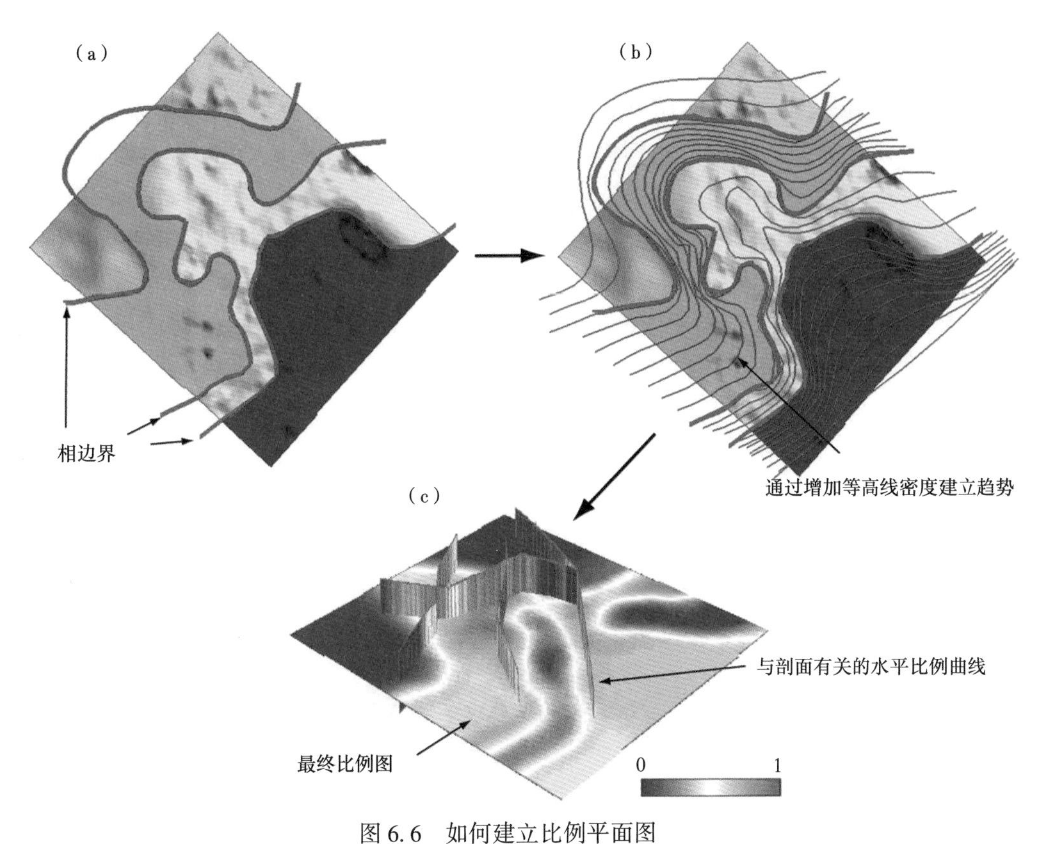

图 6.6　如何建立比例平面图

（a）从沉积相平面图上提取相边界；（b）通过添加等值线创建趋势线；
（c）沿趋势线插入垂直比例，得到比例平面图

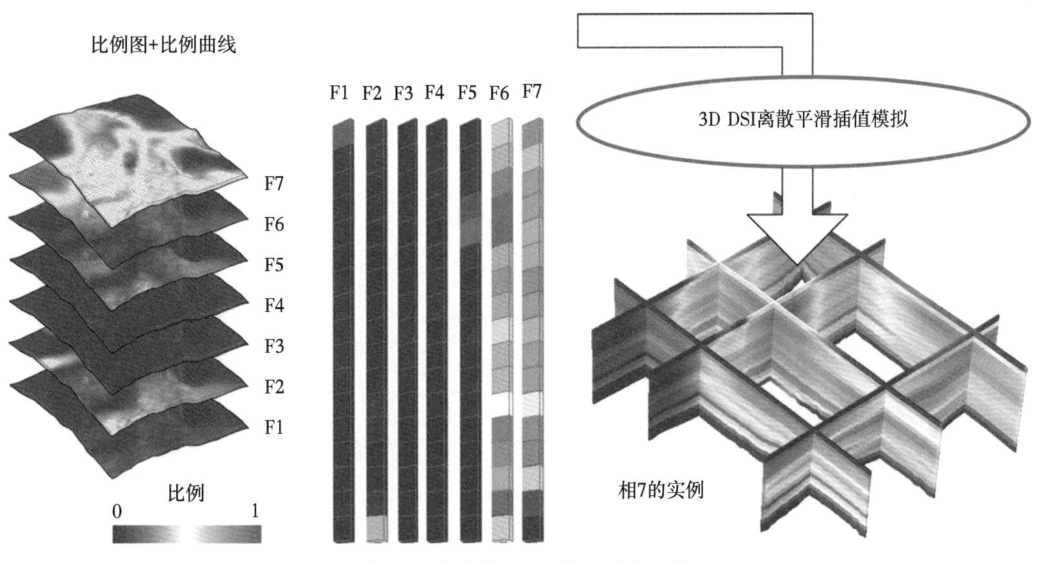

图 6.7　如何构建三维比例立方体

使用 3D 离散平滑插值法（Mallet，1989）将垂直比例曲线和比例平面图组合在一起。最终结果是在三维空间每种相的概率值分布，其中在网格的任何给定节点上的相概率之和等于 1

得到的最终结果是每种相的概率值的分布，其中在网格的任何给定节点上的相概率之总和等于1。

3D DSI处理允许加入作为插值的外部漂移附加约束条件。这些外部约束可以作为三维先验相概率从地震属性中加入到建模工作流程中（Ruijtenberg等，1990；Haas和Dubrule，1994；Fontaine等，1998；Beucher等，1999；Grijalba-Cuenca等，2000；Marion等，2000；Strebelle等，2003；Andersen等，2006；Escobar等，2006），或利用如DIONISOS（Granjeon，1997；Granjeon和Joseph，1999；Burgess等，2006），SEDSIM（Griffiths等，2001）或FLUVSIM（Duan等，1998）等工具获得地层模拟结果。根据其重要性或与它们各自相关的确定性，这些不同的关键约束条件可以具有不同的相对权重（图6.8）。

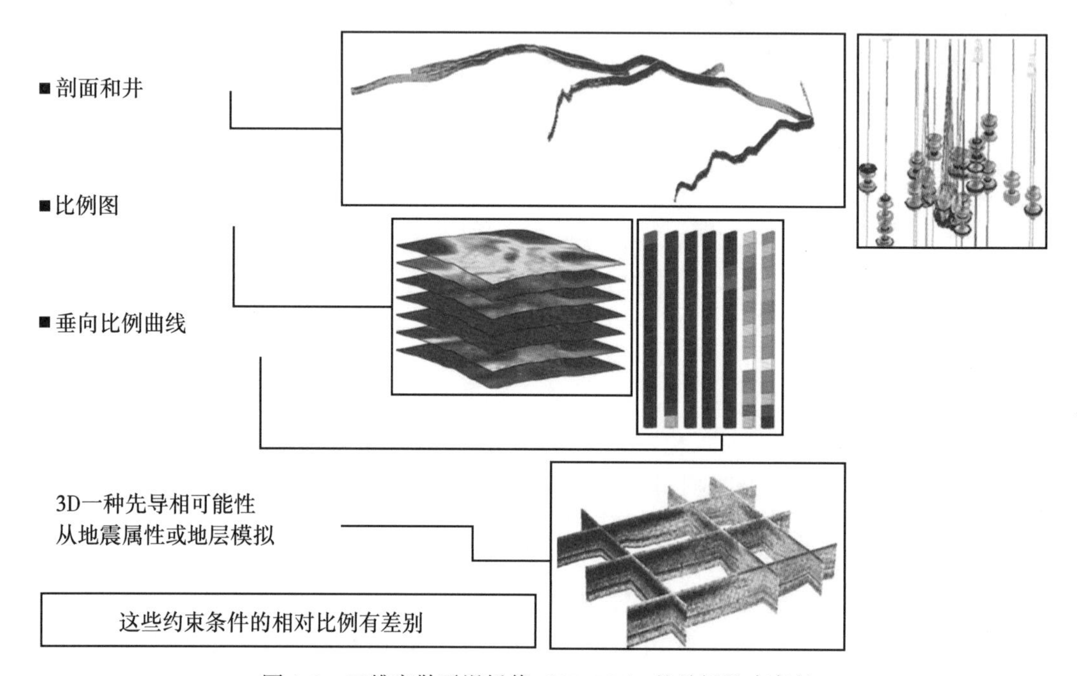

图6.8 三维离散平滑插值（3D DSI）的关键约束条件

除了单井解释、沉积剖面、比例平面图和垂直比例曲线外，3D DSI过程还允许加入作为插值外部漂移的其他约束条件。可以将这些外部约束引入到建模工作流程中，作为三维先验相概率，这些先验相概率是从地震属性或从DIONISOS、SEDSIM或FLUVSIM导出的地层模拟结果。这些不同的关键约束条件可以根据其重要性或与每个约束条件相关的确定性而具有不同的相对权重

6.4 地层框架的影响

要正确计算相比例，就必须了解沉积模式及发育的各种沉积相。大多数情况下，了解沉积模式最简单的方法是将解释与层序地层分析联系起来。此外，建模工作流程的可靠性需要与地层框架联系起来。在大多数情况下，沿井轨迹和横剖面地层旋回表现出连贯的相域趋势，这对确保其三维表达是必不可少的。这可以通过具有两个不同沉积相分布趋势的简单地质模型来说明（图6.9）。如果将此模型视为工作流程中的单个旋回，则生成的三维比例立方体将是不连贯的［图6.9（a）］。由于该模型具有两个不同的趋势，因此将

它们视为一个单独的地层实体会提供一个相当均一性的单个比例平面图。这两种沉积趋势相互抵消，导致产生一个较差的沉积概念和沉积构型。如果将初始模型分为两个不同的旋回，并且分序列应用到我们的工作流程，就会得到一致性的结果和很好的沉积相空间分布［图6.9（b）］。

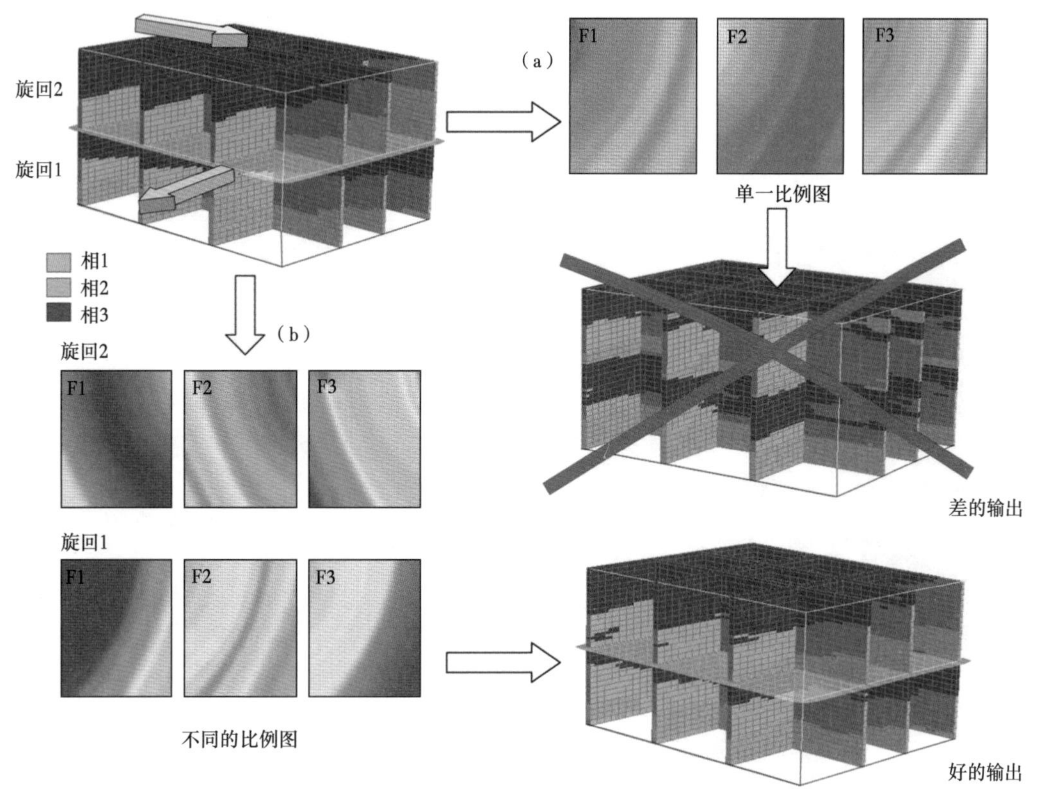

图6.9　地层框架对比例构建的影响

该实例展示了具有两个不同沉积相分布趋势的简单地质模型。(a) 如果将此模型视为工作流程中的单个旋回，则生成的三维比例立方体将是不连贯的。(b) 如果将初始模型分为两个不同的旋回，并且将我们的工作流程分别应用于每个序列，则结果是连贯的，并产生良好的相分布结果

6.5　工作流程结果

6.5.1　相分布/不确定性评估的多次实现的基础

这种确定性的三维比例立方体是后续地质统计相模拟，如序贯高斯模拟（TGS）和序贯指示模拟（SIS）的背景趋势。根据所选择的随机方法，相分布将有所不同。使用SIS是对每种沉积相进行独立的模拟。这样，就不必考虑相对位置的可能限制条件（Journel 和 Alabert，1990；Journel 和 Deutsch，1993）。TGS是基于直接算法，无须任何迭代过程。Ravenne 和 Beucher（1988）以及 Rudkiewicz 等（1990）提出使用这种直接的方法来处理沉积空间关系。这种方法可以模拟伴生相，如海岸沉积物和大多数碳酸盐沉积环境中的

相。所有相具有相同的变差函数，反映相同的空间连续性并具有相同的各向异性和相关长度。图 6.10 为 TGS 应用于中东海湾地区的鲕粒缓坡环境相比例立方实例。

建模工作流程的结果是仿真表现的多个“等概率的”三维相分布。它们包含由地质学家建立的外部漂移，和由多次实现方案所反映的不确定性要素，所有这些都受到井数据的经典地质统计学约束。然后，可以将由相或主要相复合体组成的地层网格作为岩石物理建模或地震反演的输入。

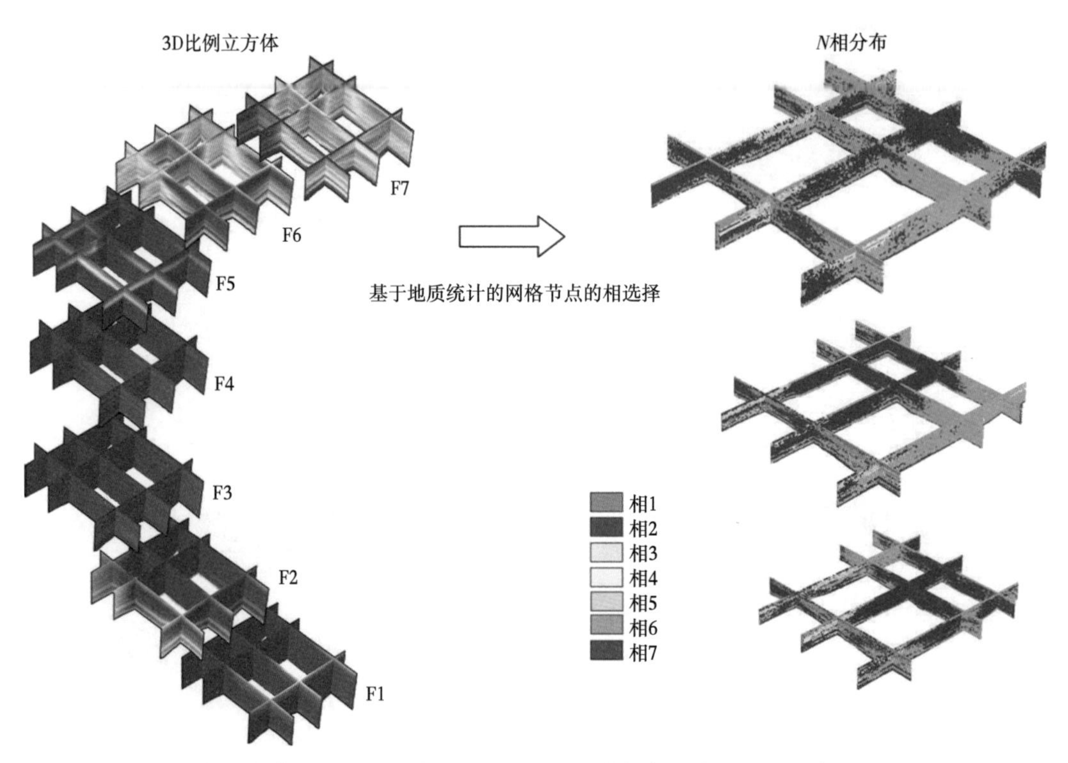

图 6.10 使用比例立方体作为地质统计相分布的基础。截断高斯模拟应用于建立中东海湾地区鲕粒缓坡环境比例立方体的实例。建模工作流程的结果是近于真实的、多个“等概率的”三维相分布

6.5.2 基于目标建模的基础

三维相比例立方体也可以用作广泛应用于沉积相模拟的目标模拟法的软约束条件（Dubrule，1989；Haldorsen 和 Damsleth，1990；Caers，2005）。目标体分布参考三维相比例立方体。图 6.11 显示了在 Tunu 油田（印度尼西亚 Mahakam）使用基于目标的方法得到的河口坝分布实例。把河道分布确定性地引入到模型中，而河口坝构型要素是根据其宽度、厚度、长度或宽/厚比模拟得到的，应用了从沉积剖面和平面图获取的三维相比例立方体。如前所述，最终模型提供了几种“等概率的”三维目标分布，然后可以用作岩石物理属性建模或地震反演的输入。

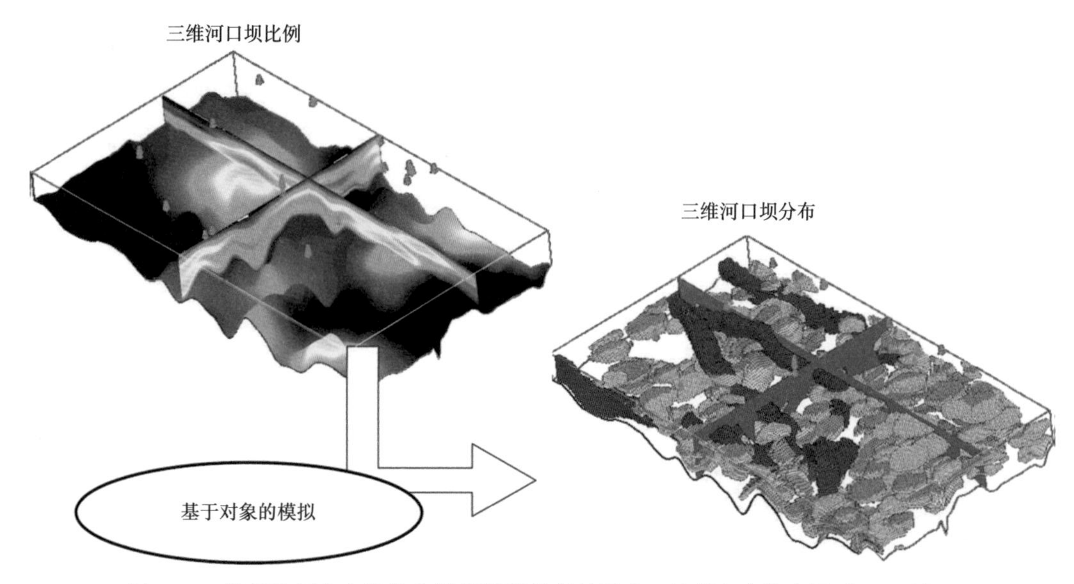

图 6.11　使用比例立方体作为目标模拟的条件约束：比例立方体应用于 Tunu 油田（印度尼西亚 Mahakam）河口坝构型要素分布的示例

将河道分布确定性地引入模型，而河口坝构型要素是根据其宽度、厚度、长度或宽/厚比模拟得到的。使用了源自沉积横剖面和平面图的三维比例立方体

6.6　结论

本章工作流程是基于简单的建模技术，它使沉积学家能够将其解释和概念确定性地整合到储层表征工作流程中，并参考了所有可用属性。该工作流程还整合了非均质性分布的沉积学不确定性，从而建立一个可用于不确定性研究的三维比例立方体。所得到的三维比例立方体也是唯一的输出（矢量属性），它用作各种相分布方法（例如 TGS、SIS 或基于对象）的输入，是没有任何失真的原始输入。然后使用经典的地质统计方法在这些相的位置赋予岩石物理属性。

综合应用确定性模拟与随机或地质统计学模拟，可以为储层建模的主要挑战提供了有趣的解决方案，包括非均质性的三维地质仿真体现以及通过生成（而不是一个）多个可能的模型或“实现”而不是一个模型来量化不确定性。

参考文献

Andersen, T., Zachariassen, E., Hoye, T. et al. 2006. Method for conditioning the reservoir model on 3D and 4D elastic inversion data applied to a fluvial reservoir in the North Sea. *SPE Europec/EAGE Annual Conference and Exhibition.* Vienna, Austria, SPE n° 100190.

Beucher, H., Fournier, F., Doligez, B. & Rozanski, J. 1999. Using 3D seismic-derived information in lithofacies simulations. A case study. SPE *Annual Technical Conference and Exhibition*, Houston, Texas, USA, SPE n° 56736.

Bryant, I. D. & Flint, S. S. 1993. Quantitative clastic reservoir modeling: Problems and perspectives. *In*: Flint, S. S. & Bryant, I. D. (eds) *The Geological Modeling of Hydrocarbon Reservoirs and Outcrop Analogues.* International Association of Sedimentologists, Special Publication, 15, 3-20.

Burgess, P. M., Lammers, H., Van Oosterhout, C. & Granjeon, D. H. 2006. Multivariate sequence stratigraphy: Tackling complexity and uncertainty with stratigraphic forward modelling, multiple scenarios, and conditional frequency maps. *American Association of Petroleum Geologists Bulletin*, 90, 1883-1901.

Caers, J. 2005. *Petroleum Geostatistics.* Interdisciplinary Primer Series, Society of Petroleum Engineers.

Cox, D. L., Lindquist, S. J., Bargas, C. L., Havholm, K. G. & Srivastava, R. M. 1994. Integrated modeling for optimum management of a giant gas condensate reservoir, Jurassic eolian Nugget sandstone, Anschutz Ranch East field, Utah Overthrust (U. S. A.). *In*: Yarus, J. M. & Chambers, R. L. (eds) *Stochastic Modeling and Geostatistics: Principles, Methods, and Case Studies.* American Association of Petroleum Geologists Computer Applications in Geology, 3, 287-321.

Deutsch, C. V. 2002. *Geostatistical Reservoir Modeling (Applied Geostatistics).* Oxford University Press.

Dreyer, T., Falt, L. M., Hoy, T., Knarud, R., Steel, R. J. & Cuevas, J. -L. 1993. Sedimentary architecture of field analogues for reservoir information (SAFARI): a case study of the fluvial Escanilla Formation, Spanish Pyrenees. *International Association of Sedimentologists Special Publication*, 15, 57-80.

Duan, T., Griffiths, C., Cross, T. A. & Lessenger, M. A. 1998. Adaptive stratigraphic forward modeling; making forward modeling adapt to conditional data. *American Association of Petroleum Geologists Annual Meeting*, Salt Lake City, USA, digital abstract volume.

Dubrule, O. 1989. A review of stochastic models for petroleum reservoirs. *In*: Amstrong, M. (ed.) *Geostatistics.* Kluwer.

Escobar, I., Williamson, P., Cherrett, A., Doyen, P. M., Bornard, R., Moyen, R. & Crozat, T. 2006. Fast geostatistical stochastic inversion in a stratigraphic grid. *SEG Technical Program Expanded Abstracts*, 25, 2067-2071.

Fontaine, J. M., Dubrule, O., Gaquerel, G., Lafond, C. & Barker, J. 1998. Recent developments in geoscience for 3D earth modelling. *SPE European Petroleum Conference.* The Hague, The Netherlands, SPE n° 50568.

Goovaerts, P. 1997. Geostatistics for natural resources evaluation. *Applied Geostatistics Series.* New York, Oxford University Press.

Grammer, G. M., Harris, P. M. & Eberli, G. P. 2004. Integration of outcrop and modern analogs in reservoir modeling: overview with examples from the Bahamas. *In*: Grammer, G. M., Harris, P. M. M & Eberli, G. P. (eds) *Integration of outcrop and modern analogs in reservoir modelling.* American Association of Petroleum Geologists Memoir, 80, 1-22.

Granjeon, D. H. 1997. *Deterministic stratigraphic modelling; conception and applications of a multilithologic 3D model.* Memoires de Geosciences, 78, Rennes.

Granjeon, D. H. & Joseph, P. 1999. Concepts and applications of a 3-D multiple lithology, diffusive model in stratigraphic modelling. *In*: Harbaugh, J. W., Watney, W. L., Rankey, E., Slingerland, R. L., Goldstein, R. & Franseen, E. K. (eds) *Numerical Experiments in Stratigraphy: Recent Advances in Stratigraphic and Sedimentologic Computer Simulations.* SEPM Special Publication, 62, 197-210.

Griffiths, C., Dyt, C., Paraschivoiu, E. & Liu, K. 2001. Sedsim in hydrocarbon exploration. *In*: Merriam, D. F. & Davis, J. C. (eds) *Geologic Modeling and Simulation.* New York, Kluwer Academic.

Grijalba-Cuenca, A., Torres-Verdin, C. & Van Der Made, P. 2000. Geostatistical inversion of 3D seismic data to extrapolate wireline petrophysical variables laterally away from the well. *SPE Annual Technical Conference and Exhibition.* Dallas, Texas, USA, SPE n° 63283.

Haas, A. & Dubrule, O. 1994. Geostatistical inversion: a sequential method of stochastic reservoir modelling constrained by seismic data. *First Break*, 12, 561-569.

Haldorsen, H. H. & Damsleth, E. 1990. Stochastic modelling. *Journal of Petroleum Technology*, 404–412, SPE n° 20321.

Journel, A. G. 1996. The abuse of principles in model building and the quest for objectivity. *In*: Baafi, E. Y. & Schofield, N. A. (eds) *Geostatistics Wollongong*' 96, 1, Kluwer Academic Publishers.

Journel, A. G. & Alabert, F. G. 1990. New method for reservoir mapping. *Journal of Petroleum Technology*, 42, 212–218.

Journel, A. G. & Deutsch, C. V. 1993. Entropy and spatial disorder. *Mathematical Geology*, 25, 329–355.

Mallet, J. –L. 1989. Discrete smooth interpolation in geometric modelling. *ACM–Transactions on Graphics*, 8, 121–144.

Mallet, J. –L. 2002. *Geomodelling*. Oxford, Oxford University Press.

Marion, D., Insalaco, E., Rowbotham, P., Lamy, P. & Michel, B. 2000. Constraining 3D static models to seismic and sedimentological data: a further step towards reduction of uncertainties. *SPE European Petroleum Conference*, Paris, France, SPE n° 65132.

Massonnat, G. J. 1999. Breaking of a Paradigm: Geology Can Provide 3D Complex Probability Fields for Stochastic Facies Modelling. *SPE Annual Technical Conference and Exhibition*. Houston, Texas USA, SPE n° 56652.

Massonnat, G. J. & Pernarcic, E. 2002. Neptune: an innovative approach to significantly improve reservoir modeling in carbonate reservoirs. *Abu Dhabi Petroleum Exhibition & Conference*. Abu Dhabi, SPE n° 78528.

Raghavan, R., Dixon, T. N., Phan, V. Q. & Robinson, S. W. 2001. Integration of geology, geophysics, and numerical simulation in the interpretation of a well test in a fluvial reservoir. *SPE Reservoir Evaluation and Engineering*, June 2001, 201–208.

Ravenne, C. & Beucher, H. 1988. Recent developments in description of sedimentary bodies in a fluvio–deltaic reservoir and their 3D conditional simulations. *63rd Annual Technical Conference and Exhibition of the Society of Petroleum Engineers*. Houston, Texas, USA, SPE n° 18310.

Rudkiewicz, J. L., Guérillot, D. & Galli, A. 1990. An Integrated Software for Stochastic Modelling of Reservoir Lithology and Property with an Example from the Yorkshire Middle Jurassic. *In*: Buller, A. T., Berg, E., Hjelmeland, O., Kleppe, J., Torsaeter, O. & Aasen, J. O. (eds) *North Sea Oil and Gas Reservoirs II*. Malta, Kluwer.

Ruijtenberg, P. A., Buchanan, R. & Marke, P. 1990. Three–dimensional data improve reservoir mapping. *Journal of Petroleum Technology*, January, 22–61.

Strebelle, S., Payrazyan, K. & Caers, J. 2003. Modeling of a deepwater turbidite reservoir conditional to seismic data using principal component analysis and multi–point geostatistics. *SPE Journal*, September, 227–235.

7 储层模型的刻度与验证：高分辨率、定量露头类比模型的重要性

Richard R. Jones　Kenneth J. W. McCaffrey
Jonathan Imber　Ruth Wightman　Steven A. F. Smith
Robert E. Holdsworth　Phillip Clegg
Nicola de Paola　David Healy　Robert W. Wilson

摘要：快速发展的数字采集、可视化和分析方法促进了高精度露头模型的建立，并以类比方式为从油藏到亚地震观察尺度的关于沉积和构造样式提供定量信息。地表激光扫描（lidar）与高精度实时运动全球定位系统是数据采集的关键测量技术。野外数据分析时使用三维可视化设备。激光扫描数据的分析包括点云的选取，从而得到插值的地层和结构面。生成的数据既可以作为基于目标的模型的输入，也可以通过网格化和粗化，用于基于网格的储层建模。露头数据也可以用来刻度地质过程的数值模型，如褶皱的发育和生长、裂缝的形成和扩展。

多年来，石油地质学家已经使用了各种各样的地质模型。这些模型有助于增进我们对盆地动力学、含油气系统以及与石油相关过程的理解。总的来说，各种不同的建模方法已涵盖了多个数量级的尺度，从总体岩石圈尺度属性的表征到颗粒尺度过程的模拟[图 7.1（a）]。模拟类型包括类比模拟和数值模拟方法。长期以来类比模拟（如沙箱模型、水槽实验等）为构造和沉积过程中提供了有用的理解。基于数值的模拟方法在油气勘探和开发过程中无处不在，这得益于计算机性能的不断提升。

所有建模策略的共同之处在于，需要用地质属性的真实值对模型进行刻度，并测试模型在真实含油气系统中的有效性。模型的输入通常依赖于间接的地球物理数据［图 7.1（b）］，特别是区域重磁测量、三维地震和测井数据，连同可获得的岩心直接分析数据。合适的储层类比研究可以获得更多的输入［图 7.1（c）］。对保存良好的露头进行直接地质观测，有助于减少一些通常与远程成像地球物理数据相关的不确定性。另一个重要的优点是，显示储层尺度几何形状的类比露头也能捕捉向下扩展到亚地震水平尺度的观察。因此，露头研究有助于填补通常地球物理方法无法捕捉的尺度范围（25m 以下）的数据空白，并且提供比测井和岩心（本质上是一维的）更大尺寸的数据。

尽管储层类比已被石油地质学家应用多年，但传统上主要基于定性露头研究。在整个研究工区内，任何定量研究通常都仅限于露头的小区域。此外，大多数研究使用一维分析方法，如记录沉积剖面，或沿直线横断面测量裂缝。这些缺陷可以通过使用一些现代数字测量技术来克服（图 7.2），包括基于高精度 GPS、激光测距和刻度后的数字摄影等方法。本章讨论了基于数字技术的测量方法，例如它们可以综合起来获取详细的地质空间露头数

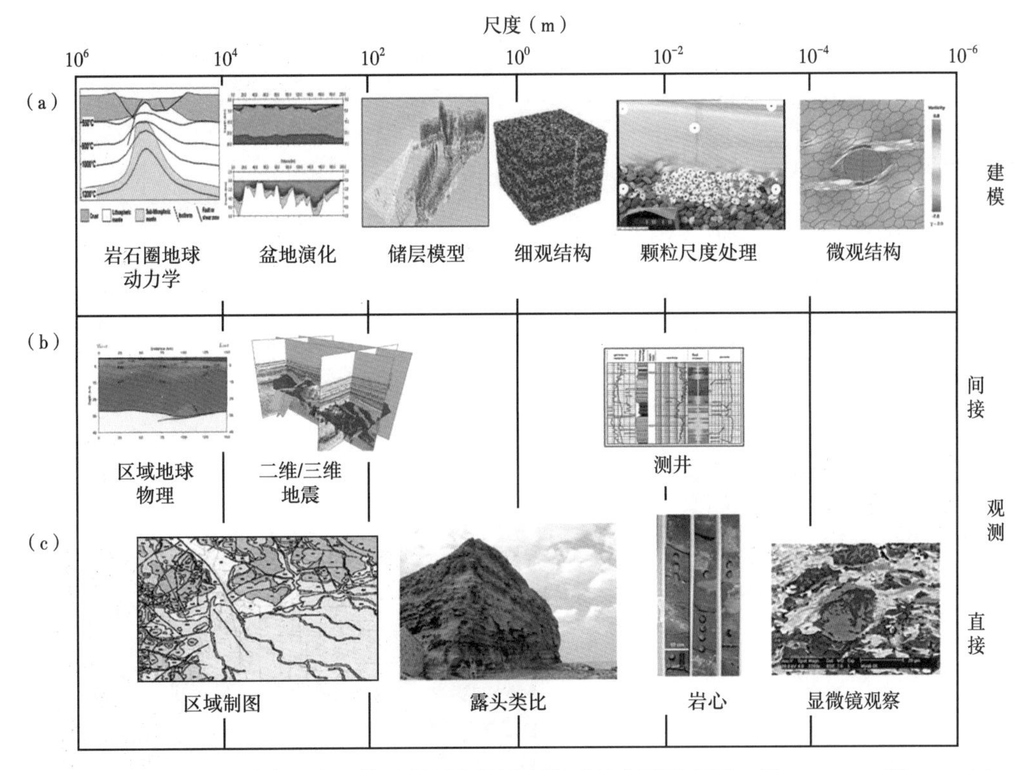

图 7.1　各种类型的数值和类比模型所覆盖的尺度的近似范围示意图（据 McCaffrey 等，2005b）

（a）建模方法的典型实例。（b）通常用于刻度含油气系统模型的间接的地球物理观测实例。（c）对验证建模结果至关重要的直接观测类型。露头类比在弥补地震分辨率以下观测尺度的间接地球物理数据的缺失方面至关重要

据，如何解释这些数据，以生成具有三维或半三维特征的定量储层类比，有助于刻度和验证储层地质学家使用的地质模型。

7.1　定量储层类比

如有可能，当开发新的程序来捕捉和处理定量露头数据时，我们的方法需要基于标准油气勘探策略采用的基本原则。这样，工作流程综合采用了数字信息采集、数据处理、三维计算机图形学和地质解释等要素。我们的工作流程将一系列互补的方法组合在一起，统称为“GAVA”（地理空间获取、可视化和分析）。

7.1.1　信息采集

我们的主要调查方法（图 7.2）基于地面激光扫描的组合（Ahlgren 和 Holmlund，2002；Jennette 和 Bellian，2003；Jones 等，2004；Løseth 等，2004a，2004b；Bellian 等，2005；Clegg 等，2005），激光测距（Xu 等，2001；Løseth 等，2003；Jones 等，2004），高精度 GPS（Xu 等，2000；Maerten 等，2001；McCaffrey 等，2005a；Pearce 等，2006a，2006b）和数字摄影测量（Pringle 等，2001，2004；Hodgetts 等，2004）。最适合捕捉给定露头的技术取决于以下几个因素：

图 7.2　给出真彩色点云数据和 RTK dGPS 单元记录精确的扫描位置

(a) 与断层有关的褶皱分析，英格兰东北部 Howick（据 Pearce 等，2006a）；(b) 分段断层，苏格兰东南部 Lamberton；(c) 苏格兰北 Kirtomy 西 Orkney 盆地泥盆系碎屑岩的陆上类比研究；(d)、(e) 英格兰东北部石炭系砂岩/泥岩层序中的断裂作用；(f)、(g) 裂缝性碳酸盐岩的研究，英格兰 Flamborough，其中 (g) 来自 Riegl LMS-Z360i 扫描仪的真彩色点云数据

（1）研究目的；

（2）露头的性质，包括暴露体量和可接近性；

（3）所需的详细程度；

（4）所需的空间精度；

（5）时间和成本的限制。

在大多数情况下，通过组合多种方法可以得到最优结果。地面激光扫描是首选的核心技术，用于获取非常详细、逼真的露头模型。高精度的“实时运动”（RTK）GPS 通常会为此提供地理空间控制和激光测距支持，可以获取更多的地质观测和测量作为厘米精度激光扫描数据的参考。生成的露头模型精细程度足以用于虚拟野外考察，并增强了现实露头不易观测（或不安全）的出露部分的研究能力，可以进一步分析虚拟露头模型以提供构造和沉积构型的定量信息。在可能的情况下，通过使用探地雷达（GPR）、超浅层地震和露头面后方钻孔等方法获取浅层信息，作为额外宝贵的露头模型约束条件。

建立与精细的虚拟类比露头相同分辨率的完整储层模型，需要对硬件性能提出不切实际的要求。解决该问题的有效策略是建立多级模型，将精细露头的局部区域置于包含嵌套的覆盖范围的更广泛的地质和地形环境中。多级模型可以提供从露头到盆地尺度的合理无缝覆盖，范围越大，显示的细节越少。露头范围的数据采集通常使用调查级别的设备（激光扫描仪和 RTK DGPS），而较大区域的覆盖范围则使用数字地质制图（McCaffrey 等，2005a；Clegg 等，2006；Wilson，2006）和区域范围远程成像数据（例如卫星和航空图像、地球物理数据库）。

7.1.2 可视化

可视化与分析和解释获取的数字露头数据密切相关，对于最大限度地发挥虚拟露头模型作为油藏类比作用至关重要。工作中，我们经常使用一系列可视化设备，这些设备在处理器能力、内存（RAM）和图形处理能力以及成本方面各不相同。大多数现代的台式计算机都具有较强的三维可视化能力，并且功能强大，足以进行日常的可视化和分析。例如，通常使用运行 Windows 或 Linux 的高配置计算机来可视化和分析包含彩色点云的激光扫描数据集，该点云包含多达 2000 万个点（通常覆盖 1~3km^2 的露头区），或可视化多级模型，该模型包括 1000km^2 的区域卫星数据、100km^2 的高分辨率图像和数字地质地图数据，以及嵌入模型中的虚拟露头局部详细数据。对于涉及大型数据集的更复杂的可视化任务，我们使用专用的硅谷图形工作站。

使用自由立体显示器增强三维可视化效果［图 7.3（a）］，该显示器提供无需立体眼镜的立体图像（Holliman，2006），并极大地提高了用户处理三维数据的能力。对于全浸式实时交互式图形会议，我们使用专用的高冲击可视化环境（HIVE），它配备了立体背投和三维无线跟踪系统。HIVE 可以在 Windows、Linux 和硅谷图形环境中驱动。台式计算机在维护和技术支持方面的花费较低，因此通常将低端计算机用于许多初步处理，包括基本可视化任务以及虚拟模型的第一个版本的构建，从而保留高性能、全浸式的图形环境，用于涉及多用户的详细再解释和多用户协作会话［图 7.3（b）］。

虚拟露头模型中使用的各种不同格式的地理空间数据，与勘探和生产环境中常用的许多可视化软件工具兼容。对于激光扫描数据的平滑可视化，软件的选择是至关重要的，因

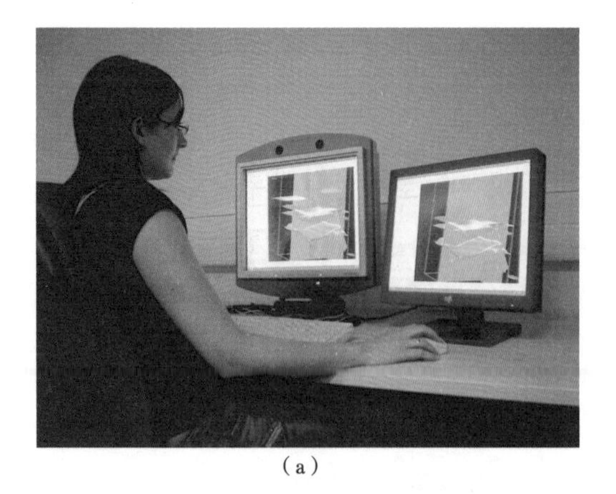

(a)

(b)

图 7.3　三维可视化环境中的数据分析（高分辨率定量露头类比）

(a) 使用 Schlumberger 的 Petrel 软件在 Windows PC 上具有自由立体屏幕（左）和普通屏幕（右）的双头图形显示。自动立体屏幕的外观与标准 LCD 显示器相似，但是无需立体眼镜即可生成三维图像。(b) 在运行 Linux 的高端 PC 上使用自定义点云可视化软件，在全浸式、交互式 HIVE 中进行协作三维解释会话

为并不是所有的可视化工具都能优化显示非常大的点云数据集。通常需要反复试验和一定程度的经验来优化特定硬件和软件组合的性能。一些专门用于渲染点云数据的软件工具的一个优势是，可以使用不同的可视化模式来显示露头模型（图 7.4）。将所有数据显示为单点（字形）在计算能力方面非常优秀（因此可以实时操作非常大的数据集），尽管接近露头时缺少细节。通过将点云转换成网格面，并将数字图像覆盖到网格上，可以在模型中显示分辨率非常高的细节。但是，这使得图形的成本较高，因此它最适合显示细节区特写，或用于查看为了减少网格中的面板数量而被大量删除的较大模型（以牺牲地形表面的细节为代价）。

(a)

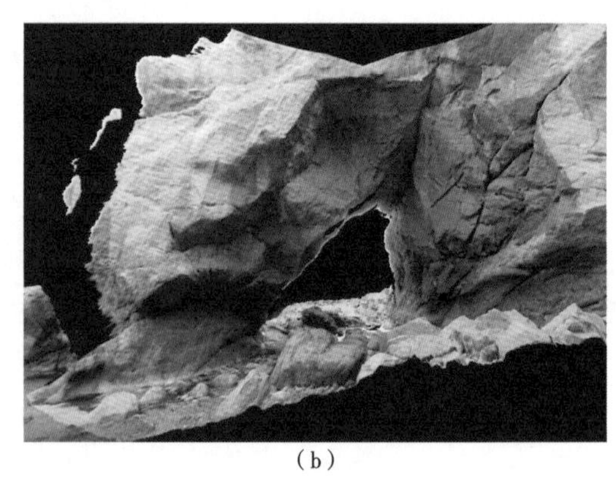

(b)

图 7.4　激光扫描点云数据的不同可视化模式（高分辨率定量露头类比）

(a) 单点提炼数据对图形硬件来说是有效的，尤其是在从原始数据中提取精确的地质表面时特别有用。(b) 网格点云和覆盖在网格表面上的详细图像需要仔细优化，以避免对硬件提出更高的要求，但如果做得好，甚至可以提供接近模型的照片逼真的结果（拱高约 2m）

7.1.3 分析解释地理空间数据以建立三维模型

虚拟露头模型不能替代对露头的现场研究，而现场地质观测始终是最大限度地发挥数字信息分析效果的最重要因素。然而，除了实地研究外，使用虚拟模型当然可以大大提高解释的精度。可视化模型可以让地质学家查看通常无法接近的露头部分（例如头顶上方的区域或露头，悬崖两侧有水覆盖无法看到的露头），并且能够快速放大和缩小露头，从而提供了不同比例的视角的观察。较高的有利位置往往能使人们对地层学有更清晰的认识，而且能够快速导航到准确的视点，以显示构造或其他地质特征在三维空间是如何排列的。通常情况下，试着观察出露岩层内部的位置是很有用的，因为可以更容易地通过岩石内部的有利位置识别地质界面，也可以使用颜色符号来渲染虚拟模型，以强调露头的不同方面。

最重要的是，这些数字信息为露头的地理空间分析提供了基础（Maerten 等，2001；Ahlgren 等，2002；Jones 等，2004；Trinks 等，2005；Pearce 等，2006a，2006b；Kokkalas 等，2007），从而获得构造几何学和沉积构型的定量解释（Pringle 等，2001，2004，2006；Løseth 等，2003，2004a，2004b；Jennette 和 Bellian，2003；Hodgetts 等，2004；Bellian 等，2005；Labourdette 和 Jones，2007）。从虚拟露头模型获取并用于油藏建模的定量信息的例子如下，包括：

（1）整体相分布；

（2）地层横向变化；

（3）河床和海底河道的形态；

（4）浊积体系构型；

（5）褶皱几何形态，包括非圆柱形背斜闭合端和鲸背褶皱（含义与长垣背斜相近）顶点；

（6）三维裂缝分布，给出总体构造非均质性描述；

（7）裂缝走向、密度、连通性及其与褶皱闭合端的关系；

（8）与盆地级断层相邻的亚地震规模破坏带的影响。

在大多数情况下，虚拟露头数据是通过在点云内“提取”地层和构造面来解释的（图 7.5），其过程可与三维地震中的层位拾取相媲美（Jones 等，2004；Clegg 等，2005；Trinks 等，2005）。拾取的数据与直接在野外测量的其他数据结合在一起（例如，使用 RTK dGPS 设备测量的构造的表面痕迹），然后对点集进行插值以生成可以外推到地下的

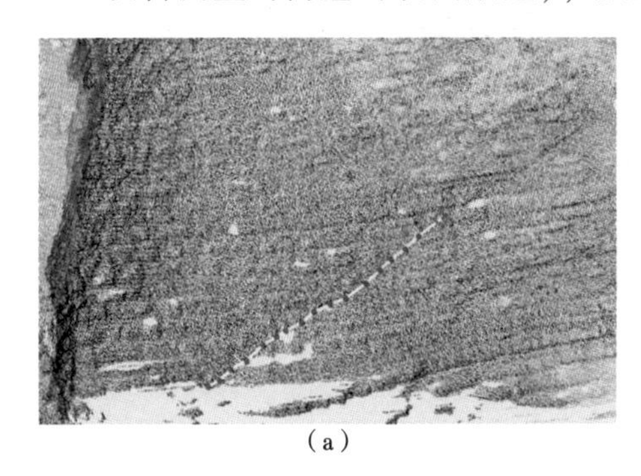

（a）

（b）

图 7.5　英格兰 E. Flamborough 关于裂缝性碳酸盐岩的研究（据 Waggott 等，2005）

（a）激光扫描仪点云数据中的断层拾取；（b）穿过拾取点的插值平面

连续层面。显然，当使用良好的三维露头和/或从露头附近的浅层层面获得更多数据时，能够给插值过程最好的约束。

7.2 利用数字露头数据刻度地质模型

一旦虚拟露头数据被完全拾取出来，得到的地层—构造解释成果就可以用来刻度储层模型。插值层面导入基于目标的建模软件中进行进一步分析（如 Gocad、Petrel、3DMove、TrapTester 等)，或者网格化和粗化该模型，用于基于像元的建模和流体流动模拟。Løseth 和其同事一项开创性的研究（Løseth，2004；Løseth 等，2004)，使用虚拟露头模型作为模拟油气生产的格架，强调了精细非均质性对原始地质储量和波及效率的重要影响。结合从数字露头数据中得出的河道几何形态的精细模型研究表明，该案例中标准的粗化和建模方法大大高估了储量，是实际储量的两倍。诸如此类的研究强调使用真实的露头数据刻度油藏模型的重要性，这些数据是通过从油藏规模到亚地震分辨率的直接观测记录的［图 7.1（c)］。

除了对储层模型进行标定外，数字露头数据还可以用作对其他类型模型进行标定的定量基础，包括对与各种其他变量（如岩石物理特性和地质学）相关的构造几何进行详细的研究。数值建模方法的优点是可以提取单个变量并研究其影响，从而可以充分检查模型的大量参数空间分布。其缺点是由于所有建模都需要简化假设条件，需要确保复杂的数值模型与现实的地质情况保持合理的相似性。相比之下，数字露头数据可以很好地量化现实世界的地质情况，但仍然缺乏可用的露头研究来充分为多参数模型赋值。通过将这两种方法结合起来，我们可以将稀疏的但经过验证的露头数据作为关键的参考点，以此来刻度多参数数值模拟的结果（图 7.6)。

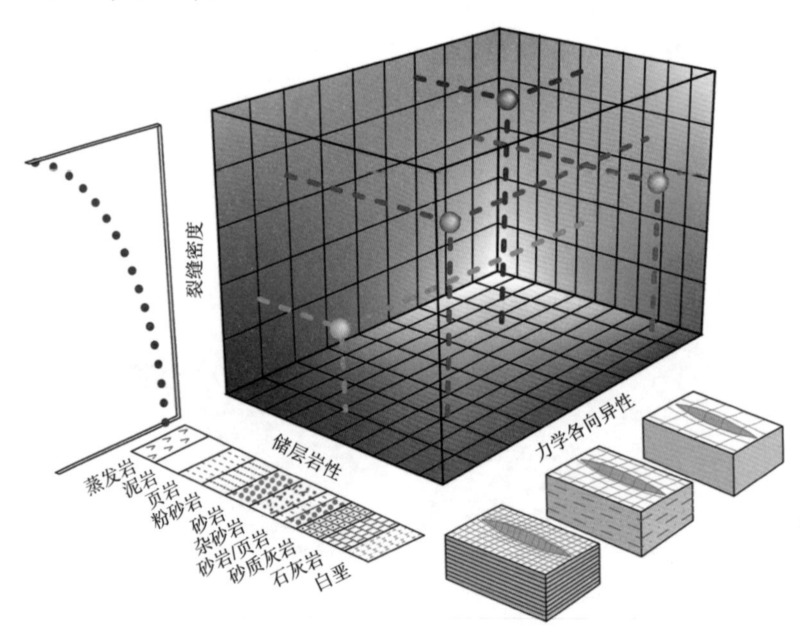

图 7.6　使用定量露头数据刻度多参数数值模型的简要描述

数值模拟的结果可以为整个空间赋予参数值（为清楚起见，这里限制为三个变量)，但需要使用实际数据进行验证；露头数据（由单个球体表示）是稀疏的，但代表地质点在数值模型中的实现

下面的案例研究说明了如何使用详细的数字露头数据作为改进储层特征和增强对构造过程的理解。这些案例研究是正在开展的地震—亚地震级别断层活动分析的一部分，要量化断裂和褶皱之间的内在联系。研究区位于 Northumberland 盆地石炭系露头最北岸，与晚石炭世斜向伸展构造阶段有关（De Paola 等，2005a）。

7.2.1 案例研究：伴生断层位移模式

本研究的长期目标是分析露头中观察的小尺度分段断层和裂缝系统的三维几何形态及位移模式，将其与三维地震成像的大尺度构造进行定量比较，并利用三维露头模型测试裂缝网络对流体流动的影响。图 7.7（a）和 7.7（b）为苏格兰东南部 Lamberton 海岸出露的砂岩/页岩序列中的一组分段正断层（Wightman 等，2007；Imber 等，2007）。

Lamberton 海岸出露的断层位移很小，通常约为 10～1m。因此为了确保数字设备的精度足以进行这种小规模断层研究，使用三种不同的方法重复测量断尖和断层上盘下盘的断点。利用 RTK DGPS 设备［图 7.2（b）］和罗盘测斜仪、钢尺和卷尺对断层面倾角和位移量进行了现场测量。此外，利用激光雷达设备对露头进行了详细扫描，并确定了下盘和上盘的位置。从虚拟激光扫描点云［图 7.7（c）］导出断点（以及因此产生的断层位移）。然后将数据导出到 Traptester、GoCAD 和 Arcgis 软件中，以便进一步分析［图 7.7（d）］。许多不同的空间和几何属性可以直接从三维网络模型中快速导出；如图 7.7（e）所示的累积断距图只是众多示例中的一个（Imber 等，2007）。BG Group 和 Shell 目前正在利用虚拟露头数据集和得到的三维裂缝网络模型来提取更多的定量裂缝特征，作为其正在进行的勘探活动的一部分。我们还使用 Lamberton 海岸数据，以基于弹性位错方法对伴生断层的发育进行条件数值模拟［图 7.7（f）］（Healy 等，2004），并将实际数据与不同元素模型的预测结果进行对比分析（Imber 等，2004）。

7.2.2 案例研究：三维褶皱几何形态和褶皱发育过程模拟

Northumberland 盆地的中尺度褶皱与区域转换拉伸期的扭断作用域密切相关（De Paola 等,2005a，2005b）。褶皱的特征是非柱状，褶皱幅度通常沿走向从局部高点到背型闭合迅速减小。在许多地区，石灰岩、砂岩或泥岩层序强烈的力学各向异性也可能对褶皱发育产生重要影响。在 Howick 使用 RTK DGPS 设备对英格兰东北部海岸露头中的褶皱层面进行了测量［图 7.8（a）(c)］（Pearce 等，2006a），并在 Scremerston 作 RTK 和激光扫描［图 7.8（b）(d)］（Pearce 等，2006b）。使用 Matlab 和 GOCAD 软件对褶皱层面的原始现场数据进行网格化处理，形成褶皱几何形态的精细模型［图 7.8（c）］。这是与基于 Cristallini 和 Allmendinger（2001）的三向剪切模型的断展褶皱模型对比的基础（McCaffrey 等，2005b）。这些数据也被用来比较裂缝密度随褶皱位置和褶皱表面曲率的空间变化，以验证裂缝最集中发育区将与最大曲率一致的推测（Pearce 等，2004，2006b）。

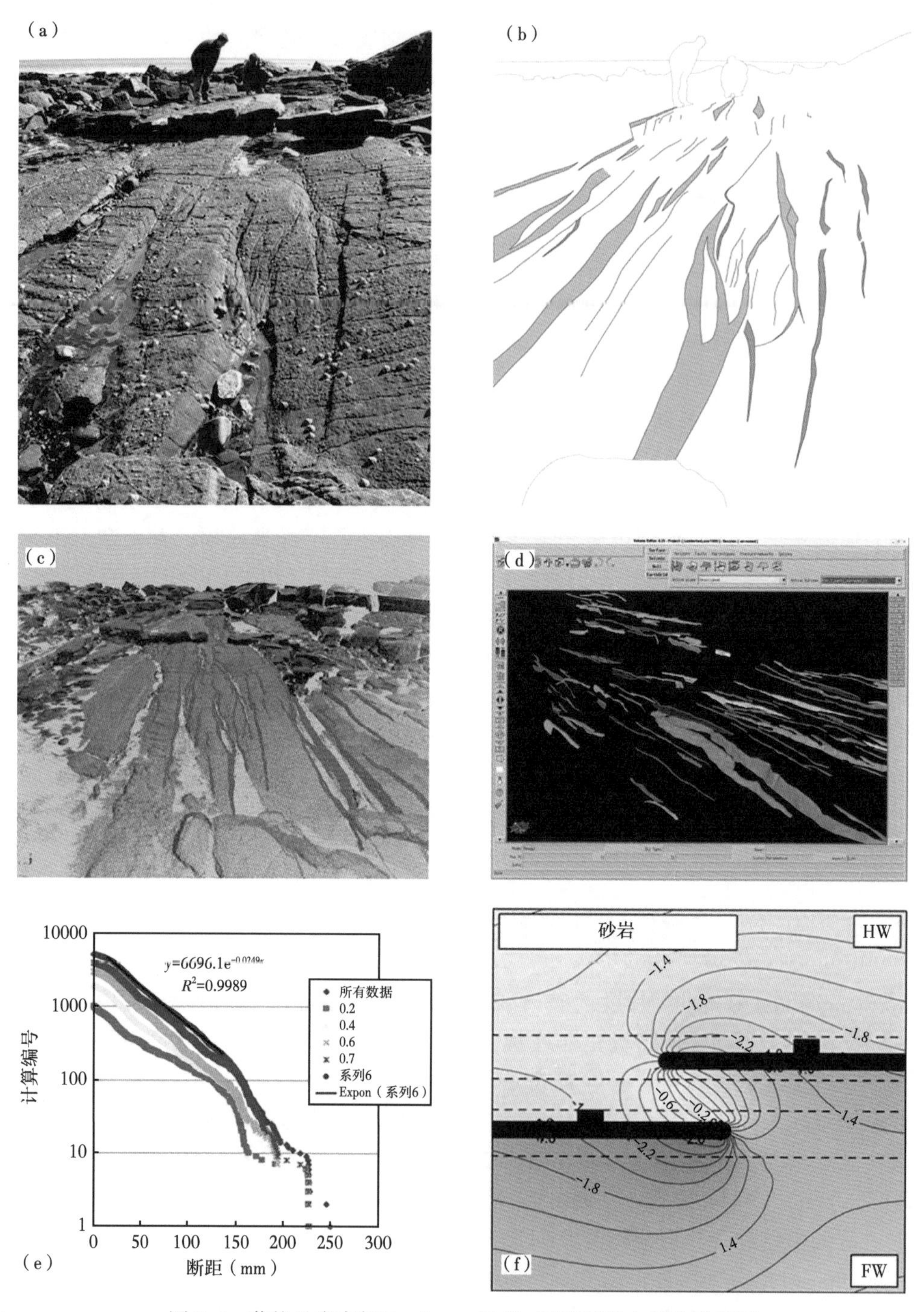

图 7.7　苏格兰东南部 Lamberton 砂岩/页岩层序中的分段断层

(a) 露头照片；(b) 显示裸露断层和断尖的构造解释；(c) 露头的雷达激光扫描数据，并从三个砂岩层位中拾取断层面［注：在获取激光雷达数据之前，通过销蚀去除了 (a) 中照片右侧的砂岩骨架］；(d) 将网格化的断层面板导入 Badley 的 TrapTester，以进行进一步分析；(e) 从露头模型得出的断层属性数据示例：呈指数分布的断距样本总体图（据 Imber 等，2007）；(f) 使用弹性位错建模对伴生断层发展进行数值分析

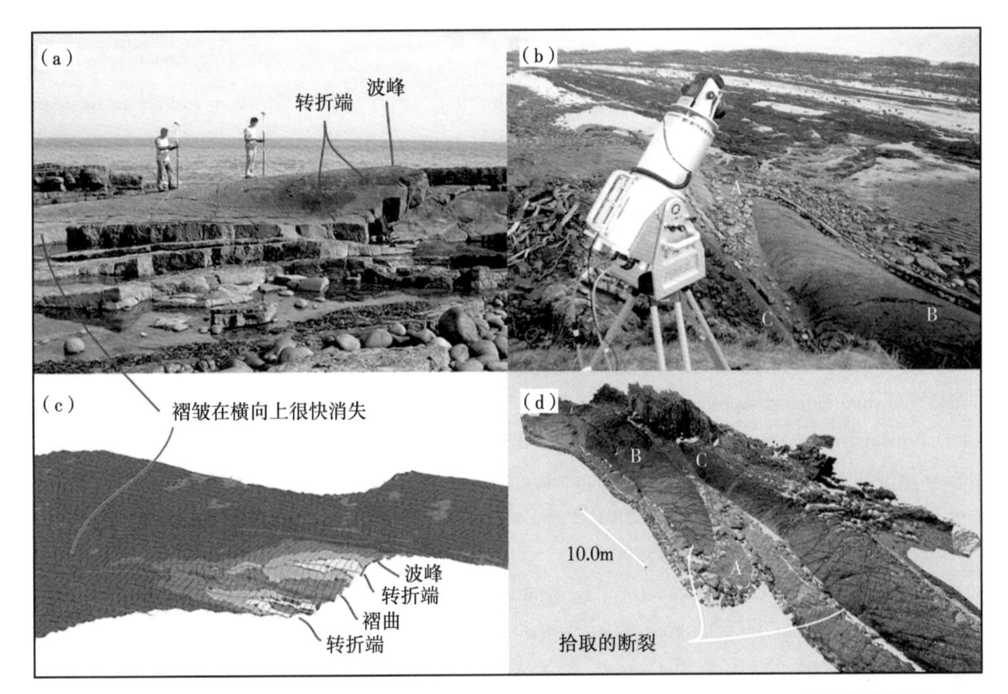

图 7.8 发育在英格兰东北部 Howick（a)(c）和 Scremerston（b)(d）的非柱状褶皱

(a）一个单一褶皱层面的 RTK 测区；(b）一个紧闭褶皱对的激光扫描，其中 A、B、C 参考点有助于上部和下部的成像；(c）网格化 RTC 数据（依据曲率得到的褶皱层面等值线）；(d）延褶皱枢纽拾取的断层线雷达数据

7.3 结论

受勘探过程中不断提高的储层特征需求和目前正在努力解决与生产有关的问题的驱动，油气部门对露头重新产生了兴趣。数字野外调查的新方法，特别是在高精度实时动态 dGPS 设备支持下的陆上激光扫描，能够以前所未有的细节和地理空间精度获得露头定量地质信息。数字信息可以使用标准的三维可视化设备进行分析，并解释和整理成虚拟露头模型，这些模型包含沉积和构造样式的地理空间分布。多级虚拟模型结合了几个数量级的数据，有助于将详细的露头数据置于更广泛的油藏或区域规模地质环境中。

露头模型的数据可以以标准的行业格式导出，以便在许多建模软件包中进行进一步分析。这些工具包括基于目标的工具（如 TrapTester、3DMove、Petrel、Gocad）和基于像元的油藏建模软件（如 Eclipse、IRAP RMS 等)。数字露头数据也可用于验证其他建模方法的预测结果，包括褶皱形成和三维裂缝组系等地质过程的数值模型。

因此，露头数据可以为油气勘探开发过程中使用的确定和随机地质模型的刻度和验证提供一个定量的三维框架。虚拟露头模型填补了可观测地质数据范围的重要空白（图 7.1)。定量露头数据已经展示了比油藏建模中使用的典型网格尺寸更高分辨率成像的小尺度各向异性的至关重要性，未来建模软件与地质实际匹配能力的提高将显著提升储层表征的水平。

参考文献

Ahlgren, S. & Holmlund, J. 2002. Outcrop scans give new view. *American Association of Petroleum Geologists Explorer*, July, 22-23. www. aapg. org/explorer/geophysical_corner/2002/09gpc. cfm.

Ahlgren, S., Holmlund, J., Griffiths, P. & Smallshire, R. 2002. Fracture model analysis is simple. *American Association of Petroleum Geologists Explorer*, *September*. www. aapg. org/explorer/geophysical _ corner/2002/07gpc. cfm.

Bellian, J. A., Kerans, C. & Jennette, D. C. 2005. Digital outcrop models: applications of terrestrial scanning lidar technology in stratigraphic modelling. *Journal of Sedimentary Research*, 75, 166-176.

Clegg, P., Trinks, I., McCaffrey, K. J. W., Holdsworth, R. E., Jones, R. R., Hobbs, R. & Waggott, S. 2005. Towards the virtual outcrop. *Geoscientist*, 15, 8-9.

Clegg, P., Bruciatelli, L., Domingos, F., Jones, R. R., De Donatis, M. & Wilson, R. W. 2006. Digital geological mapping with tablet PC and PDA: A comparison. *Computers & Geosciences*, 32, 1682-1698.

Cristallini, E. O. & Allmendinger, R. W. 2001. Pseudo 3-D modeling of trishear fault-propagation folding. *Journal of Structural Geology*, 23, 1883-1899.

De Paola, N., Holdsworth, R. E., McCaffrey, K. J. W. & Barchi, M. R. 2005a. Partitioned transtension: an alternative to basin inversion models. *Journal of Structural Geology*, 27, 607-625.

De Paola, N., Holdsworth, R. E. & McCaffrey, K. J. W. 2005b. The influence of lithology and preexisting structures on reservoir-scale faulting patterns in transtensional rift zones. *Journal of the Geological Society*, London, 162, 471-480.

Healy, D., Yielding, G. & Kusznir, N. J. 2004. Fracture prediction for the 1980 El Asnam, Algeria earthquake via elastic dislocation modeling. *Tectonics*, 23, doi: 10. 1029/2003TC001575.

Hodgetts, D., Drinkwater, N. J., Hodgson, D., Kavanagh, J., Flint, S., Keogh, K. J. & Howell, J. 2004. Three dimensional geological models from outcrop data using digital data collection techniques: an example from the Tanqua Karoo depocentre, South Africa. *In*: Curtis, A. & Wood, R. (eds) *Geological Prior Information*. Geological Society Special Publication, 239, 57-75.

Holliman, N. S. 2006. Three-dimensional display systems. *In*: Dakin, J. P. & Brown, R. G. W. (eds) *Handbook of Optoelectronics. II*. Taylor & Francis, 1067-1100.

Imber, J., Tuckwell, G. W., Childs, C. & Walsh, J. J. 2004. Three-dimensional distinct element modelling of relay growth and breaching along normal faults. *Journal of Structural Geology*, 26, 1897-1911.

Imber, J., Wightman, R., Jones, R. R., McCaffrey, K. J. W. & Long, J. 2007. Characterising sand distributionwithin fault zones that cut interbedded sandstone shale sequences. *Geological Society of America*, Annual Meeting, 28-31 October. Programs with Abstracts.

Jennette, D. & Bellian, J. A. 2003. 3-D digital characterization and visualization of the solitary channel complex, Tabernas Basin, southern Spain. *American Association of Petroleum Geologists*, *International Meeting*, *Programs with Abstracts*. Barcelona, Spain, September 21-23.

Jones, R. R., McCaffrey, K. J. W., Wilson, R. W. & Holdsworth, R. E. 2004. Digital field data acquisition: towards increased quantification of uncertainty during geological mapping. In: Curtis, A. & Wood, R. (eds) *Geological Prior Information*. Geological Society Special Publication, 239, 43-56.

Jones, R. R., McCaffrey, K. J. W., Clegg, P. et al. 2008a. Integration of regional to outcrop digital data: 3D visualization of multi-scale geological models. *Computers & Geosciences*, doi: 10. 1016/j. cageo. 2007. 09. 007 (Available online 09/10/2007).

Jones, R. R., Wawrzyniec, T. F., Holliman, N. S., McCaffrey, K. J. W., Imber, J. & Holdsworth, R. E. 2008b.

Describing the dimensionality of geospatial data in the Earth sciences – recommendations for nomenclature. *Geosphere*, 4, 354-359.

Kokkalas, S., Jones, R. R., McCaffrey, K. J. W. & Clegg, P. 2007. Quantitative fault analysis at Arkitsa, Central Creece, using Terrestrial Laser-Scanning ("LiDAR"). *Bulletin of the Geological Society of Greece*, vol. XXXVII.

Labourdette, R. & Jones, R. R. 2007. Characterization of fluvial architectural elements using a three dimensional outcrop dataset: Escanilla braided system-South-Central Pyrenees, Spain. *Geosphere*, 3, 422-434.

Løseth, T. M., Thurmond, J., Søegaard, K., Rivenæs, J. C. & Martinsen, O. J. 2003. Building reservoir model using virtual outcrops: A fully quantitative approach. *American Association of Petroleum Geologists, International Meeting, Programs with Abstracts, Salt Lake City, USA, May* 9-14.

Løseth, T. M., Rivenæs, J. C., Thurmond, J. B. & Martinsen, O. J. 2004. The value of digital outcrop data in reservoir modeling. *American Association of Petroleum Geologists, International Meeting, Programs with Abstracts, Dallas, USA, April* 16-23.

Løseth, T. M. 2004. Three-dimensional digital outcrop data. In: Bergslien, D. & Strand, T. (eds) *Production Geoscience* 2004, *Back to Basic and High tech Solutions.* Norsk Geologisk Forening Abstracts and Proceedings, 4, 2004.

Maerten, L., Pollard, D. D. & Maerten, F. 2001. Digital mapping of three dimensional structures of the Chimney Rock fault system, central Utah. *Journal of Structural Geology*, 23, 585-592.

McCaffrey, K. J. W., Jones, R. R., Holdsworth, R. E. et al. 2005a. Unlocking the spatial dimension: digital technologies and the future of geoscience fieldwork. *Journal of the Geological Society, London*, 162, 927-938.

McCaffrey, K., Holdsworth, R., Imber, J. et al. 2005b. Putting the geology back into Earth models, EOS Transactions AGU, 86, 461-466, doi 10. 1029/2005EO460001.

Pearce, M. A., Jones, R. R., Smith, S. A. F., McCaffrey, K. J. W. & Clegg, P. 2006a. Numerical analysis of fold curvature using data acquired by high-precision GPS. *Journal of Structural Geology*, 28, 1640-1646.

Pearce, M. A., Smith, S. A. F., Jones, R. R., McCaffrey, K. J., Clegg, P. & Holdsworth, R. E. 2006b. Quantifying fold and fracture attributes using real time kinematic (RTK) GPS and laserscanning. *American Geophysical Union, Annual Meeting*, 11-15 *December.* Programs with Abstracts.

Pringle, J. K., Clark, J. D., Westerman, A. R., Stanbrook, D. A., Gardiner, A. R. & Morgan, B. E. F. 2001. Virtual Outcrops: 3-D reservoir analogues. *In*: Ailleres, L. & Rawling, T. (eds) *Animations in Geology. Journal of the Virtual Explorer*, 3.

Pringle, J. K., Clark, J. D., Westerman, A. R. & Gardiner, A. R. 2003. Using GPR to image 3D turbidite channel architecture in the Carboniferous Ross Formation, County Clare, Western Ireland. *In*: Bristow, C. S. & Jol, H. (eds) *GPR in Sediments*, Geological Society Special Publication, 211, 309-320.

Pringle, J. K., Westerman, A. R., Clark, J. D., Drinkwater, N. J. & Gardiner, A. R. 2004. 3D high-resolution digital models of outcrop analogue study sites to constrain reservoir model uncertainty: an example from Alport Castles, Derbyshire, UK. *Petroleum Geoscience*, 10, 343-352.

Pringle, J. K., Howell, J. A., Hodgetts, D., Westerman, A. R. & Hodgson, D. M. 2006. Virtual outcrop models of petroleum reservoir analogues: a review of the current state-of-the-art. *First Break*, 24, 33-42.

Stepler, R. P., Witten, A. J. & Slatt, R. M. 2004. The Meter Reader – Three-dimensional imaging of a deep marine channel-levee/overbank sandstone behind outcrop with EMI and GPR. *The Leading Edge*, 23, 964-1082.

Trinks, I., Clegg, P., McCaffrey, K. J. W. et al. 2005. Mapping and analysing virtual outcrops. *Visual Geosciences*, doi: 10. 1007/s10069-005-0026-9.

Waggott, S., Clegg, P. & Jones, R. 2005. Combining Terrestrial Laser Scanning, RTK GPS and 3D Visualization: application of optical 3D measurement in geological exploration. *Proceedings of the 7th Conference on Optical 3D*

Measurement Techniques, *Vienna*, *3rd – 5th October* 2005. Paper available for download from: http: //www.geospatial-research. com/RnD/research_news. html.

Wightman, R., Imber, J., Jones, R. R., Healy, D., Holdsworth, R. E. & McCaffrey, K. J. W. 2007. Damage Zone Evolution in Coal Measures Strata From the Northumberland Basin, NE England. *American Association of Petroleum Geologists*, *International Meeting*, *Programs with Abstracts*, *Long Beach*, *USA*, *April* 1–4.

Wilson, R. W. 2006. *Digital fault mapping and spatial attribute analysis of basement–influenced oblique extension in passive margin settings.* Unpublished PhD thesis, University of Durham.

Xu, X., Aitken, C. L. V., Bhattacharya, J. B. et al. 2000. Creating virtual 3–D outcrop. *The Leading Edge*, 19, 197–202.

Xu, X., Bhattacharya, J. B., Davies, R. K. & Aitken, C. L. V. 2001. Digital Geologic Mapping of the Ferron Sandstone, Muddy Creek, Utah, with GPS and Reflectorless Laser Rangefinders. *GPS Solutions*, 5, 15–23.

Young, R. A., Slatt, R. M. & Staggs, J. G. 2003. Application of ground penetrating radar imaging to deepwater (turbidite) outcrops. *Marine & Petroleum Geology*, 20, 809–821.

8　美国 Western Interior 盆地白垩系三角洲露头中倾向斜坡屏障模拟

John Howell　Åsmund Vassel　Tanja Aune

摘要：三角洲储层通常包含向海倾斜的层面，称为斜坡。通常情况下，覆盖在斜坡上的泥岩和碳酸盐胶结物会形成油藏内流体水平流动屏障。然而，由于无法通过单井数据识别斜坡，并且对其三维几何形态了解甚少，在静态或流动模拟模型中通常不包含斜坡。但是高质量的露头（例如美国 Western Interior 海道的白垩纪沉积物）为研究斜坡的几何形态和模拟其对流体流动的影响提供有利的条件。我们已经研究了两个三角洲系统。第一个是 Ferron 三角洲，出露在犹他州中部的 Wasatch 高原上，是一个由许多小型的相互叠置的朵叶体组成的高位复合体。该三角洲斜坡普遍发育，其三维形态由朵叶体的位置控制。朵叶体内大型的生长断层构造增加了潜在的储层复杂性。强制性海退 Panther Tongue 三角洲位于犹他州的 Book Cliffs，它由具有斜坡的多期退覆朵叶体组成。用于建模的数据包括传统的沉积测井、照片合集和校准的光电录井。在 IRAP RMS 中使用了各种建模技术得到不同的模型，从规则网格的简单截断高斯模拟到沿斜坡设计的倾斜网格的泥岩隔挡层的目标建模。用这些模型进行流动模拟，以比较不同方法建立的模型体现的非均质性。结果表明，在倾斜网格中如果不能明确地模拟倾斜形态，可能会导致预测产量的严重高估；在倾斜下方位置注水效果最佳，高位体系域三角洲和低位体系域三角洲的生产影响十分有限。

浅海三角洲沉积是世界许多地方重要的储层。通过对岩心和测井数据的研究发现，这类储层通常由向上变粗的沉积组合构成，最佳储集属性位于单一前积组合的顶部（准层序；Van Wagoncr 等，1990）。整个组合中都发育薄层泥岩（图 8.1），密集分布在单元下部。在露头中可以看到这些泥岩层在三角洲前缘的位置具有一定的倾斜形态（图 8.1）。这些倾斜面被称为斜坡，尽管它们可能对流体垂直和水平流动产生隔挡和阻碍作用，但是它们的倾斜特性一般在地下数据库中无法识别或被忽略（图 8.1；Ainsworth 等，1999）。目前人们对河流—三角洲体系中的三维斜坡几何形态了解甚少，关于斜坡形态控制因素及其对储层性能影响方面的文献也不多。

本章的目的是获取犹他州两个高质量露头剖面斜坡的几何形态——Mancos 泥岩组的 Ferron 段和 Starpoint 组的 Panther Tongue 段（图 8.2，图 8.3）。它们分别代表高位（Ryer，1981；Gardner，1995）和下降期/低位（Newman 和 Chan，1991；Posamentier 和 Morris，2000）三角洲复合体。露头数据已在地下建模系统（Roxar 的 RMS 软件）中实现，并进行了流动模拟，目的是评估页泥岩披覆体和胶结斜坡形态对油藏流体流动的影响、不同模拟方案的效果，并研究斜坡几何形态和模拟油藏性能的调节控制作用。

为了能够在储层建模系统中重建露头，利用标准的和创新的现场技术相结合收集数据。本章还概述了快速、低成本的收集现场数据建立露头储层模型的一系列技术，以及在地下储层模拟软件包中建立和查询这些模型的步骤。

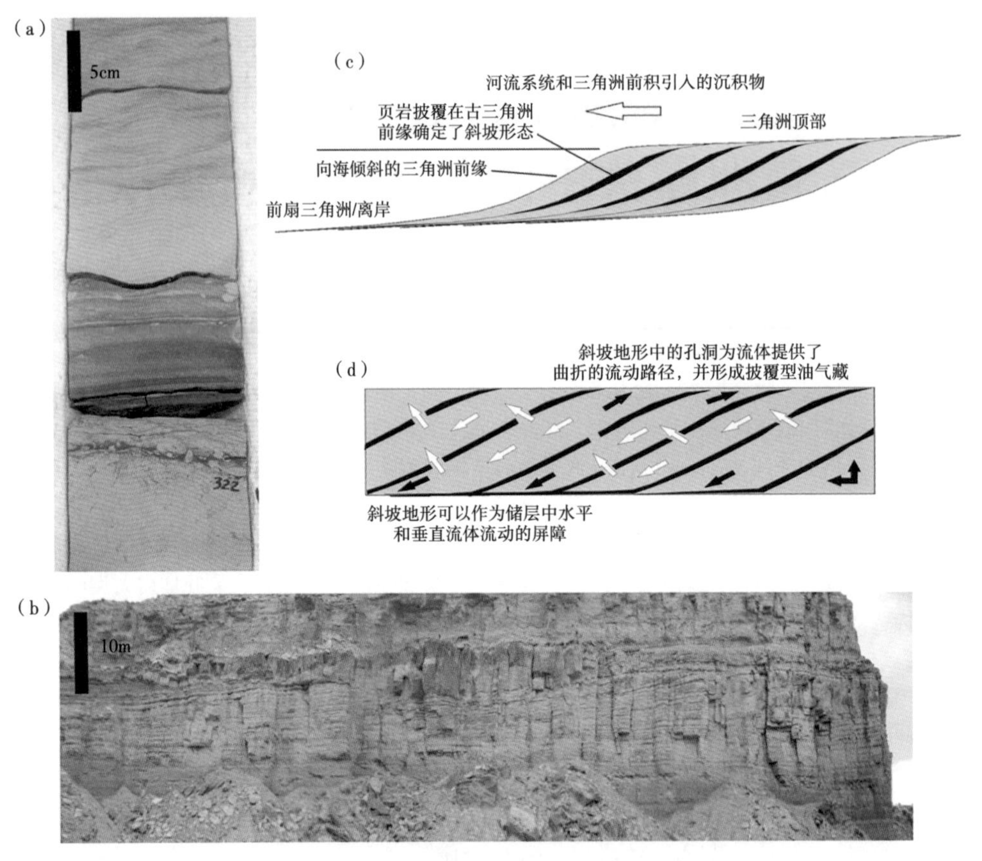

图 8.1 岩心和露头中的三角洲前缘斜坡

(a) 三角洲前缘砂岩内的粉砂岩薄层。该粉砂岩被解释为在砂质斜坡上的泥岩披覆沉积，并可能在储层内形成一个潜在的倾斜渗流屏障。岩心来自 Muddy Creek 2 井，该井穿过研究区域 3km 外的模型露头。(b) Ivie Creek 的 Ferron 1 单元的露头图。注意砂岩层向上粒度变粗且增厚，以及三角洲前缘砂岩和泥岩的倾斜性质。这些前积体代表三角洲前缘的古沉积位置。(c) 前积的三角洲前缘示意图。河流输入的变化导致互层的砂岩和泥岩沉积在倾斜的三角洲前缘。这些倾斜岩层定义了前积体。(d) 用来说明油藏内斜坡影响流体流动的示意图。连续泥岩屏障的倾斜性质导致流体无法在水平或垂直方向上运动（黑色箭头），而泥岩隔层中的孔洞形成了曲折的流动路径（白色箭头）

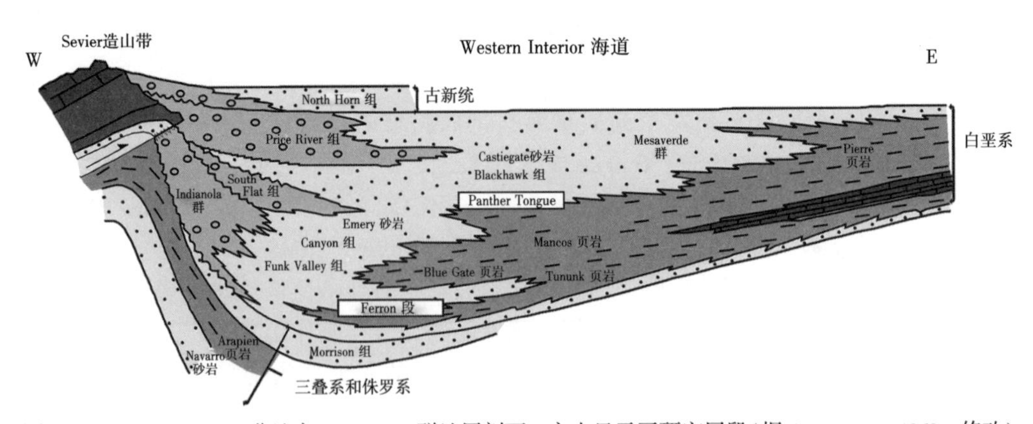

图 8.2 Western Interior 盆地内 Mesaverde 群地层剖面，突出显示了研究层段(据 Armstrong，1968，修改)

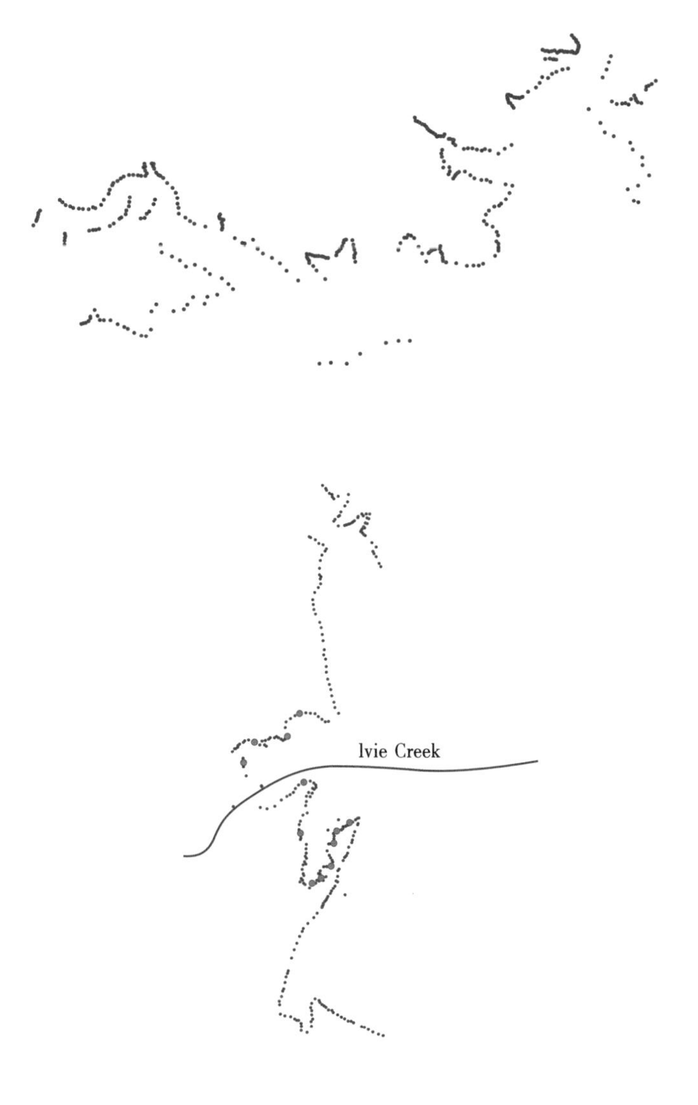

图 8.3　研究区位置
显示了露头测井（红点）和刻度光电录井（蓝点）的位置

8.1　前人研究

Ferron 砂岩和 Panther Tongue 都曾被作为 Western Interior 盆地白垩纪沉积的一部分进行研究（Young，1955；Armstrong，1968），也曾被作为层序地层案例进行研究（Van Wagoner 等，1990；Van Wagoner 和 Bertram，1995 及其参考文献；Howell 和 Flint，2004；Hampson 和 Howell，2005），以及作为储层类比进行研究（Bhattacharya 和 Giosan，2003；Bhattacharya 和 Tye，2004；Ryer，2004；Anderson 等，2004；Forster 等，2004；van den Bergh 和 Garrison，2004）。这些前人研究构成了这项工作的基础，并在以下相关内容中被

引用。露头作为储层类比的应用已有很长的历史（Miall，1988；Reynolds，1999；Bryant 和 Flint，1993；Dreyer 和 Falt，1993；Alexander，1993；Willis 和 White，2000；Bryant 等，2000 以及其他许多人）。应用储层建模软件来体现露头并在其中模拟流体流动则是一种相对较新的方法。先前的研究包括 SAFARI 项目对河流地层的研究（Dreyer 和 Falt，1993），更近的浊积岩研究（Stephen 等，2001；Pringle 等，2004；Hodgetts 等，2005），浅海沉积体系（Stephen 和 Dalrymple，2002；Howell 和 Flint，2002；Forster 等，2004；van den Bergh 和 Garrison ，2004）以及各种碳酸盐环境（Grammer 等，2004 以及其中的参考文献）的前期研究工作。

van den Bergh 和 Garrison（2004）、Anderson（2004）、Forster 等（2004）已经讨论了三角洲前缘沉积物中的斜坡分布及其对 Ferron 段油藏性能潜在的影响。Wehr 和 Brasher（1996）讨论并模拟了北海 Brent 群下部斜坡几何形态及其对滨岸体系流体流动的影响，他们指出，如果忽略斜坡沉积，将会对油田的采收率作出过于乐观的推测。Hampson（2000）描述了露头斜坡的几何形态，Jackson 和 Muggeridge（2000）模拟了其对流体流动的理论影响。后者得出的结论是，泥岩只有在高角度倾斜并侧向连续性好的情况下才会对流体流动产生显著影响。这一结论与本章研究具有很强的一致性。Ainsworth 等（1999）讨论了斜坡沉积对湖泊三角洲油藏的影响。

8.2 地质环境和研究工区

作为对美洲板块挠曲载荷的响应，美国 Western Interior 盆地在白垩系发育大陆西缘的 Sevier 造山带的沉积（Kauffman，1977；Roberts 和 Kirschbaum，1995）。在晚白垩世（Turonian）期间，该盆地经历了一次海侵，到坎潘阶时，形成了一条宽达 1500km 的陆表海道，从阿拉斯加一直延伸到墨西哥湾（Armstrong，1968）。构成本章研究基础的两套地层沉积在该海道的西部边缘，是 Mesaverde 群碎屑楔盆地充填的一部分（Young，1955）。总体而言，该碎屑楔状沉积从西向东前积，尽管许多海岸线系统（包括木章研究中的那些系统）都与该主要的前积方向倾斜甚至正交。Mesaverde 群碎屑楔由河流、海岸平原和浅海沉积物组成。浅海沉积物包括以浪控临滨系统（Yong，1955；Howell 和 Flint，2004），例如 Blackhawk 组（Yong，1955）河控三角洲，又例如 Panther Tongue 段和 Ferron 砂岩段的下部，后者是本章研究的重点。供给到海岸线体系的沉积物是西部隆起的下古生界沉积物侵蚀的产物。该地区中—晚白垩世气候属于温暖、湿润的亚热带（Roberts 和 Kirschbaum，1995），包括大型高位的泥炭沼泽（Doelling，1979；Bohacs 和 Suter，1997；Davies 等，2006）覆盖了海岸线后面的大部分沿海平原地区。

Turonian 期的 Ferron 砂岩（Ryer，1981，1983）表现为一个大型的海岸线复合沉积体，露头位于 San Rafael Swell 的西缘（图 8.3）。这项研究的重点是 Ferron（Ryer，1981 中的 F1；Gardner 等，2004）中最低的准层序，出露在 Ivie Creek 周围地区（图 8.2）。具体的研究区域由厚 35m 的层段组成，分布在 2km×7.3km 的区域中，其长轴平行于沉积倾向方向。Ryer（1981）先前已经描述了 Ferron 三角洲复合体的沉积学特征，Gardner（1995）和 Gardner 等（2004）对其层序地层学进行了研究。Ferron 1 是一个厚 30m 的西北向前积三角洲砂体（Cotter 1976）。在 Ivie Creek 地区（图 8.3），该单元由 20 个独立的三角洲朵叶体组成，具有正的（即前积和加积的）海岸线轨迹，是高位体系域的一部分（Garrison 和 van den Bergh，2004）。露头显示出清晰的斜坡地形、分支河道和三角洲前积过程中形成的许多大型生长断层（Bhattacharya 和 Giosan，2003）。Ferron 是犹他州地质调查局（Chidsey 等，2004）一项广泛研究的对象，该研究包括对部分 Ivie Creek 区域进行储层模拟（图 8.3）。

Panther Tongue 砂岩露头分布在 Book Cliffs 北部和 San Rafael Swell 的西北边缘（Young，1955；Newman 和 Chan，1991）。本章研究的重点是一个 7.1km×4.3km 的露头区域，在 Helper 镇周围和附近的 Spring Canyon 出露条件极好（图 8.3）。Panther Tongue 是一个 25m 厚的砂体，是一套河控三角洲沉积（Newman 和 Chan，1991；Posamentier 和 Morris，2000；Howell 和 Flint，2004），发育良好的斜坡地形和大型分流河道复合体（Newman 和 Chan，1991）。Panther Tongue 缺乏沿海平原相关的沉积物，解释为相对海平面下降期或强制海退沉积（Posamentier 和 Morris，2000）。前积方向为南和西南。Panther Tongue 的顶部是一个板状的水平层面，以局部发育海侵滞留沉积为代表（Newman 和 Chan，1991；Hwang 和 Heller，2002）。在研究区域内（图 8.3），Panther Tongue 由一系列三角洲朵叶体组成，这些三角洲朵叶体由斜坡倾斜方向的变化来确定，比 Ferron 1 单元的朵叶体更难区分。在所研究的层段内未观察到生长断层。

8.3 方法

8.3.1 野外数据采集技术

传统的野外技术（沉积测井和制图）和最新开发的方法相结合，能够在野外收集到刻画斜坡几何形状所需的数据，用以准确重建斜坡层面必需的有效刻画其空间分布的大量信息（图 8.4）。在 Ferron 1 单元的 14 个剖面和 Panther Tongue 的 10 个剖面采用了传统的测井方法，以 1∶50 的比例记录了粒度、结构参数、生物和沉积结构、地层界面性质和古水流信息（图 8.3）。除测井外，所有露头都进行了图片合成处理。剪辑处理的图片是从已知位置（使用手持 GPS 定位，精度为±5m）拍摄的。剪辑画面中的每张图片都包含一个比例尺，其中包括一个荧光球，该荧光球由助手用卷尺垂直向下悬挂在悬崖上。该荧光球以可见的方式置于照片中，助手会记录从悬崖顶到球的卷尺长度以及 GPS 位置。然后，可以从这些照片剪辑处理中追踪层面并生成校准图片记录（CPL）。

校准照片记录是通过从记录的磁带长度中计算出每张照片中心的垂直刻度来构建的。然后将这个比例尺对照已知助手身高进行测试，并去除误差超过 10cm（约 5%）的照片。然后利用这些照片生成基本岩相测井曲线和点集。对沉积相记录进行了对比，并通过与传统的沉积记录对照进行质量控制。点集包括在露头和图像处理中识别和追踪的 CPL、关键层面交点的 *XYZ* 坐标。每个点的 *XY* 坐标取自悬崖顶部的 GPS 读数，*Z* 取值为所研究单元顶部下方的距离或“深度”，将其视为平面和水平基准面。使用三角洲沉积体顶面作为水平基准面是一种实用的方法，可以解决 GPS 获取的 *Z* 高程较差的精度、存在的构造倾角和诸如沉积后断层等其他可能的构造特征相关的问题。人们认识到这可能会导致一些细微的误差，但是鉴于该研究的目的是要研究比构造倾角陡峭的前积体几何形态，并且区域平

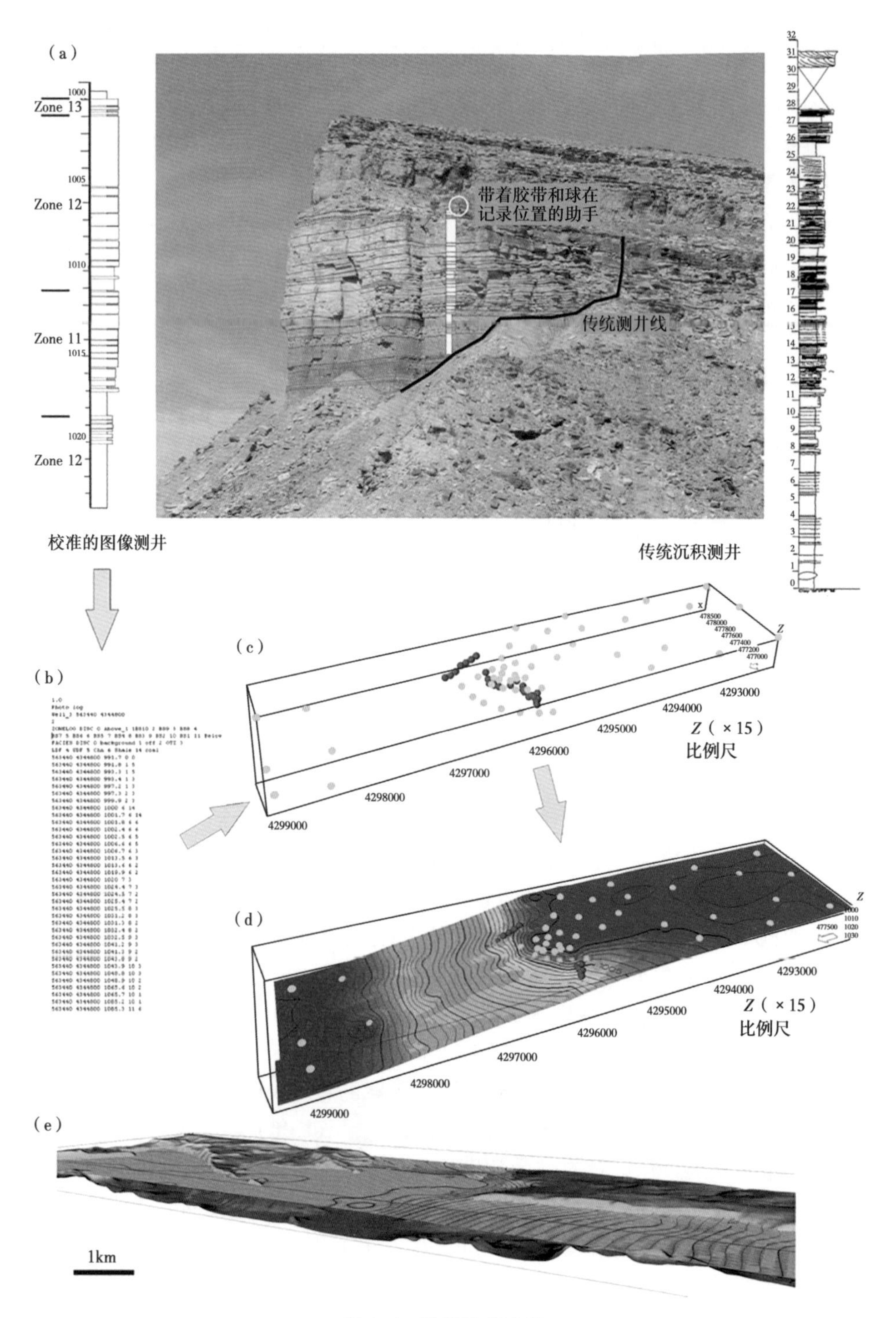

图 8.4　数据收集方法

(a) Ferron 露头，右侧为传统的沉积测井，中央有校准的图像测井。圈出了带有标尺工具（卷尺和球）的助手。(b) 露头数据用于创建文本文件，该文件也可以作为井数据读入建模系统。(c) 将这些井用于生成点集。(d) 重新创建关键岩层组边界面。所示层面为岩层组 12 的顶面。(e) 从东南方向观察到的与 DEM 相交的同一层面。注意，如果不对模型体作垂向放大，很难确定三角洲前缘的倾角

面图表明这两个单元的顶部非常接近水平，这些误差可以忽略。该方法中的其他误差，例如与使用手持 GPS 相关的 *XY* 位置的精度（±5m），也可以忽略不计，因为在模型系统中它们明显低于网格中的网格尺寸（通常为 50m），即将任何 *XY* 位置最多移动 10m 不会显著改变最终模型的几何形状，CPL 仍将位于网格细胞的同一列中。人们发现这些方法是一种有效、低成本且精度足够高的方法，可以生成大量用于建立捕捉斜坡几何形状的储层类型模型所必需的空间数据。

8.3.2 数据处理

测井、CPL 和照片处理资料搜集好以后，就可以对其进行解释并准备进行建模（图 8.4）。代表岩层组（三角洲朵叶体）边界的关键层面根据相叠加及斜坡倾向和走向的变化来解释。这些朵叶体边界在野外和剪辑照片进行成图，并转换为点集。CPL 中解释了野外记录的相。Panther Tongue 模型的数据集包括 13 个层面，总共 720 个点、410 个 CPL 和 10 个传统记录。Ferron 的数据集包括 21 个层面，总计约 960 点、168 个 CPL 和 14 个传统记录。

用 Roxar 的商业化储层建模软件包 RMS 建立模型并进行流动模拟（图 8.4）。该系统旨在处理地下数据，因此需要一些新的工作流程和程序，下面概述并讨论了这些工作流程。将 CPL 和传统测井转换成文本文件，储层建模系统可以将其读取为“测井记录”和“点集”（图 8.4）。测井记录是一个 ascii 文本文件，其中 *XYZ* 位置为该井进入新相或区域的点位，*X* 和 *Y* 是从 GPS 读数中获取的，并且对整个测井都是恒定的（即假设卷尺和“井”是垂直的）。*Z* 是根据基准面下方的垂直距离（深度）计算得出的。点集是 ascii 文本文件，它记录特定表面与一系列 CPL 相交的 *XYZ* 位置。下面讨论从露头数据构建模型的过程。

8.4 相与沉积学

Ferron 1 和 Panther Tongue 都被解释为河控三角洲体系（图 8.5；Bhattacharya 和 Walker，1992）。详细讨论这两个三角洲沉积体系的沉积特征不是本章的范畴，其他地方已经进行了介绍（Newman 和 Chan，1991；Gardner，1995；Bhattacharya 和 Giosan，2003；Chidsey 等，2004 及其中的参考文献）。以下为沉积相建模框架内对沉积体系的描述、解释和讨论（图 8.5）。它们是具有相似和一致性的岩石物理性质的沉积相，能够以一定的比例尺三维成图，并可以为模型使用的分辨率捕捉到。

8.4.1 远滨黏土岩和粉砂岩

本章研究的两个三角洲体系上覆和下伏沉积都是蓝灰色粉砂岩和黏土岩。这些泥岩通常风化严重，并不总是暴露良好。从剖面上可以看到，它们通常缺乏内部沉积构造和/或含多种动物遗迹的广泛生物扰动。有些位置发育的沉积构造包括板状水平纹层和波痕。层理发育较差，观察到的岩层单层厚度介于 0.1~0.8m。局部菱铁矿结核沿层面分布。

这些沉积解释为靠近浪基面或浪基面以下的海底环境中的沉积物。主要的沉积机理是

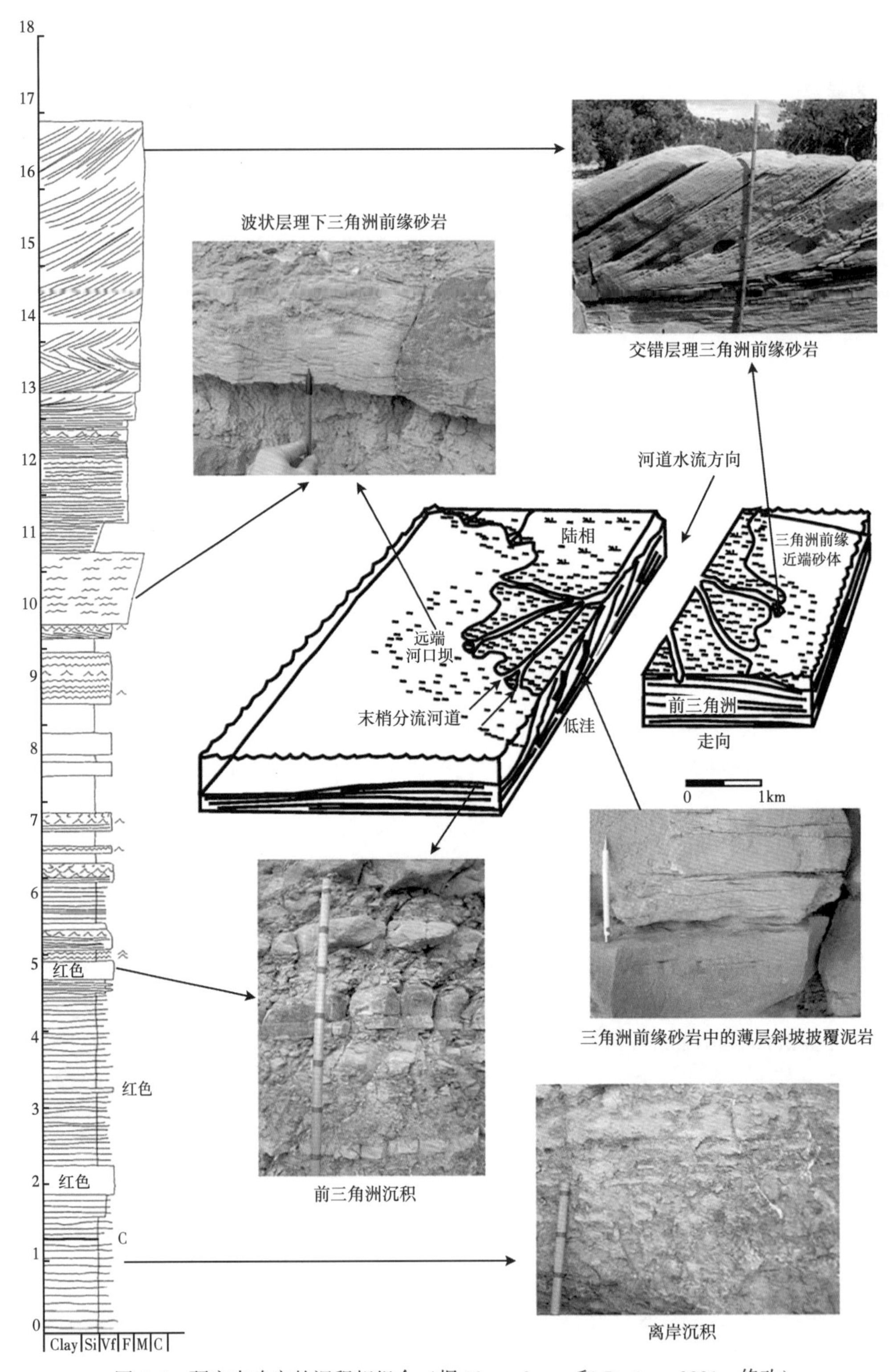

图 8.5 研究中确定的沉积相组合（据 Bhattacharya 和 Davies，2001，修改）

显示了 Ferron 1 的典型记录和示例照片

从河口的浮力高密度羽状流中的细粒物质由悬浮状态中沉降下来。沉积构造比例小和层理不明确是由于广泛的生物扰动。稀疏的波痕和多种动物遗迹的存在表明是一个相对富氧和浅水的陆架环境（Bhattacharya 和 Walker，1992）。

来自地下数据集的可比相的标准岩心分析表明，这些相是非储层。表 8.1 总结了为流动模拟分配给相的属性。

表 8.1　用于约束基于相建模确定性岩石物理值（据 Manzocchi 等，2008）

相	孔隙度	K_h（mD）	K_v（mD）
远滨	0.03	0.06	0.001
前三角洲	0.12	20	0.001
下三角洲前缘	0.15	90	1.65
上三角洲前缘	0.25	854	165
河道	0.25	1000	200

注：数据被认为是发育在典型北海储层中的典型中值。

8.4.2　三角洲前缘砂岩

三角洲沉积主体为砂岩和粉砂岩互层。砂岩的分选性非常好，细到中等粒度，通常发育厚度为 0.1~4m 的地层，地层倾角为 1°~7°。总体而言，地层厚度向上增加，粉砂岩夹层的比例降低。内部岩层要么是块状，要么是由水流作用产生的沉积构造为主，包括基底的底模、水平纹层和波痕交错层理。单个岩层通常显示出从下到上由块状到水平纹层再到波痕的水动力减弱的证据。较厚的岩层含有指示间歇性沉积的混合面。局部发育与脱水有关的软沉积物变形构造。岩层顶部也局部发育波痕。遗迹化石很少见，生物扰动程度通常很低。在生物扰动的地方，有 *Ophiomorpha*、*Skolithos*、*Arenicolites* 和逃逸结构等遗迹。在 Ferron 1 内，存在披覆交错层理和丘状交错层理，但很少见。

这些砂岩是由周期性的高密度流在三角洲前缘下部沉积形成的（Bhattacharya 和 Walker，1992）。单一流体沉积形成的事件地层代表了富砂密度流通过三角洲前缘带。衰减流、波痕引起的局部再沉积、逃逸构造和粉砂岩夹层等证据表明，这些事件具有偶发性，可能是由与腹地风暴作用相关的注入三角洲的河流系统内增加的潜在溢流引起的（Bhattacharya 和 Walker，1992）。这些洋流产生的构造与动物遗迹群、波痕和岩层倾斜的组合揭示了三角洲前缘的沉积环境（Bhattacharya 和 Walker，1992）。

来自地下类比的岩心分析数据以及露头研究中的 Ferron 岩心实例（Forster 等，2004）表明，这些沉积物可能是潜在的关键储层。为了进行建模，将它们细分为两个亚相——上三角洲前缘和下三角洲前缘。上三角洲前缘定义为平均层厚大于 2.5m，粉砂岩夹层比例小于 10%。下三角洲前缘包括较薄的砂岩层和较高比例的粉砂岩夹层。这种区分在很大程度上具有随意性，因为单元之间的过渡是渐变的。将它们分开是为了允许在模型中系统地划分泥岩披覆的斜坡地层的范围。

8.4.3 三角洲前缘粉砂岩

夹在上述砂岩中的是一系列薄层横向连续的粉砂岩层，厚度为 1~30cm。地层可由粉砂岩和含量不等的细砂岩组成。这些相还包括一些粒度非常细的粉砂质砂岩，其分布和发育程度与粉砂岩相似。在三角洲体内，粉砂岩层的平均厚度和比例向下增加。粉砂岩层的倾角通常为 1°~7°，在走向和倾向两个方向上横向连续，在倾向方向上延伸 100~4000m，走向方向延伸 100~4000m。这些粉砂岩通常为深色，经历生物扰动或者包含波浪沉积，以及更罕见的流水波痕。波痕局部被深色黏土和/或有机材料覆盖。Panther Tongue 和 Ferron 中都发育罕见的双向披覆，解释为潮汐成因。

这些粉砂岩解释为上述砂岩沉积的密度流最后阶段的沉积物，或者是流动事件之间横跨三角洲前缘的披覆沉积。粉砂岩层向上变薄和出现频率降低是由于向三角洲前缘顶部砂岩沉积事件遭受侵蚀的情况更为普遍。在多个密度流事件之间，受到波浪和潜在的潮流改造作用较小。粉砂岩层被认为不具有储层特性，并进行了离散建模，因为该类沉积体将成为渗流屏障或至少会成为渗流障碍。建模的一个关键方面是这些倾斜的渗流屏障对模拟生产的影响。

8.4.4 分流河道相

Panther Tongue 和 Ferron 都包含解释为具有分流河道沉积的岩性段，但是这两个单元之间存在不同程度的差异。在 Panther Tongue 内，Spring 峡谷中发育一套具有宽阔河道几何形状（宽>1200m）、厚达 25m 的由厚层槽状交错层理和少量板状层理砂岩叠置的地层（图 8.3）。仔细观察发现，宽阔的河道几何形状易于产生误导，充填于河道的块状砂岩实际上与相邻的三角洲前缘相呈指状交叉接触。Olariu 等（2005）记录了这种关系，并对沉积相的几何结构进行了完整而详细的描述。研究区域内 Ferron 中的河道形态砂体规模通常较小（5m×25m），并且与下伏和邻近的三角洲前缘沉积物有明显的侵蚀接触关系。Ferron 河道比 Panther Tongue 河道变化更大，包括块状砂岩、具有侧向加积面的非均质性强的岩石、水平层状强非均质性岩石，以及泥岩。

河道形体的沉积体解释为输送到三角洲前缘的沉积物在河道内的沉积产物。Ferron 河道切穿了它们所覆盖的三角洲朵叶体，可能与成因上相关的（即输入沉积物）更靠近盆地方向的年轻朵叶体有关。当河道处于活动状态（存在侧向加积面的情况下）发生沉积，随后河道被废弃。Panther Tongue 河道复合体稍微复杂一些。整体厚度和缺乏单切边—侵蚀边缘表明，河道在三角洲朵叶体沉积时处于活动状态。块状砂岩沉积发生在河道和近海的河口坝环境中，随着三角洲向海方向的发展而加积形成（Bhattacharya 和 Walker，1992；Olariu 等，2005）。

生长断层：Ferron 砂岩包含一系列构造，这些构造解释为三角洲前积过程中生长断层活跃的产物（Gardner，1995；Bhattacharya 和 Davies，2001；Bhattacharya 和 Gisosan，2003）。Panther Tongue 没有这些构造。生长断层构造包括以擦痕面为标志的断层滑动面作为底界的大型砂体（最大厚度为 15m）。断层表现出铲状几何形态，滑脱进入三角洲前缘的粉砂岩层中，或者在较大的沉积构造情况下，滑脱到下伏的海相粉砂岩中。断层走向大体上为东西方向，下降盘朝向北方（海上），但是在平面图中，它们具有明显的勺状几何形态。上盘块体内的岩层由流水波痕和水平层状砂岩组成，这些砂岩发生了旋转，直到倾角达到80°。原始的沉积构造保存完好，软沉积物变形非常罕见。很小（厘米级）的断层和变形带很常见。

高度旋转的地层中流水沉积结构的保存以及低比例的软质沉积物变形和滑塌表明，生长断层是通过蠕变过程生长的。据有关研究，这一过程一旦开始，随后的沉积物加载可能经驱动断层的运动，导致它们不能在海底表面留下痕迹。原始构造的保留和变形带的存在表明，旋转断层块体底部的沉积物至少发生了部分成岩作用。断层上盘块体内的砂岩被认为与三角洲前缘砂岩具有相同的物理特征。犹他州地质调查局的露头研究证实了这一点（Forster 等，2004）。

8.4.5 三角洲朵叶体和准层序

按照 Van Wagoner 等（1990）关于准层序的原始定义，认为两个建模地层代表一个单一的准层序，具有向上变粗的地层序列，以最大海泛面或与其相应的整合面为边界。两个单元的顶面都是水平的（至少在研究区域尺度范围内），表现为海相沉积物与上三角洲前缘、分流河道和局部（在 Ferron 地区）三角洲顶部的煤层明显并置。Panther Tongue 的顶部以局部发育粗粒、高度生物扰动、最大厚度达 0.3m 的海侵滞留沉积为标志（Hwang 和 Heller，2002）。海相沉积物的这种向上过渡表明海岸线向陆地方向移动达数千米至数十千米（Van Wagoner 等，1990）。Ferron 1 单元先前曾被解释为准层序组（Garrison 和 van den Bergh，2004），但是在本章研究中未观察到该单元内相对海平面升高使海岸线移动的证据。

在两个研究段内，也有较小规模的沉积物组成层组单元。层组表示比准层序规模更小的侧向分布范围更局限的成因上有联系的一套地层（Campbell，1967；Van Wagoner 等，1990）。尽管这两个单元的层组有所差异，但它们的成因解释是相似的。

在 Ferron 内，整个向上变粗的组合可以细分为一系列更小的向上变粗的层组，其厚度通常为2~6m（准层序来自 Garrison 和 van den Bergh，2004）。这些单元的平面图表明它们具有朵叶状的平面形状（图 8.6）。研究区域内绘制了 20 种不同的组合，它们显示了一种补偿性叠置样式（图 8.6）。Panther Tongue 的层组通常是根据斜坡角度的变化来定义的，它们显示出不太明确的向上变粗的特征。尽管沉积体系内主要发育前积特征（图 8.7），但这些层组的平面图也显示出一种补偿性叠加样式。

由于没有证据表明海岸线上有明显的向陆迁移与任何向上变粗地层的形成有关，因此将它们解释为层组而不是准层序。这些层组是与分流河道体系的自循环撕裂有关的三角洲朵叶体迁移的结果。Ferron 内部的朵叶体沉积于海岸线逐渐上升的过程中。这就形成了易于发生撕裂作用的频繁改道的浅水分流河道。河道迁移将沉积物输入到先前朵叶体之间的受遮挡的分流间湾（Elliott，1974），形成向上变粗的沉积单元。在 Panther Tongue 内，下降的海岸线轨迹导致分流河道的下切能力减弱，三角洲向盆地方向的前积作用增强（Posamentier 和 Morris，2000）。尽管仍然存在一定程度的侧向迁移，但海平面下降导致各个朵叶体内的侧向迁移减少，向上粒度变粗的沉积减少。朵叶体的几何形状是潜在影响模拟通过两个单元的流体流动的主要因素。下一节将讨论模型的建立和流动模拟。

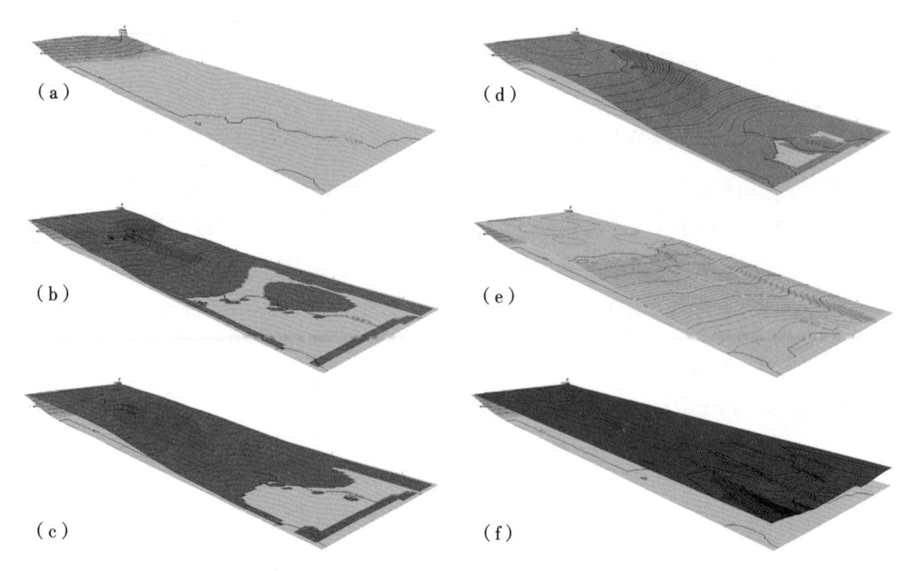

图 8.6　选定的记录 Ferron 1 三角洲演变层组界面

(a) 层组 1 顶面；(b) 层组 4 顶面；(c) 层组 6 顶面；(d) 层组 9 顶面；(e) 层组 14 顶面；(f) 层组 19 顶面。在所有情况下，垂直放大比例均 10 倍，北方指向视图顶部

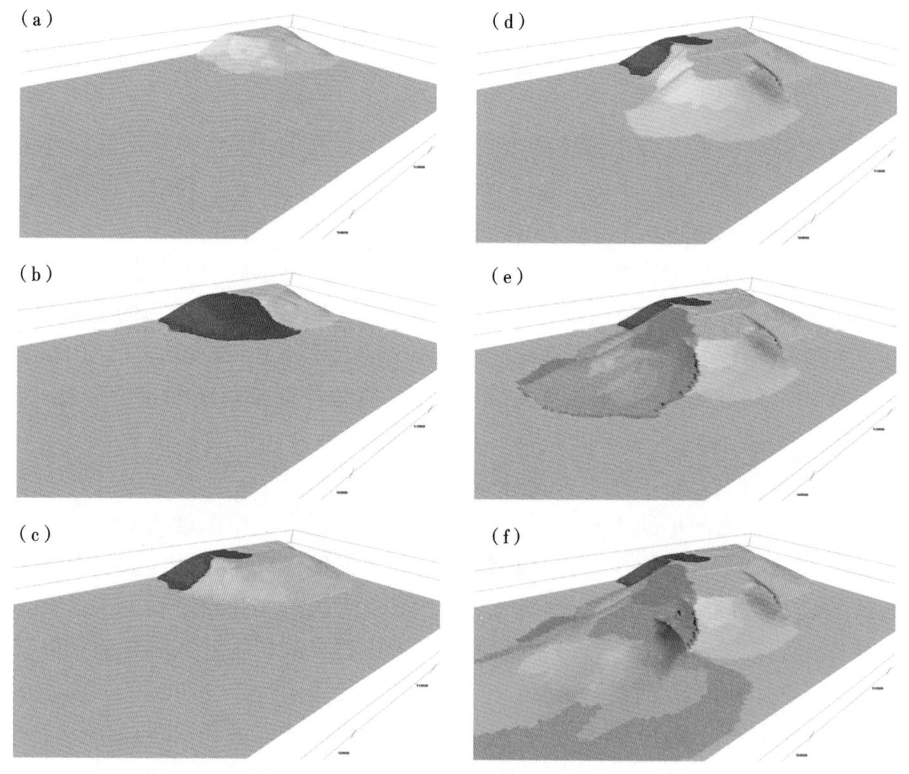

图 8.7　选定的记录 Panther Tongue 三角洲演变层组界面

(a) 层组 3 顶面；(b) 层组 4 顶面；(c) 层组 6 顶面；(d) 层组 9 顶面；(e) 层组 11 顶面；(f) 层组 13 顶面。在所有情况下，垂直放大比例均 10 倍，北方指向视图顶部

8.5 模型构建

在 Roxar 的 IRAP RMS 软件中对这两个三角洲体系进行了建模，该软件是特地为地下储层建模而设计的。各种沉积体系的建模过程具有相似性，尽管也存在由于数据类型不同而导致的一些明显差异。

用于建立地下模型的数据通常包括两类（有时有更多种类），即地震绘制的层面和数量有限的井数据。深度转换后，地震层面用于创建模型内的层面。层面构成了构造建模的基础，它们引导其他（计算的）界面的位置，并定义了建模区域的边界。建模网格由可以按比例叠置的网格（即一个地层中细分层的数目是不变的）组成，或者可以具有平行于层面（通常是储层带顶面或底面）的恒定细分层厚度。理想情况下，网格系统内单个单元的大小应能反映模型中捕捉到的非均质性的规模。实际上，网格分辨率还受到建模软件和油田大小限制的较大影响，特别是对于价格昂贵、用于模拟的数字动态模型而言。目前，静态地貌模型的典型分辨率目前在 100 万到 500 万个单元之间，动态模型大约有 10 万个单元。对于典型的北海油田，网格单元的 X 和 Y 尺寸为 50~100m，Z 尺寸为 0.5~5m。网格赋予岩石物理属性，这些特性可以直接从井的测量特性外推得到，也可以与沉积相建立内在联系。模型内的岩相采用基于用户定义的关于岩相分布、目标尺寸、预期横向和纵向并置以及井眼观测的综合规则进行空间分配。然后应用根据岩心分析数据的实测观测值得出的变差函数随机引入特定相的岩石物理性质，最后将模型粗化用于流动模拟。

从露头建立的模型要基于多种数据集。通常，垂直剖面（井）的不仅数量很多，可以对储层内部层面和相的分布做更好的概念性理解，能够更好地约束砂体的规模、几何形态和非均质性的分布。与地下相比，露头中识别出的界面能够以更高的分辨率和可信度开展井间追踪和对比。下面概述露头数据建模流程。

首先定义基准面。这构成了模型中所有 Z 值的基础。在此处介绍的两个案例研究中，基准面都是各个三角洲体系的顶面。该基准面是创建为 1000m 深度的水平面。深度对于后续的流动模拟很重要。一旦定义了基准面，就可以从基准面上建立点集和 CPL，并导入每个点的数据。这些点集用于定义各种层组（三角洲朵叶体边界）界面在模型中的位置（图 8.6，图 8.7）。为界面设置的典型点集包含 25~100 个点。点集通过网格化导入和外推。层面网格化是一个基于点集、观测数据和作者对露头之间层面分布和几何形态的概念性解释的一个迭代过程（图 8.5）。网格算法的选择也会对层面几何形态产生重要影响。几乎所有情况下，局部 b-spline 算法可以最好地实现概念性理解和所需的几何形态，该算法非常适合具有中等到大量点数据的数据集。一旦创建了令人满意的层面，它们将保持不变以用于后续的建模步骤。这样，这些界面提供了确定性的框架，在其中可以开展不同网格构建和赋值的各个阶段研究。

一旦在地层界面的框架内定义了模型层段，就可以从露头测井和具有相概念的 CPL 导入井数据。每个模型最多使用 300 个这样的数据。接下来，建立模型网格（图 8.8）。鉴于两个研究区域的大小与典型的北海油田相似，因此这两个网格可以使用相似的尺寸。理想情况下，网格应平行于主要的地质非均质性，在最终模型中使用了两种网格化策略。第一种网格设计使用了遵循模型的顶界面（即水平面）规则的厚度网格。这是地下环境中常用的典型方法。第二种是按照一个参考面建立一种倾斜的网格，该倾斜网格旨在捕捉由斜坡导致的非均质性。为每个层段分别创建一个单独的网格。实验使用倾斜网格非常重要，因为规则网格以及比例网格中 X 和 Y 的尺寸远远大于 Z，所以很难捕捉到与斜坡地形相关的倾斜遮挡层。本章研究的一个关键方面就是将传统的网格技术与专为遵循斜坡倾角而设计的倾斜网格进行比较（图 8.8）。

图 8.8　规则和倾斜的网格

（a）Panther Tongue 的露头显示斜坡连续的倾斜的特征；（b）按照该层位顶面的规则网格，顶面倾斜地层具有地质上倾斜的特征，但顶面水平的地层则不能捕捉到；（c）建立的想模型无法捕捉到遮挡层连续倾斜的性质；（d）沿参考层面设计成遵循斜坡形态的倾斜网格；（e）斜坡网格中的相实现能够捕捉更加切合实际的斜坡几何形态，包括沿斜坡发育的泥岩

然后为不同模型逐层赋予沉积相值。相建模遵循以下程序（图 8.9）：

（1）使用相带方法模拟大规模相的分布。在这种情况下，截断高斯模拟被用来捕捉平行相带（MacDonald 和 Aasen，1994）。相带边界的平均位置和参数，例如加积角、带宽和带之间的相互穿插程度，由用户确定，并用露头观测结果进行约束［图 8.9（c）］。由于相带方法依赖于创建常规“simbox”进行模拟，故很难在具有倾斜网格的区域内实现所需的分布。因此，在规则网格内进行了相带建模［图 8.9（c）］，然后使用最近邻域重采样算法将其重新采样到倾斜网格中［图 8.9（d）］。观察平行于主要露头面沉积相的横剖面，显示该模型充分捕捉到了原始地质学中的几何形态。

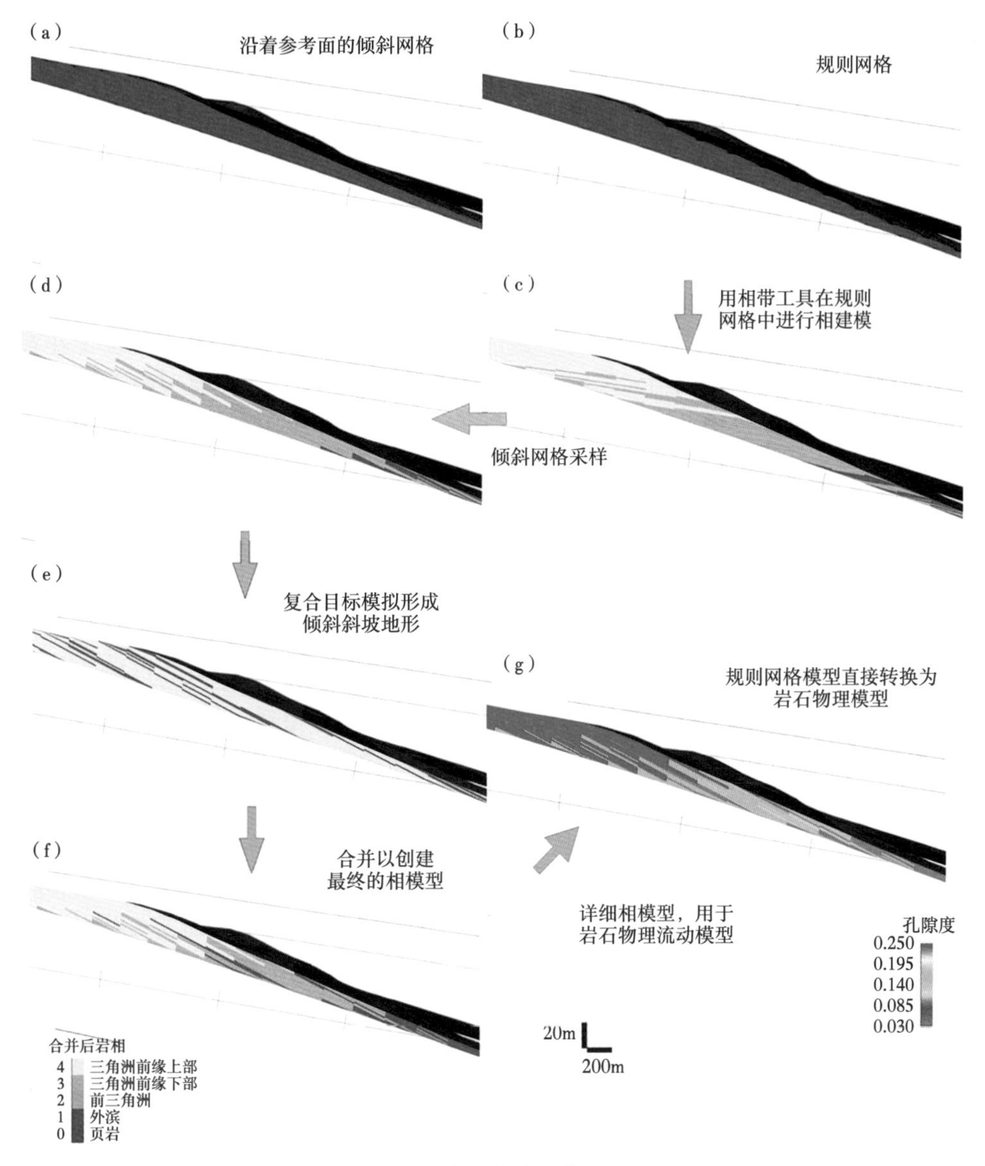

图 8.9　模型构建工作流程

创建了确定性层面后，建立两个网格：倾斜式（a），规则式（b）。相带实现是在规则网格中生成的（c）。将其重新采样到倾斜网格中（d），与捕捉斜坡泥岩（f）的基于目标的实现合并（e）。然后加入岩石物理性质，并用模型进行流动模拟（g）

（2）尝试了多种不同的方法来创建与斜坡有关的倾斜泥岩，包括在相带模拟的边界上赋予高度随机的噪声。最终，使用了基于目标的方法，其中将三角洲前缘粉砂岩相模拟为倾斜网格内的背景相［图 8.9（e）］。这为露头观测提供了最佳的视觉匹配。这些对象的形状和位置是根据井数据和露头观测数据确定的。然后对这些泥岩对象进行选择性地重新取样，并与相带模型合并，以使泥岩仅出现在三角洲前缘砂岩中，而不出现在近海或河道沉积物中［图 8.9（f）］。这样就产生了所需的三角洲前缘相，其中含大量的泥岩［图 8.9（f）］。一个关键参数是披覆斜坡层面上的泥岩的连续性。在 Panther Tongue 和 Ferron 中，都模拟了两种不同的泥岩斜坡长度：短斜坡长约200m和更长的斜坡（>1km）来捕捉不连续但普遍存在的遮挡层和几乎连续的遮挡层。在所有情况下，泥岩对象的比例都是根据露头观测确定的，并保持恒定值20%。

（3）Ferron中上三角洲前缘包括以砂岩为主的河道沉积，因为它们规模太小而无法在模型中准确重建，其中大部分充填砂岩具有相似的岩石物理特征（Moiola等，2004；Forster等，2004）。Panther Tongue中的大型分流河道模拟为单独的层，在三角洲前缘砂岩的背景下赋予90%的砂岩含量。这样能有效刻画河道复合体与下伏三角洲前缘沉积物的相互交叉关系。

（4）生长断层建模：最初在绘制生长断层并准确刻画储层模型内的断层面上花费了大量精力。但是，考虑到它们的横向尺度（小于100m）较小，发现在模型中无法刻画断层平面的几何形状和性质。因此，通过对子模型进行详细的平面编辑建立断层模型，该子模型用于创建代表充填于断层上盘的砂体。然后，将代表充填于上盘沉积中心砂岩体重新采样到模型中，替换以前存在的相。

（5）完成每个朵叶体模拟后，将检查每个区域相的地质完整性，并与剪辑的图片进行对比，以确保正确地刻画了几何形状。一旦获得了令人满意的实现，就可以将其重采样到多级网格中进行岩石物理属性建模和流动模拟。

然后为基于沉积相的模型赋予岩石物理属性［图8.9（g）］。建模的目的是研究几何形状对流体流动的影响大小的比较，因此所有模型都按每种相赋予相同的确定性属性值。此处不使用随机程序，因为这会在结果中引入更多的噪声。这些属性取自北海油田类比值，如表8.1所示。

岩石物理建模之后，粗化地质模型并重新采样以进行流动模拟。动态模型中的网格大小设置为100m×100m×0.4m，以保持尽可能高的垂直分辨率。为了更直观地将相和岩石物理性质联系起来，将在更高分辨率地质模型中模拟的沉积相也重采样到动态模型中。流动模拟是应用在RMS有限差分黑油模拟器开展的。表8.2中总结了用于约束模型的力学属性。由于模拟的目的是研究流动的几何效应，使用典型的中值范围属性，并在模拟运行过程中保持恒定。流动模拟的油田开发方案是基于两排各自三口直井的行列注水。对每种模型都进行了沿着上倾沉积方向和下倾沉积方向的注水，以确定斜坡方向是否与产量相关（Wehr和Brasher，1996）。注水井和生产井均使用500m^3/d的流速，注水井的井底压力为300bar。模拟器运行了30年，或者直到油田产生的含水率达到30%。如果含水率超过30%，生产井将暂时关闭。要重点关注的是，该操作的目的是将流动模拟作为储层非均质性的一种动态测试，并产生可以在不同模型之间进行对比的数据。更高级的油藏工程和生产优化超出了本章研究的范围。

表8.2　流体模拟设置参数

参数	参数值
最长运行时间	30年
其他运行界限	含水30%时关井
报告间隔	1年
岩石可压缩性	0.00004351bar^{-1}

续表

参数	参数值
岩石参考压力	275.79bar
石油相对密度	0.8
气油比	142.486m³/m³
Corey exp	水 4.0
	油—水 3.0
饱和终点	$S_{orw}=0.2$
	$S_{wcr}=0.2$
相对渗透率终点	$K_{romax}=1.0$
	$K_{rw}=0.4$
模式顶部	1000m
油水界面	1015m
油水界面毛细管压力	0
参考深度	1023m
参考压力	103bar
井类型	注水井 3 口
	生产井 3 口
流速	注水井为 500m³/d
	生产井为 500m³/d
底孔压力	注水井 300bar
原地初始油	Panther 油藏为 0.285×10^8t
	Ferron 油藏为 0.212×10^8t

8.6 实验设置

建立了数百种不同的模型并进行流动模拟，仔细研究了其中的 16 种（表 8.3）。模拟结果用于检验以下假设：

（1）如果前积体得以明确模拟，模拟的动态响应会有差异。为此，我们对应用最高分辨率模型和以 10 口井的数据为条件的一系列基于简单相带实现最确定性模型的结果进行对比。

（2）倾斜网格模拟的斜坡产生的流动模拟结果与规则网格模拟的斜坡明显不同。

表 8.3　本研究中构建的模型和流动模拟

模型代码	三角洲	网格类型	相单元	前积体长度	注水方向
Fe-Reg-Belts-Up	Ferron 1	规则	相带	无	沿沉积上倾方向
Fe-Reg-Belts-Dw	Ferron 1	规则	相带	无	沿沉积下倾方向
Fe-Reg-Beltst+Ob-Up	Ferron 1	规则	相带和相结合	短	沿沉积上倾方向
Fe-Reg-Beltst+Ob-Dw	Ferron 1	规则	相带和相结合	短	沿沉积下倾方向

续表

模型代码	三角洲	网格类型	相单元	前积体长度	注水方向
Fe-Dip-Short-up	Ferron 1	倾斜	相带和相结合	短	沿沉积上倾方向
Fe-Dip-Short-Dw	Ferron 1	倾斜	相带和相结合	短	沿沉积下倾方向
Fe-Dip-Long-up	Ferron 1	倾斜	相带和相结合	长	沿沉积上倾方向
Fe-Dip-Long-Dw	Ferron 1 Panther	倾斜	相带和相结合	长	沿沉积下倾方向
Pn-Reg-Belts-Up	Tongue Panther	规则	相带	无	沿沉积上倾方向
Pn-Reg-Belts-Dw	Tongue Panther	规则	相带	无	沿沉积下倾方向
Pn-Reg-BeltstOb-Up	Tongue Panther	规则	相带和相结合	短	沿沉积上倾方向
Pn-Reg-BeltstOb-Dw	Tongue Panther	规则	相带和相结合	短	沿沉积下倾方向
Pn-Dip-Short-up	Tongue Panther	倾斜	相带和相结合	短	沿沉积上倾方向
Pn-Dip-Short-Dw	Tongue Panther	倾斜	相带和相结合	短	沿沉积下倾方向
Pn-Dip-Long-up	Tongue Panther	倾斜	相带和相结合	长	沿沉积上倾方向
Pn-Dip-Long-Dw	Tongue	倾斜	相带和相结合	长	沿沉积下倾方向

（3）模拟的斜坡长度和连续性是重要参数。

（4）低位体系域三角洲和高位体系域三角洲油藏模拟性能的显著差异表明，可容空间控制了斜坡几何形状和相应的储层性能。

（5）注水方向与三角洲前积方向的关系。

应用模拟结果研究了生产 30 年后的总产量和采收率。采收率（RF）是采出的油与原地总油量之比，用百分数表示。仔细查看采收率数据可以比较两个三角洲体系的结果。给出了对比结果的图形方式表格形式（表 8.4、图 8.10、图 8.11）。

表 8.4　流动模拟结果小结

模型代码	总产量（$10^6 m^3$）	采收率（%）	贴现值（百万美元）
Fe-Reg-Belts-Up	13.1	44.54	240.3
Fe-Reg-Belts-Dw	13.4	45.82	240.2
Fe-Reg-BeltstOb-Up	13.3	46.74	247.6
Fe-Reg-BeltstOb-Dw	15.5	54.40	252.6
Fe-Dip-Short-up	4.4	15.47	76.6
Fe-Dip-Short-Dw	4.0	13.90	72.0
Fe-Dip-Long-up	8.3	29.78	177.0
Fe-Dip-Long-Dw	11.2	40.34	197.0
Pn-Reg-Belts-Dw	10.6	45.13	208.56
Pn-Reg-Belts-Up	10.4	44.32	187.32
Pn-Reg-BeltstOb-Dw	9.6	45.28	207.7

续表

模型代码	总产量 (10^6m^3)	采收率 (%)	贴现值 (百万美元)
Pn-Reg-BeltstOb-Up	9.6	45.28	189.42
Pn-Dip-Short-Dw	7.1	33.07	164.11
Pn-Dip-Short-Up	7.4	34.28	139.59
Pn-Dip-Long-Dw	4.9	23.11	95.23
Pn-Dip-Long-Up	3.6	16.98	75.39

8.7 讨论

各种模型的结果表明，生产数据的分布非常广泛。总产量在 0.40×10^4~$155\times10^4Sm^3$ 之间，表明采收率范围介于 14%~54%。假设所有模型都是基于相同的两个露头数据集构建的，具有相似的净毛比和相同的岩石物理属性，就应该得出这些差异性是由于模型中沉积相的几何结构呈现方式所致。

8.7.1 规则网格与倾斜网格

用规则网格构建的模型［图 8.10（a）(b)］产生的累计产油量最多，采收率最高（采收率在 40.3%~54.4%之间，平均为 46.4%；图 8.11）。这些模型的采收率值分布范围相对较小，所有八个模型的采收率位于 14%的变化区间内。用倾斜网格构建的模型［图 8.10（c）(d)］显示采收率值的分布范围更大（13.9%~40.3%），而平均值却低得多（25.9%）［图 8.11（a）］。由于倾斜网格遵循地质非均质性包括倾斜的遮挡层，因此它被认为是比规则网格更好的地质表现形式。大多数来自地下系统的储层模型都没有试图刻画斜坡，因此可以得出它们通常会高估产量和采收率的结论。

8.7.2 斜坡建模

Jackson 和 Muggeridge（2000）得出结论，如果遮挡层覆盖大部分区域并且倾斜角度大，这些倾斜的不连续泥岩的发育会降低驱油效率。规则网格内将斜坡表现为泥岩目标体并不能捕捉到与斜坡相关的流动的下降。在两个三角洲体系中，规则网格中遮挡层的存在均略微提高了采收率［图 8.11（a）］。为了有效地捕捉斜坡，将泥岩目标体引入倾斜网格中［图 8.10（c）(d)］。这些泥岩目标体与储层性能的显著下降有关（图 8.11）。可以得出结论，这种方案对刻画储层的真实特征效果更好。这是一个重要的结论，因为很少对倾斜的斜坡进行明确的模拟。本章研究结果表明，在规则网格中即使把它们以目标体进行模拟，也不能刻画其连续性和几何形状及其后续对流动的影响。

8.7.3 与斜坡有关的泥岩长度

与斜坡相关的泥岩体具有两种不同的长度：短泥岩体（约 200m）［图 8.10（c）］和长泥岩体（>1km）［图 8.10（d）］。在所有情况下，净毛比以露头作为限制条件，保持恒定值 20%。泥岩长度对采收率有重要影响，记录的值分布范围较广（图 8.11）。在 Ferron

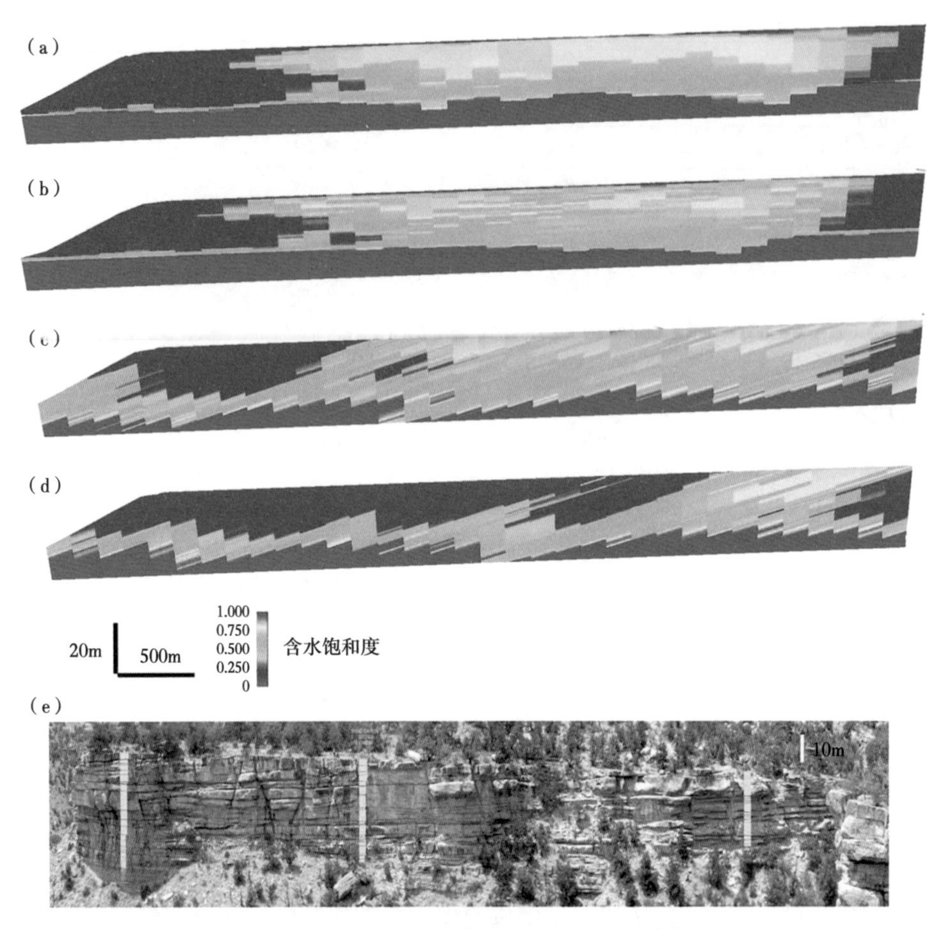

图 8.10 Panther Tongue 的流动模拟结果显示不同建模方法的效果

颜色反映流体饱和度（暖色=水，冷色=油）。所有模拟都是沿下倾方向（视图中向左）注水 20 年模拟生产后的结果。(a) 利用没有斜坡的沉积相带在规则网格上建立的简单模型。(b) 具有相带和斜坡的规则网格。(c) 带有倾斜网格和短斜坡的模型。(d) 具有倾斜网格和长斜坡的模型。(e) Panther Tongue 的露头图，该视图靠近上面显示剖面的中央部位

模型中，短泥岩长度对采收率的影响远大于较长泥岩［图 8.11 (b)］。而 Panther 则恰恰相反，泥岩较短的模型生产效果更好。在这两个系统中，较长的斜坡对水驱方向最为敏感，沿沉积下倾方向的水驱远不如上倾驱油（图 8.11）。流体饱和度表明，朝下倾方向驱油会导致在泥岩下方圈闭形成口袋油，紧贴边底水段。

两个沉积体系之间的差异很有趣。在 Ferron 中，长的斜坡没有形成广泛分布的遮挡层，而与大量短遮挡层相关的增加的弯曲性是产量降低的主要因素。考虑到任何特定的泥岩斜坡目标都局限在一个朵叶体内，因此没有发育长距离延伸遮挡层是因为各个三角洲朵叶体垂向和横向叠置，为相邻朵叶体的砂体之间提供连通条件，石油被大量圈闭在泥岩后面的小口袋内。在 Panther Tongue 中，朵叶体较窄，并以向前倾角增加的方式叠置。这意味着较长的泥岩长度可以更有效地对沉积体系进行分块。这些模型对沉积体总数和赋予斜坡长度的值极为敏感（图 8.11）。这一认识非常重要，因为该类数据无法从地下获取，必须从类比露头中得到。因此，选择合适的类比非常重要。

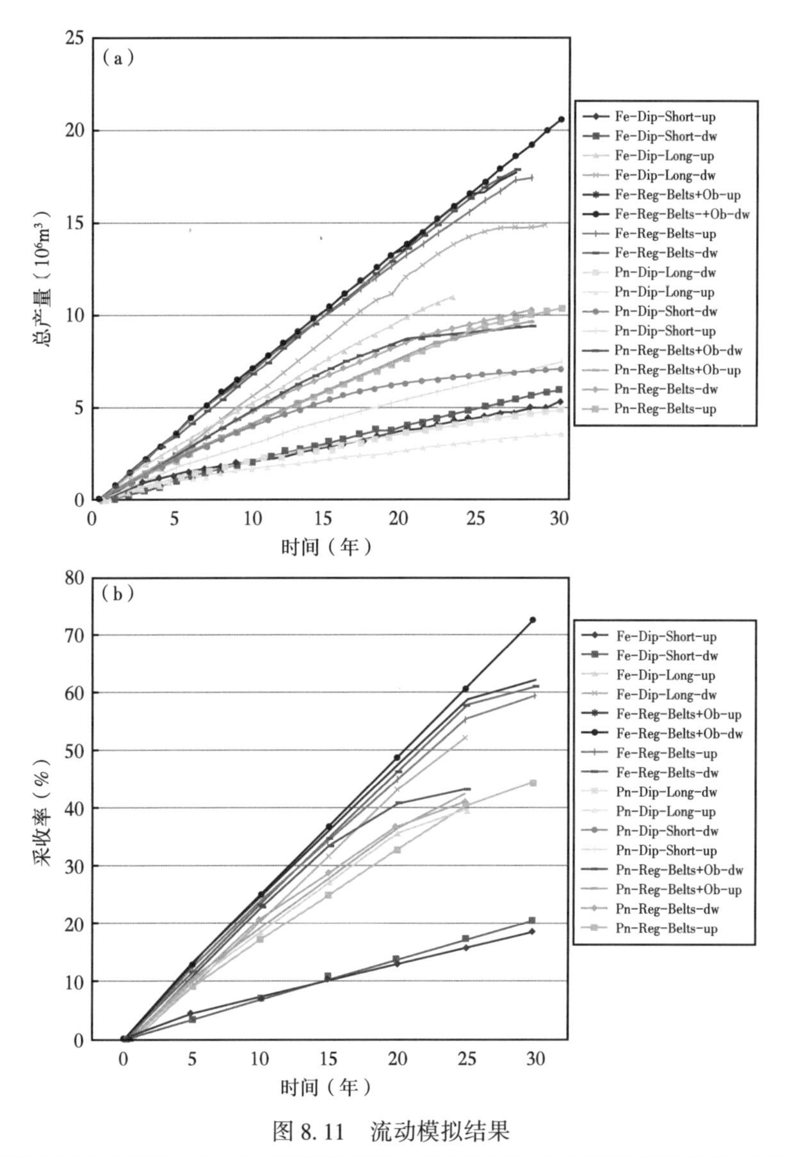

图 8.11 流动模拟结果

(a) 随着时间变化的累计产量。(b) 随着时间变化的累计采收率。各种模型运行的关键参数见表 8.3

8.7.4 注水方向

在任何给定的模型中，测试了沿沉积上倾方向和沉积下倾方向两种注水方案(图 8.11)。结果表明，与注水方向相关的模型性能变化通常远小于与模型构建方案相关的变化。最大的产量差异出现在模拟了长斜坡的模型，与上面讨论的完全一样（采收率降低 6%~10%)。在几乎所有情况下，当沿沉积上倾方向驱油时，生产效果更好。这些结果表明，斜坡可能成为注入水的通道，将其从油水界面向上输送到模型顶面并进入生产井。这与 Wehr 和 Brasher（1996）的结果相反，后者发现沿沉积下倾方向驱油效果更好。Wehr 和 Brasher（1996）的模型与此处介绍的模型之间有两个主要区别。他们模拟的是滨岸沉积，而不是三角洲体系（斜坡要少得多），并且它们模型中的地层都是倾斜的（约 6°）。构造倾角导致更大的重力影响。这些因素中的任何一个都可以解释得出不同结论。

8.7.5 高位体系域与低位体系域三角洲

本章研究的主要目的是对比不同可容空间区域中两种沉积体系的模拟生产（图8.11）。二者的平均采收率非常相似，远小于使用不同建模方案导致的差异。所有Ferron模型的平均折现产量均高于Panther Tongue模型，这表明高位体系域三角洲的生产比低位体系域三角洲效率高（图8.11）。两个体系域之间的主要区别在于，在Ferron中，长斜坡泥岩的影响小于短斜坡泥岩，而Panther Tongue则相反。高位体系域Ferron比Panther对注水方向更敏感。Ferron模型中单个朵叶体的叠置形成更大的垂向分隔，尽管这并未反映在横向驱油控制的结果中。

8.8 结论

本章提供了一套成本相对较低的收集适合露头储层建模的大量野外数据的方法。数据的收集是采用传统的野外测井技术和地球空间信息、参考资料、按比例缩放的照片测井（CPL）收集相结合的方式。然后将这些数据用于建立储层样式模型。模型构建工作流程基于一系列层面的三维重建，这些层面代表了三角洲内的各个层组边界。这些确定性的层面为深入了解三角洲演化提供了条件，也为使用不同的网格建模和不同的网格赋值方法试验提供了框架。然后使用模型的动态测试来确定该系统中导致模拟生产变化关键控制因素。根据模拟的生产结果，得出以下结论：

（1）本研究中油藏性能最大的变化源于模型建立方案。其远大于两个三角洲体系之间的差异或注水方向相关的差异。

（2）在每个三角洲体系中，所建立的整套模型都使用完全相同的层面几何形状、条件测井数据、净毛比和岩石物理属性。结果的所有差异均归因于构建模型的方式以及非均质性的表现方法。

（3）具有规则网格的模型会忽略与斜坡相关的倾斜泥岩的存在，这将大大高估三角洲体系的采收率（最多三倍）。

（4）与通常用于建模的规则网格相比，沿三角洲前缘斜坡设计的倾斜网格建立的模型可以更好地刻画油藏系统的动态表现，尽管这种方法在试图建立地下油田模型时不具有可操作性。

（5）斜坡在岩心或测井数据中表现为薄层泥岩，通常被忽略，尽管可能无法对其进行确定性建模，但应考虑其影响。

（6）建模的一个关键方面是用于刻度披覆在斜坡上泥岩目标的长度比例。由于地下斜坡通常难以成图，这些长度比例应从类似露头类比研究中获取。

（7）模型运行对所使用的泥岩长度参数十分敏感。在高位体系域Ferron三角洲体系中，与许多地质体相关的较短的泥岩长度会大幅降低采收率，而在低位体系域的Panther Tongue三角洲体系中，长的泥岩长度对划分地质体更有效。这是所研究的高位体系域和低位体系域三角洲体系之间的唯一显著差异。

（8）除了对地下研究的意义外，本章还展示了应用露头数据集构建模型的不同方案，以及储层建模软件在三维空间合成和观察露头数据的应用。

参 考 文 献

Ainsworth, R. B., Sanlung, M. & Duivenvoorden, S. T. C. 1999. Correlation Techniques, Perforation Strategies and Recovery Factors. An Integrated 3-D Reservoir Modeling Study, Sirikit Field, Thailand. *American Association of Petroleum Geologists Bulletin*, 83, 1535-1551.

Alexander, J. 1993. A discussion on the use of analogues for reservoir geology. In: Ashton, M. (ed.) *Advances in Reservoir Geology*. Geological Society of London Special Publication, 69, 175-194.

Anderson, P. B., Chidsey, T. C., Jr., Ryer, T. A., Adams, R. D. & Mcclure, K. 2004. Geologic Framework, Facies, Paleogeography, and Reservoir Analogs of the Ferron Sandstone in the Ivie Creek Area, East-Central Utah. *In*: Chidsey, T. C., Jr., Adams, R. D. & Morris, T. H. (eds) *Regional to Wellbore Analog for Fluvial-Deltaic Reservoir Modeling: The Ferron Sandstone of Utah*. AAPG Studies in Geology, 50, 331-356.

Anderson, P. B. & Ryer, T. A. 2004. Regional Stratigraphy of the Ferron Sandstone. In: Chidsey, T. C., Jr., Adams, R. D. & Morris, T. H. (eds) *Regional to Wellbore Analog for Fluvial-Deltaic Reservoir Modeling: The Ferron Sandstone of Utah*, AAPG Studies in Geology, 50, 211-224.

Armstrong, R. L. 1968. Sevier Orogenic Belt in Nevada and Utah. *GSA Bulletin*, 79, 429-458.

Bhattacharya, J. P. & Walker, R. G. 1992. Deltas. *In*: Walker, R. G. & James, N. P. (eds) *Facies models: response to sea-level change*. Geological Association of Canada, 157-177.

Bhattacharya, J. P. & Davies, R. K. 2001. Growth faults at the prodelta to delta-front transition, Cretaceous Ferron sandstone, Utah. *Marine and Petroleum Geology*, 18, 525-534.

Bhattacharya, J. P. & Giosan, L. 2003. Waveinfluenced deltas: geomorphological implications for facies reconstruction: *Sedimentology*, 50, 187-210.

Bhattacharya, J. P. & Tye, R. S. 2004. Searching for Modern Ferron Analogs and Application to Subsurface Interpretation. *In*: Chidsey, T. C., Jr., Adams, R. D. & Morris, T. H. (eds) *Regional to Wellbore Analog for Fluvial-Deltaic Reservoir Modeling: The Ferron Sandstone of Utah*. AAPG Studies in Geology, 50, 39-57.

Bohacs, K. M. & Suter, J. 1997. Sequence stratigraphic distribution of coaly rocks; fundamental controls and paralic examples. *American Association of Petroleum Geologists Bulletin*, 81, 1612-1639.

Bryant, I., Carr, D., Cirilli, P., Drinkwater, N., Mccormick, D., Tilke, P. & Thurmond, J. 2000. Use of 3D digital analogues as templates in reservoir modelling. *Petroleum Geoscience*, 6, 195-201.

Bryant, I. D. & Flint, S. S. 1993. Quantitative clastic reservoir modelling: Problems and perspectives. *In*: Flint, S. S. & Bryant, I. D. (eds) *The Geological Modelling of Hydrocarbon Reservoirs and Outcrop Analogues*. Oxford, International Association of Sedimentologists Special Publication, 15, 3-20.

Campbell, C. V. 1967. Lamina, Laminaset, Bed and Bedset. *Sedimentology*, 8, 7-26.

Cotter, E. 1976. The Role of Deltas in the Evolution of the Ferron Sandstone and its Coals, Castle Valley, Utah. *Geology Studies*, 22, 15-41.

Davies, R. C., Howell, J. A., Boyd, R., Flint, S. S. & Diessel, C. 2006. High resolution sequence stratigraphic between shallow marine and terrestrial strata: Examples from the Sunnyside Member of the Cretaceous Blackhawk Formation, Book Cliffs, eastern Utah. *American Association of Petroleum Geologists Bulletin*, 90, 1121-1140.

Doelling, H. H., Smith, A. D., Davis, F. D. & Hayhurst, D. L. 1979. Observations on the Sunnyside Coal Zone. *Coal Studies*, 44-68.

Dreyer, T. & Falt, L. -M. 1993. Sedimentary architecture of field analogues for reservoir information (SAFARI): a case study of the fluvial Escanilla formation, Spanish pyrenees. *In*: Flint, S. S. & Bryant, I. D. (eds) *The Ge-*

ological Modelling of Hydrocarbon Reservoirs and Outcrop Analogues. International Association of Sedimentologists Special Publication, 15, 57–80.

Elliott, T. 1974. Interdistributary bay sequences and their genesis. *Sedimentology*, 21, 611–622.

Forster, C. B., Snelgrove, S. H. & Koebbe, J. V. 2004. Modelling Permeability Structure and Simulating Fluid Flow in a Reservoir Analog: Ferron Sandstone, Ivie Creek Area, East–Central Utah. *In*: Chidsey, T. C., Jr., Adams, R. D. & Morris, T. H. (eds) *Regional to Wellbore Analog for Fluvial–Deltaic Reservoir Modeling: The Ferron Sandstone of Utah.* AAPG Studies in Geology, 50, 359–382.

Gardner, M. H. 1995. The stratigraphic hierarchy and tectonic history of the Mid–Cretaceous foreland basin of central Utah. *In*: Dorobek, S. & Ross, J. (eds) *Stratigraphic evolution of foreland basins.* Society for Economic Paleontologists and Mineralogists Special Publication, 52, 283–303.

Gardner, M. H., Cross, T. A. & Levorsen, M. 2004. Stacking patterns, sediment volume partitioning and facies differentiation in shallow–marine and coastal–plain strata of the Cretaceous Ferron Sandstone Utah. *In*: Chidsey, T. C., Jr., Adams, R. D. & Morris, T. H. (eds) *Regional to Wellbore Analog for Fluvial–Deltaic Reservoir Modeling: The Ferron Sandstone of Utah.* AAPG Studies in Geology, 50, 95–124.

Garrison, J. R. & van den Bergh, T. C. V. 2004. High resolution depositional sequence stratigraphy of the Upper Ferron Sandstone Last Chance Delta: An application of coal zone stratigraphy. *In*: Chidsey, T. C., Jr., Adams, R. D. & Morris, T. H. (eds) *Regional to Wellbore Analog for Fluvial–Deltaic Reservoir Modeling: The Ferron Sandstone of Utah.* AAPG Studies in Geology, 50, 124–192.

Grammer, M. G., Harris, P. M. & Eberli, G. P. 2004. Overview with examples from the Bahamas. *In*: Grammer, M. G., Harris, P. M. & Eberli, G. P. (eds) *Integration of Outcrop and Modern Analogs in Reservoir Modeling.* American Association of Petroleum Geologists Memoir, 80, 1–22.

Hampson, G. J. 2000. Discontinuity surfaces, clinoforms and facies architecture in a wave–dominated, shoreface–shelf parasequence. *Journal of Sedimentary Research*, 70, 325–340.

Hampson, G. J. & Howell, J. A. 2005. Sedimentologic and geomorphic characterization of ancient wavedominated deltaic shorelines; Upper Cretaceous Blackhawk Formation, Book Cliffs, Utah, USA. *In*: Giosan, L. & Bhattacharya, J. P. (eds) *River Deltas–Concepts, Models and Examples.* Society for Economic Paleontologists and Mineralogists Special Publication, 83, 133–154.

Hodgetts, D., Drinkwater, N., Hodgson, D. M., Kavanagh, J., Flint, S. S., Keogh, K. & Howell, J. A. 2005. Three–dimensional geological models from outcrop data using digital data collection techniques: an example from the Tanqua Karoo depocentre, South Africa. *In*: Curtis, A. & Woods, R. (eds) *Geological Prior Information: Informing Science and Engineering.* Geological Society Special Publication, 239, 57–75.

Howell, J. A. & Flint, S. S. 2002. Application of Sequence Stratigraphy in Production Geology and 3–D Reservoir Modelling. *Gulf Coast Society for Economic Petrologists and Mineralogists*, 22, 141–146.

Howell, J. A. & Flint, S. S. 2004. Sequence stratigraphical evolution of the Book Cliffs Succession. *In*: Coe, A. (ed.) *The Sedimentary Record of Sea–Level Change.* Cambridge University Press/The Open University.

Hwang, I. G. & Heller, P. 2002. Anatomy of transgressive lag; Panther Tongue Sandstone, Star Point Formation, central Utah. *Sedimentology*, 49, 977–999.

Jackson, M. D. & Muggeridge, A. 2000. Effect of Discontinuous Shales on Reservoir Performance during Horizontal Waterflooding. *Journal of Society of Petroleum Engineers*, 5, 446–455.

Kauffman, E. G. 1977. Geological and Biological Overview: Western Interior Cretaceous Basin. *The Mountain Geologist*, 14, 75–99.

MacDonald, A. C. & Aasen, J. O. 1994. A prototype procedure for stochastic modeling of facies tract distribution in shoreface reservoirs. *In*: Yarus, J. M. & Chambers, R. L. (eds) *Stochastic Modeling and Geostatistics; Prin-*

ciples, Methods, and Case Studies. American Association of Petroleum Geologists Computer Applications in Geology, 3, 91-108.

Manzocchi, T., Carter, J. N., Skorstad, A., Fjellvoll, N., Stephen, K. D., Howell, J. A. et al. 2008. Sensitivity of the impact of geological uncertainty on production from faulted and unfaulted shallow marine oil reservoirs - objectives and methods. *Petroleum Geoscience*, 14, 3-15.

Miall, A. D. 1988. Reservoir Heterogeneities in Fluvial Sandstones: Lessons from Outcrop Studies. *American Association of Petroleum Geologists Bulletin*, 72, 682-697.

Moiola, R. J., Welton, J. E., Wagner, J. B., Fearn, L. B., Farell, M. E., Enrico, R. J. & Echols, R. J. 2004. Integrated Analysis of the Upper Ferron Deltaic Complex, Southern Castle Valley, Utah. *In*: Chidsey, T. C., Jr., Adams, R. D. & Morris, T. H. (eds) *Regional to Wellbore Analog for Fluvial-Deltaic Reservoir Modeling: The Ferron Sandstone of Utah.* AAPG Studies in Geology, 50, 79-91.

Newman, K. F. & Chan, M. A. 1991. Depositional facies and sequences in the Upper Cretaceous Panther Tongue Member of the Star Point Formation, Wasatch Plateau, Utah. Geology of east-central Utah. *Utah Geological Association Special Publication*, 65-75.

Olariu, C., Bhattacharya, J. P., Xu, X., Aiken, C., Zeng, X. & Mcmechan, G. 2005. Integrated study of ancient delta front deposits, using outcrop, ground penetrating radar and three dimensional photorealistic data. Cretaceous Panther Tongue sandstone, Utah. *In*: Bhattacharya, J. P. & Giosan, L. (eds) *River deltas: concepts, models and examples. SEPM Special Publication*, 83. Tulsa, OK.

Posamentier, H. W. & Morris, W. R. 2000. Aspects of the stratal architecture of forced regressive deposits. *In*: Hunt, D. & Tucker, M. E. *Sedimentary Responses to Forced Regressions.* Geological Society of London Special Publication, 172, 19-46.

Pringle, J. K., Westerman, A. R., Clark, J. D., Drinkwater, N. J. & Gardiner, A. R. 2004. 3D high-resolution digital models of outcrop analogue study sites to constrain reservoir model uncertainty: an example from Alport Castles, Derbyshire UK. *Petroleum Geoscience*, 10, 343-352.

Reading, H. G. & Collinson, J. D. 1996. Clastic Coasts. *In*: Reading, H. G. (ed.) *Sedimentary Environments; Processes, Facies and Stratigraphy*, 154-231.

Reynolds, A. D. 1999. Dimensions of Paralic Sandstone Bodies. *American Association of Petroleum Geologists Bulletin*, 83, 211-229.

Roberts, L. N. R. & Kirschbaum, M. A. 1995. Paleogeography and the Late Cretaceous of the Western Interior of middle North America; coal distribution and sediment accumulation. *U. S. Geological Survey professional paper*, 115.

Ryer, T. A. 1981. Deltaic coals of Ferron Sandstone Member of Mancos Shale; predictive model for Cretaceous coal-bearing strata of Western Interior. *American Association of Petroleum Geologists Bulletin*, 65, 2323-2340.

Ryer, T. A. 1983. Transgressive-regressive cycles and the occurrence of coal in some Upper Cretaceous strata of Utah. *Geology*, 11, 207-210.

Ryer, T. A. 2004. Previous Studies of the Ferron Sandstone. *In*: Chidsey, T. C., Jr., Adams, R. D. & Morris, T. H. (eds) *Regional to Wellbore Analog for Fluvial-Deltaic Reservoir Modeling: The Ferron Sandstone of Utah.* AAPG Studies in Geology, 50, 3-38.

Stephen, K. D., Clark, J. D. & Gardiner, A. R. 2001. Outcrop-based stochastic modelling of turbidite amalgamation and its effects on hydrocarbon recovery. *Petroleum Geoscience*, 7, 163-172.

Stephen, K. D. & Dalrymple, M. 2002. Reservoir simulations developed from an outcrop of incised valley fill strata. *American Association of Petroleum Geologists Bulletin*, 86, 797-822.

Van den Bergh, T. C. V. & Garrison, J. R., Jr. 2004. The Geometry, Architecture, and Sedimentology of Fluvial and Deltaic Sandstones within the Upper Ferron Sandstone Last Chance Delta: Implications for Reservoir Modelling. *In*: Chidsey, T. C., Jr., Adams, R. D. & Morris, T. H. (eds) *Regional to Wellbore Analog for Fluvial-Deltaic Reservoir Modeling: The Ferron Sandstone of Utah.* AAPG Studies in Geology, 50, 451-498.

Van Wagoner, J. C. 1995. Sequence stratigraphy and marine to nonmarine facies architecture of foreland basin strata, Book Cliffs, Utah, USA. *In*: Van Wagoner, J. C. & Bertram, G. T. (eds) *Sequence Stratigraphy of Foreland Basin Deposits; Outcrop and Subsurface Examples from the Cretaceous of North America.* American Association of Petroleum Geologists Memoir, 64, 137-223.

Van Wagoner, J. C., Mitchum, R. C., Campion, K. M. & Rahmanian, V. D. 1990. *Siliciclastic Sequence Stratigraphy in Well Logs, Cores, and Outcrops: Concepts for High-Resolution Correlation of Time and Facies.* American Association of Petroleum Geologists Methods in Exploration, 7.

Wehr, F. & Brasher, L. D. 1996. Impact of sequence based correlation style on reservoir model behaviour, lower Brent Group, North Cormorant Field, UK North Sea Graben. *In*: Howell, J. A. & Aitken, J. F. (eds) *High Resolution Sequence Stratigraphy: Innovations and Applications.* Geological Society of London Special Publication, 104, 115-128.

Willis, B. J. & White, C. D. 2000. Quantitative Outcrop Data for Flow Simulation. *Journal of Sedimentary Research*, 70, 788-802.

Young, R. G. 1955. Sedimentary Facies and Intertonguing in the Upper Cretaceous of the Book Cliffs, Utah-Colorado. *Bulletin of the Geological Society of America*, 66, 177-202.

9　多尺度储层地质建模实践

Philip S. Ringrose　Allard W. Martinius　Jostein Alvestad

摘要：地质系统表现较大范围尺度的多样性和结构性。受可用的测量类型和计算限制所驱使，地下油气藏的地质建模一般聚焦于较大尺度地质特征。当前，建立明确的多尺度油藏模型是切实可行的，且已经证实具有重要价值。本章综述了建立常规含油岩石系统多尺度模型所涉及的主要方法，并讨论了目前的局限性和面临的挑战。主要问题是：（1）需要建立和粗化多少尺度模型；（2）聚焦在什么尺度上；（3）如何最好地构建模型网格；（4）哪种非均质性最重要。明确未来主要挑战是需要改进方差处理和更加自动化地构建地质和模拟网格。

本章综述了多尺度地质建模技术在油气田储层研究中的应用。在这里，多尺度油藏建模定义为试图明确地反映一个油藏中多种尺度的岩石性质的任何方法。在多尺度的地质建模中，建模的尺度是基于地质学的概念和过程，并将该模型设计用于流动模拟、产量的预测和油田开发方案制订。更一般的流动属性粗化的问题不做详细考虑，即对于给定一套更精细的岩石属性，在更大的尺度上估计其有效或等效流动性质的数值或解析方法。其他学者对单相和多相流的粗化方法进行了综述（Renard 和 de Marsily，1997；Barker 和 Thibeau，1997；Ekran 和 Aaasen，2000；Pickup 等，2005）。

9.1　多尺度地质建模概念

长期以来，人们已经认识到多尺度非均质性对油藏工程的重要性。Haldorsen 和 Lake（1984）及 Haldorsen（1986）提出了与多孔岩石介质平均属性相关的四级概念尺度：微观尺度（孔隙尺度）、宏观尺度（孔隙尺度以上的代表性体积元）、大型尺度（地质非均质性和/或储层网格块的尺度）和巨型尺度（区域或总储层尺度）。Weber（1986）展示了常见的沉积构造，包括层理、泥岩披覆和交错层理对储层流动性质的影响，Weber 和 van Geuns（1990）提出了一个针对不同沉积环境构建基本储层模型的框架。Corbett 等（1992）和 Ringrose 等（1993）认为，砂岩中油—水两相流动的多尺度模拟应基于沉积构型的级次性，较小尺度的非均质性对毛细管压力主导的流动过程尤其重要（Huang 等，1995）。沉积构型的级次可能很难推断。Campbell（1967）建立了与相当普遍的沉积过程有关的沉积特征的基本级次，即纹层、纹层组、层和层组。Miall（1985，1988）展示了如何通过一系列界面来定义沉积底型的范围，从纹层组的一级界面到四级（甚至更高级）界面，例如河流系统中的复合点坝。

图 9.1 举例说明了异类砂岩储层的地质层次结构。纹层尺度、岩相尺度和沉积层序尺度是最重要的要素，尽管进一步的级次和组分无疑是有争议的。除了正确描述沉积长度尺度的重要性外，构造作用［图 9.1（d）］和成岩作用也改变了原生沉积结构。

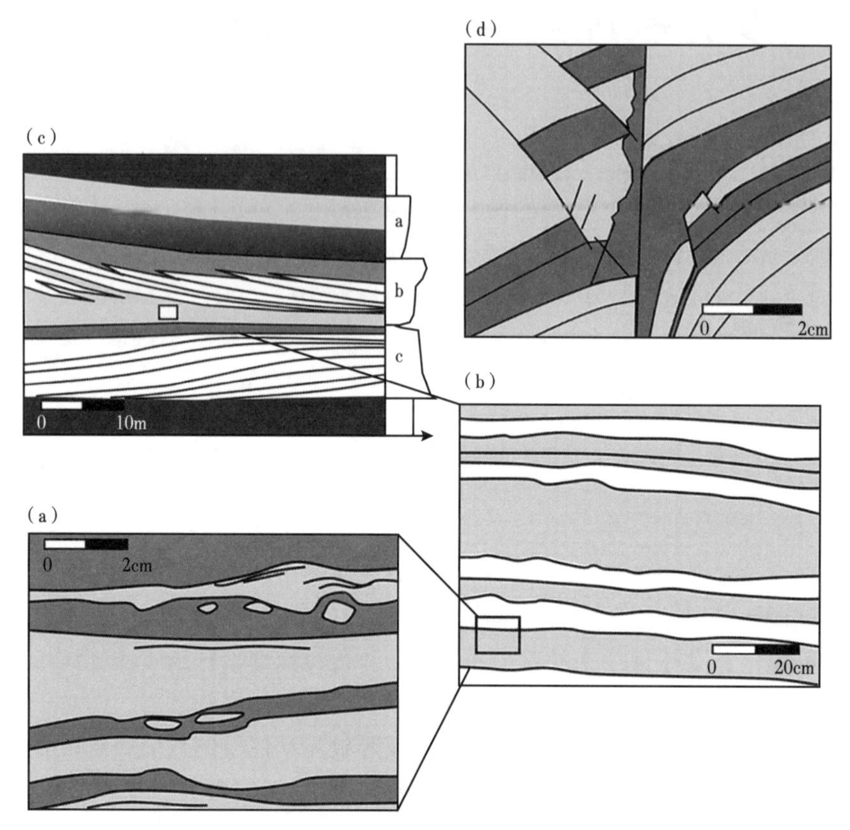

图 9.1　野外露头揭示多尺度储层构型示意图

（a）弱生物扰动异质砂岩的砂质和粉砂质纹层；（b）潮汐三角洲岩相中的砂质和泥质层组；（c）河道化潮汐三角洲的前积沉积层序；（d）穿过一套砂岩和粉砂质泥岩层序的正断层附近的断层破裂结构

孔隙尺度的数值模拟已被广泛用于更好地理解典型孔隙系统的渗透率、相对渗透率和毛细管压力特征（Bryant 和 Blunt，1992；Bryant 等，1993；McDougall 和 Sorbie，1995；Bakke 和 Øren，1997；Øren 和 Bakke，2003）。孔隙尺度模拟允许流动特性与基本岩石特性相关，如粒度、颗粒分选性和矿物学特征。常规的孔隙尺度模型在大尺度模型中的应用需要在设定的纹层或岩相级次的模型中建立一个可以赋予几个孔隙尺度模型的框架。Kløv 等（2003）和 Theting 等（2005）给出了将孔隙尺度模型应用到油田尺度模型的最新例子。

描述地质系统空间构型的统计方法通常分为两类。序贯高斯模拟或指示模拟提供了一个稳健的综合钻井或地震观测稀疏数据并创建井间构型等概率平面图（Journel 和 Alabert，1990）的框架。目标模拟（Holden 等，1998）涉及使用示性点过程生成离散地质目标体。通常，这两种方法结合使用，基于目标的模型给出地质框架，序贯高斯模拟提供了目标体内部和目标体之间属性变化场。基于过程的方法也采用传统的地质统计学方法，但增加了进一步的限制条件，以创建更逼真的三维沉积构型模型（Rubin，1987；Wen 等，1998；Ringrose 等，2003）。多点地质统计学和模式识别方法（Strebelle，2002；Caers，2003）为将三维地质非均质性的详细结构融入油藏模拟模型提供了进一步的潜力。

这些发展为地质油藏建模提供了广泛的方法。在这里，讨论了如何利用这些方法实现多尺度建模。特别要考虑下列问题：

（1）建模和粗化的级次；

（2）重点关注的尺度；

（3）如何最好地构建模型网格；

（4）哪些非均质性最重要。

9.2 建模和粗化的级次

尽管沉积系统具有内在的复杂性，但还可以确定主要的级次和级次转换（图 9.2）。这些主导级次既基于岩石非均质性的本质，又基于建立宏观流动特性的原理。四个主要级次形成三种级次转换：

（1）孔隙尺度模型到岩相模型。在这里，一组孔隙尺度模型应用于岩相结构的特定模型，以推断该岩相的代表性或典型流动特性。岩相是描述沉积岩的一个基本概念，认为是一个可以常规识别的实体。纹层是最小的沉积单元，在该单元中，相当恒定的颗粒沉积过程可与一种宏观孔隙介质相联系，岩相由一些可识别的纹层和纹层组构成。在某些情况下，当纹层之间的变化很小时，孔隙尺度模型可以应用于纹层组和层组规模。

（2）岩相模型到地质模型。这是一种大级次地质模型，由层序地层模型和构造模型组

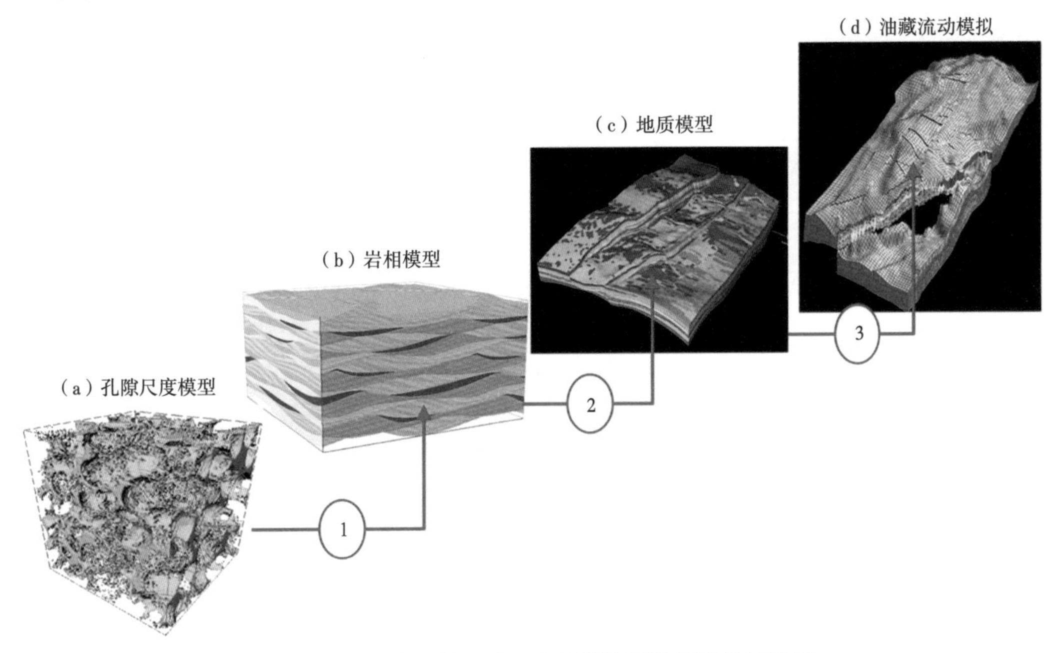

图 9.2 在四个尺度上基于地质的储层模拟模型的示例

（a）用作多相孔隙网络模型基础的孔隙空间模型（据 Øren 和 Bakke，2003）（$50\mu m^3$）；（b）潮汐地层沉积相的纹层组模型（据 Nordahl 等，2005）（尺寸 0.05m×0.3m×0.3m）；（c）Heidrun 油田扇形区的沉积相构型模型显示了潮道和沙坝的模式（尺寸 80m×1km×3km）；（d）Heidrun 油田一部分的储层模拟网格显示真实构造位置中被断层错断的网格单元（尺寸 200m×3km×5km）

成，赋予岩相或岩石单元的空间排列。这里认为地质模型是基于储层地质学意义的基本模型，通常建立在层序或层段级次上。使用的其他术语有共享地球模型、地质构型模型或静态岩石模型。尽管地质模型中的不确定性是固有的，但是某些程度的空间趋势的期望还是必要的。

（3）地质模型到油藏流动模拟。这一阶段可能主要是由于计算限制导致的，但是对于确保地质模型正确转换到适合流动模拟的三维网格非常重要（例如在有限差分多相流模拟的约束下）。

与构造变形有关的特征（断层、断裂和褶皱）分布的尺度范围较广（Walsh 等，1991；Yielding 等，1992），并且可能天然地归于逐步粗化的方案。通常构造特征引入地质模型这个级别。但是，小规模断层的影响也可以通过采用组合的方法以有效属性的形式引入。通常，构造特征包括两重级次：显式模拟的断层和裂缝（较大尺度）、隐式模拟的断层和裂缝（较小尺度）。在其他地方也考虑了将断层传导性结合到油藏模拟器中（Manzocchi 等，2002）。高导缝也可能影响砂岩油藏，并且通常是碳酸盐岩油藏的主控因素。多级次裂缝性储层建模方法也已经被开发了出来（Bourbiaux 等，2002）。

过去几十年的关注重点是将越来越多的细节体现到地质模型中，仅包括一个明确执行的粗化步骤。典型的全油田地质模型的大小范围为 $1\times10^4 \sim 1000\times10^4$ 个网格单元，水平网格单元大小为 25~100m，垂直网格单元大小为 0.5~10m。多级次建模可以更好地表征流动单元并改进动态预测（Pickup 等，2000；Scheiling 等，2002）。还有一些例子，在区段或近井模型规模上应用了百万个单元模型，从而将单元尺寸减小到了分米规模。近井区域的精细建模通常还需要用到正确模拟径向流几何形状的方法（Durlofsky 等，2000）。最近对小规模岩相建模的关注点包括使用毫米到厘米大小的单元尺寸的百万个网格单元模拟（Ringrose 等，2005；Nordahl 等，2005）。孔隙级别数值模型使用了 $0.1\times10^4 \sim 100\times10^4$ 个网络节点（Øren 和 Bakke，2003）。模型的分辨率始终受到计算能力的限制，尽管将来有望实现持续效率和存储的增益，但是很显然还是需要建立不同级次的类型数字模型，而不是一味追求这些尺度中某一种更高的分辨率（通常是地质模型）。

粗化方法在多尺度系列中进一步限制了模型的价值和可用性。在从地质模型到油藏模拟网格的常规粗化过程中，使用的各种方法都涵盖了一定程度的简化处理（使用笛卡儿坐标，约定 x 和 y 为水平轴，z 为纵轴；Δx、Δy 和 Δz 是指网格单元的尺寸）：

（1）将井数据直接平均到油藏流动模拟网格中。这种方法本质上放弃了粗化，忽略了较小尺度的构造和流动的所有方面特征。该方法既快速又简单，可能对快速评估预期油藏流动和质量平衡很有用。对于均质性强和高渗透的岩石层序可能是足够的。

（2）仅在 Δz 进行单相粗化。这种常用的方法假设使用与地质网格相同的 Δx 和 Δy 来设计油藏流动模拟网格。该方法常用于复杂的构造样式，为流动模拟网格的设计提供非常严格约束的情形。粗化过程实际上包括使用平均方法，但确保一定程度上体现薄层或隔层。此外，当地震数据为水平方向的地质模拟提供了良好的基础时，通常需要将垂直方向的精细分层粗化到油藏模拟器的尺度。

（3）Δx、Δy、Δz 的单相放大。利用这种方法，可以明确地估计多尺度的有效流动属性，这样的粗化工具十分普遍（对角张量或全张量压力求解方法）。然而，多相流效应被忽略了。

（4）Δx、Δy、Δz 的多相粗化。该方法代表了计算大规模模型中有效多相流特性的一种尝试。由于需要消耗大量时间和资源，这种方法很少使用。然而，多相流粗化问题的稳态解的发展（Smith，1991；Ekrann 和 Aasen，2000；Pickup 和 Stephen，2000）已经在现场研究中得到广泛应用（Pickup 等，2000；Kløv 等，2003）。

这四个级次的粗化系列有助于定义所需模型的数量和维度。建模尺度的数量往往与所寻求答案的复杂性和精度有关。提高采收率（IOR）策略和油藏泄水优化研究通常是开展多尺度方法的原因。对任何油藏模型的最低要求是，必须清楚说明用于较小规模过程（孔隙规模、岩相规模）的各种假设。例如，过去使用的一组典型假设可能是：我们假设两个特殊的岩心分析测量值代表了所有孔隙尺度的物理流动过程，所有地质构型的影响都可以通过井数据的算术平均值得到充分的总结。然而，这样的假设很少被提出，尽管是含蓄的假设。更理想的情况是，应该使用三维多相粗化方法在每个尺度上执行一些显式模拟。

9.3 需要关注哪些尺度

代表性基本体积（REV）概念（Bear，1972）为理解地质和测量尺度提供了框架。这个概念被广泛引用，但很少在多尺度环境中实现。最初的概念是指流动属性的孔隙级别变化接近恒定值的一种尺度，这种变化是多孔介质中尺度和位置变化的函数，从而可以定义具有统计意义确定性的宏观流动属性。但是，岩石介质表现出几种这样的尺度，其中较小尺度的变化接近一个更恒定的值（图 9.3）。通常尚不清楚在一个特定的岩石介质中存在多少个这样的长度级次，或者实际上是否可以建立一个油藏流动模拟需要的 REV。但是，在多尺度框架内进行动态建模需要一定程度的代表性和估计流动属性的稳定性。Jackson 等（2003）、Nordahl 和 Ringrose（2008）表明，潮汐异类地层模型的长度标尺为 0.3m 时可以达到岩相规模的 REV。无论岩石变化的真正性质是什么，通常都会错误地假定任何测量方法（例如电测井或地震波反演）中固有的平均属性与岩石介质中的平均尺度直接相关。例如，岩心样本通常就不是确定代表性属性的合适尺度（Corbett 和 Jensen，1992；

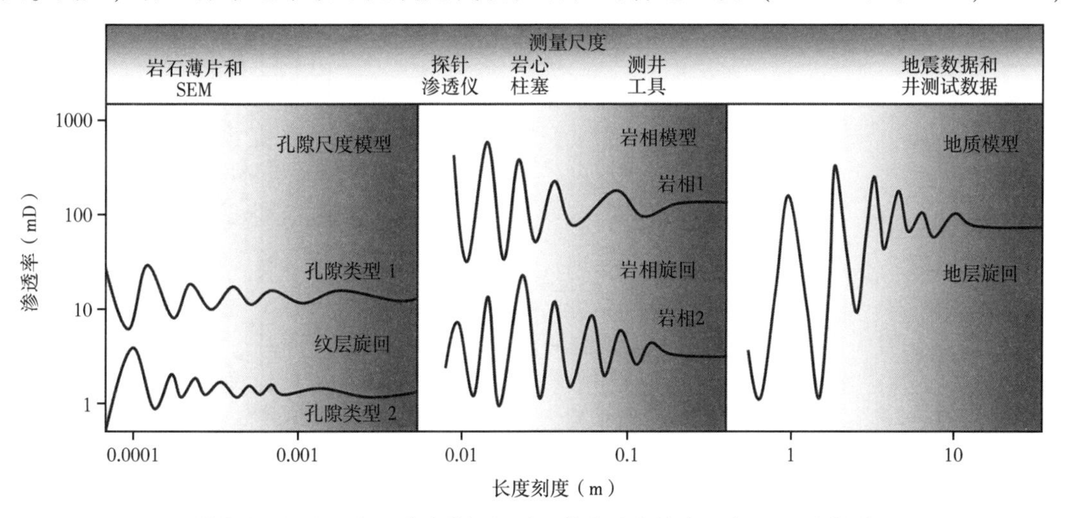

图 9.3　与多尺度地质建模框架对比的渗透率的多尺度 REV 示意图
（据 Bear，1972；Nordahl，2004，修改）

Nordahl 等，2005）。

典型的油藏研究惯例是假设任何岩石单元的平均测量特性都是有效的，而小尺度的非均质性可以忽略。对样品数据进行有效统计处理是一个很大的主题，已经有详细的论述（Isaaks 和 Srivastava，1989；Jensen 等，2000）。这里使用一个井数据集为例（图 9.4 和表 9.1），说明从井数据正确推断渗透率面临的挑战。这段 30m 的取心井地层由潮汐三角洲储层单元组成，发育异类岩相并具有中等至高度变化的岩石物理性质。该单元内的渗透率变化很大，因此得到准确的粗化（或平均）渗透率具有一定的难度。Nordahl 等（2005）详细讨论了相同的井数据集。表 9.1 比较了该井中不同类型数据的渗透率统计数据：（1）高分辨率探测渗透率数据；（2）岩心柱塞数据；（3）整个井段的连续电缆测井估算的渗透率数据；（4）方块化测井渗透率，通常在储层建模中可能会使用到（方块化是指离散区间的平均值）。图 9.4 展示了渗透率自然对数 ln$K$ 的统计信息（因为总体分布近似为对数正态分布）。众所周知，随着样本规模的增加，样本方差应该减少。因此，数据集（3）和（4）之间的方差预期会降低。但是，在多尺度建模中常见的错误是在较大尺度的模型中应用不合适的方差，例如使用岩心柱塞样品方差来模拟粗化的地质几何模型方差。比较数据集（1）和（2）揭示了另一种通常被忽略的方差形式。探测渗透率网格（在 10cm ×10cm 核心区域上 2mm 间隔的数据）显示的方差 σ^2（ln$K$）为 0.38。相应岩相间隔

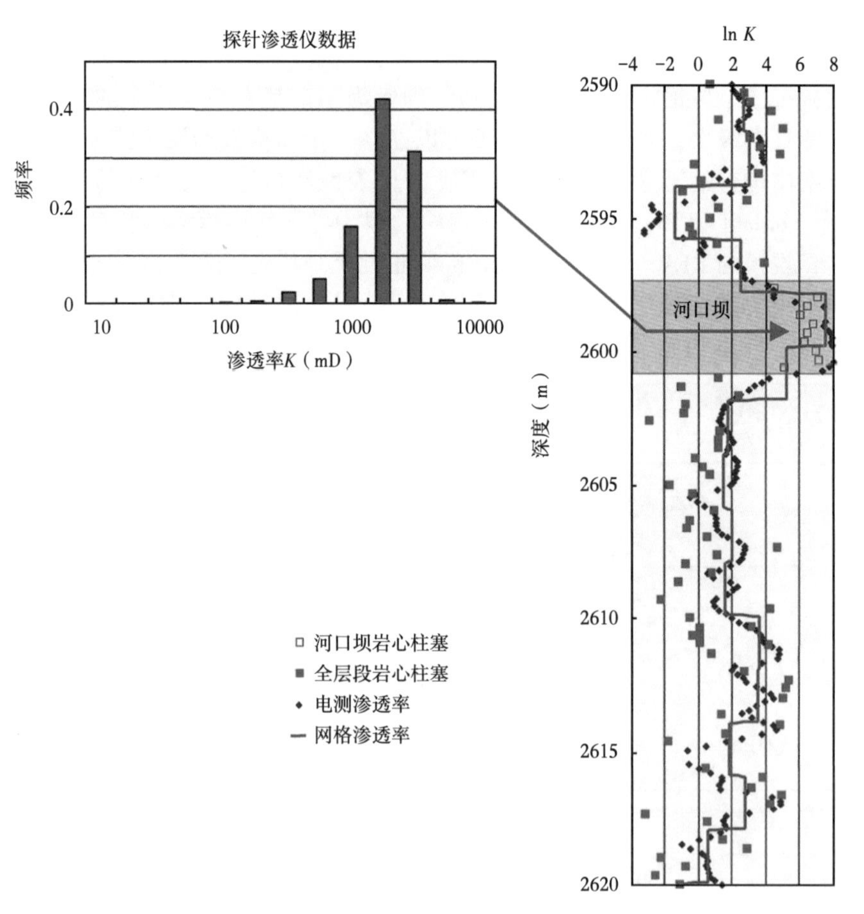

图 9.4 潮汐三角洲流动单元的示例数据集，说明了油藏建模中使用的渗透率数据的处理

的岩心柱塞数据集 σ^2（$\ln K$）为0.99，代表岩相尺度的方差。但是，在岩心柱塞尺度方块化探测渗透率数据显示方差减小因子为岩心柱塞尺度的0.79（表9.1中的第2列），因此，在该数据集（可提供高分辨率测量的地方）中，传统油藏建模中使用的数据集中缺少大幅度的方差。

储层建模中的方差处理显然是需要改进的，对今后的工作提出了挑战。利用弥散方差的概念（Isaacs 和 Srivastava，1989）很好地建立了将总体方差视为样本支持量函数的统计基础，其中：

$$\underbrace{\sigma^2(a,\ c)}_{\text{总方差}} = \underbrace{\sigma^2(a,\ b)}_{\text{网格块内部方差}} + \underbrace{\sigma^2(b,\ c)}_{\text{网格块之间的方差}}$$

这里 a、b 和 c 表示不同的样本支持（例如，a 点值、b 方块值和 c 总模型域）。方差调整因子 f 定义为块方差与点方差的比率，可用于估计应用于方块数据集的正确方差。

像孔隙度这样的属性具有可加性，因此使用弥散方差概念处理多级次数据集的方差相对简单。然而，由于流动边界条件是估算粗化渗透率值的一个重要方面，因此对渗透率数据的处理具有更大的挑战性。(弥散方差方程严格地只适用于加性、不相关的属性）多尺度地质建模试图将小尺度构造和变异性表示为粗化的方块值。在这个过程中，流动粗化的原则是必不可少的，但是改进方差的处理也是至关重要的。例如，如果知道岩心柱塞样本数据集不能很好地表征真实的总体方差，那么严格地粗化该数据集就没什么意义了。在多尺度地质框架中，推荐的方法是首先确定方差接近最小值时的长度规模，然后设计模拟和粗化方案，以便在空间方差不能忽略的尺度上明确捕捉岩石构型的影响（图9.3）。

表9.1 示例渗透率数据集的方差分析

数据尺度	河口坝相			全井段（流动单元）		
	(a) 探测渗透率数据	柱塞尺度的探测数据	岩心柱塞尺度数据	(b) 岩心柱塞尺度数据	(c) 电测渗透率	(d) 单井网格块数据
	10cm×10cm；2mm间隔数据	2cm×2cm；2mm间隔数据	15~30cm间隔，岩心柱塞数据	15~30cm间隔，柱塞数据	15cm间隔，电测曲线	2m间隔，网格块数据
N	2584	25	11	85	204	16
平均 $\ln K$	7.14	7.14	6.39	1.73	2.32	2.17
σ^2（$\ln K$）	0.38	0.30	0.99	8.44	5.94	4.80
方差调整系数 f	—	0.79	—	—	—	0.81

9.4 如何构建地质模型和模拟网格

利用地震和井资料建立三维地质模型仍然是一项相对耗时的任务，需要大量的手动工作建立构造框架和（不仅仅）属性模拟的网格。特别是包括逆断层和Y断层（即垂直面上的Y形交叉断层）复杂的断块几何形态的情况下更容易出现问题。这些困难与将层位映射到断面以建立跨断层一致的断距不符相关。低角度地层相交的情况也会出现问题，在这种情况下，必须作出忽略小于某一分辨率的单元的决策。目前，大多数商用网格软件都不能自动生成满足断层样式三维网格，需要大量的手工操作。构造断层面上的网格线，主要采用人工编辑的方法来保证地层层位与断层面的正确吻合。已经很好地建立了规则笛卡儿网格的粗化过程，但在实际复杂的网格中同样的操作要困难得多。

因此，适用于油藏模拟的三维网格的构建也不是一件容易的事，需要大量的手动编辑。原因如下：

（1）地质模型和模拟模型中的网格分辨率不同，导致模拟模型中的网格单元的缺失和错位。这就会导致孔隙体积被高估，可能错误跨断层连通，以及由一些较小或人为网格单元而引起数值计算困难。

（2）目前广泛应用于黑油模拟器的角点网格几何处理 Y 形断层是困难的。类似地，使用阶梯式断层改善了网格的质量和灵活性，但不能解决整个问题。在使用阶梯状断层网格时，必须特别注意断层封闭性和断层传导性的估计。一般来说，网格本身的信息不足以进行这些计算，而断层传导率的计算必须基于地质模型信息。

（3）在角点网格中使用阶梯状几何结构处理倾斜逆断层需要比未发生断层的模型更高的总细分层数。到目前为止还没有可用的模拟该网格体系的软件。

（4）断层间距小于模拟网格间距的区域，产生了相应的断距计算和层间连通的问题。网格化意味着较小规模的断层被合并，并在模拟模型中使用累积的断距。这在目前可用的网格工具中是不可能的，而有效的断层传导率，包括非相邻的连通，必须根据来自地质几何模型的信息来计算，即使用包含所有合并断层的实际几何形状。

（5）流动模拟的精度取决于网格质量，而商用模拟器中常用的数值模拟方案只有在接近正交网格的情况下才具有可接受的精度。正交网格不容易协调复杂的断层结构，而且通常必须在尊重地质和保持接近正交网格之间做出妥协。

图 9.5 说明了最近现场研究中是如何解决部分这些问题的。解决方案包括：（1）详细的人工网格构建，包括处理 Y 形断层的阶梯断层；（2）将地质模型中未明确建模的较小断层直接添加到流动模拟网格中；（3）当某些断层对流量的影响预计很小时，决定忽略这些断层。然而，由于角点模拟网格的约束，一些网格划分问题无法完全得到解决，基于真实地形的网格优化、一致性和自动化生成是一个挑战。使用非结构网格（如三角形网格）可以减少网格划分问题，但是，针对这些非结构网格的稳健、可靠和经济高效的数值流求解方法并不广泛或有效。已经有人提出了结构网格和相关传导率的改进和一致的解决方案（Manzoc-Chi 等，2002；Tchelepi 等，2005），然而，阶梯断层网格的计算需要改进公式。尽管存在这些挑战，且涉及高度的手动编辑，但网格化地质和流动模拟模型的最佳方法是将构造特征划分出不同的模拟类型：

（1）在地质模型的结构框架中明确模拟的断层。

（2）在流动网格中明确模拟的断层——（1）的子集。

（3）在流动网格中表示为有效渗透系因子的小尺度断层。

（4）被忽略的断层［不包括在（1）或（3）中］。

一个确保正确分类选择的工作流要求进行一些迭代和敏感性分析。大型构造复杂油气藏的最新发表的研究成果包括（1）类 300 条断层和（2）类 100 条断层。类似的方案可以应用于在这些方面很重要的裂缝或隔夹层。

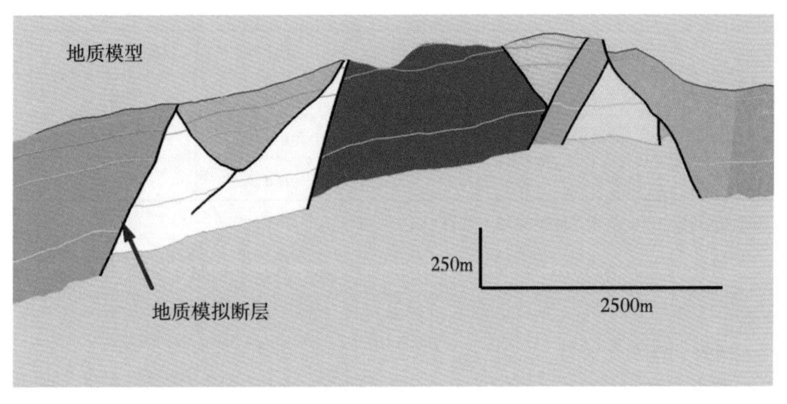

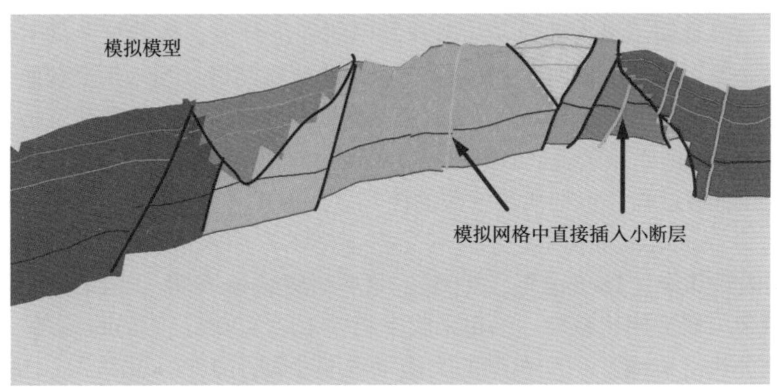

图 9.5　构造地质模型向油藏模拟网格的转换示意图

9.5　哪些非均质性很重要

有许多已发表的研究评估了不同地质因素对储层油藏动态的重要性（如 Saigup 项目、Manzocchi 等，2008）。表 9.2 总结了一些此类研究的结果，其中采用了重要性统计分析的形式实验设计。该表仅显示了这些研究中确定的主要因素（有关详细信息，请参阅资料来源）。从这项工作中可以清楚地看到，几种尺度的非均质性对各种油藏类型都很重要。虽然可以得出地层层序位置是浅海沉积环境最重要的因素，或者垂向渗透率是潮汐三角洲环境最重要的因素这样的结论，但每个案例的研究都表明，较大和较小的尺度因素总是很重要的。这是支持显式多尺度油藏建模的明确论据。此外，在评估构造非均质性影响的研究中，发现构造和沉积特征都很重要。也就是说，构造特征及其不确定性不可忽视，需与地层因素充分耦合分析。

表 9.2　对影响油藏动态的多因素对比研究汇总表

影响因素	浅海[1]	带断裂的浅海[2]	河流[3]	潮沟三角洲[4]	断层模型[5]
层序模型	V	V			V
砂体模型	S	S	V	S	n/a
砂体占比			S	S	n/a
垂向渗透	S	S		V	n/a

续表

影响因素	浅海[1]	带断裂的浅海[2]	河流[3]	潮沟三角洲[4]	断层模型[5]
小尺度非均质性			S	S	n/a
断层样式	n/a	S	n/a	n/a	S
断层对比性	n/a	S	n/a	n/a	S

注：V=非常重要的因素；S=重要因素；n/a=未评估；

[1] Kjønsvik 等，1994；

[2] England 和 Townsend，1998；

[3] Jones 等，1993；

[4] Brandsæter 等，2001a，2004；

[5] Lescoffit 和 Townsend，2005。

几个项目已经证明了级次建模在油田开发中的经济价值。构造复杂的 Gullfaks 油田的研究（Jacobsen 等，2000）证明了 2500 万个单元的地质网格（引入构造和地层结构）可以用于流动模拟的粗化，并显著提高了历史拟合准确性。地层渗流屏障和断层是改善压力与井历史数据拟合的关键因素。该模型已进一步应用于 CO_2 驱油 IOR 评价。多尺度粗化也被用于评估复杂的油藏驱替过程，包括薄层油藏的注气（图 9.6）（Pick 等，2000；Brandsæter 等，2001b，2005），Veslefrikk 油田上的水—气交替（WAG）注入（Kløv 等，2003）以及 Statfjord 油田的衰竭式开采（Theting 等，2005）。这些研究普遍表明，当高级多尺度效应与常规单尺度油藏模拟研究相比较时，油田采收率相差 10%~20%。Elfenbein 等（2005）估算了多尺度建模的经济影响，一个典型的大型油田至少增加 1600×10^4bbl（1bbl=159L）石油，对于边际油田或具有挑战性的油田来说，详细的多尺度建模的价值可能体现了成功与失败之间的差异。

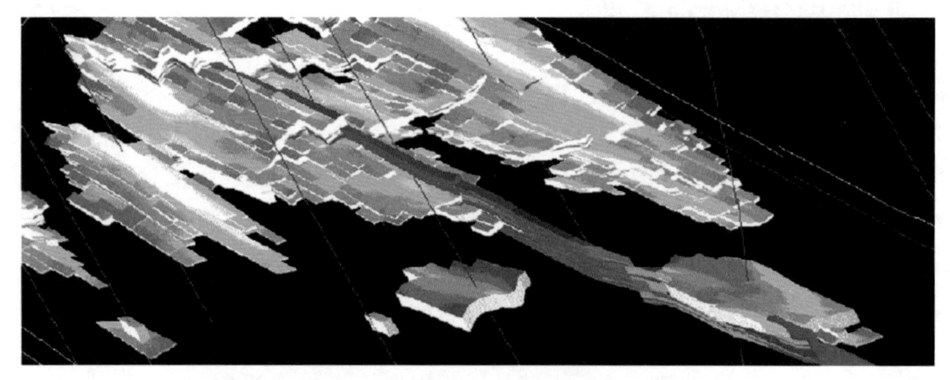

图 9.6　采用多尺度方法模拟的薄层潮汐油藏的注气模式，在储层模拟模型中考虑了断层的影响（据 Brandsæter 等，2001b）

储层横截面约厚 25m，约长 5km

9.6　潜力和缺陷总结

多级次油藏建模显然已经从理想化问题方法开发概念化阶段进入实际油藏案例的更多常规实施阶段。该建模方法已经具备足够的速度和可靠性，并能常规使用（通常在近正交角点网格系统上使用稳态方法）。但是，仍然存在许多挑战，需要进一步开发方法和模拟工具。尤其是如下情况下：

（1）在现实的构造地质网格内进行多尺度建模仍然是一个重大挑战。

（2）经常忽略对多尺度数据集的方差的正确处理。

（3）粗化工具包依然不完整，远远没有集成起来（例如多相流动、网格化和断层封堵性分析需要在不同的软件中处理，需要许多数据转换）。

参考文献

Bakke, S. & Øren, P. -E. 1997. 3-D pore-scale modelling of sandstones and flow simulations in pore networks. *SPE Journal*, 2, 136-149.

Barker, J. W. & Thibeau, S. 1997. A critical review of the use of pseudo relative permeabilities for upscaling. *SPE Reservoir Engineering*, 12, 138-143.

Bear, J. 1972. *Dynamics of Fluids in Porous Media. Elsevier*, New York.

Bourbiaux, B., Basquet, R., Cacas, M. -C., Daniel, J. -M. & Sarda, S. 2002. An integrated workflow to account for multi-scale fractures in reservoir simulation models: implementation and benefits. SPE n° 78489 presented at Abu Dhabi International Petroleum Exhibition and Conference, 13-16 Oct.

Brandsæther, I., Wist, H. T., NæSs, A. et al. 2001a. Ranking of stochastic realizations of complex tidal reservoirs using streamline simulation criteria. *Petroleum Geoscience*, 7, 53-63.

Brandsæther, I., Ringrose, P. S., Townsend, C. T. & Omdal, S. 2001b. Integrated modelling of geological heterogeneity and fluid displacement: Smørbukk gas-condensate field, Offshore Mid-Norway. SPE n° 66391 presented at the SPE Reservoir Simulation Symposium, Houston, Texas, 11-14 Feb.

Brandsæther, I., Mcilroy, D., Lia, O., Ringrose, P. & Næss, A. 2005. Reservoir simulation and modelling of the Lajas Formation outcrops (Argentina) to constrain tidal reservoirs of the Halten Terrace (Norway). *Petroleum Geoscience*, 11, 37-46.

Bryant, S. & Blunt, M. J. 1992. Prediction of relative permeability in simple porous media. *Physical Review A*, 46, 2004-2011.

Bryant, S., King, P. R. & Mellor, D. W. 1993. Network model evaluation of permeability and spatial correlation in a real random sphere packing. *Transport in Porous Media*, 11, 53-70.

Caers, J. 2003. History matching under training-imagebased geological model constraints. *SPE Journal*, 8, 218-226.

Campbell, C. V. 1967. Lamina, laminaset, bed, bedset. *Sedimentology*, 8, 7-26.

Corbett, P. W. M. & Jensen, J. L. 1992. Estimating the mean permeability: how many measurements do youneed? *First Break*, 10, 89-94.

Corbett, P. W. M., Ringrose, P. S., Jensen, J. L. & Sorbie, K. S. 1992. Laminated clastic reservoirs: the interplay of capillary pressure and sedimentary architecture. SPE n° 24699 presented at the 67th Annual Conference of the Society of Petroleum Engineers, Washington, 4-7 Oct.

Durlofsky, L. J., Milliken, W. J. & Bernath, A. 2000. Scaleup in the near-well region. *SPE Journal*, 5, 110-117.

Ekran, S. & Aasen, J. O. 2000. Steady-state upscaling. *Transport in Porous Media*, 41, 245-262.

Elfenbein, C., Ringrose, P. S. & Christie, M. 2005. Small-scale reservoir modeling tool optimizes recovery offshore Norway. *World Oil*, *Oct.*, 45-50.

England, W. A. & Townsend, C. 1998. The Effects of Faulting on Production from a Shallow Marine Reservoir -A Study of the Relative Importance of Fault Parameters. SPE n° 49023 presented at the SPE Annual Conference, New Orleans, USA, 27-30 Sept.

Haldorsen, H. H. & Lake, L. W. 1984. A new approach to shale management in field-scale models. *Society of Pe-*

troleum Engineers Journal, August, 447–457.

Haldorsen, H. H. 1986. Simulator parameter assignement and the problem of scale in reservoir engineering. In: Lake, L. W. & Caroll, H. B. (eds) *Reservoir Characterization.* Academic Press, Orlando, 293–340.

Holden, L., Hauge, R., Skare, Ø. & Skorstad, A. 1998. Modeling of fluvial reservoirs with object models. *Mathematical Geology*, 30, 473–496.

Huang, Y., Ringrose, P. S. & Sorbie, K. S. 1995. Capillary trapping mechanisms in water–wet laminated rock. *SPE Reservoir Engineering*, November, 287–292.

Isaaks, E. H. & Srivastava, R. M. 1989. *An Introduction to Applied Geostatistics.* Oxford University Press, Oxford.

Jackson, M. D., Muggeridge, A. H., Yoshida, S. & Johnson, H. D. 2003. Upscaling permeability measurements within complex heterolithic tidal sandstones. *Mathematical Geology*, 35, 499–519.

Jacobsen, T., Agustsson, H., Alvestad, J., Digranes, P., Kaas, I. & Opdal, S. –T. 2000. Modelling and identification of remaining reserves in the Gullfaks field. SPE n° 65412 presented at the SPE European Petroleum Conference, Paris, France, 24–25 Oct.

Jensen, J. L., Lake, L. W., Corbett, P. W. M. & Goggin, D. J. 2000. *Statistics for Petroleum Engineers and Geoscientists.* 2nd Edn, Elsevier.

Jones, A., Doyle, J., Jacobsen, T. & Kjønsvik, D. 1993. Which sub–seismic heterogeneities influence waterflood performance? A case study of a low net–to–gross fluvial reservoir. *In*: *de Haan, H. J. (ed.) New Developments in Improved Oil Recovery.* Geological Society, London, Special Publication, 84, 5–18.

Journel, A. G. & Alabert, F. G. 1990. New method for reservoir mapping. *Journal of Petroleum Technology*, *February*, 212–218.

Kjønsvik, D., Doyle, J., Jacobsen, T. & Jones, A. 1994. The effect of sedimentary heterogeneities on production from a shallow marine reservoir –what really matters? SPE n° 28445 presented at the European Petroleum Conference, London, 25–27 Oct.

Kløv, T., Øren, P. –E., Stensen, J. Å . *et al.* 2003. SPE n° 84549 presented at the SPE Annual Technical Conference and Exhibition, Denver, Colorado, USA, 5–8 Oct.

Lescoffit, G. & Townsend, C. 2005. Quantifying the impact of fault modelling parameters on production forecasting for clastic reservoirs. *In*: Boult, P. & Kaldi, J. (eds) *Evaluating Fault and Cap Rock Seals.* AAPG Hedberg Series, no. 2, 137–149.

Mcdougall, S. R. & Sorbie, K. S. 1995. The impact of wettability on waterflooding: pore–scale simulation. *SPE Reservoir Engineering*, August, 208–213.

Manzocchi, T., Heath, A. E., Walsh, J. J. & Childs, C. 2002. The representation of two–phase fault–rock properties in flow simulation models. *Petroleum Geoscience*, 8, 119–132.

Manzocchi, T., Carter, J. N., Skorstad, A., Fjellvoll, B., Stephen, K. D. & Howell, J. A. *et al.* 2008. Sensitivity of the impact of geological uncertainty on production from faulted and unfaulted shallow–marine oil reservoirs: objectives and methods. *Petroleum Geoscience*, 14, 3 –15.

Miall, A. D. 1985. Architectural–element analysis: a new method of facies analysis applied to fluivial deposits. *Earth Science Reviews*, 22, 261–308.

Miall, A. D. 1988. Reservoir heterogeneities in fluvial sandstones: Lessons learned from outcrop studies. *American Association of Petroleum Geologists' Bulletin*, 72, 882–897.

Nordahl, K. 2004. *A petrophysical evaluation of tidal heterolithic deposits: application of a near wellbore model for reconciliation of scale dependent well data.* Doctoral Thesis published by Norwegian University of Science and Technology, Trondheim.

Nordahl, K., Ringrose, P. S. & Wen, R. 2005. Petrophysical characterization of a heterolithic tidal reservoir interval using a process-based modelling tool. *Petroleum Geoscience*, 11, 17-28.

Nordahl, K. & Ringrose, P. S. 2008. Identifying the representative elementary volume for permeability in heterolithic deposits using numerical rock models. *Mathematical Geosciences*, 40 (7), 753-771.

Øren, P. -E. & Bakke, S. 2003. Process-based reconstruction of sandstones and prediction of transport properties. *Transport in Porous Media*, 12, 1-32.

Pickup, G. E. & Stephen, K. S. 2000. An assessment of steady-state scale-up for small-scale geological models. *Petroleum Geoscience*, 6, 203-210.

Pickup, G. E., Ringrose, P. S. & Sharif, A. 2000. Steady-state upscaling: from lamina-scale to full-field model. *SPE Journal*, 5, 208-217.

Pickup, G. E., Stephen, K. D., Zhang, M. J. & Clark, J. D. 2005. Multi-stage upscaling: Selection of suitable methods. *Transport in Porous Media*, 58, 119-216.

Renard, Ph. & De Marsily, G. 1997. Calculating equivalent permeability: a review. *Advances in Water Resources*, 20, 253-278.

Ringrose, P. S., Sorbie, K. S., Corbett, P. W. M. & Jensen, J. L. 1993. Immiscible flow behaviour in laminated and cross-bedded sandstones. *Journal of Petroleum Science and Engineering*, 9, 103-124.

Ringrose, P. S., Skjetne, E. & Elfeinbein, C. 2003. Permeability Estimation Functions Based on Forward Modeling of Sedimentary Heterogeneity. SPE n° 84275 presented at the SPE Annual Conference, Denver, USA, 5-8 Oct.

Ringrose, P. S., Nordahl, K. & Wen, R. 2005. Vertical permeability estimation in heterolithic tidal deltaic sandstones. *Petroleum Geoscience*, 11, 29-36.

Rubin, D. M. 1987. Cross-bedding, bedforms and palaeocurrents. *Concepts in Sedimentology and Palaeontology, Volume* 1. Society of Economic Palaeontologists and Mineralogists Special Publication.

Scheiling, M. H., Thompson, R. D. & Siefert, D. 2002. Multiscale reservoir description models for performance prediction in the Kuparuk River Field, North Slope of Alaska. SPE n° 76753 presented at the SPE Western Regional/AAPG Pacific Section Joint Meeting, 20-22 May, Anchorage, Alaska.

Smith, E. H. 1991. The influence of small-scale heterogeneity on average relative permeability. In: Lake, L. W. et al. (eds) *Reservoir Characterisation* II. Academic Press.

Strebelle, S. 2002. Conditional simulation of complex geological structures using multiple-point statistics. *Mathematical Geology*, 34, 1-21.

Tchelepi, H. A., Jenny, P., Lee, S. H. & Wolfsteiner, C. 2007. Adaptive multiscale finite-volume framework for reservoir simulation. *SPE Journal*, June 2007, 188-195.

Theting, T. G., Rustad, A. B., Lerdahl, T. R. et al. 2005. Pore-to-field multi-phase upscaling for a depressurization process. Presented at the 13th European Symposium on Improved Oil Recovery, Budapest, Hungary, 25-27 April.

Walsh, J., Watterson, J. & Yielding, G. 1991. The importance of small-scale faulting in regional extension. *Nature*, 351, 391-393.

Weber, K. J. 1986. How heterogeneity affects oil recovery. In: Lake, L. W. & Carroll, H. B. (eds) *Reservoir Characterisation.* Academic Press, 487-544.

Weber, K. J. & van Geuns, L. C. 1990. Framework for constructing clastic reservoir simulation models. *Journal of Petroleum Technology*, 42, 1248-1297.

Wen, R. -J., Martinius, A. W., Næss, A. & Ringrose, P. S. 1998. Three-dimensional simulation of small-scale heterogeneity in tidal deposits -Aprocess-based stochastic method. *In: Buccianti, A. et al. (eds) Proceedings of the 4th Annual Conference of the International Association for Mathematical Geology*, Ischia, 129-134.

Yielding, G., Walsh, J. & Watterson, J. 1992. The prediction of small-scale faulting in reservoirs. *First Break*, 10, 449 -460.

10　强非均质油藏中的流动粗化

P. Zhang　G. E. Pickup　H. Monfared　M. A. Christie

摘要：油田开发的早期有很多不确定性，这时趋向于建立粗尺度的模型，便于能够迅速运行很多模拟，确定模型的主要敏感性。但是，在之后阶段获取了更多的数据，模型中的不确定性因素减少，因此形成一个较为详细的建模方法就成为必然。本章讨论了两种建模程序，分别适合不同的开发阶段，解决了不同阶段的粗化问题。首先，考虑一种新颖的方法，建立用于不确定性评价的粗尺度模型。当存在大量的不确定性时，建立精细模型非常耗时，并且将它们大因子粗化可能产生更大的误差。这里展示了一种可选的粗尺度建模方法，在保留精细尺度分布的非均质性的同时，通过该方法模拟精细尺度的流动结果。其次，专注于油田开发后期阶段建立更为精细的地质模型。这些模型可能包含数百万个网格单元，并且可能存在高度的非均质性。这种模型需要粗化，但是传统的方法得到的结果可能是非常不准确的。我们研发了一种利用井—驱动边界为约束的粗化方法。这种方法的测试表明，它可以可靠地模拟一系列模型的精细尺度采收率。

用于估算油气采收率的传统方法是生成具有数百万网格的复杂地质模型。这一类模型的创建非常耗时，因此尽管在油藏构造中具有很多的不确定性的事实条件下，也仅能生产相对较少版本的模型。庞大的模型一般要求进行粗化，以便降低网格单元的数量用于流动模拟，因此在这个过程中可能会丢失一些细尺度的细节。另外，在历史拟合期间，工程师可能需要显著地改变模型的渗透率，因此最终的模型可能已经与原始模型存在较大的差异。为了克服这些问题，“自上而下”和“基于方案”方法便应运而生（Williams 等，2004；Bentley 和 Woodhead，1998）。在存在很多不确定性的情况下，例如在油田开发的早期，建立大量的粗尺度模型来全面研究不确定性的影响。在油田开发的后期，所用的数据可能更为确定，因此需要更为精细的模型去评价，例如评估加密钻井和 EOR 策略。在这个阶段，更为细致的模拟和粗化势在必行。

本章的目标是考虑粗化及其在油田开发早期和晚期阶段的应用。从讨论简单的传统粗化方法开始，之后介绍用于此次研究的 SPE 10 模型。然后利用历史拟合值来重建精细尺度模型的结果研究了粗尺度渗透率的性质。这有助于我们解释传统的粗化过程中的错误是如何产生的，并为油田开发的早期阶段提出了一种可选的建模方法的建议。我们考虑需要更详细的建模方法（油田开发的后期阶段），并提出了一种改进的粗化方法，适用于具有复杂地质构造的强非均质性模型。

10.1　粗化

本章聚焦作为减少地质模型的网格数量而能够应用于全油田数值模拟的手段——粗

化。在这个阶段，一般只作单相粗化，因为双相粗化非常耗时且难以应用（Barker 和 Thibeau，1997）。已有大量的单相粗化方法的评述（Renard 和 Marsily，1997），这里不再赘述。与之相反，我们关注的是与压力相关的解决方法。图 10.1 是这种方法的一个示意图。图 10.1 中给出了一种特殊形式的边界条件［步骤（1）］，即恒压边界且无跨边界流体流动。虽然可以应用其他边界条件，但这些边界条件是最常用的，本章研究中使用的就是这种。在 SPE 10 研究（Christie 和 Blunt，2001）中，这些边界条件给出了最准确的结果。此外，在这种方法中，边界条件适用于每个粗网格单元，这被称为局部网格粗化方法。

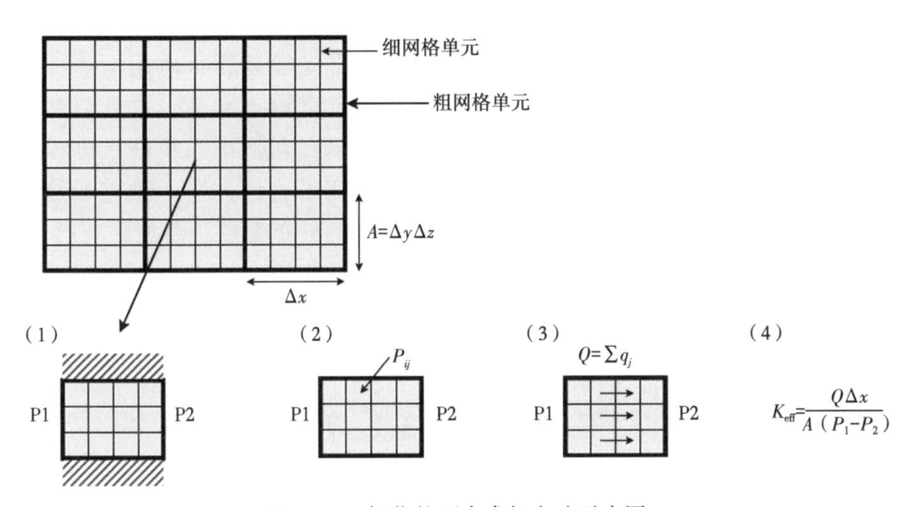

图 10.1　粗化的压力求解方法示意图

步骤：(1) 选择一个粗尺度网格单元并应用边界条件；(2) 求解压力方程，得到精细的压力分布；(3) 计算网格单元间流动，并求和得出总流量 Q；(4) 使用达西定律计算有效渗透率

10.2　SPE 10 模型

本章利用地质模型（模型 2）来自第十届 SPE 粗化比较解决项目（Christie 和 Blunt，2001），在进行测试描述之前，先对模型的主要特征进行概述。这个模型代表了 Brent 层序的一部分，由 60×220×85 个网格单元组成，网格尺寸 20ft×10ft×2ft。顶部的 35 层代表了 Tarbert 地层（前积的近滨环境），底部的 50 层代表了 Upper Ness 地层（河流），图 10.2

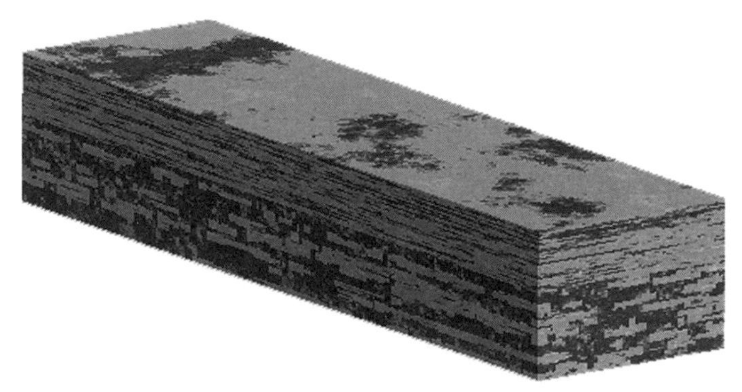

图 10.2　SPE 10 模型的孔隙度分布

模型尺寸为 1200ft×2200ft×170ft，孔隙度范围从 0（最暗的阴影）到 0.5（最浅的阴影）

模型中河道的 K_v/K_h 比值是 0.3，背景相为 10^{-3}。共有 5 口井：其中一口注水井和 4 口采油井，形成五点井网。油水的相对渗透率相似：指数为 2 的幂函数。水的黏度为 0.3mPa·s，原油的黏度为 3mPa·s，导致水驱不稳定。

10.3 利用历史拟合计算粗尺度渗透率

Christie 和 Blunt（2001）对比了 SPE 10 模型的各种粗化方法，Pickup 等（2004）补充了粗化测试。一般来讲，粗化测试设计涉及精细和粗尺度的结果的对比。但是，在本章中，我们将问题反转，使用历史拟合的方法来计算粗尺度渗透率值。这就意味着调整粗尺度渗透率直到获得与精细尺度模拟相同的采收率。利用这种方法，研究了给出了“正确答案”的分布类型。注意，在这个例子中，用原油产量作历史拟合就足够了。在更复杂的例子中，可能需要利用其他的量化条件，例如压力、含水率或气油比。

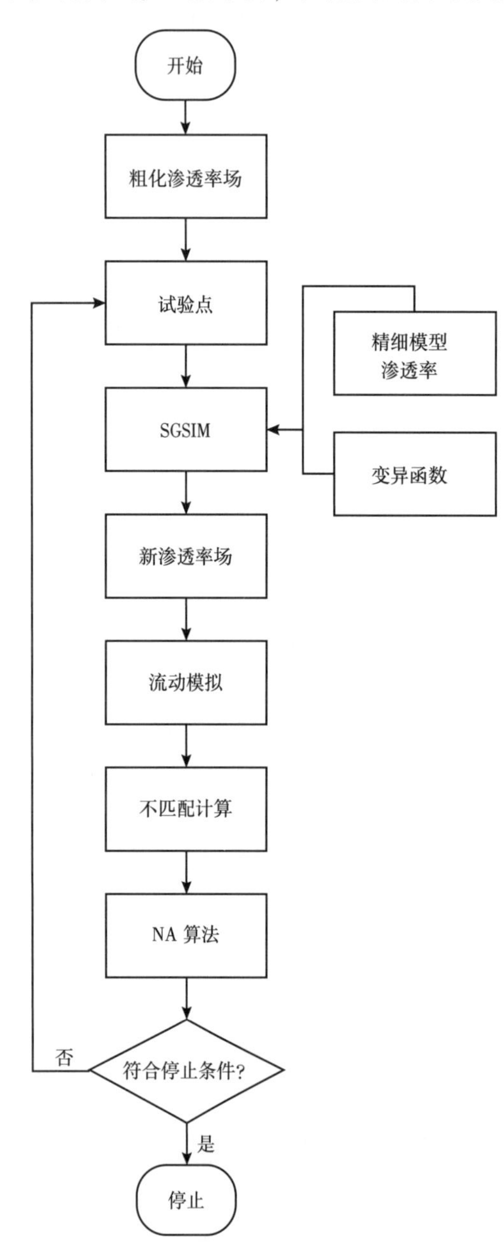

图 10.3 历史拟合过程示意图

10.3.1 方法

在历史拟合过程中，采用试验点法来调整渗透率分布（Cuypers 等，1998）。标准和模拟案例研究区的经验可用于确定试验点的位置。一组点（先导点）选定以后，在整个历史拟合过程中，改变这些点的绝对渗透率。模型其余部分的渗透率采用序贯高斯模拟法计算（Dcutsch 和 Journel，1998）。历史拟合使用邻域近似（NA）算法（Christie 等，2002）。这是一种随机算法，它识别出参数空间中具有良好历史拟合的区域，然后优先在这些区域中采样以获得更好的拟合。

使用粗尺度网格为 5×11×6（粗化因子为 3400），11 个试验点随机分布在模型中。历史拟合的过程如图 10.3 所示，更详细的描述见下文。

精细模型的空间结构使用半变差函数进行表征。计算了 6 个粗尺度层中每层的平均半变差函数，并用球形模型或者指数模型拟合。这些半变差函数应用于序贯高斯模拟（Deutsch 和 Journel，1998），与精细网格渗透率的概率密度函数（PDF）一起用于生成粗尺度渗透率。

历史拟合的起点是应用上述的局部压力解析法粗化得到的粗尺度模型。在历史拟合过程中，对试验点应用渗透率倍数来调整水平渗透率（K_x 和 K_y）。z 方向的渗透率与井点的渗透率一样，都是固定不变的。这六层中的每一层都应用了相同的渗透率倍数。

结果的粗化模型运行使用 NA 算法。对每个模型进行水驱模拟，并使用以下拟合差函数将每口井的产油量与精细模型的值进行比较：

$$M = \frac{1}{2}\sum_{j=1}^{n}\sum_{i=1}^{m}\frac{(\mathrm{WOPR}_{fji} - \mathrm{WOPR}_{cji})^2}{\sigma_j^2}$$

式中，WOPR 为单井的产油量；下角 f 表示精细尺度，c 表示粗尺度；$i=1, 2, \cdots, n$ 为时间步；$j=1, 2, \cdots, m$ 为生产井的数量（本方案中为 4 口）。

历史拟合的结果从来都不是唯一的，NA 算法被频繁地用来生成一系列的拟合模型。但是在本方案中，我们提供了具有最小拟合差的单一模型。

10.3.2 结果

图 10.4 展示了精细模型、粗化模型和最佳历史拟合模型的累计产油量的对比。可以看出，历史拟合模型较好地重现了精细模型的结果，但是粗化模型高估产油量。图 10.5 显示了精细模型、粗化模型和历史拟合模型的概率密度模型（PDF）的对比。图 10.5 是根据渗透率的自然对数绘制的。精细尺度的分布呈双峰状。然而，这一形态在粗化过程中消失了，并且粗化后的 PDF 比精细缩放的 PDF 要窄得多。历史拟合模型的 PDF 与精细尺度的 PDF 很相似。

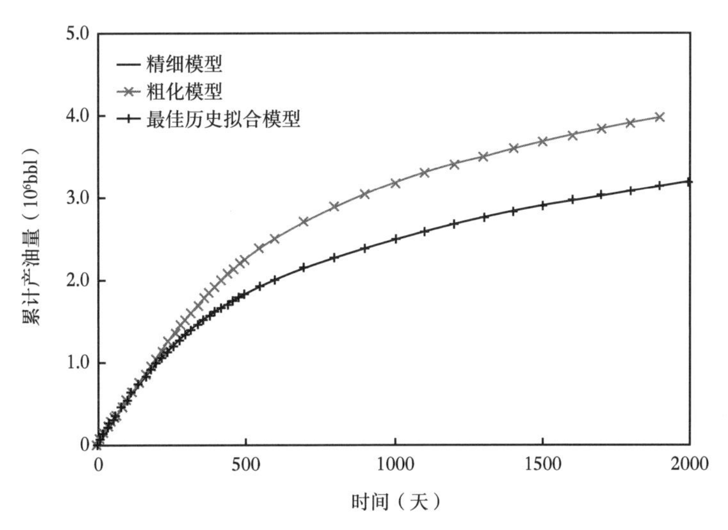

图 10.4　不同类型模型的累计产油量对比

10.3.3 讨论

可以利用 PDF（图 10.5）解释为什么粗化模型的累计采出产油量较差（图 10.4）。粗化程序降低了渗透率分布的变化性，这也就降低了水驱前缘的物理弥散（Zhang 和 Tchele-

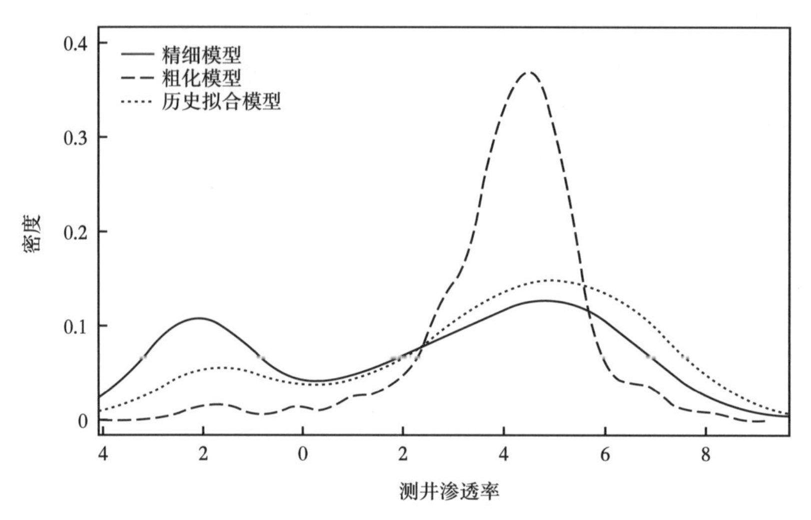

图 10.5　不同类型模型的概率密度函数对比

pi，1999）。因此，在粗化模型中，水体突破时间晚于精细模型，因此采收率更高。在历史拟合模型的方案中，通过修改渗透率来重现精细尺度模型的渗透率。这意味着保留了物理弥散的数量，并且 PDF 与精细模型相似。

与粗化不一样，通过精细尺度值采样来获得粗尺度渗透率可能更为精确。图 10.6 为精细模型的随机取样网格与粗化的对比。尽管从随机采样方法的 1000 个实现中获得的平均产油量存在相当大的误差，但是其结果比局部粗化稍微更精确一些。这些结果显然与 Durlofsky（1992）得出的结论相反。Durlofsky（1992）的结论是，除非粗化与相关长度相比很小，最好采用粗化，而不是取样。但是，Durlofsky（1992）考虑的是单相稳态流。在当前研究中，我们使用的是两相流，并且粗化模型中保持了水驱前缘弥散。

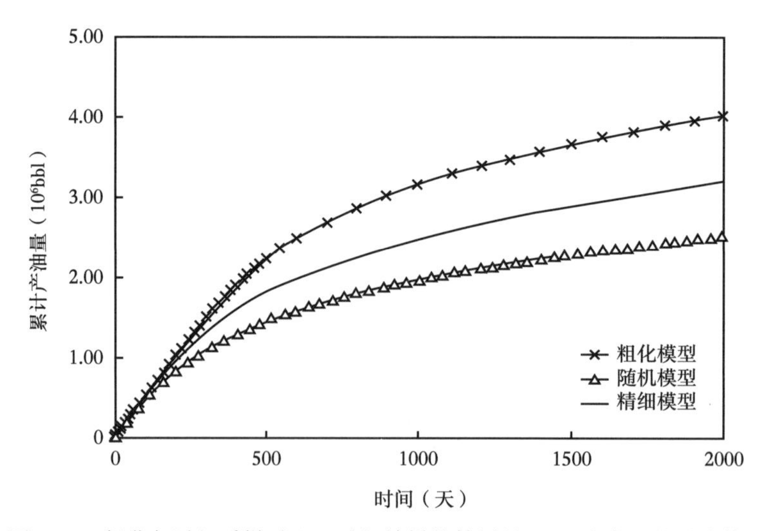

图 10.6　粗化与随机采样对比（随机抽样的结果是 1000 个实现的平均值）

本章研究表明，采用大因子粗化（本方案中为 3400）会导致预测产量的较大误差。因此，如果要模拟很多模型来研究不确定性，生成大量的精细模型并将其粗化就是不明智的。此外，生成大量的精细模型需要花费的时间，这在实际应用中是不允许的。为了在粗化模型中得到无偏差产生结果，我们需要在模型中生成适当数量的变化性。这表明最好通过在精细构造采样或者利用精细尺度的地质统计生成粗化模型，而不是生成精细模型并粗化。这个程序适合具有很大不确定性的油藏，例如在油田开发的早期阶段，且同时需要快速地评价大量的模型。

油田开发以后，可以获得更多的有用信息用于建立更加详细的地质模型，这些信息包含新钻井的测井曲线或者取心资料、更多的生产历史等。例如，可以构建数个网格单元中的第二代模型。如果值建立了很少的实现（由于很小的不确定性），那么可以轻松地模拟此类模型而无需粗化。但是，在油田开发的后期，可能需要百万个网格单元的模型来研究EOR策略或加密钻井。本方案中，粗化是必要的，因此使用一种准确的方法非常重要，否则模型中的细节可能会丢失。

10.4　一个更精确的粗化方法

在上述研究中，我们采用局部无流动边界条件压力求解方法。该方法简单易行，因此在工业上经常使用，但只需稍作努力即可获得更准确的结果。例如，我们经常构建非均一的粗化网格以保持渗透率的非均质性，同时减少网格单元的数量。例如，Garcia 等（1992）和 Durlofsky 等（1996）利用这类方法，粗化模型中物理弥散的数量与精细模型非常接近，因此能够更精确地模拟含水率和采收率。但是，如果粗化系数过大以至于将高渗透率与低渗透率河道合并在一起，则使用非均一粗化的单相粗化方法可能会失败。在这种情况下，还必须粗化相对渗透率以取得正确的流量（Wallstrom 等，2002）。

另一个粗化误差源于边界条件的影响。在上述研究中，我们利用了局部的、无流动边界条件，即我们固定每个粗化网格边界的压力值，同时赋予封闭边界的条件。这些边界条件不可能重现精细模型的真实压力和流动特征。边界条件的影响可用粗化网格周边的“流动水套”或者“表皮”来降低。然后，边界条件应用于这个更大的区域，这个方法常被称为局部扩展法（Chen 等，2003）。一个更精确的方法在整个精细模型中执行单相流模拟，这被称为全局法（Holden 和 Nielsen，2000）。即使在非常大的具有数百万个单元模型中，在精细网格上执行单个压力解析也是可行的。大型模型的问题是模拟多相流，因为压力方程可能需要求解数千次。

10.4.1　一种新方法

本节选择了一个全局粗化方法。由于在单相流模拟中设置了井中的压力，因此称其为井驱动粗化（WDU）方法（图 10.7）。从全局单相流模拟结果中，计算了粗化传导率，其中 x 方向传导率定义为

$$T_x = \frac{K_x A}{\Delta x}$$

式中，K_x 为 x 方向的渗透率；Δx 为相邻网格中心的距离；A 为垂向流动面积，$A = \Delta y \Delta z$。y 和 z 方向的传导率利用相似的方法定义。粗化传导率利用如下方式进行（图 10.8）：

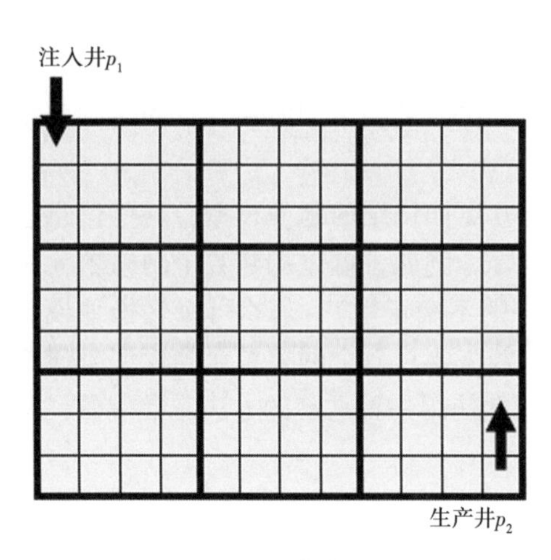

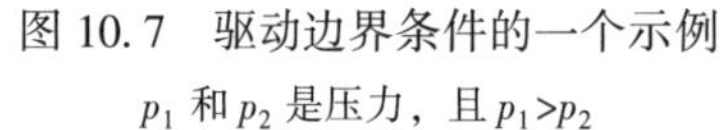
图 10.7　驱动边界条件的一个示例

p_1 和 p_2 是压力，且 $p_1>p_2$

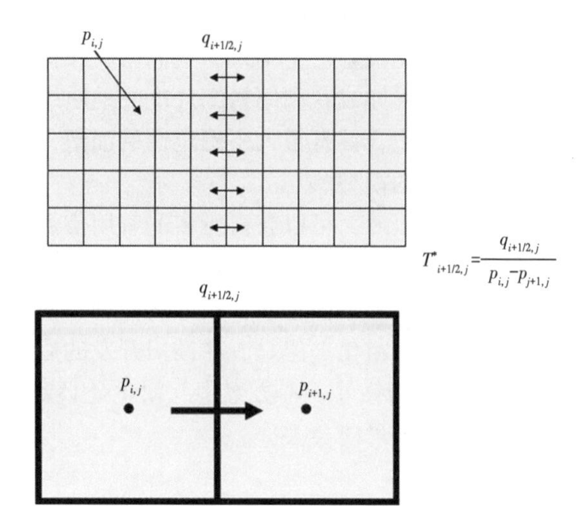

图 10.8　传导率粗化方法示意图

（1）累加精细尺度的流动；

（2）利用孔隙体积加权方法求解平均压力；

（3）利用达西定律。

通过直接计算粗尺度的传导率，节约了粗尺度模拟的时间，同时也避免了通过有效渗透率计算粗尺度传导率的误差出现。Zhang 等（2005）和 Zhang（2006）给出了该方法的全面细节，以及对各种非均质模型的测试结果（如砂岩/页岩模型和河道模型）。一种评价优化粗化网格尺寸的技术见 Zhang 等（2007）。

如上所述，WDU 方法可以解决将单个相对渗透率曲线应用于整个地质模型的问题。但是，当存在多个相对渗透率曲线时（例如每种岩石类型对应一条），必须决定在粗网格单元中使用哪一条（其中可能包含不同的岩石类型）。通常，采用“多数投票”（属于大多数精细网格单元的相渗曲线）来决定粗化网格单元中曲线的选取。但是，这也可能导致出现错误。我们扩展了 WDU 方法，已包括粗尺度相渗曲线的解析计算：我们利用传导率加权法对精细尺度相渗曲线进行平均。这种方法不需要两相流模拟，因此对于大型模型是快速且高效的。更多的细节可以参看 Zhang 等（2005）。

10.4.2　WDU 方法和动态两相粗化方法对比

新的 WDU 方法实质上是单相粗化方法。已经开发了许多两相动态粗化方法，但是它们并不稳健（Barker 和 Thibeau，1997），并且很耗时，因为它们需要两相流动模拟。但是，这里提到一种程序，即孔隙体积加权法（PVW）（Schlumberger，2004），因为我们已经将其与 WDU 方法进行了对比。两种方法都采用孔隙体积加权来平均粗化网格的压力。在 PVW 方法中，对每个相都执行此计算以便求出粗化尺度的相对渗透率，然而在 WDU 方法中，它仅应用于单相流计算粗化传导率。在 Eclipse PSEUDO 手册描述的 PVW 方法中，通过平均精细尺度的渗透率来评估粗化的绝对传导率。进行两相流计算需要花费大量的时间，因此 PVW 方法不适用于百万级网格单元的模型。另一方面，WDU 方法仅涉及单相压力解析，因此是一种可靠的方法。

10.4.3 WDU 方法实例

我们已经在大量的非均质模型中进行了测试（Zhang 等，2005）。本节利用 SPE 10 模型展示两个案例的结果。

10.4.3.1 案例 1

在第一个实例中，采用 SPE 10 的单层（59 层）模型（图 10.9）。这一层非均质性极强，具有复杂的河道结构，因此为这种方法提供了一种严格的测试。注意，渗透率范围覆盖了 8 个数量级。另外，由于这只是一个二维模型，因此可以执行完整的两相流模拟。精细网格单元网格数为 60×220 个，粗化后为 10×22 个（粗化系数为 60）。

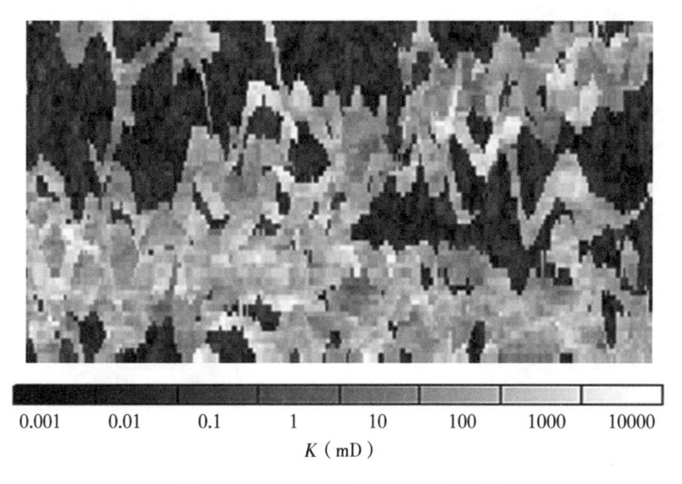

图 10.9 SPE 10 模型的第 59 层

对于本节测试，修改了油井位置和相对渗透率。没有随意地将注水井放到模型中间、油井放到角部，将井的位置移到高渗透率河道上。由于渗透率分布是双峰的（河道和背景相），我们使用了两种相渗曲线［图 10.10（a）］。执行完单相流粗化后，利用上述方法为每个粗尺度网格计算平均相对渗透率曲线，结果见图 10.10（b）。相渗曲线的数量可以通过合并类似的曲线来降低，但是本节研究利用了所有的曲线。

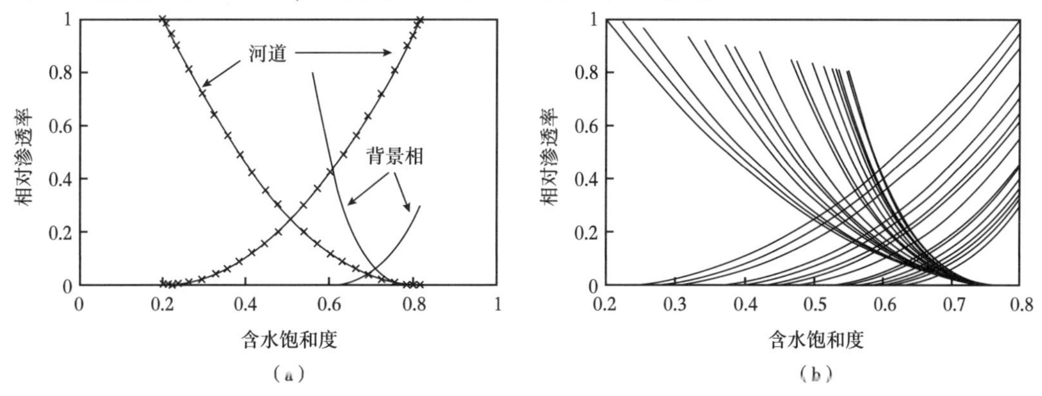

图 10.10 输入的相对渗透率（a）和粗化后的相对渗透率（b）

将 WDU 方法的结果与精细尺度模型的结果、通过“多数投票”相对渗透率局部粗化法及 PVW 粗化法（Schlumberger，2004）进行对比。在 PVW 方法的实例中，我们利用了一个完整的精细尺度两相流模拟，这在真实的区块模型中是不可能的。注入 1 倍孔隙体积（1PV）的水之后的含油饱和度分布见图 10.11，表明局部粗化方法并没有很好地重建饱和度分布，但是 WDU 和 PVW 方法展示了较好的结果。图 10.12 显示了累计产油量。另外，WDU 和 PVW 方法比局部模拟更好地重现了精细尺度模型的模拟结果。由于 PVW 方法涉及整个精细尺度网格的两相流模拟，这种方法更加合理精确地重现了精细尺度模型的结果。WDU 方法利用边界条件作了单相流模拟，保留了模型中主要的流动路径。模拟取得了与 PVW 方法一样好的结果，但是花费的时间和精力较少。

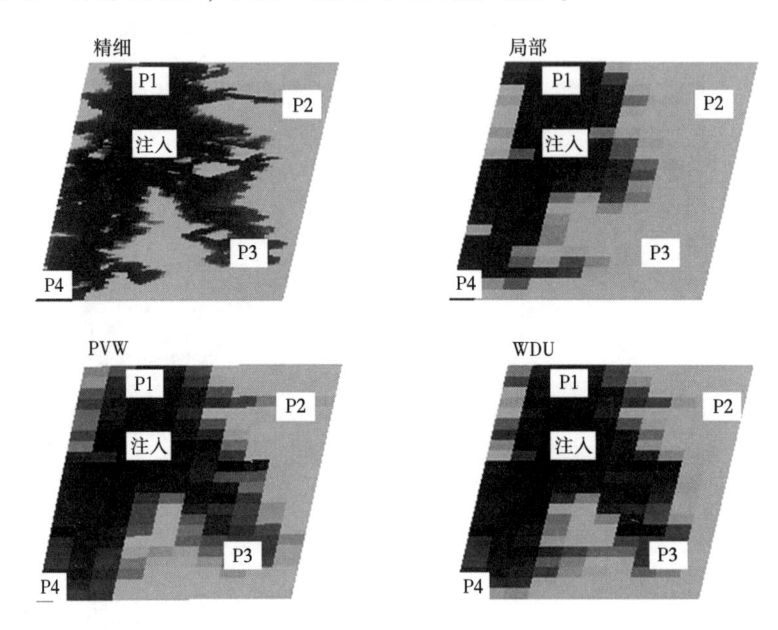

图 10.11　注入 1PV 的水之后的 59 层的含油饱和度分布对比图

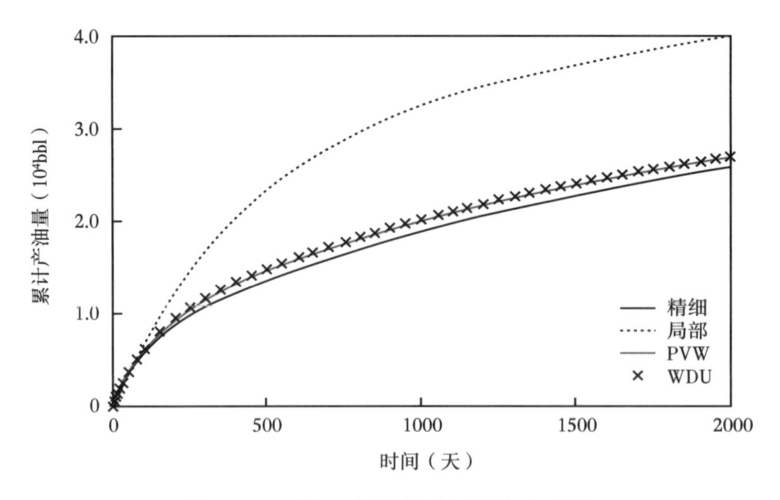

图 10.12　第 59 层的累计产油量对比图

10.4.3.2 案例 2

在 WDU 方法的测试中，粗化了整个 SPE 10 模型，利用了原始的井位置和相对渗透率（Christie 和 Blunt，2001）。60×220×85 个网格单元模型被粗化到 10×22×17 个网格单元（粗化系数为 300）。P1 井的原油产量对比见图 10.13。这里利用的精细尺度的结果是在 SPE 10 研究中提供的（Christie 和 Blunt，2001）。注意：这里我们不能利用 PVW 方法进行运算，因为在全三维 SPE 模型中包含了太多网格。可见 WDU 法比局部粗化法给出了更好的模拟结果。

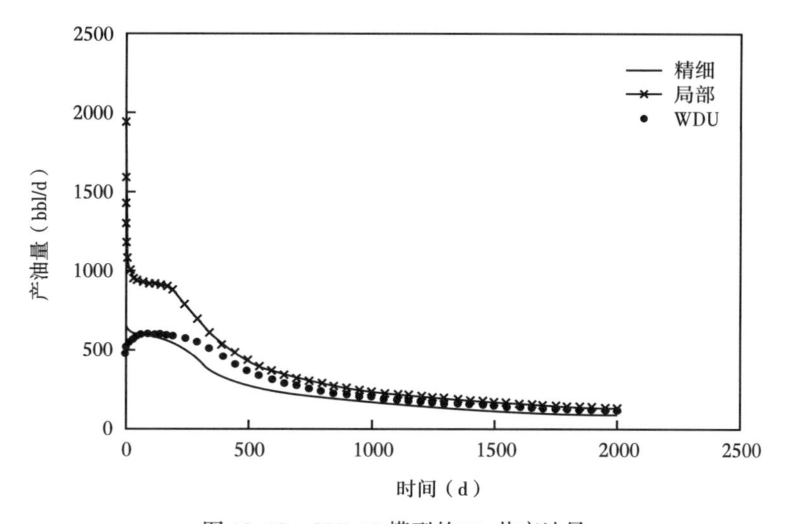

图 10.13 SPE 10 模型的 P1 井产油量

10.4.4 讨论

WDU 法比局部粗化法需要消耗更多时间，但是它仍然适用于百万级网格单元的模型。我们已经展示在具有复杂构造的极强非均质性模型中，它比我们常用的局部粗化法的模拟结果更加精确。但是，在非均质性较弱的模型中，局部粗化的方法常常就足够了，因此这种情况下，也就不能显示出 WDU 方法的先进性。我们认为这种方法对于强非均质性模型是适用的，这种情况下需要更详细的模拟，例如在成熟区块进行加密钻井方案设计或者 IOR 策略的制订。在这个阶段，可能具有更少的不确定性，也就值得在建模和流动模拟方面花费更多的时间。

10.5 总结

本章提出了两种可选的油气田建模和流动模拟流程。存在更多的不确定性的案例中，例如在油田开发的早期阶段，建立百万级网格单元的精细油藏模型是不值得的。相反，精力应该集中在许多（成百上千）粗尺度模型的评价上，以评价这些不确定性。但是，在粗尺度模型中进行流动模拟可能产生错误的结果。在特定条件下，如果低估了储层非均质性，那么采收率可能被高估。这个阶段的油藏建模，应用精细尺度的地质统计建立的粗尺度网格模型可能更为精确，而不是建立精细地质模型再进行粗化。测试结果表明，尽管这个方法不是特别精确，但是平均来看，它比粗化的精度略高。

另一方面，有时需要更为精确的数值模拟，例如在油田开发的后期，或用于更详细的模拟油藏的一部分。在本章案例中，我们建议执行一个全局的单相流模拟以降低粗化带来的误差。本章提供了更精确的单相粗化，增加了粗尺度两相流模拟的精度。尽管这种方法比传统的方法（例如局部粗化法）更加耗时，但是也适用于百万级网格模型，并且为了达到更加精确的结果付出的努力是值得的，特别是在高度复杂的模型中。

参考文献

Barker, J. W. & Thibeau, S. 1997. A critical review of the use of pseudo relative permeabilities for upscaling. SPE RE, 12, 138-143.

Bentley, M. R. & Woodhead, T. J. 1998. Uncertainty handling through scenario-based reservoir modelling. SPE n° 39717, presented at the SPE Asia Pacific Conference on Integrated Modelling for Asset Management, Kuala Lumpur, Malaysia, 23-24 March.

Chen, Y., Durlofsky, L. J., Gerritsen, & Wen, X. H. 2003. A coupled local-global upscaling approach for simulating flow in highly heterogeneous formations. *Advances in Water Resources*, 26, 1041-1060.

Christie, M. A. & Blunt, M. J. 2001. Tenth SPE comparative solution project: A comparison of upscaling techniques. *SPE REE*, 4, 308-317.

Christie, M. A., Subbey, S. & Sambridge, M. 2002. *Prediction under uncertainty in reservoir modeling*. 8th European Conference on the Mathematics of Oil Recovery, Freiberg, Germany, 3-6 Sept.

Cuypers, M., Dubrule, O., Lamy, P. & Bissell, R. 1998. *Optimal choice of inversion parameters for history-matching with the pilot point method*. 6thEuropean Conference on the Mathematics of Oil Recovery, Peebles, Scotland, 8-11 Sept.

Deutsch, C. V. & Journel, A. G. 1998. *GSLIB: Geostatistical Software Library and User's Guide*. 2nd edn, Oxford University Press.

Durlofsky, L. J. 1992. Representation of grid block permeability in coarse scale models of randomly heterogeneous porous media. *Water Resources Research*, 28, 1791-1800.

Durlofsky, L. J., Behrens, R. A., Jones, R. C. & Bernath, A. 1996. Scale up of heterogeneous three dimensional reservoir descriptions. *SPE Journal*, 1, 313-326.

Garcia, M., Journel, A. G. & Aziz, K. 1992. Automatic grid generation for modeling reservoir Heterogenetics. *SPE RE*, 7, 278-284.

Holden, L. & Nielsen, B. F. 2000. Global upscaling of permeability in heterogeneous reservoirs; the outputleast squares (OLS) method. *Transport in Porous Media*, 40, 115-143.

Pickup, G. E., Monfared, H., Zhang, P. & Christie, M. A. 2004. *A new way of looking at upscaling*. 9th European Conference on the Mathematics of Oil Recovery, Cannes, France, 3-6 Sept.

Renard, P. & Marsily, G. D. E. 1997. Calculating equivalent permeability: A review. *Advances in Water Resources*, 20, 253-278.

Schlumberger. 2004. *Eclipse Pseudo Software Package Manual*.

Wallstrom, T. C., Hou, S., Christie, M. A., Durlofsky, L. J., Sharp, D. H. & Zou, Q. 2002. Application of effective flux boundary conditions to two-phase upscaling in porous media. *Transport in Porous Media*, 46, 155-178.

Williams, G. J. J., Mansfield, M., Macdonald, D. G. & Bush, M. D. 2004. Top - Down Reservoir Modelling. SPE n° 89974, presented at the SPE Annual Technical Conference, Houston, Texas, 26-29 Sept.

Zhang, D. & Tchelepi, H. 1999. Stochastic analysis of immiscible two-phase flow in heterogeneous media. *SPE*

Journal, 4, 380–388.

Zhang, P., Pickup, G. E. & Christie, M. A. 2005. Anew upscaling approach for highly heterogeneous reservoirs. SPE n° 93339, presented at the SPE Reservoir Simulation Symposium, Houston, Texas, 31January–2 February.

Zhang, P. 2006. *Upscaling in highly heterogeneous reservoir models*. PhD Thesis, Heriot–Watt University, January.

Zhang, P., Pickup, G. E. & Christie, M. A. 2007. A New Technique for Evaluating Coarse Grids Based on Flow Thresholding. *Petroleum Geoscience*, 13, 17–24.

11　基于情景的储层建模：更多确定性和更少锚定性的需求

Mark Bentley　Simon Smith

摘要：基于方案的储层建模方法主要侧重于模型设计的确定性控制，相比而言，强概率统计方法则主要聚焦于地质统计学算法的“丰富性”上，以获取多种随机实现。基于情景的建模方法与传统的“唯理性”建模方法也不相同，后者经常建立一个单一、最佳推测或者基础方案的模型。情景建模的优点在于，它不需要去锚定一个优选的基础方案模型，并指出基础方案模型的选择不利于获得恰当的不确定性范围。多种确定性情景建模还具有保持模拟参数与最终模型结果（例如开发方案）之间明确的从属关系的优点。该方法已在新油田中得到广泛应用，在这里可以轻松处理一组静态模型的多个确定性油藏模拟。该方法也已扩展到成熟油田使用，在这里需要使用进行多次历史拟合的实用方法。尤其是成熟区块的情景建模揭示了基本方案建模的弱点，并在很大程度上说明了建模的非唯一性。当前的焦点是需要为多历史拟合研发更好的方法，并且将离散化、确定性和基于情景方法模拟的输出结果进行概率分析。实验设计方法为后者提供了解决途径，对其应用的简单实际工作流程进行了描述。

尽管人们对“情景”的性质有不同的看法，尤其指确定性和概率性的作用时，但是基于情景的建模已成为处理地下不确定性的一种常用手段。从逻辑上讲，可替代和离散的储层情景建模（类似于“多个工作假设”的概念）的想法逻辑是随着集成储层建模工具的出现而发展起来的（Taylor，1996；Cosentino，2001）。它们强调三维静态储层模型的应用，一般对一个全油田尺度来说，理想情况下是输入三维地震数据，能够进行三维动态油藏模拟（图 11.1）。

当对建立的这些油田模型涉及大量不确定性评价时，自然就需要建立多个模型。尽管未取得一致，请参见 Dubrule 和 Damsleth（2001）中的讨论，多个模型技术的应用已经应用得十分广泛，这些可选择的模型有不同的描述称谓，如“运行”“案例”“实现”或“情景”。

这些多种术语不仅仅是字面意思。不同的工作人员已从不同方面探讨了多模型概念，其中最基本的变量是确定性输入与随机输入之间的平衡。这反映在地质统计学算法的不同应用中，以及对模拟概率组分作用的不同观念和期望。

这些方法大致可分为三类（图 11.2）：

（1）唯理性方法，确定一个首选模型作为基础方案。该模型要么作为技术上的最佳推测来运行，要么在该推测中加入一系列不确定性。就模型的结果而言，通常是初始模型的一个正负百分比的范围［图 11.3（a）］，或者是在输出基本方案的两侧设计低值方案与高值方案［图 11.3（b）］。这种建模方法是与建模前的储层表征方法一致性好，即传统的确

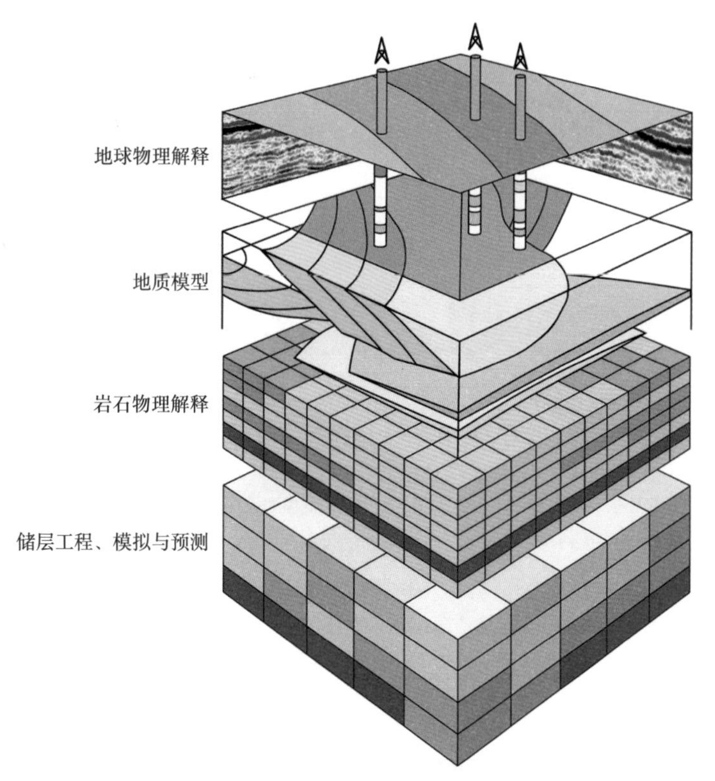

图 11.1　单一模型实现的三维储层建模流程

刻画的关键因素是静态和动态模型元素之间的点对点的依赖关系

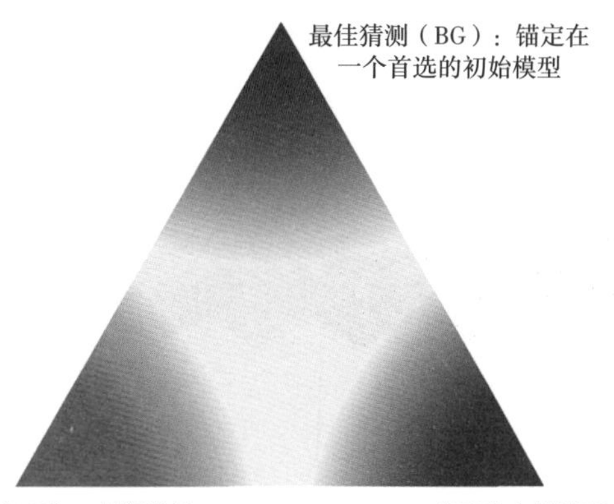

图 11.2　总结不确定性处理的三端元法总结三角图解：多重确定性、多重随机性和单个“最佳猜测”

许多建模研究综合了这些技术。所有方法这些都可以在该频谱内映射

定性建模方法。

（2）多个结果的随机方法，该方法是通过地质统计学方法得到大量实现或者输出（图 11.4）。确定性输入源自其概念地质模式模拟的边界条件的设置。

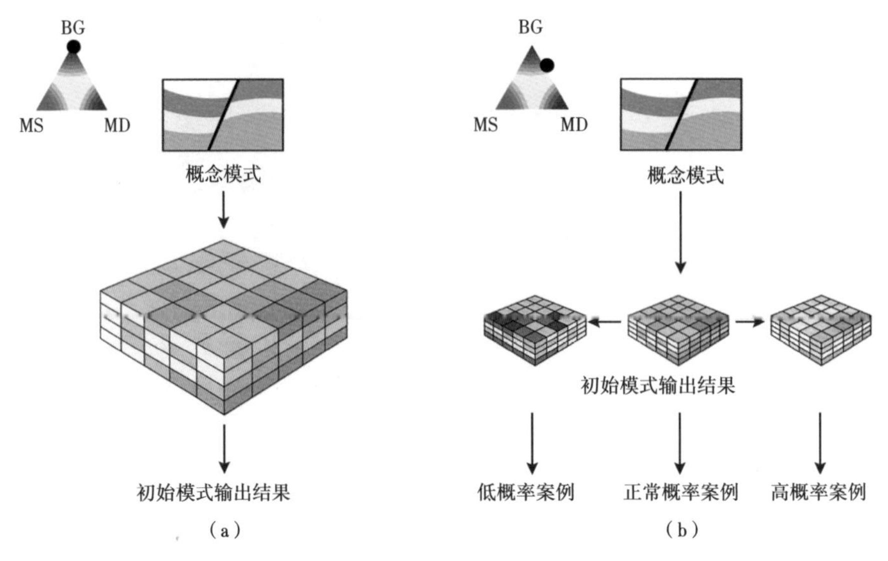

图 11.3 基本方案或强“唯理性”方法的图示

（a）中级端元的方案是唯一的最佳猜测；（b）即使增加了一定+/-范围的分布，该方法仍然基于最初的最佳猜测，因此仍然是基于基础方案单元的可能频谱方法

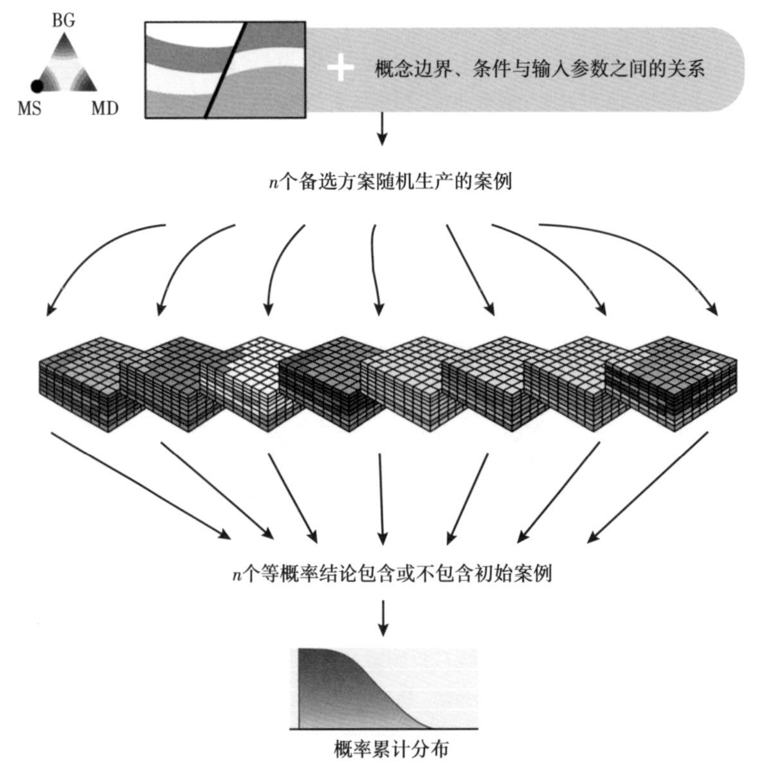

图 11.4 多重随机方法的示意图

输出结果的范围是通过对初始基本案例的多个实现统计抽样得出的

（3）多个结果的确定性方法，该方法避开了一次性输入最佳猜测或确定一个首选的基本方案模型（图 11.5）。这样建立的模型数量较少，每个模型反映不同人为定义的油藏概念。地质统计学模拟可应用于三维模型的构建，但模型实现的选择是人为的，而不是通过统计模拟产生的（van de Leemput 等，1995）。

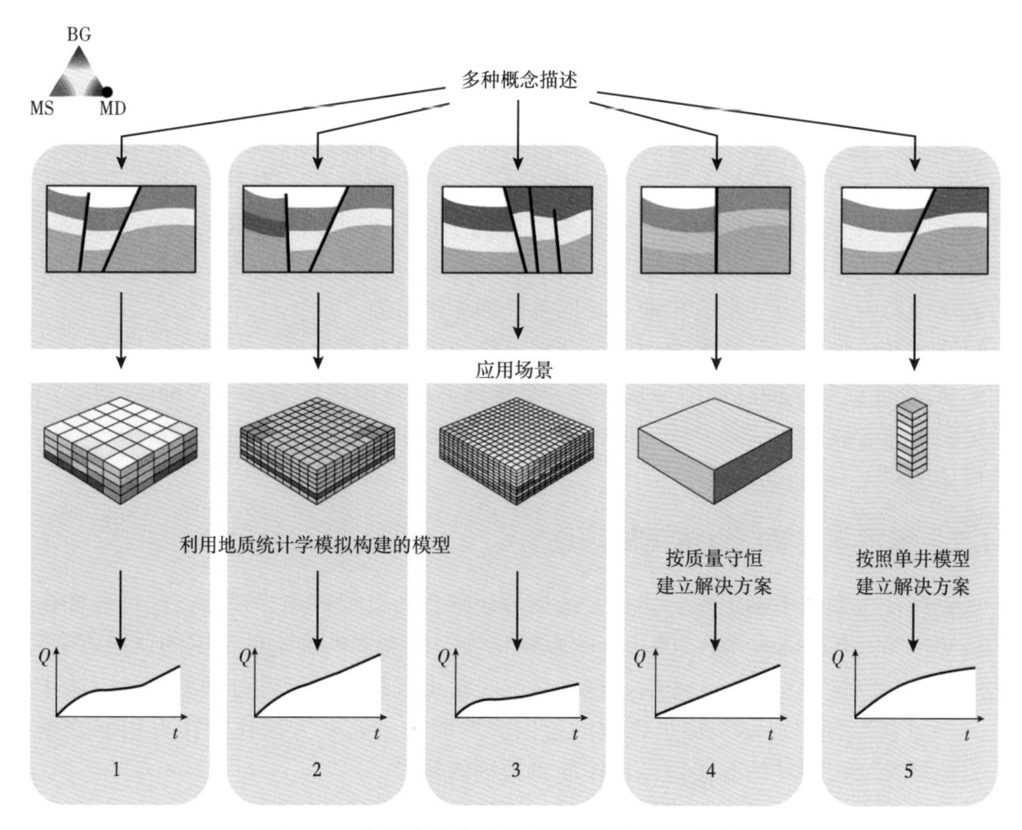

图 11.5　多种确定性“基于情景”方法的示意图

输出结果的范围是由多个确定性定义的初始概念产生的，其中一些概念可能需要使用不同的建模技术进行评价。不用选择初始的基本案例，该技术没有锚定

以上任何一种建模方式都曾被不同的工作者称为“情景建模”。本章提出，尽管这三种方法都可以应用于地下模拟，但在大多数情况下，多种结果的确定性方法建模是首选。为了证明这一点，我们将简要回顾不确定性评价依据的基本原理，并给出“情景建模”的定义。在回顾多结果确定性情景建模三种应用的基础上，总结了多确定性情景建模的优点和缺点，并就如何解决当前两个薄弱环节提出了建议。

11.1　基于模型的不确定性处理方法

11.1.1　唯理性方法的局限性

上面描述的传统唯理性建模方法对简单的预测作一个最佳的推测还是有效的，可以帮助个人或研究团队给出合理准确的判断。如果一组专家给出了最好的判断，那么这个结果看起来便是合理的。不足之处在于，只有当所描述的系统是高度有序的，并得到了充分理解，那么这个高度可预测的点的最佳推测才是可靠的（Mintzberg，1990）。必须假设从过去的活动中获得足够多的数据，才能够有把握地预测未来的结果，这同样适用于产量预测、勘探风险、体积计量以及油井诊断。实际上，地下出现这种情况很少，除非油田包含了很多油井（>100 口）。然而，很多个人特别是管理者，倾向于获取一个最佳猜测，并且对这个猜测确信无疑（Baddeley 等，2004）。

一般来讲，对于成熟开发的油田，唯理性法足以使用，因为油田全生命周期的不确定性已经降低。这里暗示了一个谬误，即认为在油田开发初期的不确定性随着时间倾向于降低。但实际上，随着油田生命周期进入新的阶段，会出现更微妙的不确定性。例如，在油田开发初期，具有非均质性但广泛连通的富砂储层的这种细微的不确定性不是主要问题，但是在开发后期伴随加密井的实施，这些不确定性就会变得异常重要。这种不确定性对参数值破坏性影响在油田开发的早期和晚期阶段都非常重要。

尽管如此，唯理性的基本案例模型在整个行业中仍然很常见。作者和研究团队对多个公司的 90 个建模案例的总结中，基于单一最佳猜测的建模占比为 36%（Smith 等，2005）。这还受到了作者倾向于情景建模的取样偏差影响，如果排除这一影响，那么基于基础案例的建模比例可上升到 60%。

11.1.2 锚定与地质统计学的局限性

尽管存在很大的不确定性，还是要选择最佳猜测的过程被称为锚定，这是一种很好理解的认知行为（Baddeley 等，2004）。一旦锚定，充分探索不确定性范围的意愿就会降低，因为结果会受到锚定点的极大影响。这种情况经常出现在不确定性处理的统计方法中，尽管在“最可能”预测边际添加了确定的范围，然而由于这些方法往往在可用的数据中锚定，因此可能会把理性的开始假设视作简单预测的假设。

地质统计学模拟可以定义变量的范围，接着通过取样和多种参数组合产生一系列可作概率性解释的结果。如果可以准确指定输入数据，同时组合过程能够保持所有变量之间真实的关系，那么输出结果可能就是合理的。但是，实际上输入参数的完善定义，并且变量的自动组合的“合理性”都是难以验证的。严格的统计应用于未必具有统计意义的数据集，同时对不充足的数据资源进行了明显的穷尽性分析。

结果的有效性也可能会因为给输入变量数据中心加权到逐个变量的最佳推测而削弱。虽然这可以通过仔细定义描述复杂数据分布的潜在不规则概率密度函数来避免，但是没有必要这样做。输入数据的中心加权产生了一种必然性，即“最有可能”的概率结果将接近最初的最佳猜测——地质统计学模拟本身就是“锚定的”。

因此，有人认为，地质统计学模拟的应用本身并不能弥补唯理性最佳猜测的自然倾向——它往往只是简单地反映了这一点。关键的一步是选择一个工作流来消除锚定最佳猜测的机会，这需要确定性的干预，这就是本章定义的情景建模试图解决的问题。

11.1.3 定义情景

本章采用的“情景”定义源于 van der Heijden（1996）的描述，他讨论了在企业战略规划中情景的使用。情景是：“一组合理的假设但结构迥异的未来”。可选择性情景并没有伴随连续输入数据的微小变化而大幅度增加不同的模型（如同多概率实现），而是基于一些设计标准，一组构造具有明显区别的模型。对于油气田开发而言，一个情景便得到一个开发结果，建模的情景方法便定义为建立一个多样的、确定性的开发效果的驱动模型。

每个情景都是一个完整的、内部一致的静态/动态地下模型，以及与之相关的一个用于优化开发效果的相关设计。在单个情景中，储层模型中的技术细节和最终商业成果之间存在明显的联系；模型细节中任何元素的变化都会促使结果发生定量变化，并不会破坏变化元素和成果之间的所有参数之间的依赖关系。这与概率模拟不同，其模型设计参数是统计抽样和组合的，变量之间的依赖关系可能丢失，或衰减成简单的相关系数。

因此，情景法非常强调地下概念的确定性表现，包括地质、地球物理、岩石物理以及动态方面。若没有一个明确的储层认识——地质学家用以清晰按照一定程度清晰表达的简明梗概，那么建模就无任何意义。地质统计学模拟是一个建模流程的内在组成，但是情景的设计由建模人员直接决定。多个模型基于多个确定性设计。这将情景建模的工作流（如本章所定义）与基于统计抽样的多个随机建模（从单个初始设计）区分开来。这两种方法并不相互排斥。一个完整的工作流可能涉及多个情景的确定性定义，然后是给定情景中的多个概率实现（仅更改种子数）。这可以用来检查模型构建中的敏感性，例如体积法是否对烃—水界面上方或下方砂体的可能位置具有敏感性。然而，根据作者的经验，多重随机敏感性结果的范围往往小于确定性情景之间的范围，因此这里的论点是，解决完全不确定性范围的关键在于了解对储层模型的大规模确定性控制因素。

因此，基于情景的方法强调列出不确定性并对其排序，从中可以确定地设计一组情景，而不试图预先选择最佳猜测情况。

11.1.4 设计基础

情景建模成功的关键在于给出不确定性的“正确”列表，经验和判断尤为重要。然而，通常情况下至少需要对油藏静态模型的原始地质储量计算参数的关键不确定性进行概念化处理。例如，当要求确定油田的关键不确定性因素时，建模人员经常把“孔隙度”和“净毛比”作为关键因素进行分析。如果以这些作为关键变量建模过程发生了变化，那么很有可能会重建为连续变量的一个范围，锚定在最佳猜测周围。

有一个更好的办法来检查孔隙度具有很大不确定性的原因。要么是孔隙度没有表现出显著的不确定性，如果表现除了强不确定性，那么它与一些潜在因素有关，例如成岩作用的非均质性，或者是还没有从数据分析中提取出的局部沉积相控制作用。例如，图 11.6 为净毛比概率密度函数（PDF）。这里采用一个简单的方法，即把 PDF 输入到地质统计学算法，可以把 PDF 划分一定的范围去解释不确定性。图中数据表明，这些取值范围反映为多相混合，这可能产生误导。因此必须了解沉积相的分布并把基于沉积相因素分离出来——本例中就是不同类型河道的比例，之后确定这些比例是否在一个合理的边界范围内，如果不能确定，那么可以建立不同的、仿真的沉积相模型（基础是两种可选的情景），对这些要素分别进行对比。每种情景中净毛比参数的不确定性可能是一个二阶问题。

因此，在定义关键不确定性时，需要追踪来源，并采用离散的方法对不确定性分布范围进行概念建模，而不是为一个更高级别的参数（例如净毛比）输入一个数据分布范围。

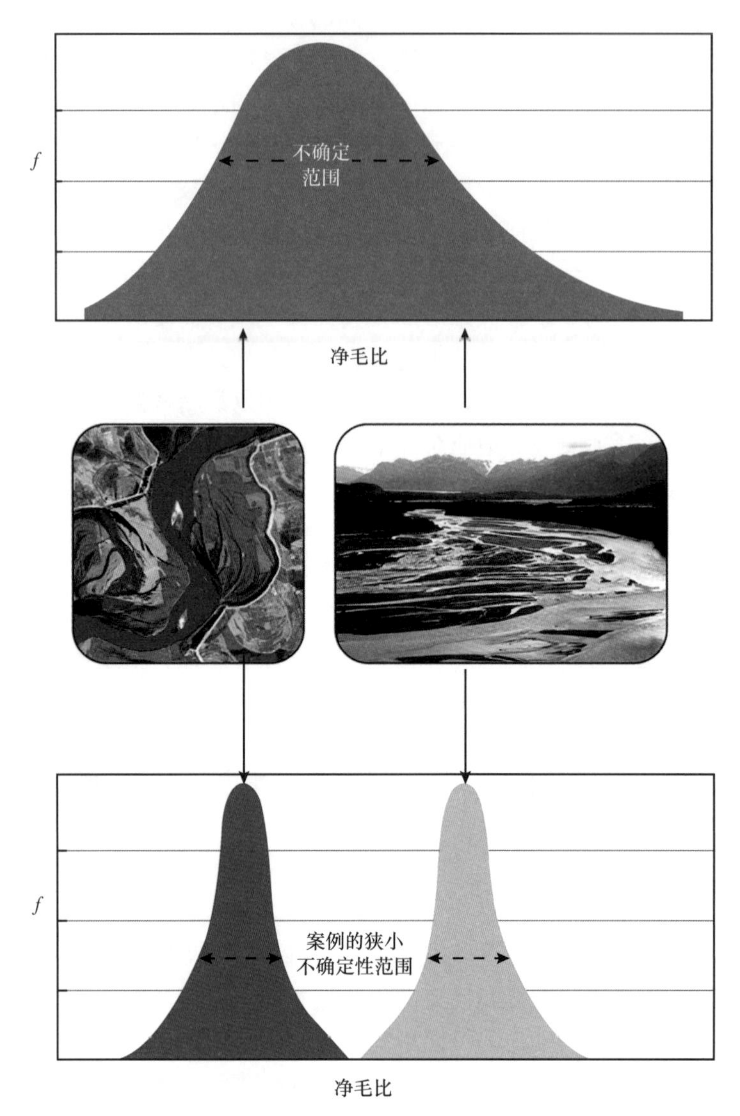

图 11.6　确定潜在的不确定性原因以构建不确定性列表

在本例中，认为净毛比具有不确定性（上图）。但是，潜在的驱动问题是沉积构型的不确定性，因此应针对该潜在因素产生可选场景。在每种情况下，净毛比可能是二阶问题，而不是主要的不确定性（下图）

11.2　应用：新开发油田

据报道，情景建模的应用最为成功的是未开发或“新开发油田”案例。van der Leemput 等（1995）对基于情景建模在天然气田开发方案（FDP）中的应用进行了描述。一旦具有足够的探明储量支撑该方案，那么项目的商业架构便专注于相关资金支出问题。因此设备投入（CAPEX）便成为模拟作业首先要考虑的因素，主要受到井数、天然气压缩时间和需求的影响。

模型情景主要受到了图 11.7 中列出的主要不确定性的影响。根据项目团队的判断和同行的意见，确定了静态不确定性和动态不确定性（三个与产能有关）。对不确定性的评估是一个持续的过程，需要通过新钻井以及研究认识的更新进行迭代。

对于 FDP 本身，不确定性列表会生成 22 个离散情景，每个情景都与少量生产数据相匹配，然后分别进行定制以优化液化天然气（LNG）方案生命周期内的开发成果。对 CAPEX 的影响而言，结果如图 11.7 所示。

从该实践中获得的主要认知是，尽管 11 个不确定性列表很容易满足利益相关者的关注，但没必要花费大量的精力去研究最终结果。统计优势的影响意味着该范围不是由所有 11 个不确定性决定的，而是由该方案特别敏感（特别是对油井产能）的 2~3 个关键不确定性决定的（图 11.7）。

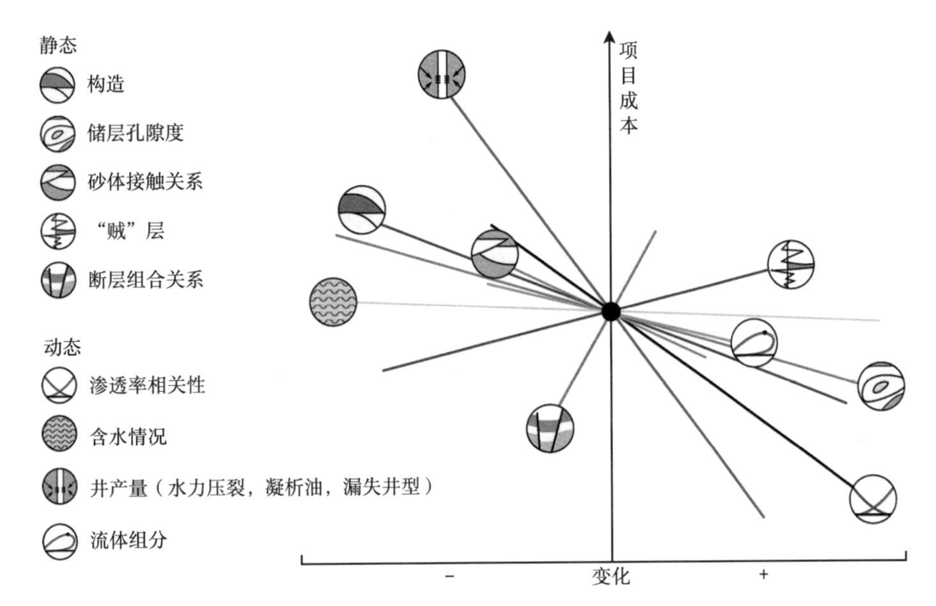

图 11.7　Barik 未开发方案研究摘要

不确定性列表（由图标列表示）生成了一组多个确定性方案，对项目成本的影响显示在蜘蛛图上。事后来看，这个问题被过度分析了。可以预见的是，输出结果对许多不确定性不敏感，并且受油井生产动态不确定性控制。没有预先选择任何基础方案的情况下，该研究提供了一个输出结果范围

与一般情况不同，即使这些油田很大并且在开发方案编制初期仅投产了 2~3 口井，该构造的岩石总体积并不是最主要的开发问题。关键问题是大规模水力压裂技术可能会提高油井的产能，而这并不是建模研究的核心。建模通常可以解决的大多数问题是：砂体的几何形状、相对渗透率、水体大小等。事后分析，无需建模即可预测主要问题。

鉴于上述情况，持续的后 FDP 建模变得更加聚焦于仅充实主要问题的情景。其他的问题就被有效地处理为常量。采用上述策略而没有选择一个基础模型。地面工程团队最终选择了开发方案，但这是基于地下小组确定的一系列结果编制的。

这个案例公布以后，针对新建油田的情景建模已进行了很多次。据笔者的经验，上述早期认识是有效的，尤其是：

（1）不需要大量情景来捕捉不确定性范围；

（2）主要不确定性通常可以在建模之前通过跨学科讨论来确定，如果不能，则可以通过快速敏感性分析来确定这些不确定性；

(3) 即使在开发前阶段，开发项目的主要不确定性也不总是包括总孔隙体积的问题；
(4) 无需选择基本案例模型。

11.3 应用：成熟油田

这里总结了两个已报道的案例，这些案例说明了情景建模在成熟（“棕色”）油田的应用推广。

第一个是泰国的 Sirikit 油田的案例（Bentley 和 Woodhead，1998）。其要求是在油田的开发中期引入注水的潜在效益。当时，该油田已经开发了 15 年，其中在部分连通的砂体上钻了 80 口井。基于情景建模的主要目的是对注水开发的经济效益进行量化评价。

不确定性列表如图 11.8 所示。静态不确定性用于生成一组静态油藏模型，以供数值模拟输入。与生产数据有限的未开发案例相比，动态不确定性被用作历史拟合工具——在拟合开始之前就确定了这些不确定性参数的调整范围。Bentley 和 Woodhead（1998）对研究进行了详细论述，特别是多历史拟合和粗化结果的工作流程。

“无新井钻探方案”的累计产量预测如图 11.8 所示。对采用注水和不注水方式的经济效益进行了对比分析。尽管所有的模型都进行了合理的历史拟合，但是预测结果之间的差异仍超出了预期。这里期望能够通过历史拟合简单地排除一些静态不确定性。

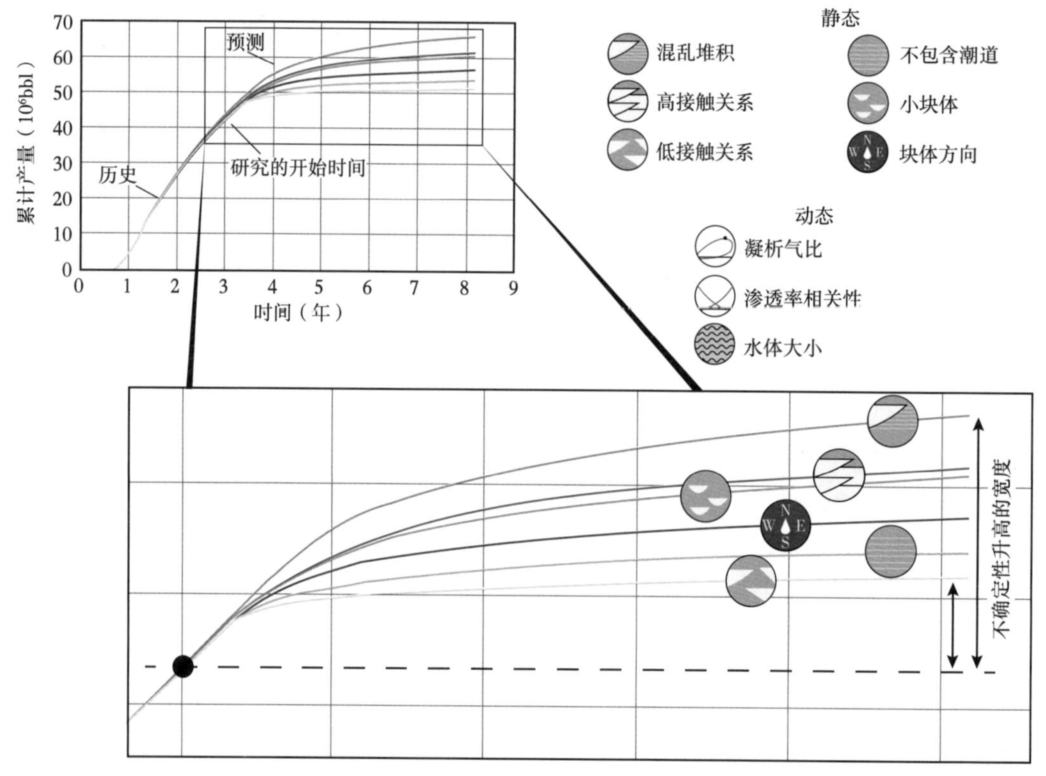

图 11.8 Sirikit 成熟油田案例研究总结

静态不确定性列表用于产生情景，动态不确定性用作历史拟合中的变量。在所有模型都匹配的情况下，增产预测会受到几个因素的影响。由于所有模型都合理，无需选择基本案例该案例突出的地方是合理的模型重现了地下层面，没有一种情景有强烈的优选性，都是合理的。在这里没有选择基础案例。输出结果充分说明了模拟模型拟合的非唯一性。如果基于首选猜测对基本案例模型进行了合理化，则可以选择七个情景中的任何一个，选择中位数模型只是一种偶然性。Sirikit 油田还证实，在合理的研究时间内可以实现多种确定性建模，并且给出了广泛的模型预测结果。

使用修正的工作流，基于情景的成熟油田建模的第二个例子是北海中部的 Gannet B 油田（Bentley 和 Hartung，2001；Kloosterman 等，2003）。在 Gannet B 模型中要模拟的问题是该油田两口气井存在见水的风险、可能见水的时间，以及见水后的生产动态预测。与上述案例相同之处是，利用跨学科研究对主要不确定性进行排序，与以往不同的是，并没有对所有的静态模型进行历史拟合，没有考虑可信度最低的情况。该模型的输出结果如图 11.9 所示。

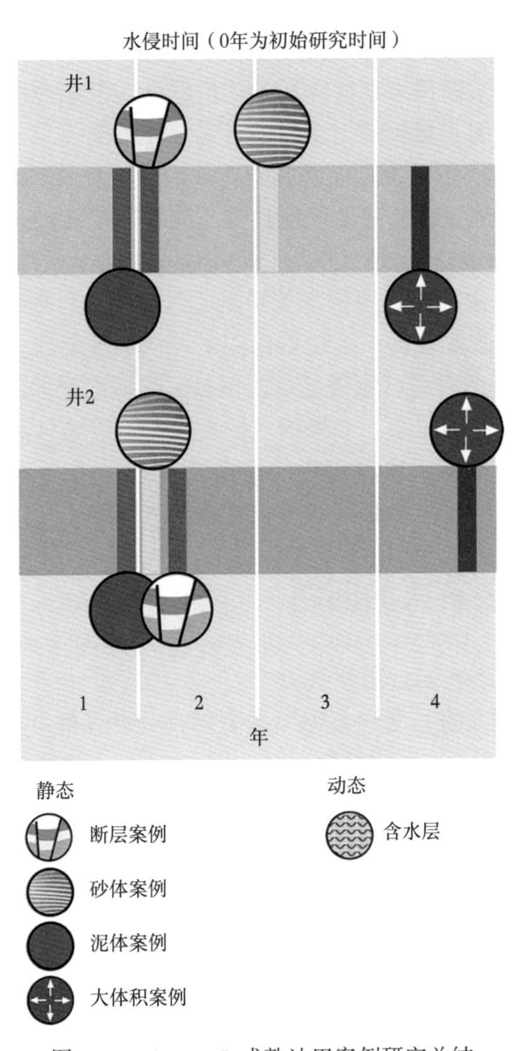

图 11.9 Gannet B 成熟油田案例研究总结

静态不确定性列表用于生成情景，这些情景使用单个主要的动态不确定性进行历史拟合。在所有模型都吻合的情况下，预测了该油田两口井的水突破时间。研究结果是显示的时间范围，没有首选的基础方案，选择一个基本方案可能会严重扭曲结果

Gannet B 研究为成熟油田的情景建模提供了其他一些见解：

（1）尽管得出了多个模型可以拟合生产数据的事实（历史拟合没有唯一性），但反过来不一定是真实的，并不是所有的动态都能得到拟合；

（2）以上情况在较小的油田中更是如此，在这些油田中，油田岩石物理限制在油田开发早期起着主要的作用；

（3）在 Gannet B 案例中，主要的拟合工具是四维地震数据，而不是生产数据，就是模拟声阻抗变化与观察到的地震振幅变化的拟合，这是多模型情景的拟合目标。

11.4 情景建模的优势

此处定义的基于情景的建模方法相对于基本案例建模和多概率建模具有特定的优势：

（1）确定性：主要基于概念储层模型，通过模型设计而确定性应用。尽管这个模型可以用任何尺度的地质统计学模拟来重构需要的储层概念，但是地质统计模拟的结果既不用于运行优选的方案，也不用于量化输出结果的不确定性范围。

（2）不用锚定：该方法不是建立在基本案例或最佳猜测的基础上的。如果没有考虑最佳猜测，那么发生低估不确定性趋势的可能性便不大，从定性的角度把重点放在不确定性范围的探索上。

（3）依存关系：参数之间的直接依存关系是通过建模过程来保持的，两种模型之间的对比是通过量化输出结果来实现的，这也可以用来评估不确定性。

（4）透明性：尽管模型内部可能很复杂，但是工作流程很简单，并且直接从不确定性列表中获取信息，其过程并不复杂。如果输入的参数导致模型计算结果失败，则对输出结果进行评价。因此，重点不在于模型构建的复杂性（如果需要，可以由专家进行审查），而在于不确定性列表，该列表对所有利益相关方都是透明的。

11.5 情景建模需要解决的问题

情景建模方法有两个潜在弱点需要解决：

（1）相对于单一模型而言，管理多个模型需要花费更多精力，特别是成熟油田需要多个历史拟合。

（2）每种情景都是定性确定，因此与模型计算结果相关的统计性描述也是定性的。特别是对于常见的模型输出参数（例如体积），是以累计概率分布的形式展现的，因此也就出现了将确定性案例映射到概率分布的问题。

下面讨论解决这些问题的可能途径。

11.6 多模型处理

在未开发的油田中进行多模型处理并不耗时。图 11.10 说明了最近未发表的涉及 120 个案开发方案的研究结果。这些是根据六个基本静态模型的排列以及流体分布和组成中的动态不确定性手动构建的。静态模型是可靠的，其建立是基于不确定的组合来开展的，每种组分之间被认为是独立的（例如，砂体构造和流体成分）。利用该方法对所有关键不确定性因素都进行了评估。最终的模拟结果本可以通过少数的情景来实现，但是整个过程运行很简单，因为并不特别耗时（包括静动态模拟的整个研究过程大约需要 5 人 · 周）。该案例表明在未开发油田中进行多个静动态模型的建模是可行的，即使是人工汇编也是可行的。

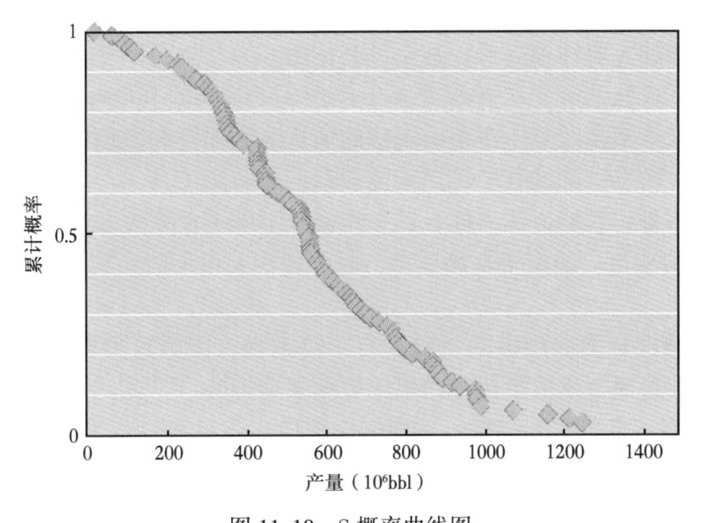

图 11.10　S 概率曲线图

超过 100 个实际开发场景生成的静动态模拟结果，认为是合理的

尽管上述 Sirikit 油田和 Gannet 油田所述的情况表明，多模型处理的工作流在成熟油田更加切实可行，但该问题对成熟油田更为严重。一系列自动历史拟合工具的出现进一步改进了这一操作，可以根据输入确定性控制条件得到模型结果。

即使是在生产历史较长的油田中，对情景建模而言，进行多模型的运行也不是障碍。一旦明确定义了概念情景，也就不需要过于复杂的模型，这就为后续模拟节约了大量的时间。通过作者跨公司调研，冗长的建模作业通常是由于构建巨型、精细和基于基础案例的建模方法导致的。历史拟合的精度通常与其静态储层模型的精度成比例。因此，与之相比，多个建模的方法更加实用和快捷。

11.7　确定性模型与概率报告相结合：实验设计

最近的发展趋势是用一套广泛称为“实验设计”的方法将基于情景的确定性建模与概率报告相融。该方法提供了一种从有限的确定性情境中生成油气储量概率分布的途径，提供了一种将单一情景与累计概率分布特定点关联起来的方法，或者叫“S”曲线。反过来，为特定模型的选择和开发方案的筛选提供依据。

实验设计是物理和工程科学中已建立的成熟技术，已经使用了数十年（Box 等，1978）。最近油藏建模和数值模拟领域也较为流行（Egeland 等，1992；Yeten 等，2005；Lit 和 Friedman，2005）。它提供了一种通过较少的运算量提供最大信息量的实验设计方法。在地下条件下，它能够通过结合理论上的不确定性，建立一系列的储层模型。设计的类型取决于研究的目的以及不同变量之间的内在关系。

最简单的方法之一是 Plackett-Burman 公式（Plackett 和 Burman，1946）。该设计假设不确定变量之间没有内在联系，且可实现利用较少的运算次数来提供足够的信息。更精细的设计，例如 D-optimal 或 Box-Behnken（Alession 等，2005；Peng 和 Gupta，2005），试图分析不确定性之间相互作用的级次大小，这需要大量的实验。

实验设计的一个关键方面是不确定性通常表达为最终量。而以往制作一个基础案例或者变量的最佳猜测的重要性被降低，甚至没有作用。

下面的案例从成熟油田二次开发方案中体现了 Plackett-Burman 实验设计与基于情景的方法的结合，该方案涉及基于多个确定性的情景油藏建模和数值模拟。建模的目的是建立一系列历史拟合模型，筛选其中可用于油藏开发的监测工具。

与所有基于情景建模的方法一样，该工作流从不确定性列表开始，其思想如下。

（1）顶部储层构造：地震资料品质差，时深转换关系不清。利用获取最终合理成分的可变构造模式模拟。

（2）薄层：薄层异类储层段的贡献具有不确定性，因为这些薄层没有单独生产或测试。这种不确定性是通过生成可用的净毛比数据来模拟的。

（3）储层构型：沉积模型解释的不确定性可以用三种概念模型来表示——潮汐河口、近端潮汐影响三角洲，远端潮汐影响三角洲模型（图 11.11）。每个模型都构建为一个完整的地质单元模型实现，包括确定性和概率性的子模型（构造、地层和相组合是确定性的，相和与相有关的属性是概率性的）。

（4）砂体质量：砂体具有不确定性，因为井的数量有限，是用定义科学案例的相比例来处理，其分布范围基于到目前为止井中观察到的最好和最差的之间。

（5）储层方位：利用可用的古倾向进行模拟。

（6）流体界面：利用流体界面的端点值进行模拟。

应用 12 次运行的 Plackett-Burman 设计将这 6 个不确定性综合起来。不确定性的组合方式如表 11.1 所示，其中高可能性情况用+1 表示，低可能性情况用-1 表示，中可能性情况用 0 表示。还添加了两个附加运行，一个使用所有中可能性点，另一个使用所有低可能性点。虽然这两种方法在理论上可以不做，但是它们在分析结果时可作为有用的参考点。

建立了 14 个储层模型，确定了各储层单元的油气藏体积。在这种情况下，油气体积是重要的输出参数，并将结果表示为 6 个不确定性的函数。拟合质量可以通过统计学方法量化，也可以通过对比建模体积与预测体积来简单地分析。一旦模型结果（在本例中为体积）与潜在不确定性之间的函数关系建立起来，就可以通过蒙特卡罗分析生成概率分布得到一系列体积。为了生成体积分布系列，在蒙特卡罗模拟器中定义了端点值可能性之间的每个不确定性的分布形状（由+1 和-1 实现的确定性选择表示）。如果给定的不确定都是同等条件存在的，则选择均匀分布特征，否则选择离散分布特征的模型。该方案的选择见图 11.11，然后对函数进行蒙特卡罗模拟，对这些分布进行采样，并在后期的回归中作为权重值。通过每次运行不确定性权重的改变，结果可以通过概率体或者 S 曲线分布来进行表示。这些分析可以利用商业化软件进行。

该工作流主要有三个优点：首先，它将概率报告和离散的多确定性模型建立了联系。这为选择模拟模型提供理论依据。例如，该分析能够确定 P90、P50 和 P10 模型，模型很合理地接近这些概率门槛值成为初始实验设计的一部分。由于对不同不确定性的影响已被

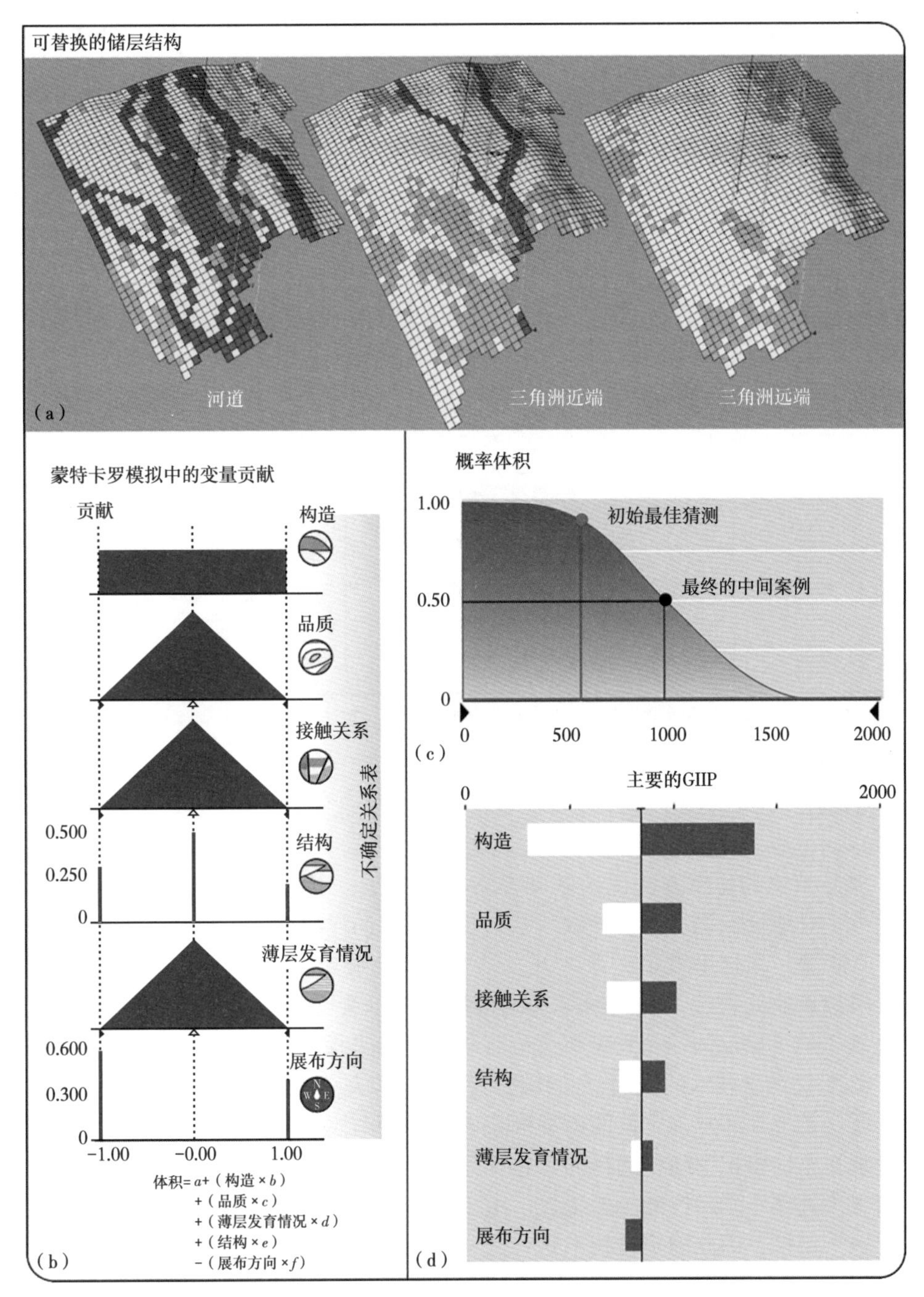

图 11.11 应用实验设计将确定的基于情景的模型与概率输出联系起来应用的综合总结

（a）油藏构造的离散确定性方案；（b）用于响应变量函数的蒙特卡罗采样中每个不确定性的权重；（c）蒙特卡罗曲线的输出，表示为 S 概率曲线，显示 P50 与最初的“最佳猜测”相比；（d）旋风图，显示结果对输入变量的敏感性（主要不确定性）

量化，因此很容易实现模型的优选。例如高可能性模型表示 P10 情形。其次，工作流侧重于最终参数和输入变量的范围，这就避免做出错误的最佳猜测。最后，该方法通过旋风图或简单的蜘蛛图提供了一种量化不同不确定性影响的方法，进而可用于指导现场进一步数据采集。此外，在进行了一个实验设计之后，可能会发现 P50 结果与任何最初的最佳猜测都有显著的不同，如图 11.11 所示。

表 11.1　一套包含六个不确定性的一套确定性储层模型的 Plackett-Burman 设计

运行次序	构造	品质	接触关系	结构	薄层发育情况	展布情况	响应数据值
1	−1	1	1	1	−1	1	1178
2	−1	−1	1	1	1	−1	380
3	−1	−1	−1	−1	−1	−1	109
4	1	−1	1	1	−1	1	1105
5	−1	−1	−1	1	1	1	402
6	1	−1	1	−1	−1	−1	1078
7	1	1	−1	1	1	−1	1176
8	1	−1	−1	−1	1	1	1090
9	−1	1	−1	−1	−1	1	870
10	−1	1	1	−1	1	−1	932
11	1	1	−1	1	−1	−1	1201
12	1	1	1	−1	1	1	1245
13	0	0	0	0	0	0	956
14	1	1	1	1	1	1	1656

注：响应数据值表示以十亿标准立方英尺为单位的气体原始储量。

11.8　结论

（1）基于情景的建模方法优于基础方案建模方法，因为后者的结果是基于最佳猜测的，同时由于对地层认识不清，导致其结果具有一定的误导性。

（2）“情景”在这里被定义为“开发结果的多个确定性驱动模型”，是处理不确定性的多随机模拟作业的首选，其应用与基础模拟一样，会受到数据不足的限制。每种“情景”都是基于地下储层的一个特定概念的合理开发未来预期，可据此优化开发方案。

（3）地质统计学技术的应用，尤其是条件模拟算法，是建立一个仿真地下模型的全力支撑——通常是加入非常确定性的模型框架中。多概率模型也对建模过程质控具有重要的作用，特别在条件模拟中随机选择的敏感性分析中十分突出。然而，地质统计学建模技术并没有被视为处理不确定性的主要工具。由于透明、相对简单及每个情景都可以单独验证为合理的地下结果，因此确定性技术是首选。

（4）基于情景的建模很容易应用于新建油田，但是，如本章示例所证实的，它也适用于成熟的在开发油田，在模拟阶段可能需要多个历史拟合。

（5）得益于基于情景的工作流持续关注的一个当前改进领域是多历史拟合的方法，这有助于提高计算能力。

（6）当前研究的第二个领域是将确定性选择的情景与概率报告结合起来。这里提出的首选方案是试验设计规划的简单实用。该技术可以应用于少数确定性情景，不需要预先选择基本情况或“最佳猜测”模型。因此，该方法避免了模型锚定的陷阱，而这被认为是在建模工作流中保持大范围且合理的不确定性的关键。

参考文献

Alession, L. , Coca, S. & Bourdon, L. 2005. Experimental design as a framework for multiple history matching: F6 further development studies. *SPE Asia Pacific Oil and Gas Conference and Exhibition*, Paper SPE n° 93164.

Baddeley, M. C. , Curtis, A. & Wood, R. 2004. An introduction to prior information derived from probabilistic judgements: elicitation of knowledge, cognitive bias and herding. *In*: Curtis, *A.* &Wood, R. (*eds*) *Geological Prior Information*: *Informing Science and Engineering*. Geological Society, London, Special Publications, 239, 15-27.

Bentley, M. R. & Hartung, M. 2001. A 4D surpriseat Gannet B-a way forward through seismic-allgconstrained scenario-based reservoir modelling. *EAGE Annual Technical Conference*. Amsterdam. Abstract.

Bentley, M. R. & Woodhead, T. J. 1998. Uncertainty Handling Through Scenario-Based Reservoir Modelling. *SPE Asia Pacific Conference on Integrated Modeling for Asset Management*. Kuala Lumpur, Malaysia, SPE n° 39717.

Box, G. , Hunter, W. & Hunter, J. 1978. *Statistics for Experimenters. An Introduction to Design*, *Data Analysis and Model Building*. Wiley, New York.

Cosentino, L. 2001. Integrated Reservoir Studies. Editions Technip, Paris.

Dubrule, O. & Damsleth, E. 2001. Achievements and challenges in petroleum geostatistics. *Petroleum Geoscience*,7,1-7.

Egeland, T. , Hatlebakk, E. , Holden, L. & Larsen, E. A. 1992. Designing Better Decisions. *SPE European Petroleum Computer Conference*, Stavanger, Norway. SPE n° 24275.

Kloosterman, H. J. , Kelly, R. S. , Stammeijer, J. , Hartung, M. , Van Waarde, J. & Chajecki, C. 2003. Successful application of time-lapseseismic data in Shell Expro' s Gannet Fields, Central North Sea, UKCS. *Petroleum Geoscience*, 9, 25-34.

Li, B. & Friedman, F. 2005. Novel Multiple Resolutions Design of Experiment/Response Surface Methodology for Uncertainty Analysis of Reservoir Simulation Forecasts. *SPE Reservoir Simulation Symposium*. The Woodlands, Texas 2005, SPE n° 892853.

Van Der Heijden, K. 1996. *Scenarios*: *the Art of Strategic Conversation*. John Wiley & Sons, Chichester.

Van Der Leemput, L. E. C, Bertram, D. , Bentley, M. R. & Gelling, R. 1995. Full field reservoirmodelling of Central Oman gas/condensate fields. *SPE Annual Technical Conference and Exhibition*, *Dallas*, *USA*, SPE n° 30757.

Mintzberg, H. 1990. The design school: reconsidering the basic premises of strategic management. *Strategic Management Journal*, 11, 171-195.

Peng, C. Y. & Gupta, R. 2005. Experimental design andanalys is methods in multiple deterministic modelling for quantifying hydrocarbon in-place probability distribution curve. *SPE Asia Pacific Conference on Integrated Modelling for Asset Management*. Kuala Lumpur, Malaysia, SPE n° 87002.

Plackett, R. & Burman, J. 1946. The Design of Optimum Multifactorial Experiments. Biometrika, 33, 305-325.

Smith, S. , Bentley, M. R. , Southwood, D. A. , Wynn, T. J. & Spence, A. 2005. Why reservoir models so often disappoint-some lessons learned. *Petroleum Studies Group meeting*, *Geological Society*, London. Abstract.

Taylor, S. R. 1996. 3D Modeling to Optimize Productionat the Successive Stages of Field Life. *SPE Formation Evaluation*, 11, 205-210.

Yeten, B. , Castellini, A. , Guyaguler, B. & Chen, W. H. 2005. A Comparison Study onExperimental Design and Response Surface Methodologies. *SPE Reservoir Simulation Symposium*. The Woodlands, Texas, SPE n° 893347.

12 Chevron 采用的将不确定性融入地质和流动模拟建模：安哥拉海上 Mafumeira 油田早期开发的应用

A. Chakravarty A. W. Harding R. Scamman

摘要：本章描述了一个位于安哥拉海上的 Chevron 作业区块：Mafumeira 油藏建模案例历史。该油田只有六口井，位于将近 60km² 的封闭范围内。研究的目的是捕获一系列地下不确定性以评估开发方案。我们使用了沉积相建模方案，该方案利用了多点地质统计模拟和储层性质不确定性分析的最新发展，生成了五个静态储层模型。粗化后，使用实验设计（DoE）方法对每个模型针对不同的油田开发方案进行了流动模拟，并优选了开发方案。

Mafumeira 油田的地质情况复杂。多点地质统计模拟使用了一个包含七种沉积相的训练图像。训练图像是相以及与相相关的一个三维概念模型，它代表多个相之间的复杂空间关系，以及如曲流河的非线性形状。相模拟以相概率三维体为条件，该相概率三维体允许针对储层的不同地层层段使用单一训练图像，并具有七个相的不同组合和比例。建立了多个版本的相概率三维体来模拟出现在储层质量岩石单元中的不确定性。

在进行储层属性建模时，考虑了孔隙度、渗透率和含水饱和度（PKS）的不确定性。建立了五种模型，反映了高、低方案的储层相，高、低方案的 PKS 属性和中方案的组合。然后，对高、中、低方案模型进行了动态测试，以确保在粗化之前具有不同的流动特性，并将流动特性与相似区块进行对比。

为了利用 DoE 模拟，需要对五个精细网格模型进行粗化。流动模拟方法被认为是验证粗细网格模型模拟特征的最佳工具。但是，这项工作表明，在其他储层模型中使用的常规粗化方法无法充分获取该非均质储层中细网格模型的流动特征，研发了一种可适应 Dykstra-Parsons 系数的新方法，且用于调整粗化模型。

本章定义了该领域的十二个开发备选方案，并对基于中方案（mid-case）模拟模型的结果进行了确定性经济评价，以便将要进行概率分析的备选方案数量减少到五个。DoE 方法使我们能够对主要的地下不确定性进行全面评估，并设计总体开发方案。概率模拟结果以及完整的决策分析（DA）使我们能够确定一个阶段的开发方案，这将减轻潜在的下行风险，同时保留获取上行潜力的能力。

这项对安哥拉海上 Mafumeira 油田的研究于 2003 年，进行了大约 6 个月，是在进行全局工程设计之前评估开发方案的较大工作的一部分。为准备此处所述的研究工作，已经进行了广泛的地质、地球物理、岩石物理和工程工作，以提供进行建模所需的数据，但这超出了本章的研究范围。此处，我们将着重描述静态地质建模过程，包括不确定性分析、多种模型的动态流模拟、使用决策分析方法进行的经济评估以及基于该建模做出的决策。将地质和油藏工程技术与整个建模过程中识别和管理不确定性的潜在主旨相统一和模拟处理是本项工作的基本出发点，并且这被认为是行业最佳实践。

12.1 地质概述

研究的储层位于白垩系的Pinda组内，已发表的文献对该地层的构造、碎屑岩和碳酸盐岩的混合地层进行了非常有限的讨论，同时在Rouby等（2003）和Brice等（1982）的文献中以及Brownfield和Charpentier（2006）在过去的参考文献（和地层专栏）也能看到非常有限的讨论。Pinda沉积被认为是在浅海环境中形成的，而古海岸线的走向大约为N20°W。在我们研究区域的东部，沉积物主要是红层，而在西部则是一个完整的海相陆架。这些沉积环境被滨岸沉积一分为二，西部为下滨相，东部则是障壁岛滨岸沉积。在障壁岛复合体的后面发育一个潟湖。随着海平面的不断变化，这些相带大致由东向西迁移，然后又往回移动。气候总体上是干旱的，但是季节性河道在暴雨时进入潟湖形成湾头三角洲（bay-haed deltas）时会切割红层剖面，沉积了河道砂体。在降雨较少时，潟湖变成了碳酸盐沉积的场所。有发育潮汐入口和冲溢扇的证据。图12.1（a）是揭示单一储层带的沉积相简化图。一项地层学研究确定了层序边界和洪泛面（Flooding surfaces），并应用它们将Pinda一步划分为15个储层带。

在古近—新近纪，白垩系受因该地区特有的Pinda断陷—筏运构造而发生变形：Pinda年代断块在下伏的Aptian Loeme盐段上滑离并高度旋转。研究区南部的变形特别强烈，即使借助三维地震数据，也难以可靠地绘制断层。Pinda现今埋深8500~12000ft。图12.2揭示了该油田的构造样式，并显示储层顶面构造图和三条代表性构造剖面。

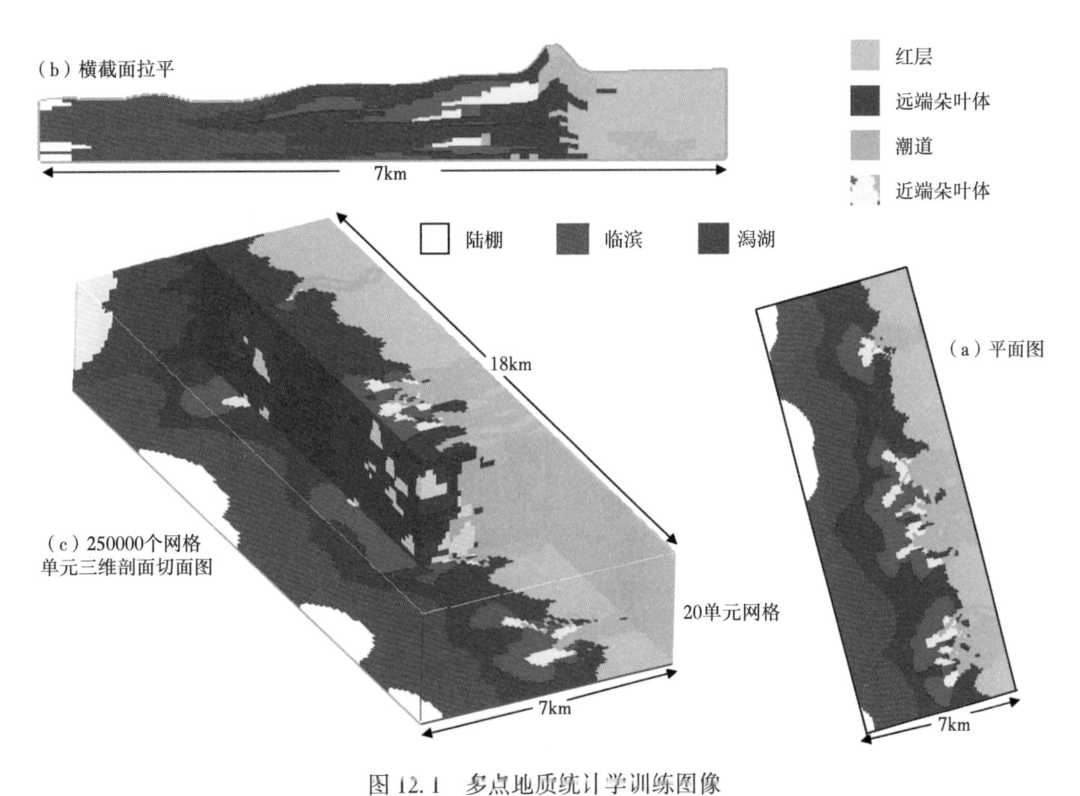

图12.1 多点地质统计学训练图像

（a）揭示沉积相关系的平面图；（b）底部拉平的横剖面图；（c）立体图的切块

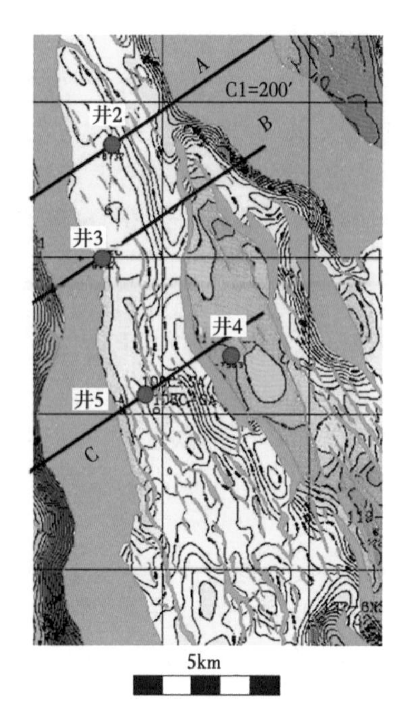

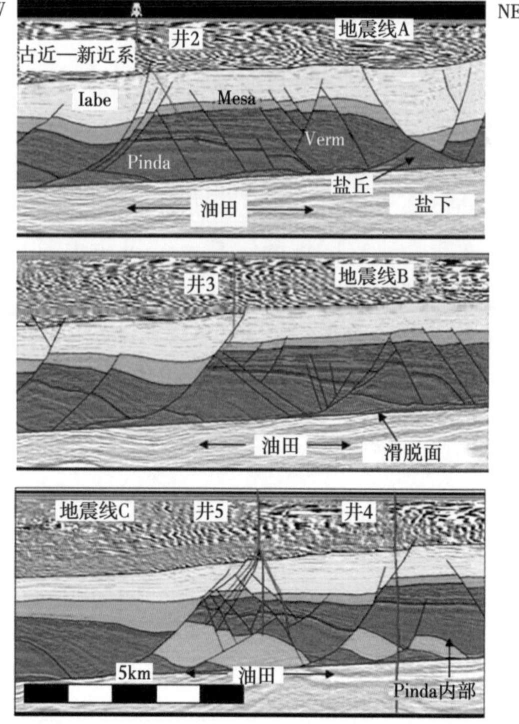

图 12.2　构造平面图和三条地震测线：揭示 Pinda 断陷—筏运构造

12.2　静态地质模型

静态地质模型分三个阶段建立：地层网格单元构建、沉积相建模以及沉积相储层属性建模。六口钻井钻穿了储层，另外一口井用于构造控制。六口井中有两口井大范围取心，这些岩心用于约束地层研究。在岩心中识别沉积相，并将它们简化为七种主要的沉积相：陆棚、临滨、潟湖、红层、潮道、近端朵叶体及远端朵叶体。用岩心校准测井曲线，然后通过测井解释将沉积相解释扩展到无岩心井段。

12.2.1　构建地层网格单元

Pinda 的含油气单元限制在一个 N20°W 走向的细长断块中，并由多个气油和油水界面分隔，但是，为简单起见，用于建模的地层网格本身不发生错断。绘制地震层位和断层平面图，深度校正，导入 Gocad（Paradigm 的可视化和建模软件包），绘制复合断层的层面并用于约束地层网格的结构。网格中的断崖通过陡峭倾斜的地层（steeply dipping beds）体现，各个断块确定为网格中的单独区域，并在处理的后期赋予不同的烃类界面。

网格单元平面上为边长 100m 的正方形，平均单元厚度为 1~2ft，地层网格单元总数为 1350 万个。为了提高运算效率，将网格分为三个部分（以下称为储层 1、储层 2 和储层 3），这些部分在粗化过程中再合并到一起。

12.2.2 沉积相建模

Strebelle 和 Levy（2008）已描述了建模这一步骤中使用的技术，Harding 等（2004）讨论了它们在该特定油田的应用，因此在这里仅作一个小节。

本章曾经使用多点地质统计学模拟（MPS）来建立沉积相模型。使用沉积相相对于岩石单元的任何其他类型特征的优势在于：对每种沉积相的地质理解使我们能够描述它们的形状以及与其他发育的沉积相的空间关系。这些信息被编译成一个“训练图像”，这是一个包含沉积相形状及其适当尺寸和相关性的三维理想模型，其中训练图像是使用 Chevron 专有的目标模拟技术构建的。图 12.1（c）是已在顶底拉平的训练图像的三维切块视图。模拟中使用的训练图像具有与建模网格相同的水平和垂直网格单元尺寸，但厚度仅为 20 个单元网格。

MPS 过程使用训练图像来计算已知相出现的概率，并将其用于以井的相作为约束数据的序贯模拟。但是，在那种约束条件下，可以生成一种实现，在这种实现中，由地质理解可知，例如陆架相是不合适的。通过加入沉积相概率三维体作为附加约束来避免该问题。根据对该层段的地质解释编制沉积中心平面图和垂直比例曲线为要模拟的每一个储层段建立控制条件。图 12.3 显示了模型中一个特定地层网格层上每个相的相概率平面图，图 12.4 显示了三个网格层的最终相模型。模拟的早期阶段高度依赖概率三维体中的信息(因为仅给几个单元格完成了赋值)，在概率立方体中看到的相带得以再现。在随后的模拟中，当更多的网格完成赋值时，MPS 会利用训练图像中的概率信息，在精细结构的模型中重现沉积相组。

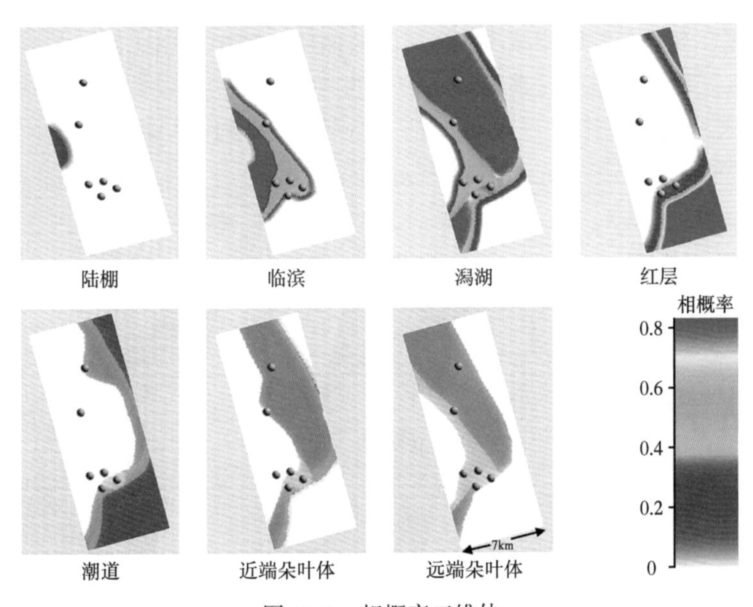

图 12.3 相概率三维体

显示出了三维体的一个水平切片，揭示利用沉积相发生概率提供的地质约束

只有六口井钻穿储层，因此有关岩相比例的信息（控制净毛比）不足以确保岩相分布解释的可靠性。因此，除了首选的解释方案外，还为相概率立方体假设了另外两个场景，

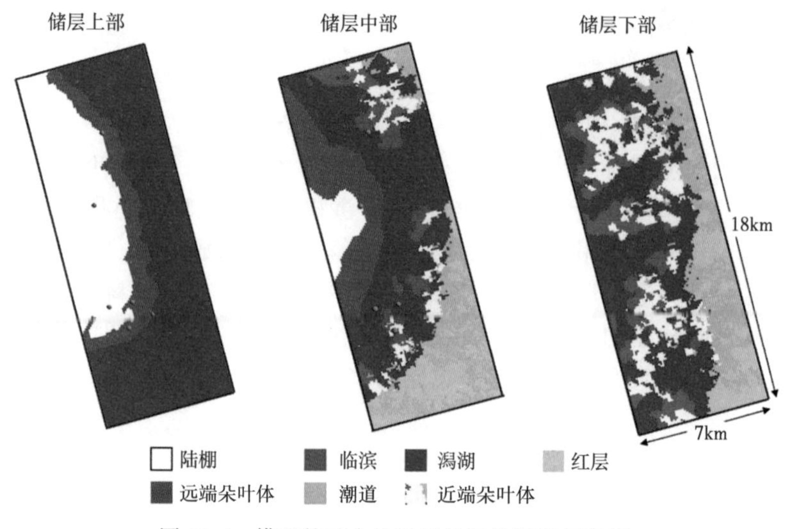

图 12.4　模型的三个地质网格层的沉积相实现

分别代表了净毛比的高低情况。虽然低和高净毛比的情况并不代表真实的 P10 和 P90 概率情况，但它们是根据沉积相的区域分析和类似 Pinda 油田的净毛比范围的刻画来构建，可以使用实验设计技术来分析原油储量分布对概率分配的敏感性，但这超出了本章的范畴。然后，使用较高和较低净毛比的相概率体多维数据集执行多点模拟，但使用与之前相同的训练图像。

这三种情况的网格层示例如图 12.5 所示，显示滨岸相、潮道和三角洲相发育程度增加，但海洋陆棚、潟湖和红层相减少。在相同的储层构型中，相比例的差异会影响原油储量和储层连通性。较高的净毛比具有较强的南北向连通性，而较低的净毛比很可能由几个孤立的储层组成。为了对此进行定量评估，必须首先用孔隙度、渗透率和含水饱和度（PKS）的储层属性为模型赋值，下面将对此进行讨论。

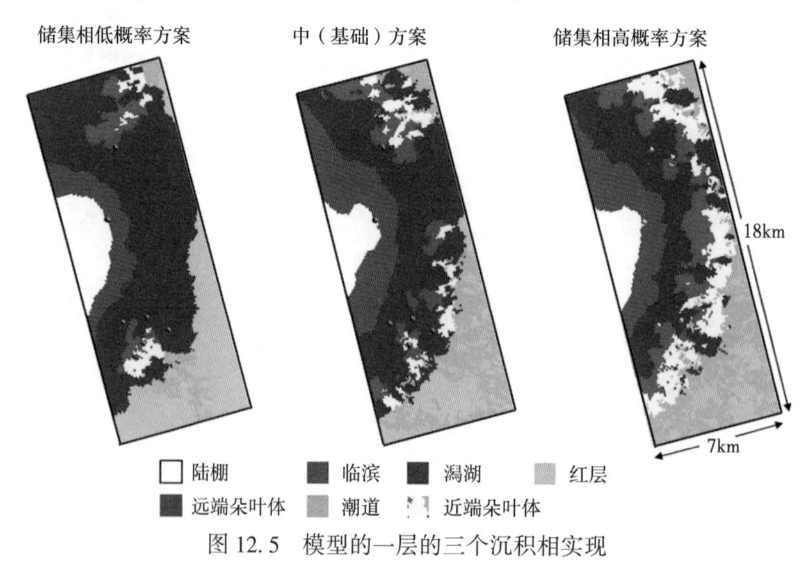

图 12.5　模型的一层的三个沉积相实现

使用不同的相概率体用于生成沉积相发育的高、中（基本）和低概率情况储层的开发方案

12.2.3 储层属性建模

使用标准的地质统计学工具，为每种沉积相赋予储层属性。首先，使用序贯高斯模拟（SGS）（Deutsch 和 Journel，1992）赋渗透率；其次，利用渗透率作为独立属性，通过 P 场（P-field）云变换（Bashore 等，1994）进行孔隙度模拟；最后，以渗透率的云变换模拟了束缚水饱和度。为适应 Pinda 地层，采用了先渗透率后孔隙度的建模工作流程，以捕捉非均质渗透率结构作为影响流体流动的模型关键特征。使用云变换可以体现多个孔隙度与渗透率的关系，尽管由于模拟的顺序，孔隙度模型的非均质性会被放大，但是该影响不会很大，因为储层的体积受控于孔隙度直方图，隐含在云变换过程的散点图中。

井点处水平渗透率通过基于矿物特征的、测井曲线计算的、经过岩心测量校准的岩石物理属性估算得到。之后对其值进行上覆压力和流体流动效应校正。本节研究中使用的所有六口井钻井均具有全套现代测井曲线［频谱伽马射线、电阻率、中子—密度、声波时差和核磁共振（NMR）测井曲线］，所有曲线都用超过 2000ft 的岩心进行刻度，将测井曲线推导的渗透率—深度关系与三口井的五个 DST 段进行比较，发现具有良好的相关性，NMR 解释通过岩心扫描进行校准。

序贯高斯模拟以计算出的单井渗透率值为控制，对于具有可变方位的每种沉积相，使用单独的各向异性变差函数，以符合沉积相的解释趋势。图 12.6 显示了整个储层的渗透率直方图，按沉积相以渗透率的对数分类。尽管某些相的直方图相似，例如陆棚和远端朵叶体，但这些相的形态以及它们与其他相的关系不同，这证明有必要对它们进行单独建模。

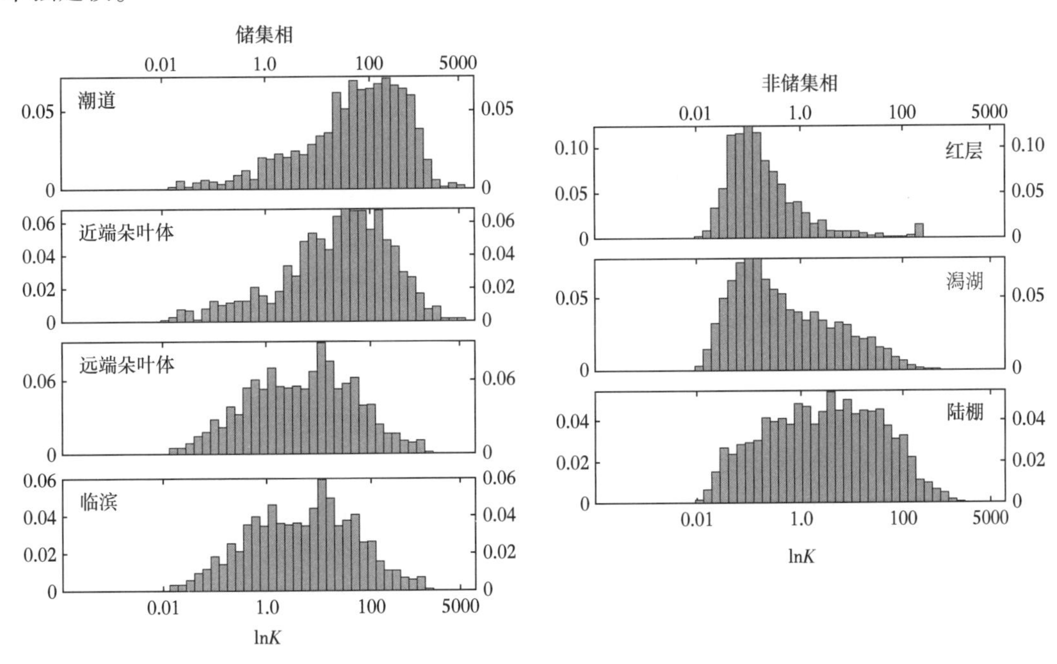

图 12.6 储层相和非储层相岩石的渗透率直方图

K 为渗透率，单位 mD

尽管沉积相的渗透率统计足以进行随机建模，但稀疏的井控表明可能尚未对真实分布进行充分采样。使用了针对基本方案模型（Base case model）所用的直方图，同时还建立了较高和较低渗透率方案。估算这些情况下的直方图是带有主观性的。在本节的示例中，我们选择检查建模的 15 个区域中每个区域的沉积相渗透率分布，并将显示较高平均渗透率的区域和显示较低平均渗透率的区域分组在一起。然后将所得的直方图用于控制高、低方案的渗透率建模。图 12.7 显示了用于在 SGS 中执行正态转换的高方案（high-case）、全局方案和低方案直方图，这些统计信息保留在输出模型中。我们考虑过通过测井值扰动（变化）来模拟其他渗透率不确定性。我们没有研究这些值的不确定性，因此针对每种情况使用一组井渗透率值。

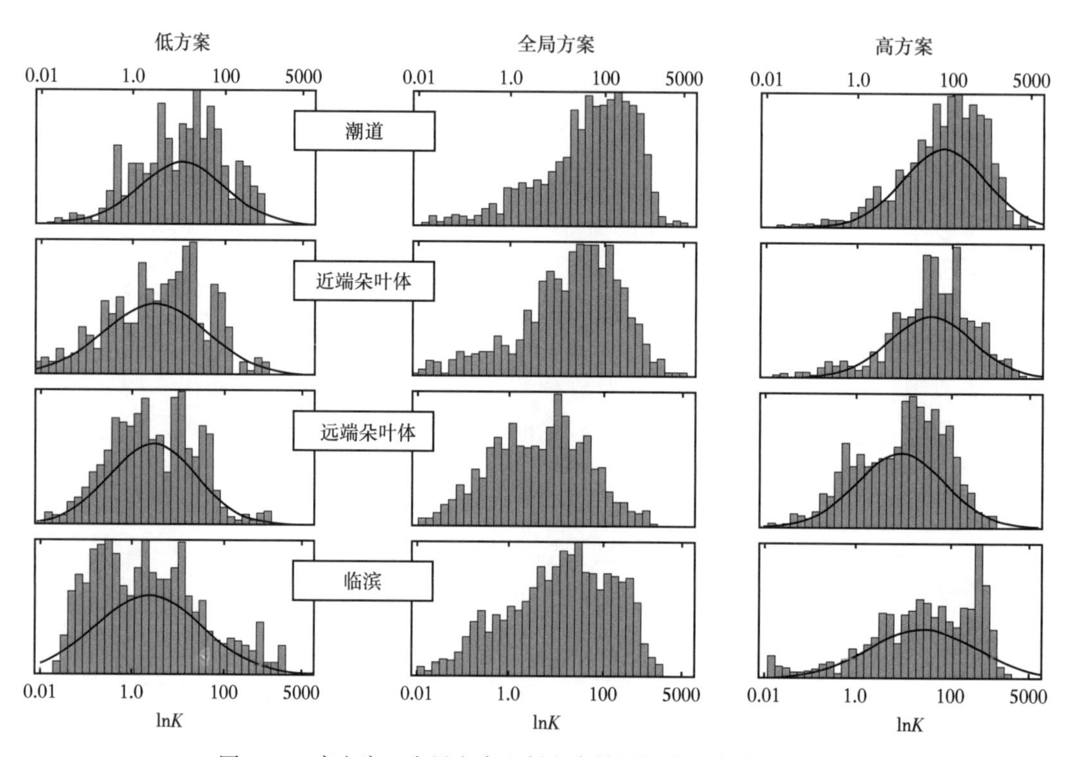

图 12.7　高方案、全局方案和低方案储层相渗透率分布直方图

K 为渗透率，单位 mD

云转换过程需要一个将渗透率（自变量）与孔隙度（建模变量）相关的散点图，孔渗关系来自岩石物理分析。图 12.8 显示了用于每种沉积相的散点图。我们考虑了几种方法来模拟孔隙度不确定性的影响，包括测井值的扰动和渗透率—孔隙度散点图的多种情景的生成，但是由于这些情况缺乏基础，我们选择允许高渗透率和低渗透率直方图，仅使用如图 12.8 所示的散点图来模拟高孔隙度方案和低孔隙度方案场景。

对于静态模型，使用渗透率的 P 场云变换对束缚水饱和度进行模拟。制作了油水界面上每种沉积相的利用测井导出的含水饱和度交会图，并将这些数据用于云变换。为了简单起见，我们没有展示这些交会图。但是，它们显示出含水饱和度与渗透率成反比关系，但具有高度分散性。渗透率直方图的不确定性再次被用来导出高、中和低方案的含水饱和度。

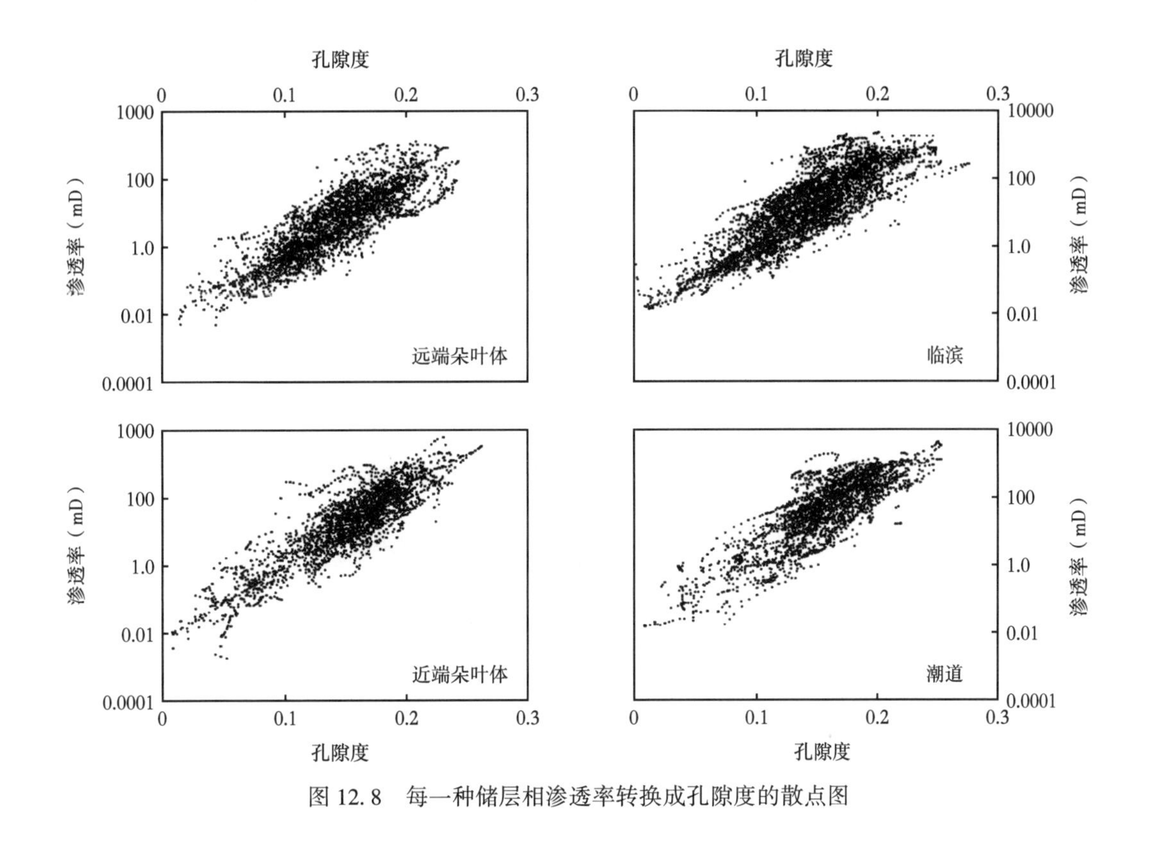

图 12.8　每一种储层相渗透率转换成孔隙度的散点图

12.3　模型构建和体积计算

该油田的复杂构造导致形成了多个油气藏，有限的井控给油—气—水界面带来了相当大的不确定性。对于每个油气藏，分配了高、中、低方案下的界面，并为每种方案计算体积。

对于 Pinda 油藏，通常定义有效储层的渗透率下限值，但尚不确定哪一个最合适。因此，我们使用三个不同的临界值来估算体积：1mD、5mD 和 10mD。基于气油比和钻杆测试的 PVT 数据，同时结合一系列地层体积因子（FVF）。这些是烃类体积的简单乘数，因此该步骤不需要构建模型。

时深转换速度是不确定性的另一个来源，为了对比与其他参数分开进行建模。基于可用的地震和井速度数据，构建一系列概率分布范围的速度模型。用低、中、高方案下的速度模型对三个主要油藏层段中每个油藏顶部的时间域图进行深度转换，以测试油水界面上方的总岩石体积对速度变化的敏感性。Gocad 地球模型是使用每个储层的中层深度面构建的。

图 12.9 以旋风图的形式显示了碳氢化合物体积对每个不确定性参数的敏感性。在保持基本方案其他参数值不变的条件下，在预期范围内更改其他参数值并进行体积计算，以便为每个参数构建此图。不确定性的三个主要来源是 PKS，同时储层沉积相占比、油气水界面以及净毛比的临界值也很重要。

沉积相方案和PKS属性方案的组合构建了9个模型。加上净毛比截断值，油气界面和地层体积因子的不确定性，得出了243个储量体积。所有这些模型的烃类的平滑累计曲线如图12.10所示，这是基于以下假设：高、中和低参数值均相等。其技术基础是我们没有先验的理由来假设概率分布，因此选择了最小偏差的选项。储层沉积相出现和PKS储层性质的关键地质基础不确定性可以通过5个模型来表示，这些模型是高和低PKS参数和高低储层沉积相占比的组合，以及“中—中”模型（中方案沉积相和中方案PKS）：这些被应用到流动模拟阶段。累计曲线表明，“中—中”模型确实接近P50，“高—高”模型接近P90（具有中方案的烃类界面），但是低方案没有模型代表。这5个模型将被应用到油藏模拟阶段。

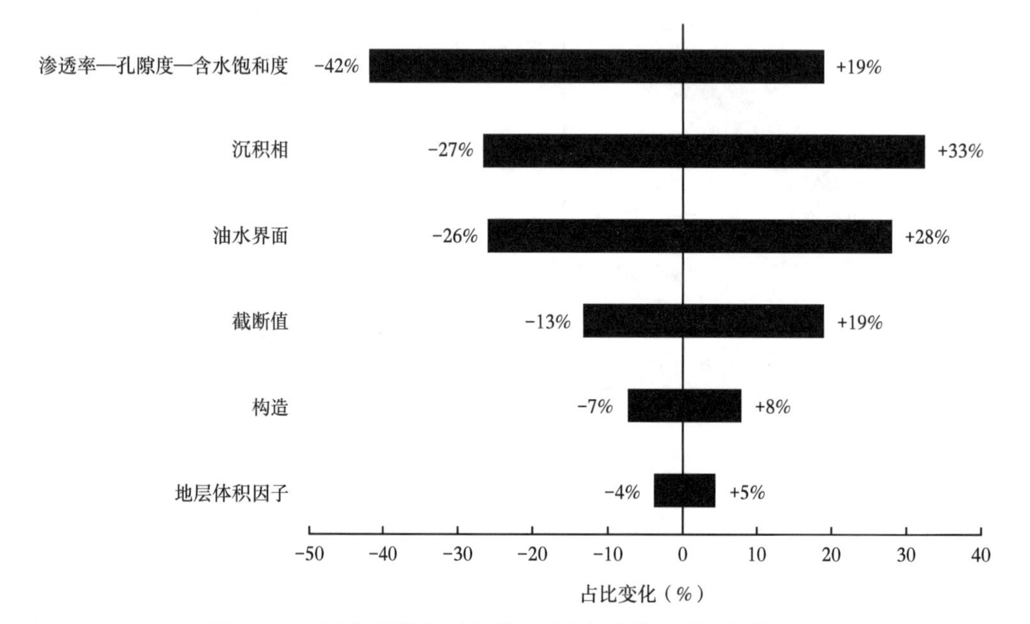

图12.9　反映烃类体积对每种不确定性参数敏感性的旋风图

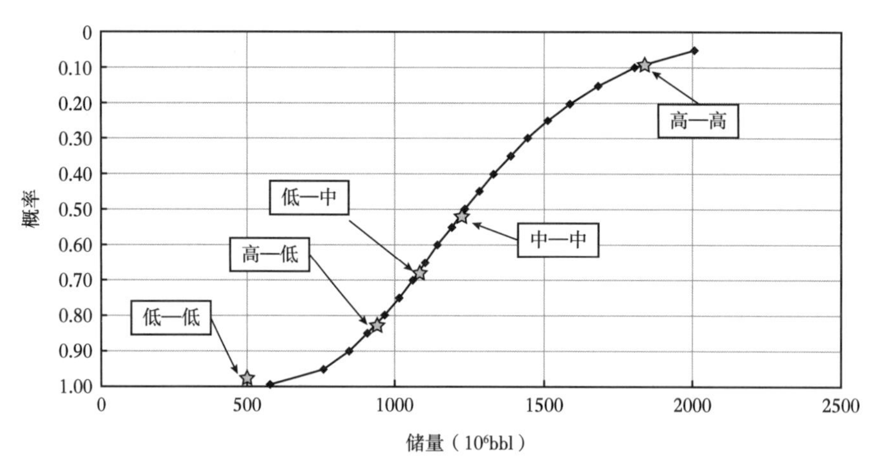

图12.10　油田总原始地质储量和用油藏模拟研究的各种地质模型

12.4 油藏模拟建模

上一节中描述的五个精细模型（代表高、低储层体积以及高、低储层连续性的组合）如图 12.10 所示。确定了两种沉积相（含砂量）和高、中、低模型。岩石物理或 PKS（用于砂质和连通性），可以确定沉积相和 PKS 模型的各种组合。储层模拟建模遵循图 12.11 所示的工作流程。

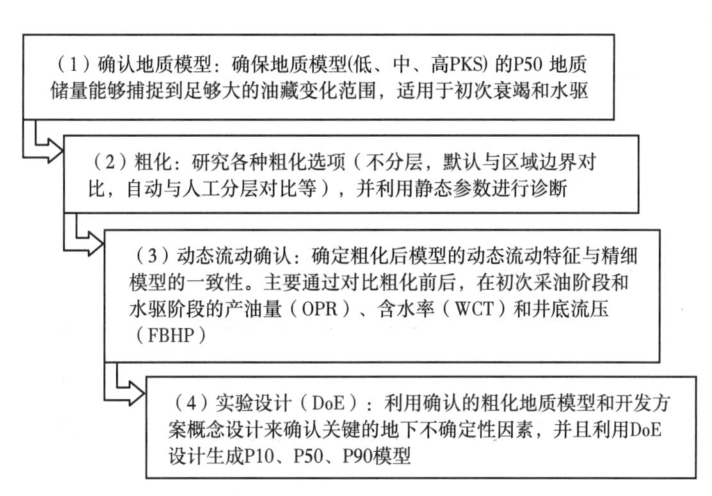

图 12.11　油藏模拟工作流程

12.4.1　地质模型验证

为了确保精细模型确实捕获了不同的动态流动特征，在建模工作的早期就进行了油藏模拟测试。首先以精细尺度测试地质模型，以验证模型是否包含了足够大范围的油藏动态变化（对于初次开发和注水开发）。从低、中方案和大型方案的精细模型（图 12.12）中切出了核心区域的一个扇区（约 930 万个单元），分别对这三个具有高、中和低 PKS 的模型进行了测试。

使用 Frontsim 模拟器（Schlumberger 的三维流线模拟器：http://www.oilfield.slb.com/content/services/software/geo/petrel/frontsim.asp）在实际操作条件下对模型进行了测试。部分结果显示在图 12.13 和图 12.14 中。这些结果表明，该模型已经针对主要的衰竭式开采和注水开发方案获取了足够广泛的油藏动态变化特征。

12.4.2　粗化

为了将沉积相和 PKS 都纳入不确定性建模中，选择四个地质模型来获取这些参数中的极端值（表 12.1）。这些精细的地质统计学模型分别由具有大约 300 万个单元的 Reservoir 1（R1）模型和具有大约 1000 万个单元的 Reservoirs 2 和 Reservoirs 3（R2 和 R3）模型组成。使用 SCP（Chevron 专有储层粗化软件）分别对模型进行粗化。

首先测试粗化中等方案的 R1（MM）模型。模型的平面网格尺寸基本保持不变，只是在模型边缘部分做了粗化。研究了几种粗化方法：

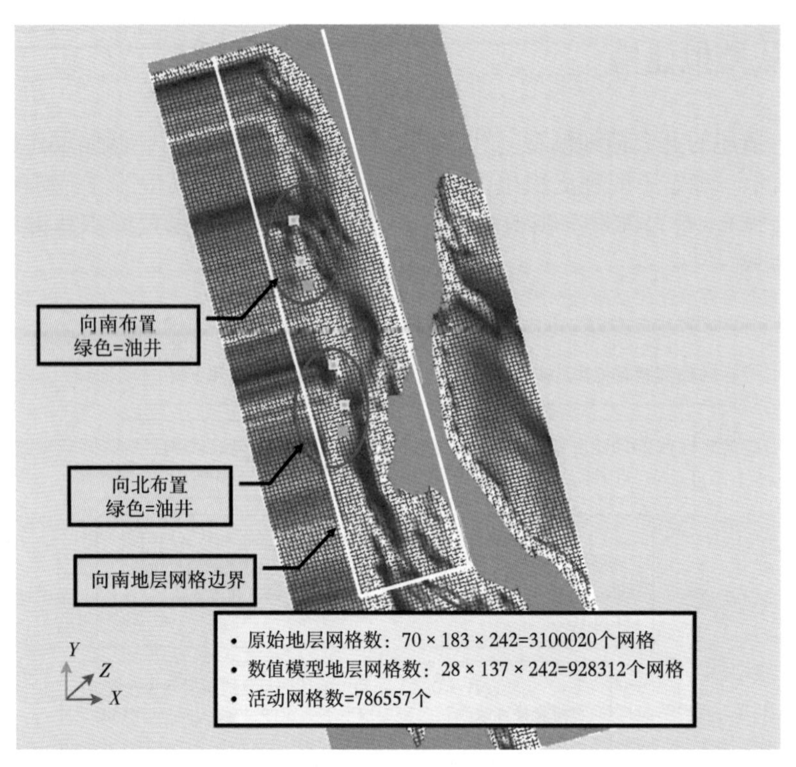

图 12.12　R1 段模型

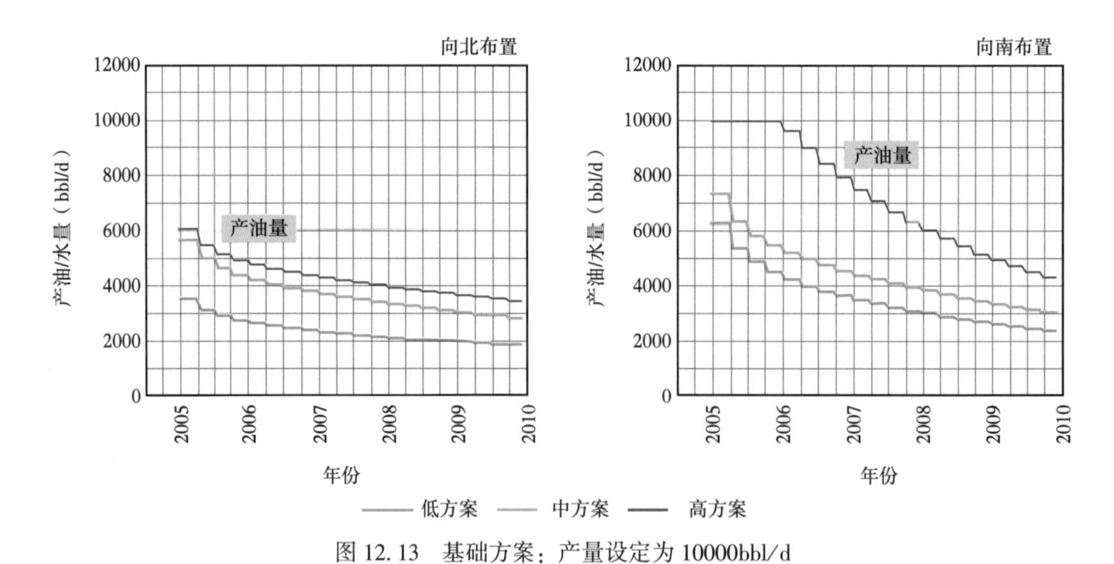

图 12.13　基础方案：产量设定为 10000bbl/d

（1）人工和自动细分层对比；

（2）垂向细分层（16 层、20 层、29 层和 43 层）；

（3）默认和边界区域选项对比；

（4）井筒周边粗化。

使用标准的粗化诊断程序（基于单相流比较），精细模型和粗化模型（按比例粗化）

表 12.1　极端相

序号	沉积相	简写
1	中沉积相，中 PKS	MM
2	低沉积相，低 PKS	LL
3	低沉积相，高 PKS	LH
4	高沉积相，低 PKS	HL
5	高沉积相，高 PKS	HH

看起来相当相似。在这些粗化方法之间观察到了一些差异，但差异并不明显，不足以放弃其他而只选择一个粗化模型。为了进一步研究粗化的质量，进行了动态流动特征比较。

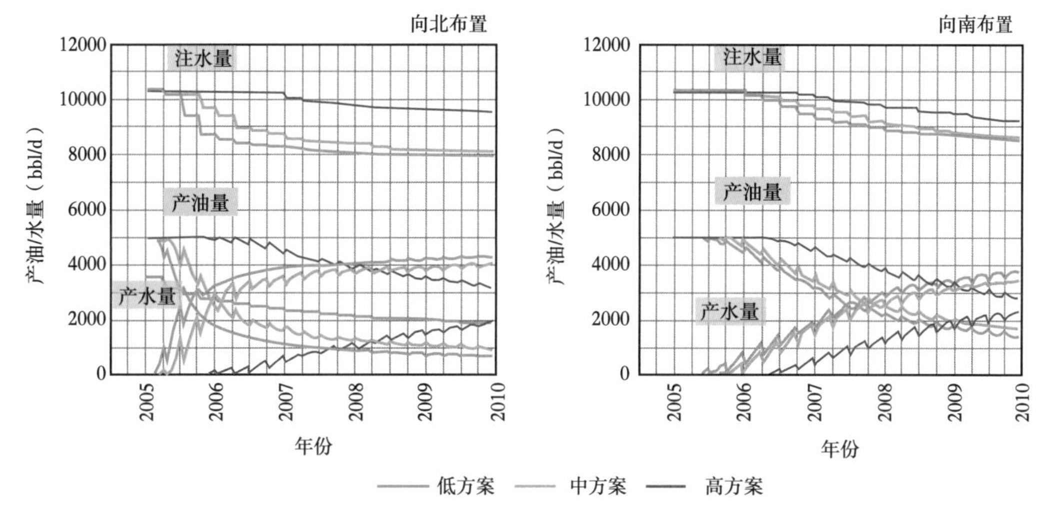

图 12.14　水驱方案：井距为 500m，最大产液量为 5000bbl/d

12.4.3　动态流动验证

使用概念性的一次采油和二次注水方案，进行了动态测试（两相流），并对粗化前后的模型进行了对比。所有动态测试均使用三维流线模拟器（Frontsim）进行。

在初始方案下，概念性生产井被放置在相距约 1200m 的位置，以覆盖大部分油田区域。进行模拟计算以测试使用不同粗化选项生成的粗化模型。可以得出结论，对于主要的采收率方案，模型动态特征对粗化方法不敏感，精细模型和粗化模型非常吻合。

在注水方案下，概念模型的生产井和注入井之间的距离大约为 1000m，它们覆盖了大部分油田区域。结果发现，与精细模型相比，动态效果最佳的粗化模型（29 层模型）仍然保持乐观，如图 12.15 所示。

为了改善拟合程度，尝试对 K_v/K_h、相对渗透率（直线）和近井筒粗化方法进行调整，但均未成功。最后，通过计算 Dykstra-Parsons（DP）系数研究了系统的非均质性。发现细尺度的 R1 模型的 DP 系数约为 0.99，表明系统非均质性极强；而粗尺度的 29 层 R1 模型的 DP 系数较低，表明由于按比例粗化而造成的一些非均质性损失。将粗尺度 DP 系数增加到 0.85，可以获得更好地动态拟合（图 12.15）。调整 DP 系数可调整模型中的渗透率比值，而无须更

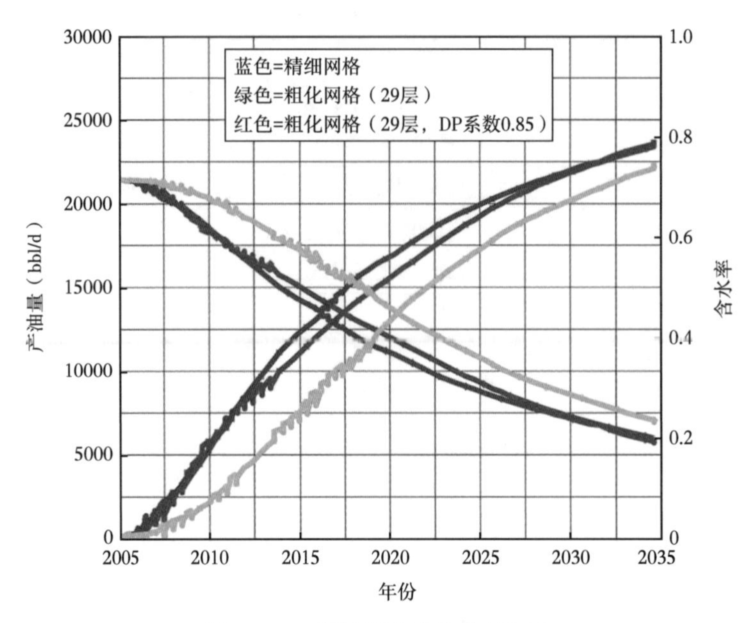

图 12.15　粗尺度模型的动态特征

改模型 K_h 值。与精细模型相比，拟合所需的调整不会改变系统的整体地质特征。参照标准的按比例粗化诊断程序进行重复试验，得出与前面一致的结论。

通过调整 DP 系数，对 R23 储层单元和其余四个精细尺度模型（HH、HL、LH 和 LL）重复进行动态模型的验证过程，然后将所有经过验证的粗化模型纳入 DoE 分析。

12.4.4　DoE 分析

使用 DoE 方法对储层进行了概率分析。首先，确定关键的地下不确定性参数及其可能的范围，如表 12.2 所示。断层连接意味着较小的断层保持不变，或者纵向连接以形成更长的断层，从而可发生跨断层流动。

表 12.2　DoE 参数和及其分布范围

参数	低	中	高
沉积相	高	中	低
PKS	高	中	低
断层	不连接、可流动	连接、可流动	连接、不流动
S_{orw}/S_{org}	0.15/0.17	0.27/0.23	0.37/0.33
K_{rw}（$3K_r$ 区域）	0.22/0.15/0.08	0.33/0.24/0.08	0.42/0.32/0.08
K_{rg}	0.35	0.47	0.65
K_v/K_h（R1/R23）	0.0001/0.001	0.001/0.01	0.01/0.1
PVT	黏度×0.9	黏度×1.0	黏度×1.1

使用 Plackett 和 Burman（1946）设计，建立了下面的实验设计表（表 12.3）。基于不确定性参数的这种组合，构建并运行了 13 个模拟平台。针对两个现实的开发方案进行了 DoE 模拟：（1）北部地区的一次开发；（2）北部地区的注水开发（图 12.16）。这样就可以为一次开发和注水开发的采收率选择单独的 P10、P50、P90 模型。

表 12.3　Plackett-Burman 试验设计表

序号	沉积相	PKS	断层	S_{orw}/S_{org}	K_{rw}/K_{rg}	K_v/K_h	PVT
1	H	L	H	L	L	L	H
2	H	H	L	H	L	L	L
3	L	H	H	L	H	L	L
4	H	L	H	H	L	H	L
5	H	H	L	H	H	L	H
6	H	H	H	L	H	H	L
7	L	H	H	H	L	H	H
8	L	L	H	H	H	L	H
9	L	L	L	H	H	H	L
10	H	L	L	L	H	H	H
11	L	H	L	L	L	H	H
12	L	L	L	L	L	L	L
13	M	M	M	M	M	M	M

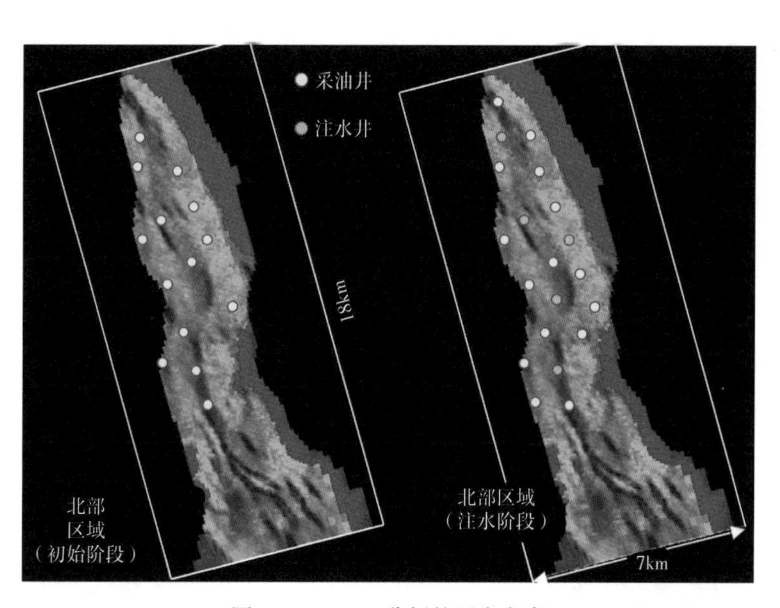

图 12.16　DoE 分析的开发方案

通过 DoE 分析，可以计算 P10、P50、P90 的统计采收率，并确定影响采收率的关键或最重要的参数。模拟数据采样于 2015 年和 2030 年，图 12.17 和图 12.18 显示了北部地区一次开发和注水开发方案的 DoE 结果。

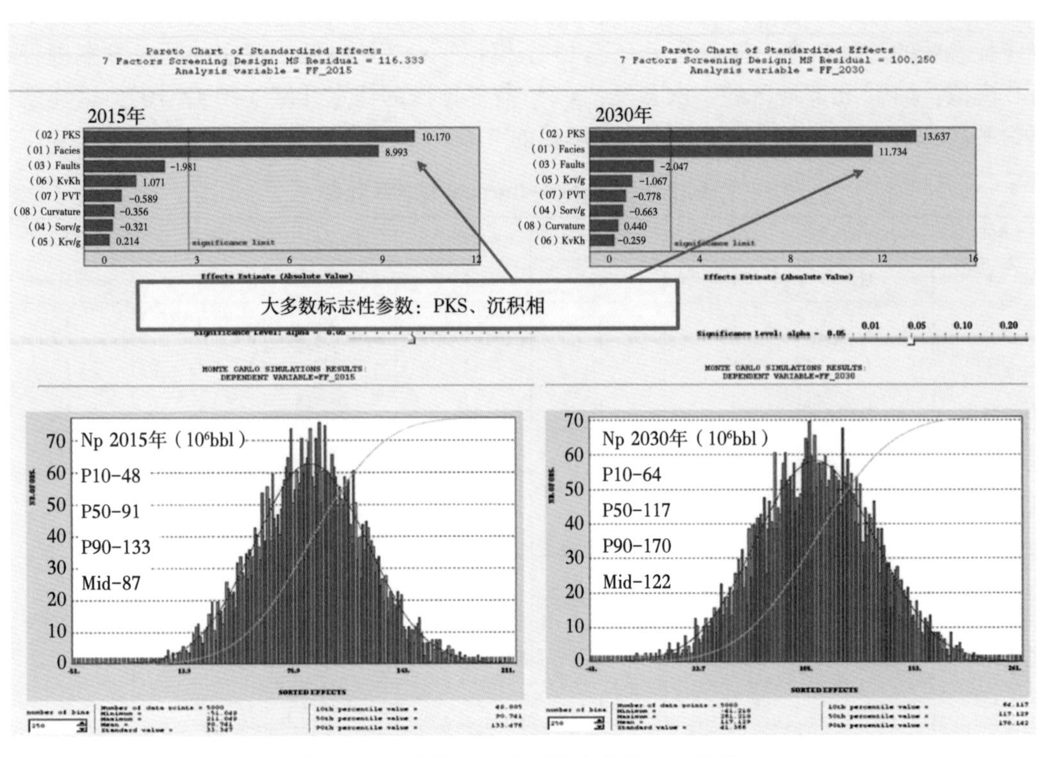

图 12.17　北部区一次开发方案的 DoE 结果

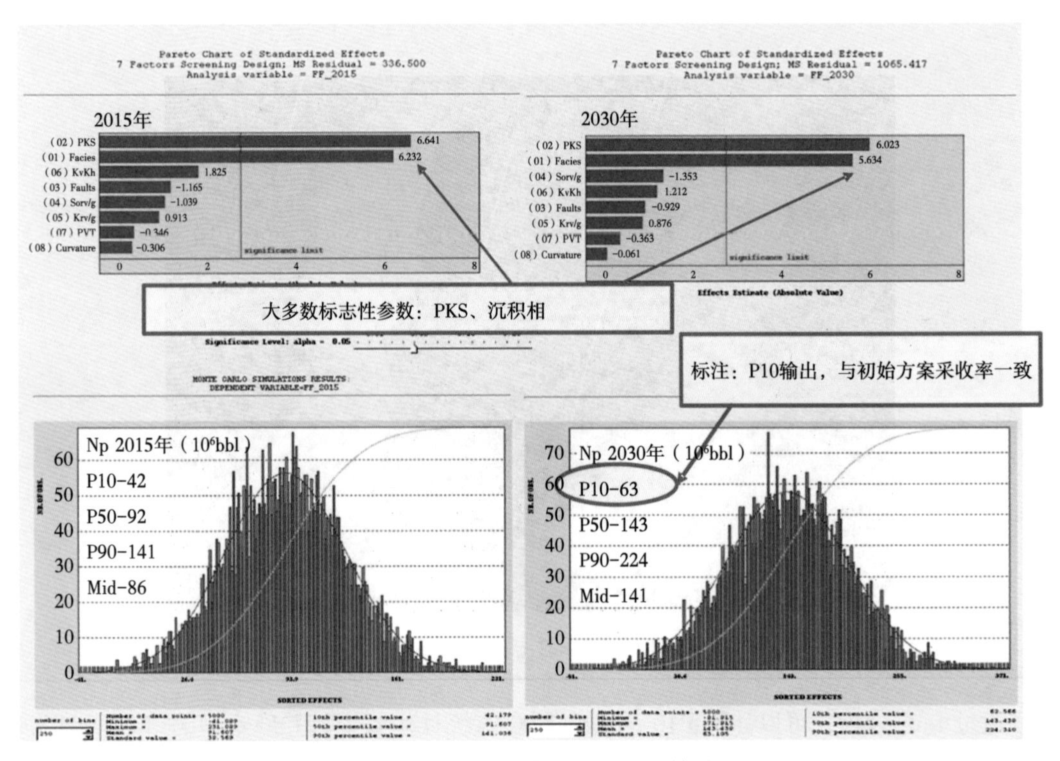

图 12.18　北部区水驱开发 DoE 结果

从上面的 Pareto 图可以清楚地看出，沉积相和 PKS 是最重要的不确定性参数，它们占一次开采和注水开发采收率方差的 70%～80%。下一个主要影响参数：一次开发是断层，注水开发则是 K_v/K_h。如果油藏质量为 P50 或更高，则注水仍有很大优势。对于 P10 质量油藏来说，注水采收率几乎没有上升的空间，这将意味着额外投资的重大下行风险，即“沉船（trainwreck）”场景。

使用最重要的不确定性参数，即沉积相和 PKS 作为主要选项，构建并测试了模拟模型，以拟合中后期的代表性 DoE P10、P50、P90 的采收率。这些模拟模型现在代表了针对一次开发和注水开发的 DoE P10、P50、P90 模型（表 12.4），随后被用于优化开发方案和概率分析。

表 12.4　DoE P10、P50、P90 模拟模型的不确定参数汇总

阶段	模型	相	PKS	断层	S_{orw}/S_{org}	K_{rw}/K_{rg}	K_v/K_h	PVT	OOIP（10^8bbl）
初始阶段	P10 模型	L	L	L	L	L	L	M	5.44
	P50 模型	M	M	M	M	M	M	M	12.17
	P90 模型	H	H	M	H	H	L	M	17.57
注水阶段	P10 模型	L	L	L	L	M	M	M	4.76
	P50 模型	M	M	M	M	M	M	M	12.41
	P90 模型	H	H	M	H	H	L	M	17.94

12.5　油藏开发模拟

油藏开发建模遵循如图 12.19 所示的流程。

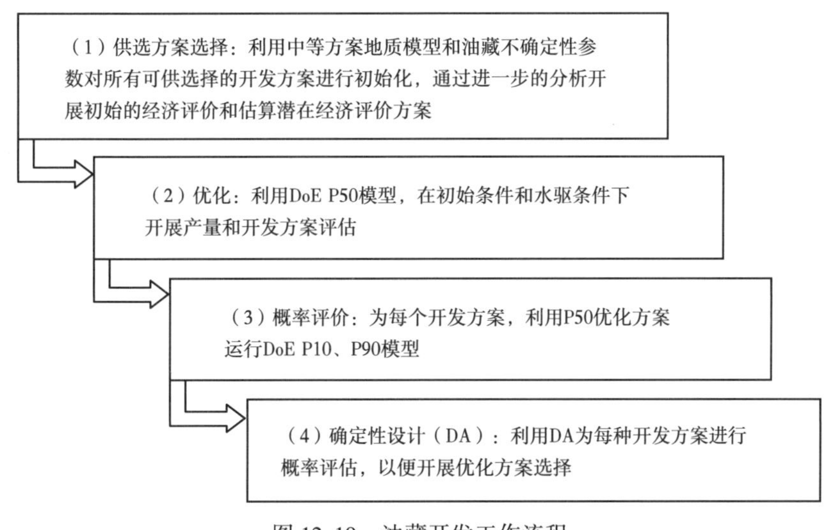

图 12.19　油藏开发工作流程

12.5.1 备选方案选择

最初定义了十二个备选开发方案。对每个备选方案进行完整的概率分析将耗费大量精力。取而代之的是，首先使用中方案模拟模型为每个备选方案进行确定性运算（运算13，表12.3）。然后，使用中方案模拟模型的结果进行经济评价，如图12.20所示。基于上述经济评价，选择了五个最佳备选方案（方案1、方案4、方案6、方案10和方案12）。

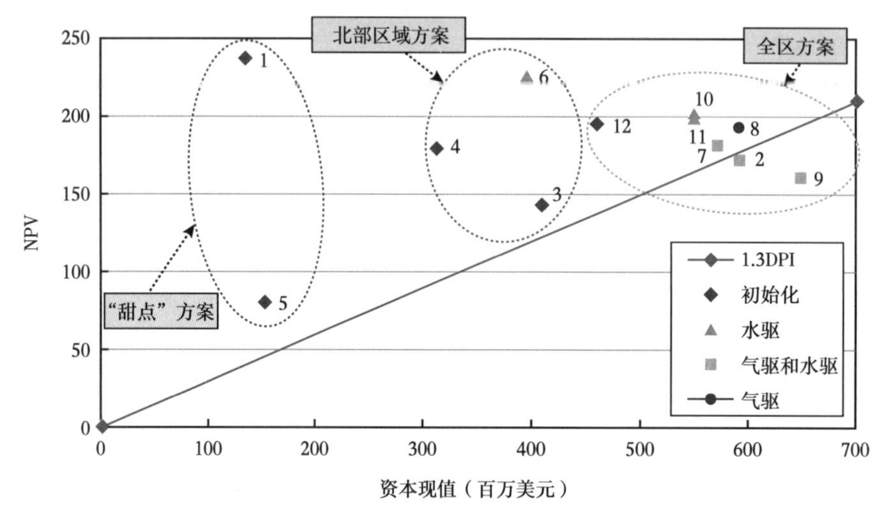

图12.20 12个开发备选方案的确定性经济分析

12.5.2 首选方案的优化

使用DoE P50模型对五个首选替代方案进行了优化。仅使用"可控"参数（即井的类型、数量、位置，时间，速率等）进行优化；根据DoE P50参数组合的定义，"不可控"的地下不确定性参数保持不变（表12.4）。研究了针对一次开发和注水方案的各种开发和生产策略：（1）水平井；（2）井距和加密井（400acre和200acre）；（3）备选井位置（在400acre）；（4）射孔位置（距离GOC 15ft，距离OWC 50ft）；（5）双重井和合采井；（6）流动表/气举；（7）边部和内部注水；（8）注水时间；（9）加密井水驱；（10）完井策略（选择性和全部完井）；（11）注采井比例（2:1和3:1）。

通过上述参数的敏感性分析，对五个备选模型进行优选。

12.5.3 概率预测

将优化的首选方案（基于DoE P50模型优化）与DoE P10和P90模型一起运行（表12.4）。这样，可以确定不可控的地下参数的概率效应。还将这些结果与现有试井结果和相似油田的数据进行基准比较，以确保结果分布的一致性。

图12.21显示了2015年和2030年这五种首选方案的P10、P50、P90储量。水平箭头表示的是一次开发和注水方案之间的最大展布范围。可以观察到，一次开发和注水方案之间的储量分布随储层质量而增加。但是，差油藏中的注水增量明显较低，这突出了重大的下行风险。

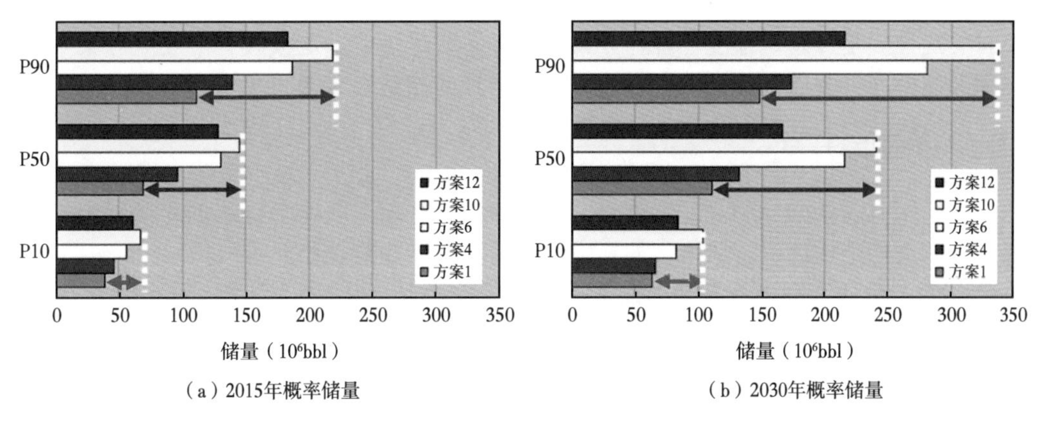

图 12.21　优化的首选替代方案间的概率储量对比图

12.5.4　决策分析

对五个备选方案中的每一个 P10、P50、P90 生产剖面都进行概率分析。这些剖面为概率决策分析（DA）提供了必要的输入参数。DA 模型包括以下概率结点：（1）产量预测；（2）设施资本支出；（3）钻井资本支出；（4）营业支出；（5）原油价格情况。

概率结果显示在图 12.22 中，概率经济评价清楚地区分了五个开发备选方案，同时突出了每种情况的利弊。

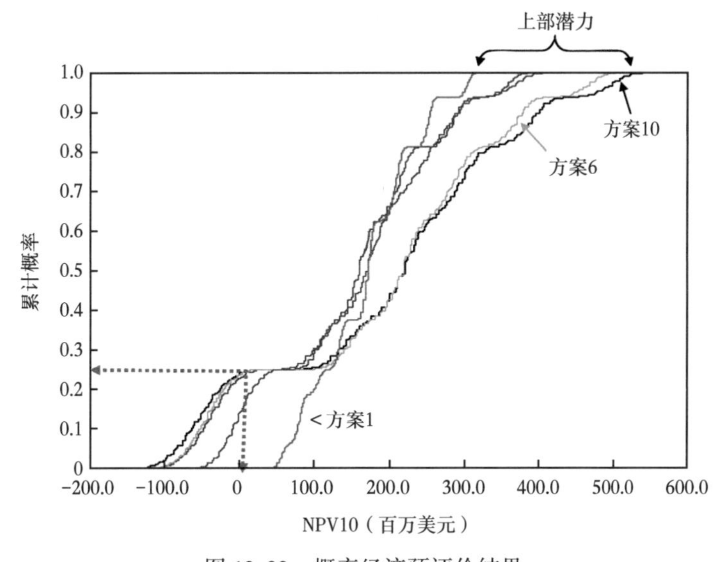

图 12.22　概率经济预评价结果

方案 10（全油田注水）具有最高期望值 NPV10，但如果储层结果不佳，则 NPV 为负。方案 1（北部地区的最佳“甜点”区）具有最高的资本效率，没有出现负 NPV 的可能性，但是储量小得多，尤其是在 P90 油藏输出结果中。作为独立项目，当前方案均无法获取所有决策标准的最佳方面：NPV 很高，NPV 负值的可能性低，资本效率高和高油藏采收率。储层数量和质量的不确定性是影响 P10、P50、P90 经济评价结果范围的最重要因素，应在所有的开发策略中尽早解决该问题。

面临的挑战是开发一种混合备选方案，该方案将尽可能多地吸收五个独立方案中每个方案的最佳方面，并以可接受的资本效率开发增加的储量（针对方案 1）。

12.5.5 分阶段开发

建议采用概念性的分阶段开发策略，该策略将允许连续获取上行数据并减轻由于储层不确定性较大而造成的下行风险，如图 12.23 所示。这些阶段如下所示：

（1）第一阶段：利用现有基础设施开发北部“甜点”区。

（2）第二阶段：扩展到北部地区的一次开发。如果储层质量较好，进入第二阶段。

（3）第三阶段：在北部地区进行水驱（并测试南部地区）。如果储层物性较好且水驱试验成功，将进入第三阶段。

（4）第四阶段：扩展到全油田水驱。如果储层南部地区的质量比预期的好得多，将进入第四阶段。

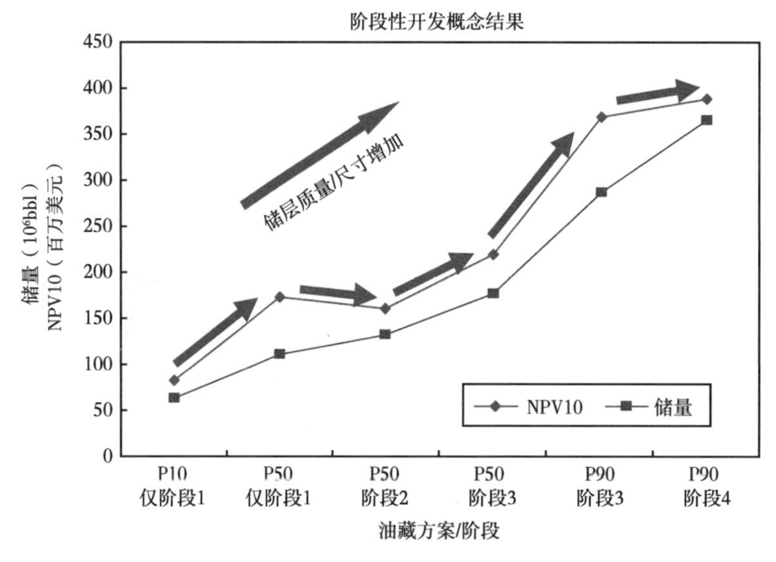

图 12.23 示意性的分阶段开发效果

12.6 结论

本章着重介绍了一种目前用于在精细模型中定义和明确建模地质不确定性的方法，并将其应用于油藏模拟，利用 DoE 获取地下不确定性以生成概率预测。以这种方式确定了主要的地下无法控制的不确定性以及开发风险。概率决策分析清楚地区分了五个开发备选方案，同时强调了每种方案的利弊。该过程有助于制订一种混合方案，该方案将尽可能多地获取五个独立方案中每个方案的最佳方面，并以可接受的资本效率开发增加的储量。随后推荐了分阶段的开发策略，该策略将允许连续地向上获取并降低由于较大的储层不确定性导致的下行风险。

参考文献

Bashore, W. M., Araktingi, U. G., Levy, M. & Schweller, W. G. 1994. Importance of a geological framework and seismic data integration for reservoir modeling and subsequent fluid-flow predictions. In: Yarus, J. M. & Chambers, R. L. (eds) *Stochastic Modeling and Geostatistics: Principles, Methods and Case Studies*. American Association of Petroleum Geologists.

Brice, S. E., Cochran, M. D., Pardo, G. & Edwards, A. D. 1982. Tectonics and sedimentation of the South Atlantic rift sequence, Cabinda, Angola. *In: Watkins, J. S. & Drake, C. L. (eds) AAPG Memoir*. Studies in Continental Margin Geology, 34, 5-18.

Brownfield, M. E. & Charpentier, R. R. 2006. Geology and Total Petroleum Systems of West-Central Coastal Province West Africa. *United States Geological Survey Bulletin*, 2207.

Deutsch, C. V. & Journel, A. G. 1992. *GSLIB: Geostatistical Software Library and Users Guide*. Oxford University Press.

Harding, A. W., Strebelle, S. & Levy, M. et al. 2004. Reservoir Faces Modelling: New Advances in MPS. *Proceedings of the Seventh International Geostatistics Congress*, 2, 559-568.

Plackett, R. L. & Burman, J. P. 1946. The Design of Optimal Multifactorial Experiments. *Biometrika*, 33, 305-325.

Rouby, D., Guillocheau, F., Robin, C., Bouroullec, R., Raillard, S., Castelltort, S. & Nalpas, T. 2003. Rates of deformation of an extensional growth fault/raft system. *Basin Research*, 15, 183-200.

Strebelle, S. & Levy, M. 2008. Using multiple-point statistics to build geologically realistic reservoir models: the MPS/FDM workflow. In: Robinson, A., Griffiths, P., Price, S., Hegre, J. & Muggeridge, A. (eds) *The Future of Geological Modelling in Hydrocarbon Development*. The Geological Society, London, Special Publications, 309, 67-74.

13 寻址成熟油田中不确定性与剩余潜力
——以委内瑞拉马拉开波湖古近—新近系的实例研究为例

Charlotte A. L. Martin

摘要：Urdaneta West（UDW）油田位于委内瑞拉北部马拉开波湖的西缘。储存于古近—新近系砂岩中的生物降解油（重度为12~15°API）通过一系列侧钻井生产。Icotea组和Misoa组的生产层段很薄，计算的垂直厚度为0.5~4.5m（1.5~15ft），侧向展布范围有限。这种储层非均质性与重油的耦合作用导致流体连通性差，采收率低。2004年，开展全油田普查寻找开发接替。尽管产量都来自Icotea组和Misoa组，但是由于油田开发的丛聚特征、复杂的沉积和构造环境及油藏流体特征，地下不确定性仍然被认为是一个主要问题。为了分级并降低油藏的不确定性，建立了一系列的静态模型。第一阶段的静态模型使用简单的构造框架和储层间平均的方法来产生最小、中等和最大的体积方案。对这些模型的动态模拟确定了影响储量、产能的两个主要领域的不确定性：净砂岩的连通性和烃类界面。另外两个后续阶段的动静态模型则是聚焦于评价一个详细的构造框架中这些不确定性的全部范围。

Urdaneta West（UDW）油田发现于1955年，作业者是壳牌委内瑞拉代表委内瑞拉国家石油公司 Petróleos de Venezuela SA（PdVSA）。区块位于马拉开波湖的西部，如图13.1所示。油源来自于白垩系 La Luna 组，油气产自白垩系、侏罗系和古近—新近系储层。

本章研究的对象是UDW的古近—新近系砂岩储层。有两个独立开发的油藏——Misoa和Icotea储层，地质年代分别为始新世和渐新世（图13.2）。中新统 La Rosa 组泥岩（图13.2）形成了砂岩储层顶部盖层，油气圈闭是构造和地层共同作用的结果。测量出油藏多个油底形式的烃类界面，深度范围为8772~9455ft（2707~2918m）。UDW油田古近—新近系的原油发生了降解，重度为11~14°API，气油比（GOR）为50ft^3/bbl。储层砂体薄，垂向厚度主要分布区间为1.5~15ft（0.5~4.5m），储层质量变化较大，砂岩的孔隙度主要分布于5%~35%。重油与变质量薄砂岩的耦合导致油藏的高度非均质性。为了实现采收率的最大化，UDW油田采用如图13.1所示的侧钻井网开发。油田累计钻17口生产井，形成五个丛式井组。

2004年，开展了UDW古近—新近系油藏未来开发潜力评价。由于油藏的天然非均质性特征和井网开发的丛式特征，目前对于Icotea组和Misoa组的地下认知仍存在很大的不确定性。砂体的几何形状、连通性以及流体界面被认为是导致高风险的因素。为了降低开发的风险性和在开发方案中引入不确定性，开展了一个阶段的动静态模拟工作。这项模拟工作的目的是建立一系列能够捕捉已经确定的地下不确定性范围的全油田三维模型。

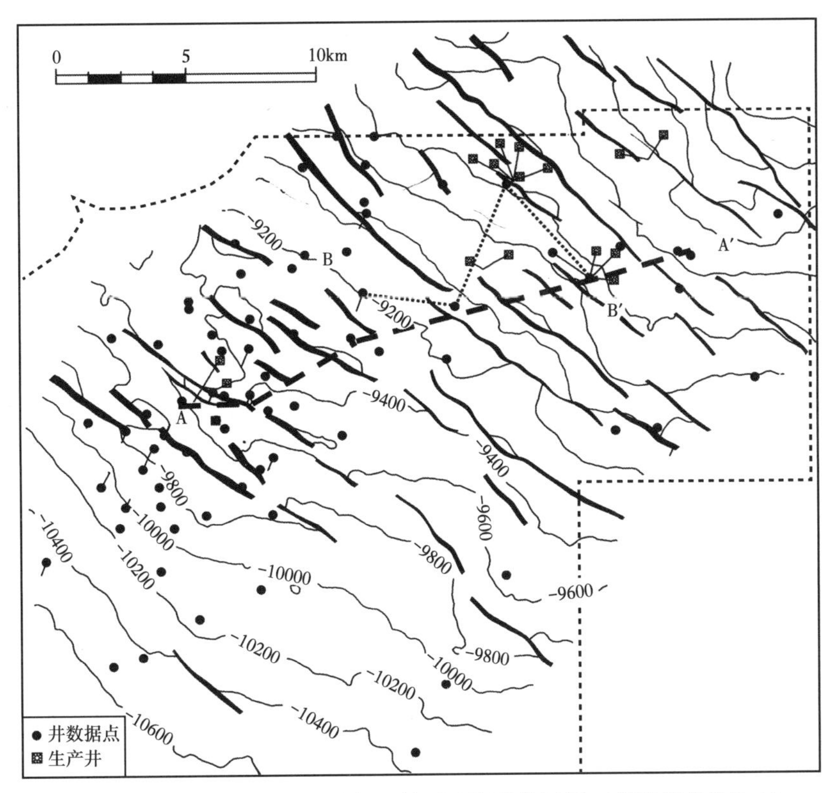

图 13.1　UDW 油田在委内瑞拉马拉开波湖的位置图（等值线单位为 ft）

线 A—A′表示图 13.4 的位置；线 B—B′表示图 13.7 的位置

年代（Meléndez 等，1996）	系		组	段
10.5Ma	中新统	上		
16.5Ma		中	Lagunillas	
25.5Ma		下	La Rosa	
30Ma	渐新统	上	Icotea	
36Ma		下		
39.5Ma	始新统	上		
42.5Ma		中	Misoa	B1—B3
44.5Ma				B4—B6
49.5Ma				B7—B9
51.5Ma		下		C1—B6
54Ma				C7

图 13.2　UDW 油田地层层序

阴影部分区域表示地层缺失

13.1 地质背景

始新世，马拉开波盆地位于一个大型前陆盆地之中（Lugo，1991；Lugo 和 Mann 1995；Parnaud 等，1995）。Misoa 组为一系列源自南部和西部、向北流动到现今马拉开波湖所在的北部海相沉积中心的三角洲沉积。如图 13.2 所示，在 Misoa 组中发现了一系列不整合面，解释为沉积过程中构造运动的结果（Ghosh 等，1996；Meléndez 等，1996）。

始新世末期是整个盆地范围抬升的时期，表现为始新统和渐新统之间区域不整合的形成。在 Urdaneta 西部区块，始新统—渐新统不整合与 Meléndez 等（1996）提出的 SB 36—39.5Ma 可以对比。Icotea 组保存在 SB 36—29.5Ma 上部。这套富砂地层单元局限分布在马拉开波湖的西部，在 UDW 区块最厚可以达到 500ft（152m）。Icotea 组的砂岩沉积在小规模三角洲体系内，物源来自暴露于 Urdaneta West 以东抬升的 Misoa 组（Lugo，1991）。渐新世末期以马拉开波湖区域性洪泛为标志，以泥岩为主的 La Rosa 组在整个区域沉积。尽管 La Rosa 组隶属于始新统（图 13.2），但是渐新统泥岩也包含在该岩石地层单元中。因此，Icotea 组和 La Rosa 组之间的界面是穿时的，以砂岩为主的岩相划分到 Icotea 组，以泥岩为主的岩相划分到 La Rosa 组。

13.2 数据库

Urdaneta 西部区块三维地震勘探全覆盖，可用于获得 Poupon 等（2004）详细描述的储层评价的构造和沉积信息。此次研究中应用了 1955—2004 年间的 115 口钻井和测井资料。这些井中大多数以侏罗系和白垩系储层层段为目的层，因此古近—新近系的测井评价仅限于伽马和电阻率测井曲线。在大约 60 口井中进行了全面的古近—新近系测井评价，对 7 口井进行了质量不一的成像测井和地层倾角测井。九口井中有取自 Icotea 组的传统岩心大约为 1920ft（592m），Misoa 组为 560ft（173m）。从八口岩心井提取了地层生物样品，并进行了岩相定性描述，六口取心井具有孔隙度和渗透率分析数据。

13.3 地质建模流程

Urdaneta 西部区块的 Icotea 组和 Misoa 组砂岩建模工作流程由三个阶段组成。最开始建立一个粗尺度的全油田静态模型并应用于动态模拟，识别 Icotea 和 Misoa 储层建模参数中的动态和静态的不确定性并对其排序。第二次迭代建立的静态模型应用更新的地震解释、更高网格精度和更多的井数据寻址这些不确定性。动态模拟的反馈信息用于建立“历史可拟合”的最大和最小静态方案。静态模型的第三次迭代将所有可用的地层学、沉积学和地震数据与详细的岩石物理输入参数整合起来。在单个构造方案中，确定性地建立了储层连通性最大、中等和最小的情况。然后为每种相方案生成多个岩石物理模型的实现。这些精细的模型可以建立一系列的开发方案，用于钻井设计和油田管理。

13.4 第一次迭代：静态建模识别不确定性

静态模型的第一次迭代使用了具有较好质量的 41 口井电缆测试数据库。如图 13.3 所示，基于岩性和测井曲线的形态标准在井上识别了四个层面：（1）La Rosa 组的底，即首次在井下出现砂岩；（2）Icotea 组的顶面，向上变细的伽马测井曲线特征；（3）Icotea 组和 Misoa 组之间的不整合；（4）Misoa 组内标志层，命名为 SB 44（Meléndez 等，1996），对应于砂岩体向上增加。这些层面定义了三个储层段：Misoa 组、具向上变细的伽马曲线特征的 Icotea 组下部单元和具向上变粗的测井曲线的 Icotea 组上部单元。这三个单元具有明显的孔隙度和渗透率特征。

Icotea 组和 Misoa 组之间的不整合在形成了清楚的地震标志层，可在整个 UDW 油田范围内成图。这个单一的地震层与简单的断层多边形相结合，建立用于第一次迭代建模的构造模型。利用储层段内的多井分层编制划分出的三个储层段的真垂直等时厚线，包括 Icotea 海相单元、Icotea 河流相单元和 Misoa（图 13.3）。这些等时厚线为不受地震约束层位建立断裂深度构造面。

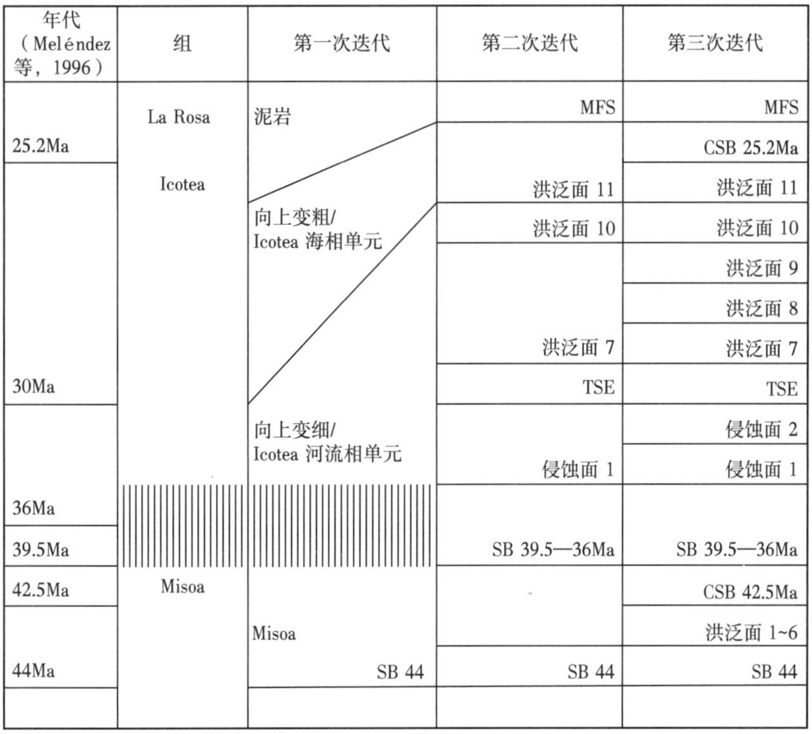

年代（Meléndez 等，1996）	组	第一次迭代	第二次迭代	第三次迭代
	La Rosa	泥岩	MFS	MFS
25.2Ma				CSB 25.2Ma
	Icotea		洪泛面 11	洪泛面 11
		向上变粗/Icotea 海相单元	洪泛面 10	洪泛面 10
				洪泛面 9
				洪泛面 8
			洪泛面 7	洪泛面 7
30Ma			TSE	TSE
		向上变细/Icotea 河流相单元		侵蚀面 2
			侵蚀面 1	侵蚀面 1
36Ma				
39.5Ma			SB 39.5—36Ma	SB 39.5—36Ma
42.5Ma	Misoa			CSB 42.5Ma
		Misoa		洪泛面 1~6
44Ma		SB 44	SB 44	SB 44

图 13.3 静态建模第一次迭代至第三次迭代中使用的储层细分方案

阴影区域表示缺失层段

使用层段平均孔隙度临界计算每个层段的净毛比（NTG）。创建最小方案模型时，定义砂岩的孔隙度大于 25%为有效储层。中等方案模型中，孔隙度截断值为大于 22%。最大方案模型中，孔隙度大于 20%即为有效储层。从最小、中等和最大模型中，利用井数据计算三个储层段每个 NTG 和平均孔隙度。然后在这些井数据中生成一系列平面图。储层小层 NTG 和平均有效孔隙度平面图直接采样到模拟网格中，用一个简单方程将孔隙度直接转换为渗透率，在一系列油水界面（OWC）之上计算油气饱和度。

第一次迭代模型实现后进行的动态模拟确定了一系列的不确定性：（1）有效岩石的定义，即允许石油在砂体内流动孔隙度/渗透率的截止值；（2）储层非均质性和油气生产连通性；（3）流体界面的位置；（4）断层在储层分隔中的作用。为了克服这些不确定性，需要两次进一步的静态模型迭代，模型逐级细化。

13.5 第二次迭代：捕捉不确定性范围

在静态建模的第二个阶段，使用了 97 口井的数据库。应用电缆测井数据和所有可用的传统岩心资料建立了层序地层对比与沉积相划分方案。对可用的 52 口井开展了孔隙度评价。建立了两个静态模型——低方案和高方案。

13.5.1 框架建模：设法解决流体界面和分块

为了理解并降低油水界面和断层分块的不确定性，需要为 UDW 建立精细的构造模型。在静态建模的第二次迭代中，应用井和地震数据建立 Icotea 层中内部其他地层的对比关系。依据传统的取心和电缆测井数据确定了两个重要的层面并投影到地震数据：（1）La Rosa 组内部的最大洪泛面（MFS）；（2）Icotea 组内部一个主要的地层中断，解释为冲蚀海侵面（TSE）。TSE 将 Icotea 组分为两个单元，称为 Icotea 组上段和 Icotea 组下段。基于岩心和测井曲线响应，Icotea 组上段被进一步分为数个以洪泛面为界的向上变粗的沉积旋回。Icotea 组下段的取心段，可以观察到层外突然增加的砾状碎屑。该事件在测井曲线上清楚地表现为砂体叠加模式的中断，作为侵蚀面 1 可在整个油田对比，该界面把这个地层单元一分为二（图 13.3、图 13.4）。

将更新的断层地震解释用于静态建模，把这些断层解释制作成一系列刻度到多井的倾斜断层面。应用这些断层面能够对断层封闭潜力进行更详细的分析，从而实现储层分块。

流体界面数据分析表明，Icotea 组和 Misoa 组储层内的油水界面是独立的。在每个地层中，液面深度是通过油底和水顶的刻度来反映的。为了捕捉由油底和水顶数据范围指示的可能的油水界面范围，在 Icotea 组和 Misoa 组中定义了独立的确定性低方案，高方案和基础方案界面。

13.5.2 相建模：设法解决非均质性和连通性

为了设法解决油藏垂向和横向的非均质性以及含油砂体之间的连通性的不确定性，需要为 Icotea 组和 Misoa 组中建立一系列精细的沉积相模型。静态模型的第二次迭代融合了详细的沉积学研究，并将它们与岩石物理属性相联系。以取心井为参考点，应用电缆测井响应，即测井曲线特征（如向上变粗或变细的剖面）和孔隙度确定无取心层段的沉积相。根据如下所述的以前公开发表的信息，建立了概念性地质模型。

Misoa 组的典型特征是细—中粒砂岩夹在富泥岩相中。交错层理砂岩最普遍保存在厚度为 7~25ft（2~7.6m）以侵蚀基底向上变细的单元中，多层单元叠置，最大厚度可达 65ft（19.8m）。底部砂岩组合富含黏土碎屑。泥质披覆的活化层面、脉状波纹层理和披覆

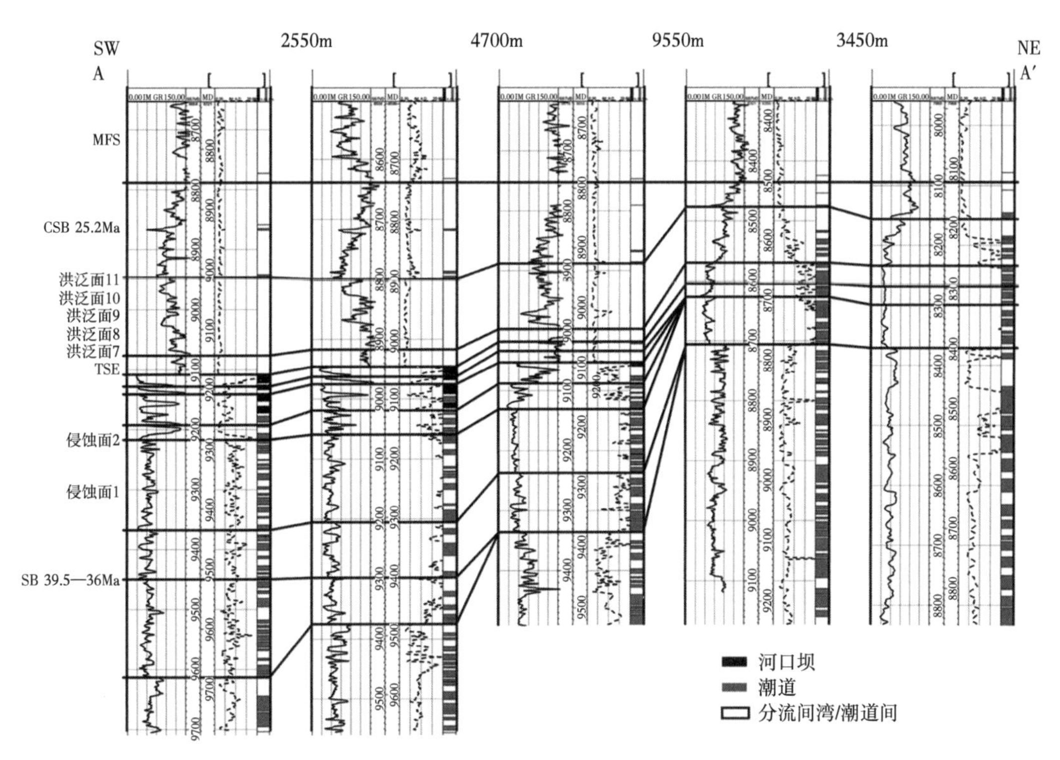

图 13.4　UDW 油田 Icotea 地层由图 13.1 定义的连井地层剖面

垂直方向的刻度为英尺

在纯砂岩上的薄泥岩层保存在向上变细单元的上部，表明交替出现的高能和低能水动力条件（Reineck 和 Singh，1973）。可见少量砂岩保存在厚度小于 5ft（小于 1.5m）的向上变粗的单元中，发育波状交错层理和生物扰动的迹象，包括 *Ophiomorpha*、*Planolites*、*Asterosoma* 和 *Teichichnus*。富含泥岩的单元的厚度累计达 50ft（15.5m），以发育大量透镜状波纹层理为特征。

Misoa 组的沉积物被解释为河流主导的河道和河口坝沉积。泥岩样品的生物地层学研究表明，从沿海到边缘海沉积环境中的盐度是变化的。因此，以泥岩为主的岩相归因于海洋影响有限的支流间湾沉积。据 Ghosh 等（1996）的研究，Misoa 组的沉积环境为三角洲下平原的沉积环境，其中砂岩沉积在河流主导的分流河道中。Higgs（1996）将 Misoa 地层解释为潮汐陆架的沉积模式，原因是缺乏反映三角洲沉积的泥裂和煤发育。尽管潮汐影响在分流间湾和河道中有所保留，并且在河道中保留了一些泥质披覆活化层面，三角洲平原下部模式（Ghosh 等，1996）似乎更适合于 UDW 中保存的 Misoa 组。通过行业内已发表的研究成果（Ghosh 等，1996）和地层倾角测井的解释，可以得出这样的结论：河流主导的河道从南部和西南向东北的沉积中心流动。

Icotea 下部岩层的特征是一套夹在厚层块状粉砂岩的底面侵蚀、向上变细的中到极细粒度的砂岩沉积。砂岩内部为块状结构，保留少量交错层理。砂体上部成壤作用普遍，通常消除了原生构造的证据。单砂体厚度变化范围为 1~15ft（0.3~4.5m），垂向叠加形成多层复合单元，厚达 38ft（11.5m）。Icotea 组下段的砂岩被解释为多层砂岩叠加特征的河道沉积，显示其为辫状河沉积体系。泛滥平原由洪水期间河道溢出的粉砂岩和细砂岩组成。废弃河道和泛滥平原长时间暴露于地表，导致深度风化和植被发育。这种长时间的暴露导致黏土矿物在河道单元内部富集。Icotea 组下段沉积期间，UDW 为上三角洲平原环境。地震数据（Poupon 等，2004）和地层倾角测井据表明，河道向西南方向流动。

最大海泛面（图 13.3）下方保留的 Icotea 组上段和 La Rosa 组具有很强的非均质性。研究区域的北部和东北部保留了厚度为 0.5~9ft（0.15~2.7m）的粒度向上变细的砂体，与以分散良好的有机物、钛铁矿和自生菱铁矿结核为特征的厚度达 45ft（13.7m）的富含黏土矿物的粉砂岩夹层。砂岩和粉砂岩中普遍存在成壤作用的证据。生物扰动在砂岩段的下部很普遍，保留有根珊瑚迹、蛇形迹、曲管迹、平卷虫属和海蛄虾等。在这里，向上变细的砂岩单元解释为河流—咸化河道的沉积，与 Icotea 组下段的沉积物相似。河道砂岩与下部土壤改造的泛滥平原泥岩互层，与下 Icotea 组一样。在研究区域的南部，保存了厚度为 2~10ft（0.6~3m）、细到中粒、向上变粗的砂岩单元。这些单元以具有广泛的生物扰动为特征，包括已确定的 *Planolites*、*Arenicolites*、*Rhizocorallium*、*Ophiomorpha*、*Thallassinoides*、*Teichichnus* 和 *Skolithos*。在各个向上变粗的旋回上部很少保留交错层理。向上变粗的砂体被解释为河口坝，与含有丰富黄铁矿和菱铁矿的块状、层状和生物扰动泥岩互层。泥岩的生物地层分析表明，它们属于近海湖相沉积环境，海水作用十分有限。黄铁矿、针铁矿和菱铁矿的存在表明靠近低氧或缺氧底部沉积条件。

在 Icotea 组上段和 La Rosa 层沉积期间，UDW 地区被解释为位于低洼的低三角平原上，逐渐被半咸的含氧量低的水淹没。地震数据和成像测井记录表明，河道从东北和东注入向西前积进入局部缺氧条件的半咸化浅水沉积环境的河口坝。通过 La Rosa 最大海泛面（图 13.3，图 13.4），UDW 地区被完全淹没。

对于静态建模的第二次迭代，将净砂岩相定义为河道或河口坝（图 13.4），将非净砂岩相定义为分流间湾或河道间。分小层为每种沉积相建立了航空概率趋势图。结合已发布的有关区域古输道方向的数据（Ghosh 等，1996；Lugo，1991），用井数据点计算每种相的百分含量，并用倾角测井的解释为每一个储层确定了砂岩沉积轴向。基于测井相曲线也确定了每个储集小层的垂直相比例。应用这些垂直比例曲线可以逐层模拟向上变粗或者向上变细的趋势。

为了获得储层的垂向非均质性，网格单元分辨率定义为 2~10ft（0.6~3m）。井中定义的相测井按比例粗化至此网格分辨率而不会损失非均质性。

对于每个储集层段，研究了最小和最大连通砂体特征。在没有地震信息的情况下，使用类比数据集和统计分析来估计砂体横向展布范围。露头的研究，如 Reynolds（1999）指出，与保存在 Misoa 组一样，厚度为 7~25ft（2~7.6m）的河道宽度为 80~3000m。因此，在 Misoa 组中，可以将间距较小的井之间的河道砂岩进行对比。Icotea 组的河道厚度为 1.5~15ft（0.5~4.5m），类比研究表明这些河道宽 8~500m。因此，尽管 Icotea 组中一些较大的河道能在井间对比，但是几乎不能支持厚度小于 10m 的河道的对比。Icotea 组上段的河口坝砂岩厚度在 2~10ft（0.6~3m）之间变化，对应于河口坝宽约 800m，长度约 2000m（Reynolds，1999）。UDW 的试井数据和古地理恢复表明，河口坝砂体可以在相距 6000m 范围内对比。

表 13.1 显示了用变差函数计算出的河道和河口坝的宽度与长度的关系。最小尺度方

案相关长度对应于露头类比数据所描述的。最大尺度方案的横向相关长度大于单河道和河口坝单元的预期长度，这表明沉积相体发生了混合。常规岩心描述和油田模拟数据支持了这一观察结果。

第二次迭代的相模型是使用具有侧向和垂直趋势的序贯指示模拟（SIS）构建的。之所以选择此算法而不是克里金法，是因为希望获取动态模拟需要的非均质性。尽管 SIS 不会产生地质体，但可以通过使用变差函数模型来确定延伸方向。在最小尺度方案条件下，使用较小的横向相关距离（表 13.1），而在最大尺度方案下建模则使用较大的相关距离。对于所有储层，最小模型中每种相的百分比均符合井中保存的相的油田平均百分比。在最大模型中，增加 5%的砂岩相到静态模型中。这 5%的增幅服从净砂岩“甜点”中保存的砂岩相的体积。

表 13.1　第二次迭代 2 建模中使用的砂岩相相关距离

	沉积相	最小尺度方案		最大尺度方案	
		长度（m）	宽度（m）	长度（m）	宽度（m）
MFS—CSB 25.2Ma	河道	985	960	1700	1350
CSB 25.2Ma—FS11	河道	775	670	1980	1390
FS11—FS10	河道	790	770	1200	1030
FS10—FS7	河道	675	610	1175	965
	河口坝	1970	1810	2295	2175
FS7—TSE	河道	630	520	1335	1180
TSE—侵蚀面 1	河道	620	590	1085	965
侵蚀面 1—SB 39.5—36Ma	河道	760	740	1125	1070
Misoa 组	河道	675	570	910	790

13.5.3　设法解决与净毛比相关的不确定性

Icotea 组和 Misoa 组储层具有很强的非均质性，常规岩样测量的砂岩孔隙度范围为 5%~35%，渗透率范围为 0.02~10000mD。质量最好的储层砂岩通常保存在河口坝和河道的下部。Icotea 组的河道和溢岸沉积岩石质量变化性及其导致非均质性最为显著，如图 13.5 所示。渐新世砂岩的成壤作用和生物扰动导致河道上部的储层质量发生了改变，孔隙度和渗透性降低。质量很差的砂岩保存在河道间区域，地表风化作用引起黏土富集，从而导致渗透率降低（图 13.5）。重油和这种岩石质量变化的耦合导致很难定义 Icotea 组的有效储层。静态建模的第一阶段对岩石物性属性建模所采用的简单方法不能捕捉到有效储层的不确定性分析必需的非均质性。因此，需要如第二次迭代和第三次迭代所建立的详细的相模型来评估岩石质量，继而评价有效砂岩的分布。

在静态建模的第二次迭代中，将大约 52 口井计算出的孔隙度曲线用于 Icotea 和 Misoa 砂岩相的属性建模。检查孔隙度数据与深度和/或横向关系的趋势。根据井数据为每种相建立了垂向变差函数，横向相关距离源自砂体几何形状（表 13.1）。然后使用序贯高斯模拟为井间的网格单元赋值。选择该算法是为了捕获动态模拟所需的非均质性。对于最小和最大静态模型，通过仅改变种子数量生成 100 个孔隙度实现。通过孔隙体积对它们进行排序，并选择 P50 案例作为代表性孔隙度模型。使用基于相的孔隙度—渗透率转换关系，在每口井控制点计算渗透率曲线。通过与孔隙度协同克里金法为每个静态模型生成一个渗透率模型。

在 Icotea 组和 Misoa 组中，作为动态模拟的一部分，根据渗透率截止值计算了净岩石的体积。经过多次尝试，建立了 10~500mD 一系列有效砂岩截止值。这些截止值可用于拟合油藏生产动态，同时捕捉开发方案设计的一系列不确定性。

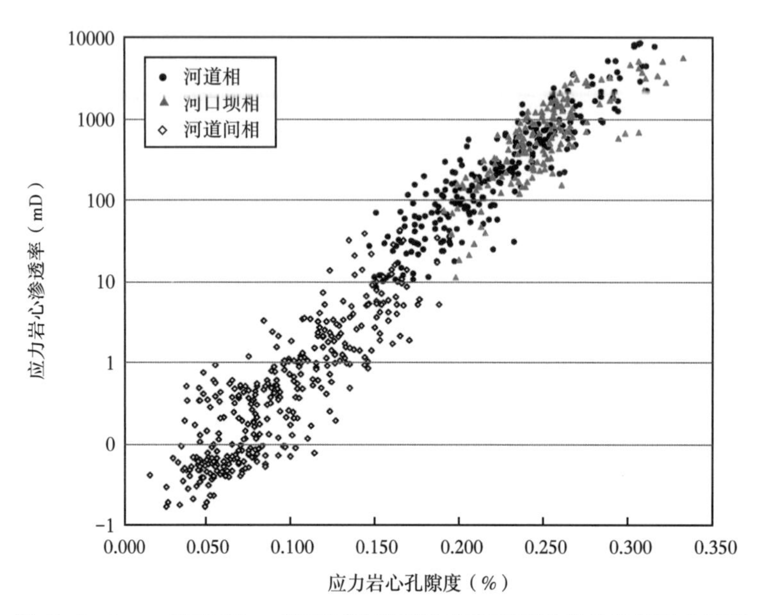

图 13.5　Icotea 组和 Misoa 组不同砂岩相孔隙度和渗透率的常规岩心测量

13.5.4　结果

最大和最小连通砂岩静态模型都得到了生产数据历史拟合的支持。通过这种方式，动态建模能够证实第二次迭代中建立的末端方案。第二个构造模型的动态模拟反馈表明，需要对储层段进一步细分层才能充分解释 Misoa 组的流体和压力动态特征。油田开发方案还需要建立参考案例模型。

13.6　第三次迭代：增加细节改进历史拟合

总共 113 口井用于第三次迭代的构造和相建模，其中有 60 口用于孔隙度和渗透率建模。在构造建模的第三次迭代中，上 Icotea 组细分增加了另外两个泛洪面（图 13.3）。下 Icotea 组内部，还发现了另外的侵蚀/下切事件，并在整个井数据之间可对比（图 13.3 和图 13.4）。结合映射到地震数据上的歼灭点，构造模型捕获了 Icotea 组下段渐进超覆的特征（图 13.4）（Poupon 等，2004）。图 13.6 为 Icotea 组的最终构造模型。

习惯上，利用生物地层学和测井响应（Ambrose 和 Ferrer，1997）将马拉开波湖的 Misoa 组分为 B 和 C 两段（图 13.2）。在始新统侵蚀严重的地区，例如 UDW，这些储层内部结构很难拾取。然而，岩心的沉积学和生物地层学评价揭示了 UDW 上部 Misoa 组与层

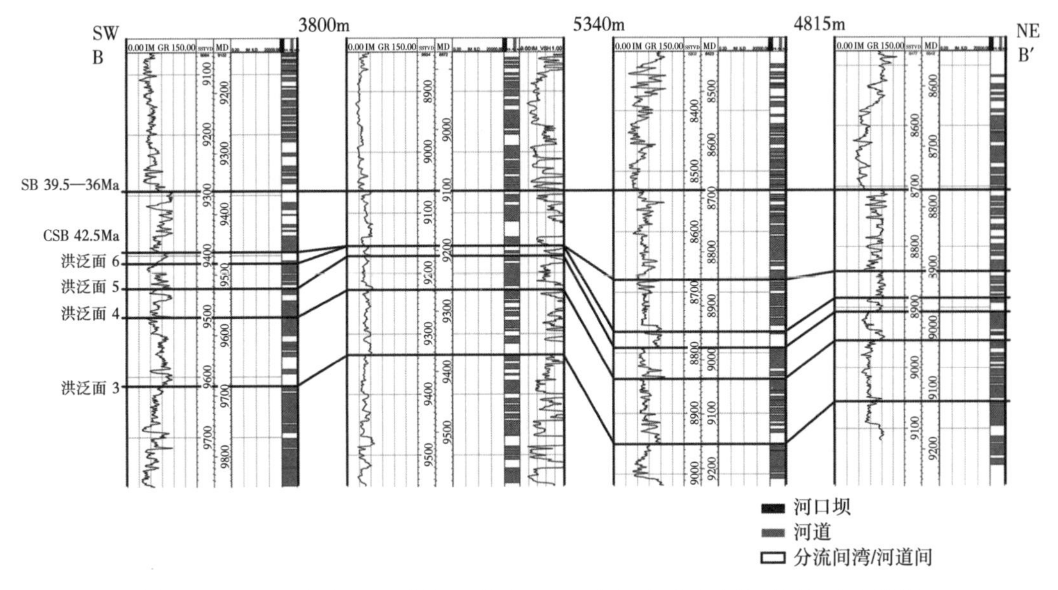

图 13.6 UDW 油田 Icotea 组的结构剖面显示储层尖灭到始新世不整合面顶部

OWC 说明了 Icotea 组的中方案油水接触情况。垂直刻度为英尺

内碎屑涌入有关的明显沉积间断。这个界面在电缆测井曲线（图 13.7）和地震数据里很清楚，将其暂时赋予 Misoa 组 SB 42.5Ma（Meléndez 等，1996）。将 CSB 42.5Ma 层面映射到地震数据上，从而为第三次迭代构造建模提供更多的控制层面。CSB 42.5Ma 并未在 UDW 油田的所有地区保留，而是由于上覆不整合面 SB 39.5—36Ma 的侵蚀而局部缺失，如图 13.7 所示。在 CSB 42.5Ma 以下，应用伽马射线和电阻率测井特征及砂体叠置样式识别出一系列的洪泛面。图 13.3 为 Misoa 组建立的最终分层方案。整个 UDW 范围内进行洪泛地层对比，对 Misoa 组进一步细分，如图 13.7 所示。

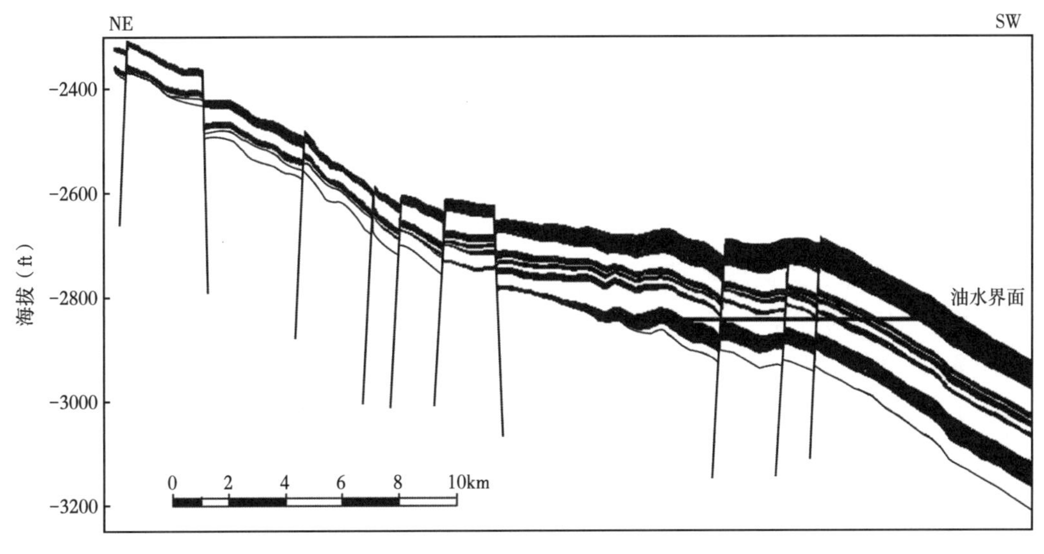

图 13.7 UDW 油田 Misoa 组连井对比图

剖面线位置如图 13.1 所示。垂直刻度为英尺

随着第三次构造建模迭代的完成，依据地层圈闭和断层可以充分解释 Misoa 组中测得的油水界面。CSB 42.5Ma 作为顶部封堵层，在保留了该层面的区域，Misoa 组中形成了两个截然不同的油柱。为两个 Misoa 地层单位生成了一系列确定性的 OWC 层面，利用测得的纯油底和纯水顶数据获取了油水界面范围。

使用更新的构造和地层模型进行了第三次迭代相建模。增加地层控制改进了垂直相概率模型。此时获取了 Icotea 组的地震相数据，这些数据用于确定上 Icotea 组内的河道方向以及河口坝与河道砂体之间的侧向关系（Poupon 等，2004）。

第三次迭代静态建模涉及三种相场景的构建—— 一个基本方案以及最小和最大连通的砂岩模型。对于最小和基本方案，模型中砂岩的百分比是根据井数据定义的。在最大连通模型中，如第二次迭代中那样，将额外的 5%砂体增加到模型中。与第二次迭代建模一样，通过变差函数模拟为各个砂体建立横向相关距离。序贯指示模拟再次用于计算相模型。图 13.8 的 Icotea 组结果详细说明了河口坝砂体内横向相关性从最小到最大静态是增加的。如上所述，SIS 不会产生地质体，但具有在必须匹配许多井数据的情况下使用相对简单算法的优势。使用侧向趋势和适当的变差函数模型已经得到了再概念性的滨岸沉积背景上河道相的延长以及河口坝的置入（图 13.8）。较大的相关距离导致了沉积相侧向展布更广的模型（图 13.8）。

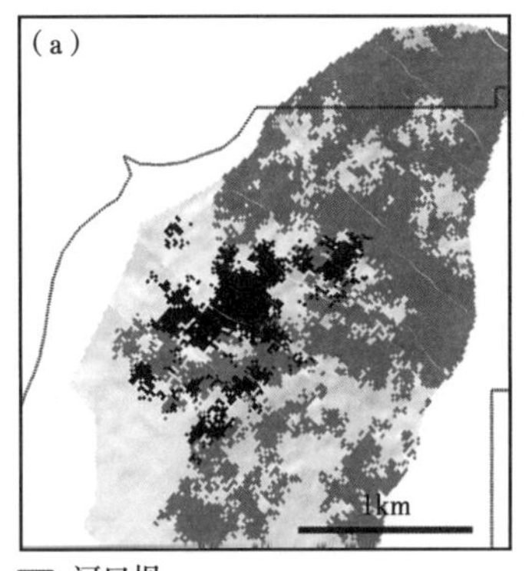

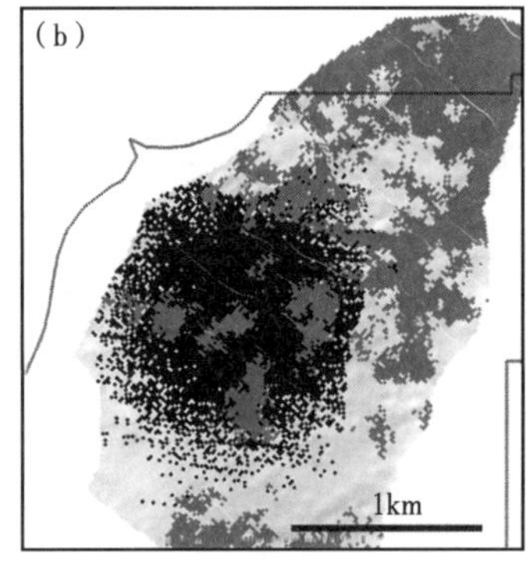

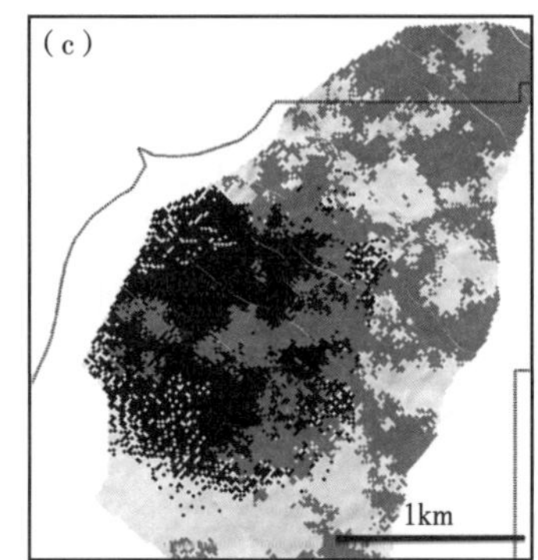

图 13.8　洪泛面 7~8 之间 Icotea 组沉积相分布最小（a）、基础（b）和最大（c）连通的砂岩方案

对于第三次迭代，按照第二次迭代相同的工作流程，应用序贯高斯模拟为一系列网格赋予岩石物理属性。对于这三种相场景的最小、中值和最大方案，都产生了 100 个随机孔隙度实现。然后使用孔隙体积对这些模型进行分级，并为每个相模型选择了三种模型——高、中和低（P15、P50 和 P85）。对于这九个孔隙度模型中的每一个，均按照与第二次迭代建模中所述相同的工作流程生成渗透率网格。因此，输入九个静态模型进行动态模拟。在动态模型中，NTG 截止值范围的确定与第二次迭代相同。第三次迭代的截止值范围更窄，在最小、基本和最大情况下，净砂体渗透率截止值分别定义为 200mD、100mD 和 25mD。

13.7 结论

可以在项目生命周期的早期使用一套初始的简单静态模型，为认识地下不确定性（例如构造定义、砂岩分布/几何形状和岩石质量）建立最小和最大方案。然后可以使用早期模型确定地下层面对原油储量和产能影响的不确定性并对其排序。使用简单的动态模拟模型的结果：更详细的静态模拟工作，将会及时解决关键的不确定性。

本章储层的构造定义对油水界面以及流体通过储层的流动有很大影响。因此，重要的是为 UDW 油田定义详细的构造—地层模型。这是通过详细的沉积学工作、地震地层学和岩石物理评价来实现的。在研究开始时，UDW 使用的是单一的油水界面。在最终的静态和动态模型中，在 UDW 上确定构造和地层分区，并在每个流体分区内定义确定性的流体界面范围以捕捉剩余的不确定性。

有效储层定义是在静态和动态建模的初始阶段确定的另一个主要不确定性。通过在第二次迭代和第三次迭代中使用逐步更详细的地层和相模型，建立了一系列可能的砂岩连通模型。三种相方案产生孔隙度和渗透率的多重实现得到了动态模拟中捕捉到不确定性范围。多种动态模型产生了一系列油藏产量预测结果，然后将其用于协助制订 UDW 油田未来管理决策方案。

参 考 文 献

Ambrose, W. A. & Ferrer, E. R. 1997. Case History: Seismic stratigraphy and oil recovery potential of tide-dominated depositional sequences in the Lower Misoa Formation (Lower Eocene), LL-652 area, Lagunillas Field, Lake Maracaibo, Venezuela. *Geophysics*, 62, 1483-1495.

Ghosh, S., Pestman, P., Meléndez, L. & Zambrano, E. 1996. *El Eoceno en la Cuenca de Maracaibo: Facies Sedimentariasy Paleogeografia.* Vo Congreso Venezolano de Geofísica.

Higgs, R. 1996. A new facies model for the Misoa Formation (Eocene), Venezuela's main oil reservoir. *Journal of Petroleum Geology*, 19, 249-269.

Lugo, J. M. 1991. *Cretaceous to Neogene Tectonic Control on Sedimentation; Maracaibo Basin, Venezuela.* Unpublished PhD Thesis, The University of Texas at Austin.

Lugo, J. M. & Mann, P. 1995. Jurassic-Eocene Tectonic Evolution of Maracaibo Basin, Venezuela. In: Tankard, A. J., Suarez, R. & Welsink, H. J. (eds) *Petroleum Basins of South America.* American Association of Petroleum Geologists Memoir, 62, 699-725.

Meléndez, L., Ghosh, S., Pestman, P. & Zambrano, E. 1996. *El Eoceno en la Cuenca de Maracaibo: Evolucion Tectonosedimentaria.* Vo Congreso Venezolano de Geoflsica.

Parnaud, F., Gou, Y., Pascual, J.-C., Capello, M. A., Truskowski, I. & Passalacqua, H. 1995. Stratigraphic Synthesis of Western Venezuela. *In*: Tankard, A. J., Suarez, R. & Welsink, H. J. (eds) *Petroleum Basins of South America.* American Association of Petroleum Geologists Memoir, 62, 681-698.

Poupon, M., Gil, J., Vannaxay, D. & Cortiula, B. 2004. Tracking Tertiary delta sands (Urdaneta West, Lake Maracaibo, Venezuela): An integrated seismic facies classification workflow. *The Leading Edge*, 23, 909-912.

Reineck, H. E. & Singh, I. B. 1973. *Depositional Sedimentary Environments-with reference to terrigenous clastics.* Springer-Verlag, Berlin.

Reynolds, A. D. 1999. Dimensions of paralic sandstone bodies. *American Association of Petroleum Geologists*, 83, 211-229.

14 剩余油分布评估中地质不确定性的定量分析方法
——以北海 Glitne 油田研究为例

K. J. Keogh　F. K. Berg　Glitne Petek

摘要：从单个地质储层模型中评估某个油田的静态体积潜力可能是一项有风险的工作。用于构建模型的每项输入数据都带有不确定性，该不确定性无法在单个确定性实现中体现。为了评估 StatoilHydro 运营的 Glitne 油田钻探一口新井的技术和经济可行性，开展了预期储量范围的定量评价。启动地质不确定研究以识别和量化储层模型中静态体积不确定性影响最大的输入参数，并确定将对潜在钻井目标区的经济性产生重大影响的潜在积极面和消极面。对于每个地质输入参数，都建立了高位和低位方案，以获取该参数不确定性的端元。IRAP RMS 与内部 Microsoft Excel 宏以及@ Risk 结合使用，可以对原始地质储量中的不确定性范围进行定量分析，并对影响该范围不确定性的参数进行排序。这项研究有助于在 Glitne 油田上钻探新井时做出更明智的决定，从而进一步提高最终采收率并延长油田寿命。尽管使用的工作流程有其局限性，但这项研究表明，仅需使用有限数量的软件应用程序，就可以相对简单地进行地质不确定性研究。该研究还希望公司资产团队将这些研究作为其储层表征路线的一部分而突显其重要性。

石油公司资产团队通常不会进行涉及用于构建静态地质模型的所有输入参数分析的不确定性研究。原因可能是资产团队经常缺乏进行这项研究的专业人才，而且目前市面上几乎没有可用于测试和分析整个输入参数不确定性的商业工具。Corre 等（2000）给出了一个例子，静态模型的多种不确定性在一个简单的软件应用程序环境中综合分析并进行测试。通常情况下，这些研究必须由公司的专家进行，这些专家既可以提供专业知识，又可以在技术上运行测试所有必需输入参数所需的多种软件工具。

本章以挪威北海的 Glitne 油田为例，该研究已经进行了包括所有地质模型输入在内的不确定性研究。仅仅使用了两个非专业软件应用程序，第一步定义和量化各种不确定性参数的影响，第二步整合和统计分析单一输入参数和组合输入参数对总体不确定性的影响。开展这项研究是评估剩余油目标的所必需的，项目的研究成果积极应用于明智的经济决策的制定。

14.1 Glitne 油田

Glitne 油田位于挪威 Stavanger 以西，与英国大陆架（UKCS）接壤，Sleipner 以北 40km（图 14.1）。Glitne 油田是挪威最小的独立油田，于 2001 年 8 月投产，预计经济寿命为 26 个月。在开发和运营计划（PDO）中，可采石油估计为 $400\times10^4Sm^3$（Sm^3 表示标准立方米)。石油产自 Heimdal 复合体上部的古新世浊积岩沉积。2003 年 8 月，Glitne 油田的总产量突破 400×10^{4}Sm^3，加密井 A-5H 投产。2003 年秋季，对二次加密井 A-6H 启动了技术和经济评估。这口井的目的是勘探和开发油田南端（图 14.2）的潜力，该地区以前很少有生产或数据用于剩余储量的潜力评价。潜在经济储量的这种不确定性是进行技术和经济评价的催化剂，静态体积不确定性研究将是研究的一部分。

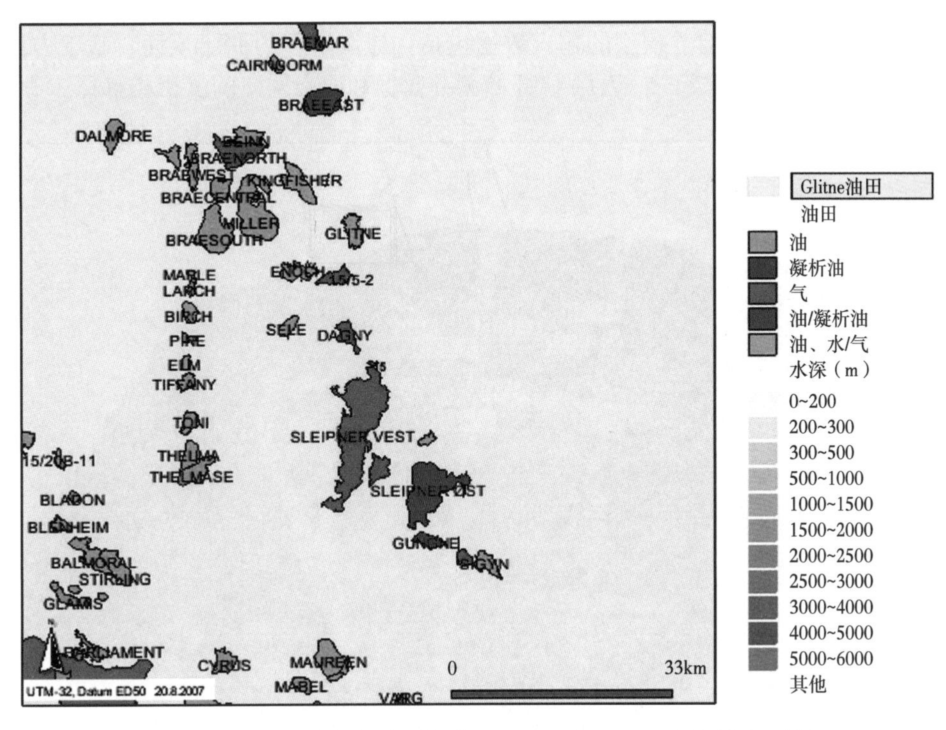

图 14.1 Glitne 油田相对于挪威 Stavanger 和 Sleipner 油田的位置图

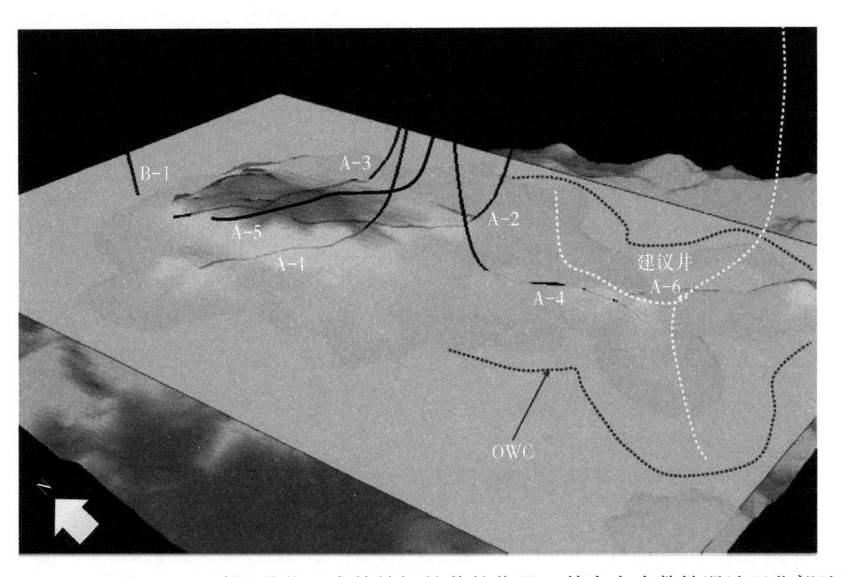

图 14.2 加密井 A-6H 建议井位和先前钻探的井的位置，其中大多数钻遇油田北部地区

14.2 基础方案地质模型

在进行不确定性研究之前，Glitne 油田的静态地质模型是一个完全确定的三维油藏模型，由一个单一的确定的沉积相模型组成，为每一种沉积相赋予一个单一的确定的岩石物性值，包括净毛比（NTG）、孔隙度和渗透率。为了进行不确定性分析，该模型被视为基础模型（图 14.3）。用于建立模型的输入数据包括：地震解释的储层顶面、基于内部分带钻井分层的地层等时厚度线、来自 11 口井的测井数据和取心层段的沉积相解释。

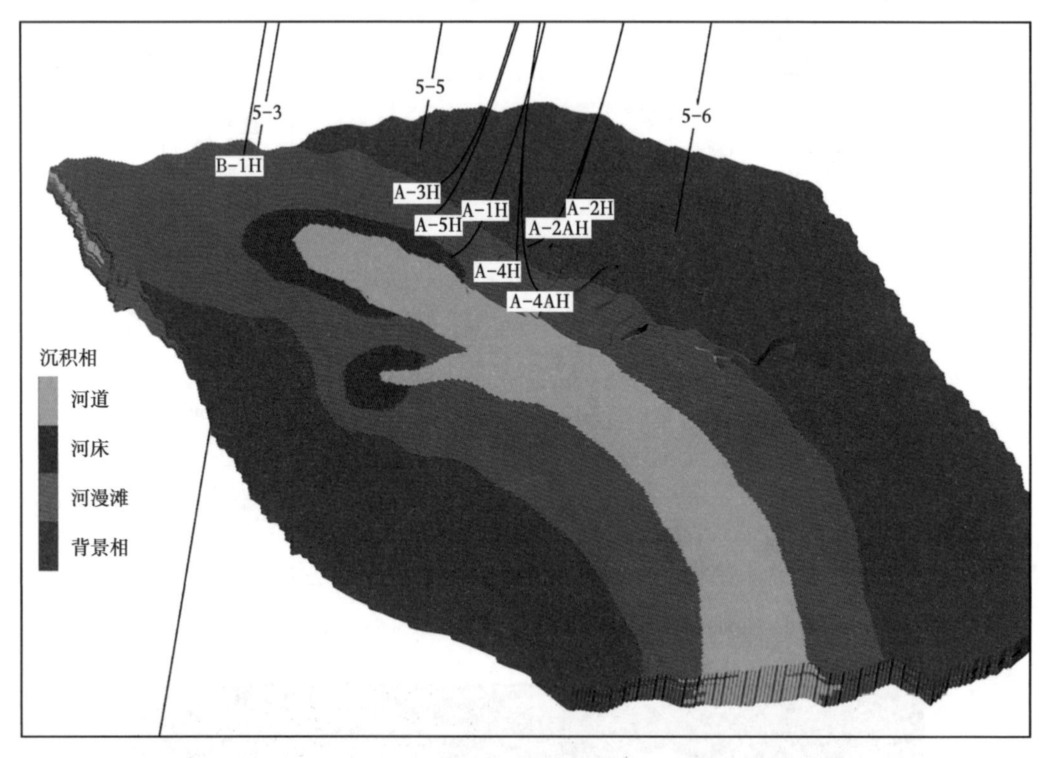

图 14.3 Glitne 油田确定性基础案例三维储层模型的可视化

颜色标识了映射到该油田不同相组合。NE 向视角。储层模型覆盖面积 8km×5km

Glitne 扇体系的地层演化、沉积相间关系和相组合的几何约束，都得益于类比露头的应用——南非二叠系 Tanqua Karoo 扇体系。在过去的一段时间里，许多专家对这些露头进行了研究（Johnson 等，2001，2003）。Hodgetts 等（2004）描述了最近从 Tanqua Karoo 扇复合体采集的数字化数据，并突显了如何使用这些数据更好地约束对 Glitne 扇体系地层的理解。

14.3 不确定性研究的目的和目标

进行不确定性研究的主要动力是为 Glitne 油田钻一口新井而重新评价静态储量潜力（图 14.2）。为了实现这一目的，设定了以下目标：

（1）识别并限定对 Glitne 油田基本方案中确定性地质模型的不确定性由贡献的地质输入参数。

（2）使用 IRAP RMS 定义敏感性并计算体积。

（3）使用石油原始地质储量（STOIIP）中的变化作为不确定性量化的主要指标（即响应变量）。

（4）使用 Microsoft Excel 和内部宏（称为 ProReg），以及 Palisade Decision Tools @ Risk 来编译所有变量并运行完整的蒙特卡罗循环，提供定量统计分析和输入参数重要性的排名。

（5）分析输入参数对整个油田及各个区块的影响并提交报告。

图 14.4 突出显示了评价和管理不确定性所采用的方法，识别出对 Glitne 油田静态地质模型潜在不确定性有贡献的地质参数，列于表 14.1。

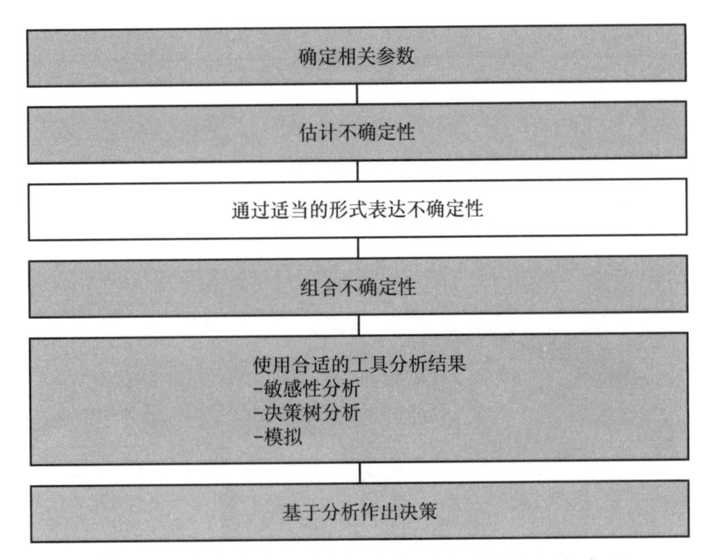

图 14.4　定义进行不确定性研究重要步骤的概念流程

这是用于帮助定义 Glitne 油田研究工作流程的概念

表 14.1　静态不确定性研究中纳入的地质参数以及关于 Glitne 油田每个参数不确定性来源的解释

地质参数	不确定性来源
速度建模不确定性	当分析使用不同的井组时，速度模型可以有不同的定义。这些构成了备选方案的基础。对于每个定义的场景，使用相同的时间解释图来隔离仅有速度模型的影响
地震解释不确定性	层面解释：不同版本的地震数据体可能得出不同的结果。三种不同的数据体解释深度采用相同的速度模型进行转换，以隔离时间解释造成的影响
等体积线图	数据控制点之外地层厚度的成图
地质解释不确定性的相体积分数	考虑到地震振幅信息对 Glitne 扇系统成图的限制作用强，很难提出绘制 Glitne 扇系统的替代方案。因此，对富砂相组合体积分数估算的不确定性进行敏感分析。也会产生每个场景的多个实现
平均净毛比估算	每种岩相、每个区域的平均净毛比值与总值的计算是不确定的，因此测试了低和高案例情景

续表

地质参数	不确定性来源
每种相平均孔隙度估算	计算每种相、每个带的平均孔隙度值。低和高的案例场景定义从基值中±10%定义
渗透率映射不确定性	使用多个实现的条件模拟方法模拟相同的每相分布。P90、P50 和 P10 值是根据体积输出范围计算得到的
油水界面	分布在油田周围的四口井的数据表明，OWC 不是一个显著的不确定性参数，因此在本章中没有进行测试
交替含水饱和度 J 函数方程	本章评估了实施替代 J 函数方程的效果，其中 SWIRR 和 SW 函数中定义的定量值现在取决于岩相
测量不确定度的因子值	一项 PVT 研究报告了一个基本案例 B_o 因子±3%的不确定性

14.4 方法

本节使用的工作流程涉及两个软件程序的应用，而不是经常用于执行此类研究的主机程序（图 14.5）。该工作流是作为一种工具而开发的，它允许更新模型输入参数和重新分析不

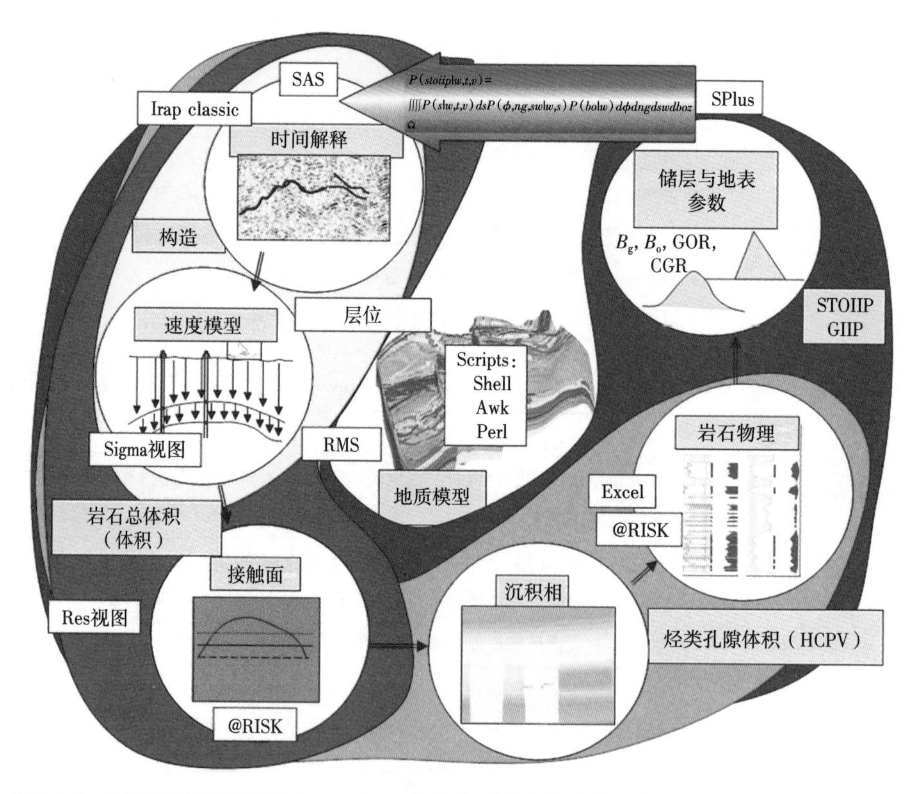

图 14.5　工作流程图突出了 StatoilHydro 的静态不确定性专家组在进行不确定性研究时使用的众多专业软件应用程序和脚本语言

正是这种工作流程的复杂性经常阻碍资产组内进行不确定性分析的可能性

确定性而无须专家的协助。设置该工作流程的原因是 Glitne 资产小组以后可以更新工作流程而无须专家的帮助。

工作流程可以分为两个软件包的组成：Roxar 的 IRAP RMS 和带有 Palisade Decisions @ Risk 插件的 Microsoft Excel。这些在下面分别描述。该实验的设计是每一个需要研究的参数发生改变，而其他所有参数均保持不变。这种设置的优点是，响应变量值的变化可以直接与所研究的参数相关。但是，该方法的一个缺点是，必须设置大量的实验运行来测试所有参数。

14.4.1 方案构建和响应变量计算

建立的工作流本质上是一个基于场景的工作流（Egeland 等，1992；Sandsdalen 等，1996；Bentley 和 Woodhead，1998）。其中，围绕基础模型为所研究的每个参数定义了“高”和“低”两种情况（图 14.6）。作为 Microsoft Excel 中 ProReg 宏的要求，这些高情况和低情况方案应该近似等于 P90 和 P10 百分位数。考虑到这只是一个估计，因此它本身是不确定的，可以将其作为 ProReg 输入的一部分。对于那些相对于该等参数高或低的分布函数的平均值（即孔隙度分布）的等参数，这些情况也要经过多次随机检验。这是为了确定同一分布函数的随机实现之间的方差是否显著小于围绕该分布均值变化的方差。在 IRAP RMS 中，工作流由一系列的内部编程语言（IPL）脚本组成，这些脚本执行一系列的建模工作。在这些建模工作中，所研究的参数是变化的，而所有其他参数都保存在基本情景模型中。这种调查被称为“一次一个”的实验设置。

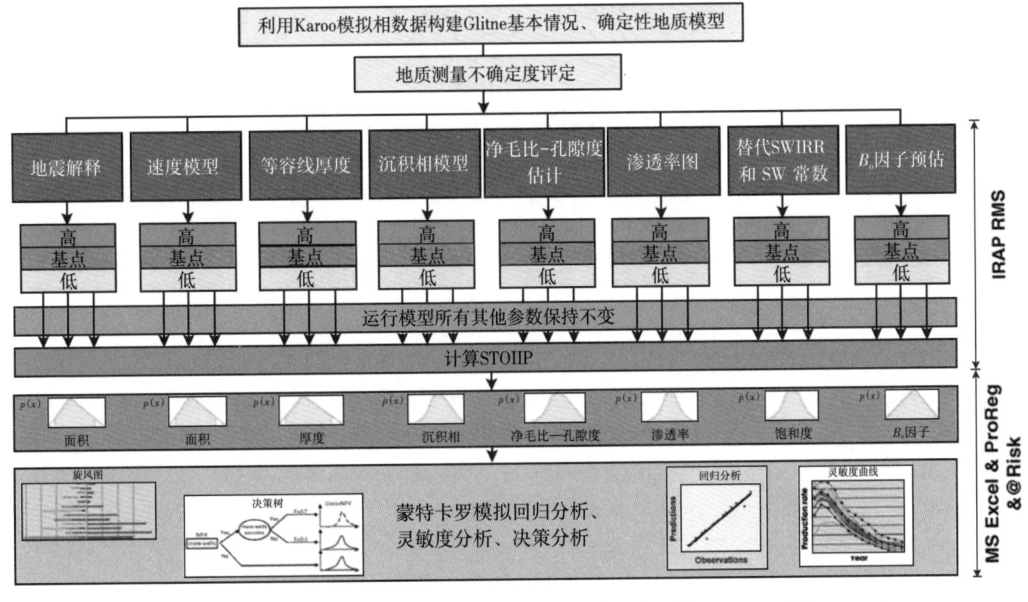

图 14.6 不确定性研究使用的整个工作流程框图（据 Hodgetts 等，2005）

右侧显示了每个工作流程步骤中使用的软件应用程序

每一个 IPL 工作流程都包括一个完整的模型构建，从网格构建到相建模，再到岩石物理建模和含水饱和度建模，最后到体积计算，给出特定场景的响应变量。根据评价的需要，输出每个区块的体积（图 14.7）。在每个工作流作业结束时，IPL 脚本运行一个外部脚本，该脚本接受体积计算输出文件并将其转换为只有行和列的数字，以便在 Microsoft Excel 中易于导入和操作。表 14.2 详细说明了 IRAP RMS 中针对研究中各种不确定性类别的工作流程步骤。为了使工作流程易于建立和重复，必须对地质网格的建立做一些假设，下面将讨论这些假设。

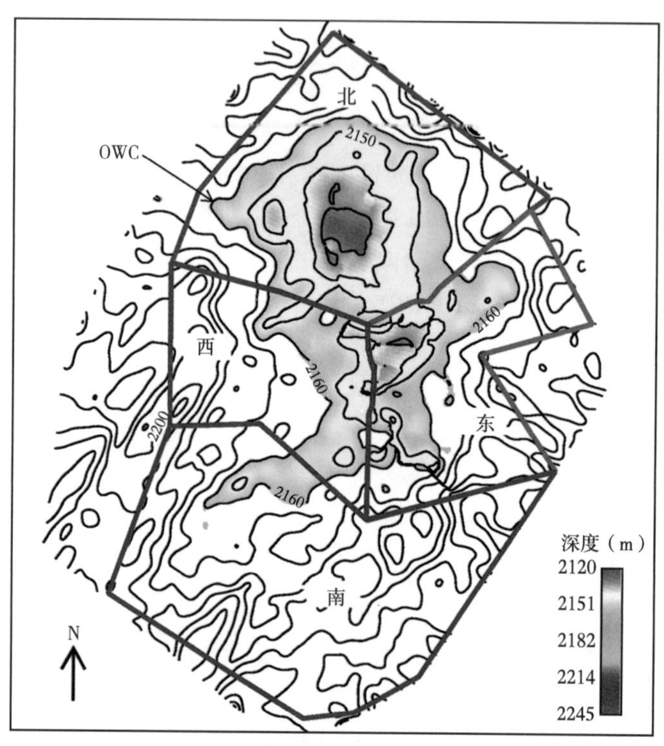

图 14.7 显示研究区块边界的 Glitne 油田的储层顶面构造图

彩色轮廓线表示油水界面之上的储层顶面构造图区域

表 14.2 为运行一次一个实验设置需要在工作流程中完成的 IRAP RMS 建模步骤

结构不确定性 地震解释，深度 转换，等容线建模	从外部目录加载可选顶部映射 将项目中的顶部映射设置为“Low Case”映射 运行建模循环：地层建模→创建网格→重新取样岩相/岩石物理→运行软件脚本→计算 STOIIP→运行外部卷文件转换脚本→将 Top Map 设置为“High Case”→重复上述步骤，将顶部映射重置为“Base Case”
相体积分数	创建“Base Case”网格 运行 Base、Low 和 High Case 敏感性相建模 每个灵敏度运行 10 次 对每个岩相的 Base Case 重新取样 针对 Low、Base 和 High 敏感度运行软件脚本 计算 STOIIP 并运行外部文件转化脚本

续表

NTG、孔隙度、渗透率、含水饱和度、B_o系数	构建“Base Case”网格 将“Base Case”重新采样到网格中 为 Base、Low 和 High Case 敏感性运行建模 对岩石物理参数进行 10 次随机实现 为每个参数灵敏度级别运行软件建模脚本 为 Base Case 参数模型运行备用软件脚本 计算 STOIIP 并运行外部文件转换脚本

注：工作流由一系列脚本组成，这些脚本控制数据的导入/导出，在 RMS 中执行建模或重采样作业，并执行外部脚本。对于不确定性研究中测试的每个地质参数，都有一个 IPL 工作流程作业。

14.4.2 工作流方法中的假设

所有网格都是按比例细分层构建的，并且都具有相同的 I、J、K 值。

除含水饱和度建模外，所有参数均从基本案例模型中重新采样，除非该参数是目标参数。每次按比例细分层构建具有相同 I、J、K 值的网格，确保了不确定性参数模型构建运行时从基本案例模型参数重采样结果的一致性。使用 J 函数对含水饱和度进行建模，该 J 函数是孔隙度、渗透率和油水界面上方高度的函数。考虑到每种情况下一个参数的改变都会影响这些 J 函数输入结果，因此不能简单地从基本情况网格中重新采样含水饱和度参数，而必须在每次运行新的方案后重新计算含水饱和度参数。

所有的网格都是在无断层的情况下建立的。然而，断层作用具有不确定性，不同的时间解释揭示了不同的断层样式。在均方根振幅图很难自动匹配变化的断层位置。测试了相同参数设置建立的无断层网格和断层网格。计算的无断层网格与断层网格的总岩石体积差异比值（GRV）小于1%。因此，在整个研究中采用无断层网格建模是可以接受的。如果要处理参数不确定性对储层的动态影响，这个解决方案可能不可行。

14.4.3 蒙特卡罗模拟和统计分析

IRAP RMS 的输出是基于每个区块的一系列计算原始地质储量值，其中，每个值都反映了由于更改了所研究的单个参数而导致的原始地质储量与基本情况的变化。ProReg Microsoft Excel 宏用于合并这些结果，并使用多元线性回归分析和@ Risk 中的蒙特卡罗模拟来估计总原始地质储量不确定性范围（图 14.6）。在这种背景下运行蒙特卡罗模拟的原因是，通过捕捉尾部的分布得到正确不确定性范围的光滑体积分布。这有望揭示以前通过常规体积计算无法捕捉的增加的体积。

数据被汇编在一个工作表中，其中每个被测的不确定性参数被定义在一行中（图 14.8）。这个低、基本、高范围值是指参数的输入值，在 ProReg 和@ Risk 中用于定义特定参数的不确定性分布直方图的偏度。输入这些值之后，ProReg 宏将执行下面列出的各个步骤，以便为@ Risk 设置数据。

（1）生成旋风图（来自灵敏度的 STOIIP 编号）。

（2）考虑以下因素，对 STOIIP 编号执行多元线性回归。

①组合运行。

②多次实现。

③回归检验。

（3）准备用于模拟 STOIIP 的@ RISK 设置。

①生成@ RISK 公式。

②定义离散参数和偏度分布。

③定义相关矩阵，以允许分配参数之间的依赖关系。

定义为@ Risk 输出的 STOIIP 方程（图 14.8）定义为

$$STOIIP = C_0 + aP_1 + bP_2 + cP_3 + \cdots + xP_x$$

式中，P_1 到 P_x 为所研究的参数；a、b、c、x 均为多元回归分析的回归系数；C_0 为多元回归分析图的截距。

参数				范围			储量（来自Eclipse）						转换				分布（来自@RISK）					
编号	名称	单位	类型 (c/d/x)	低	参考	高	低	参考	高	LowDiff (Low-Ref)	HighDiff (High-Ref)	Spread	-1	0	1	Teg Coef	类型 Tnpr/Unit	P (Low)	P (High)	T-distribution	T discrete	平均
1	SW_alt		c	0.35	0.44	0.35	8.86	15.85	15.86	-6.99	0.01	7.00	-1	0.8	1	3.89181	Prt	1	5	0.38		0.42
2	NTG		c	0.58	0.64	0.58	14.37	15.85	18.11	-1.48	2.26	3.74	-1	0.00	1	1.87	Tri	10	10	0.00		0.64
3	速度模型		c	1.00	1.80	1.00	15.62	15.85	19.01	-0.23	3.16	3.39	-1	-0.20	1	1.89	Tri	1	5	0.04		2.04
4	孔隙度图		c	1.00	2.00	1.00	14.50	15.85	17.56	-1.35	1.71	3.06	-1	0.00	1	1.53	Tri	5	5	0.00		2.00
5	地震解释		c	1.00	1.40	1.00	14.68	15.85	17.70	-1.17	1.85	3.02	-1	-0.60	1	1.21	Tri	5	5	-0.12		1.88
6	裂缝模型		d	1.00	2.50	1.00	15.43	15.85	18.13	-0.42	2.28	2.69	1	0	0	-0.5305	Disc	10	10	0.00	1.00	1.00
			d		2.50		15.43	15.85	18.13	-0.42	2.28	2.89	0	0	1	2.16247	Disc	10	10	0.00		
7	B_o		c	1.15	1.18	1.15	15.39	15.85	16.34	-0.46	0.49	0.95	-1	0.00	1	0.47	Prt	0	0	0.00		1.18
8	渗透率图		c	1.00	2.00	1.00	15.38	15.85	16.24	-0.47	0.39	0.86	-1	0.00	1	0.43	Tri	5	5	0.00		2.00
9	等容线		c	5.00	10.00	5.00	15.58	15.85		-0.27		0.27	-1	0.00	1	0.39	Urif	5	5	0.00		7.50

SUMPRODUCT+

根据灵敏度图进一步分析得出的参数称为灵敏度图

STOIP	5.35237

回归系数	Coefficient
截断	13.9541
Stos_alt	3.8918
净毛比	1.8698
速度模型	1.8871
孔隙度图	1.5295
地震层间	1.2085

图 14.8 使用 ProReg 宏的电子表格设置示例

用户列出参数并输入相关的“低”“参考”“高”值。然后，ProReg 执行多元回归分析，完成其余列中的值，并将相关列定义为@ Risk 输入和输出。最后，用户在@ Risk 中运行蒙特卡罗模拟之前，设置要运行的所需迭代次数并报告输出格式

然后将@ Risk 设置为运行 10000 次迭代，并以描述性统计数据、直方图和旋风图的形式产生输出［图 14.9（a）(b)(c)］。这些输出可用于识别每个油田区块对 STOIIP 中不确定性范围贡献最大的参数［图 14.9（d）］。为了评估整个油田的不确定性，可以通过组合各个字段的各个工作表，构造段内和段之间的参数依存关系的相关矩阵，并根据其中所需参数的数据范围重新定义 STOIIP 方程，来构建单独的 ProReg 工作表来计算。

该工作流的统计和图形输出提供了丰富的有关可能的 STOIIP 结果范围和对该分布扩展影响最大的不确定性因素的信息（图 14.9）。按照图 14.4 的概念流程图，此分析有助于更好地理解和评价剩余体积的地质影响，并将其整合到其他评估作业中，从而可以做出更好的决策。这次研究中，在一个目标区块中发现了以前未认识到的一项大规模积极潜力，

这种量化的结果为经济评价增值。该分析还可以突出显示具有较高不确定性范围的地质因素，并且可以考虑进一步减小这些参数的不确定性范围。

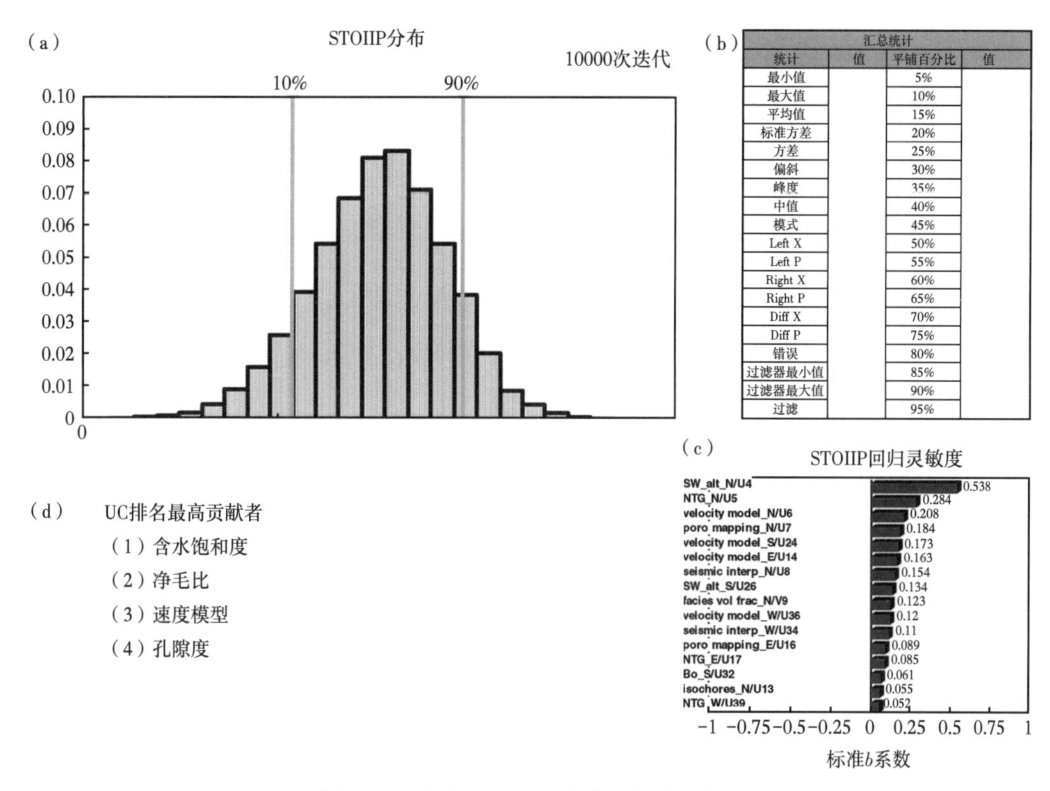

图 14.9　来自@ Risk 的输出的报告示例

（a）直方图显示 STOIIP、P90、均值和 P50 值位置的总范围；（b）描述性统计表输出；（c）旋风图，按照每个参数对 STOIIP 的总不确定性范围的贡献进行排序，最高的在顶部，最低的在底部；（d）在旋风图中确定的 STOIIP 不确定性范围的前 4 位最高贡献者列表

14.5　Glitne 油田不确定性研究工作流程的局限性

上述工作流程设置的方式可以使用最少的软件应用程序评估和分析许多不确定性参数和因素，并仍对结果进行复杂的分析。尽管如此，分析还具有如下局限性：

（1）该研究仅处理与静态体积相关的不确定性。没有对体积进行动态分析。这一方面是由于项目不做要求，另一方面是由于当时软件的功能局限性。应该提到的是，动态储层研究是同时进行的，并且该研究的结果被用来指导模拟模型的输入。在模拟器中直接测试所研究场景的更加综合研究是更好的选择，并且现在 IRAP RMS 中已经存在可以实现静态和动态分析的更好无缝集成的软件解决方案。

（2）构造模型是有限制的。非自动化断层定位限制了由于解释或速度影响导致断层模式发生改变的网格重建。再者，鉴于本章只集中于静态效应，并被证明问题不大，但如果采用动态分析，就必须考虑这种不确定性。

（3）工作流程中没有包含实验设计分析。包括实验设计将有利于工作流程，因为它将有可能评估参数组合效应和可能的方案优化更加流场。由于目前已经建立了工作流，必须一次运行一个场景和因素是一个非常耗时的过程。

（4）习惯上，RMS 中的常规不确定性建模仅处理与参数映射相关的变化（即种子变化）。尽管可以在 IRAP RMS 中设置方案，但这并不是一件容易或能快速完成的任务。其他可商购的地质建模工具具有一定的不确定性建模能力，Roxar 最近开发了针对 IRAP RMS 的不确定性模块。

14.6 结论

（1）本章使用的工作流程成功地整合了所有地质不确定性场景并在相对简单的工作环境中产生了有意义的结果（即将 IRAP RMS 与 ProReg Microsoft Excel 宏和@ Risk 结合使用）。

（2）在 IRAP RMS 中结合使用 IPL 脚本语言和 Workflow Manager，可以处理地质不确定性/情况。但是，初始工作流定义需要脚本语言的丰富知识，并且可能很耗时。尽管如此，不确定性研究的后续更新需要很少的工作或对实际工作流程设置的了解。

（3）这项研究有助于就 Glitne 油田先前未开采地区的体积潜力做出明智的地质决策，并且所钻新井已经成功投产。

（4）简单的不确定性/场景建模应该更容易在公司资产组中开展，这是地质储层模型构建过程不可或缺的一部分，公司投资组合中可用的工具应支持这一愿景。

参考文献

Bentley, M. R. & Woodhead, T. J. 1998. Uncertainty Handling through Scenario-Based Reservoir Modelling. SPE n° 39717.

Corre, B., Thore, P., De Feraudy, V. & Vincent, G. 2000. Integrated Uncertainty Assesment for Project Evaluation and Risk Analysis. SPE n° 65205.

Egeland, T., Hatlebakk, E., Holden, L. & Larsen, E. 1992. Designing Better Decisions. SPE n° 24275.

Hodgetts, D., Drinkwater, N., Hodgson, D., Kavanagh, J., Flint, S. S., Keogh, K. J. & Howell, J. A. 2004. Three-Dimensional Geological Models from Outcrop Data using Digital Data Collection Techniques: An Example from the Tanqua Karoo Depocentre, South Africa. *In*: Curtis, A. & Wood, R. (eds) *Geological Prior Information: Informing Science and Engineering*. Geological Society London, Special Publications, 239, 57-75.

Johnson, S. D., Flint, S. S., Hinds, D. & De Ville Wickens, H. 2001. Anatomy, Geometry and Sequence Stratigraphy of Basin Floor to Slope Turbidite Systems, Tanqua Karoo, South Africa. *Sedimentology*, 48, 987-1023.

Sandsdalen, C., Barbieri, M., Tyler, K. & Aasen, J. 1996. Applied Uncertainty Analysis Using Stochastic Modelling. SPE n° 35533.

van der Werff, W. & Johnson, S. D. 2003. High Resolution Stratigraphic Analysis of a Turbidite System, Tanqua Karoo Basin, South Africa. *Marine and Petroleum Geology*, 20, 45-69.

15　Schiehallion 油田：复杂深水浊积岩储层建模经验教训

Paul Freeman　Sean Kelly　Chris Macdonald
John Millington　Mike Tothill

摘要：重新评估 Schiehallion 油田储量的需求促使必须建立全油田油藏模拟模型：现有模型揭示模拟的体积可能过于保守。同时，正在进行的开发钻井增加了 50%数据信息，这是建立新模型的主要原因。建立了由 BP 和 Shell 员工组成的综合多学科团队，以建立新的全油田油藏模拟模型，以进行储量重新评估。本章概述了用于构建新模型 FFM2003 的工作流程，并更详细地描述了该工作流程的要素，并聚焦过程中获得的经验教训。

Schiehallion 油田位于 Faeroe－Shetland 盆地西南部的 Shetland 群岛以西 200km 处（图 15.1）。该盆地是由欧洲西北缘的晚侏罗纪/早白垩纪裂陷而形成的（Knott 等，1993；

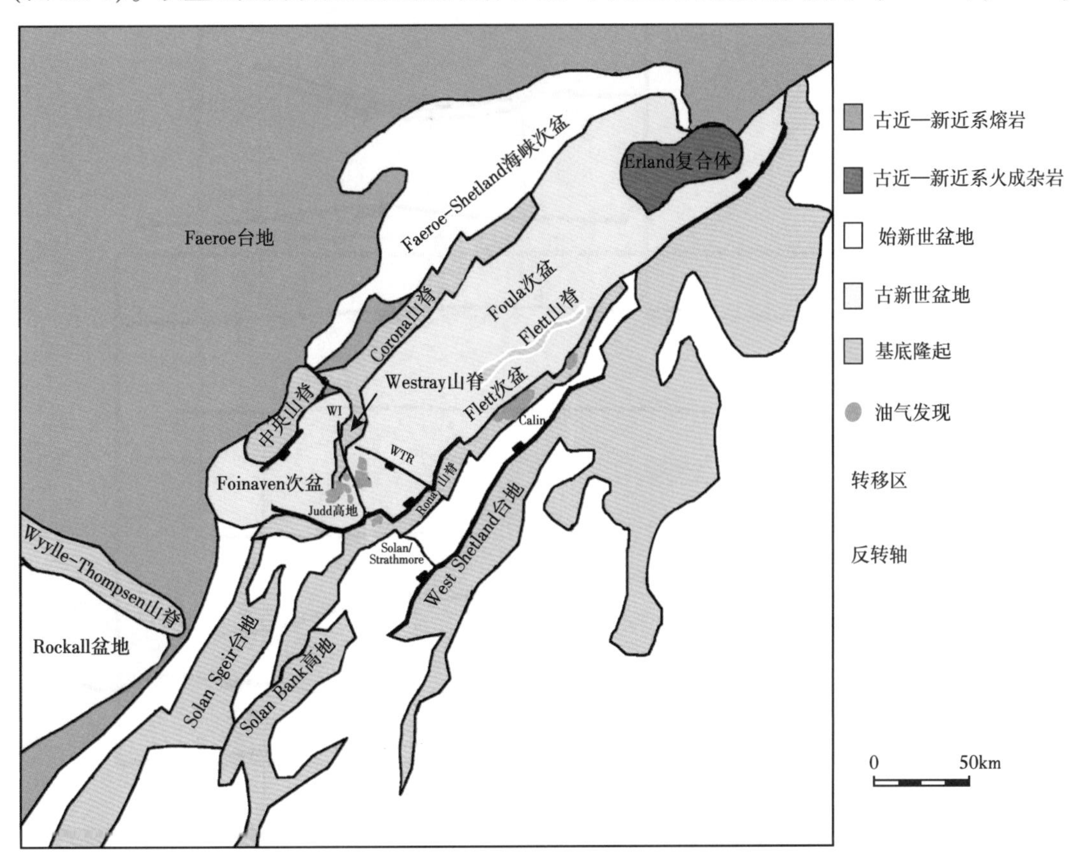

图 15.1　Schiehallion 油田的位置和区域构造要素

Mitchell 等，1993；Carrt 和 Scotchman，2003）。古近纪，Faeroe-Shetland 群岛盆地是一个主要的沉积中心，由北西—南东向的转换带控制：北部的 Erland 复合体和南部的 Judd 断裂带，并可分为两个次盆地：东北部 Flett 和西南部 Foinaven。后者是 Schiehallion 油田所在的区域，受热沉降和断层的控制，在整个古新世一直活跃。在此期间，热柱产生了火山活动，使得 Scottish 高地和 West Shetland 平台发生抬升，继而形成了英国西部的粗碎屑物源供应（Lamers 和 Carmichael，1999；Morton 等，2002）。大量的碎屑输入发生在古新世早期（T30），大致相当于北海 Lista 组 Andrew 段。T30 层序由地震可识别的由陆架盆地河道搬运的硅质碎屑浊积砂组成。使用井眼和生物地层学数据将该层序细分为许多亚层序（Lamers 和 Carmichael，1999；Ebdon 等，1995；Mitchell 等，1993）。在 Schiehallion 内，主要的含油砂岩发育在 T25、T28、T31、T34 和 T35 层序中（图 15.2）。

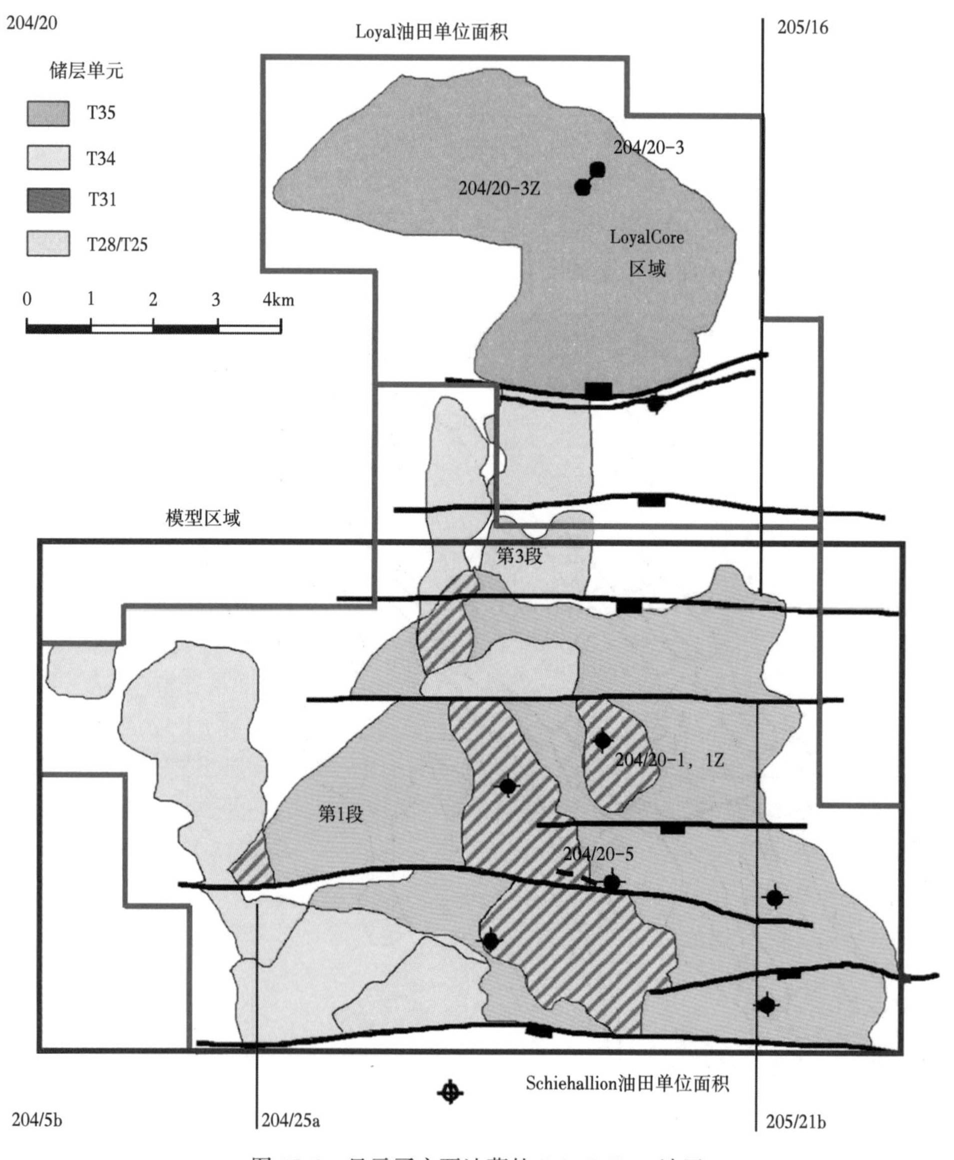

图 15.2　显示了主要油藏的 Schiehallion 油田

圈闭是基于东部地层尖灭以及沿北部和西部边缘倾斜闭合划分出来的。储层砂体西部边缘由东西向正断层封闭，并完全错断。主要储层年代为 T25/T28、T31、T34、T35。油田是通过 FPSO 设施开发的，该设施与 Loyal 油田共享。到目前为止，已有 17 口采油井和 17 口注水井完钻，并且这些井从 3 个海底钻井中心连接到了 FPSO。原油通过穿梭油轮输出到 Shetland 的 Sullom Voe 码头。2004 年底，Schiehallion 公司已经从估算为 20×10^8bbl 原始地质储量中（STOIIP）生产了 2.12×10^8bbl 原油。

15.1 建模工作流程总结

新模型的构建方法借鉴了 Shetland 群岛西部和其他地区的建模经验，采用目标建模和地震条件约束相结合的方法。图 15.3 总结了工作流。

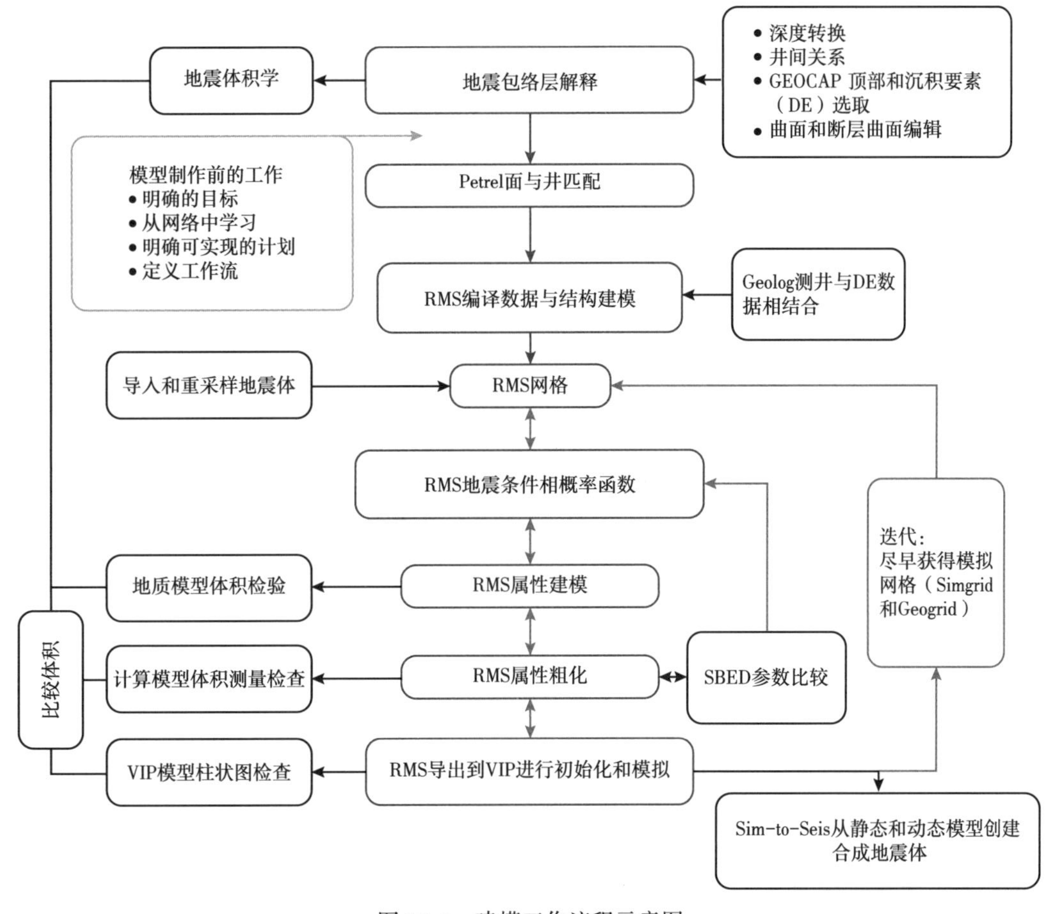

图 15.3 建模工作流程示意图

GEOCAP（Shell 专有）、Petrel（Schlumberger）、RMS（Roxar）、VIP（Landmark 公司）、Sim-to-Seis 或 MorSyn（分别为 BP 或 Shell 专有）

工作流程从数据准备开始。井资料的整理涉及生物地层学分层与测井资料的整合和非岩心层段沉积要素（相组合）的拾取。沉积要素的定义在 15.3 节“相模型”中有更详细的介绍。与此同时，在许多不同的地震体上绘制了油藏层位和断层平面图，以便最大程度地捕捉潜在的油藏砂体发育范围，这些层位被称为地震包络线。这一方法与以往倾向于利用振幅限定体的研究完全不一样。对地震包络和相关断层进行深度转换输入建模软件中，并与井上分层匹配。当所有的分层和沉积要素都确定后，将其与岩石物理数据库结合。孔隙度和水平渗透率的属性转换是由岩心数据产生的，而净毛比则是通过每一种沉积要素的测井分析转换得到的。在所有层位和井资料充分结合的基础上，联合断层和层位数据建立构造模型。仔细检查断层两边层位的并置关系，并且在局部（由于构造建模时使用的光滑和外推算法）需要进行手动调整。在这一阶段，将带断层的层位从建模软件中输出，转换回时间层位并对照地震数据检查。这一迭代步骤确保使用这些层位构建的地质网格准确地捕捉到了每个储层单元的所有振幅数据。

完成所有质量控制检查后，就可以构建模拟网格。首先，模拟网格的构建是模型构建工作流程中的关键步骤，因为模型尺寸（单元数）被认为是流动模拟效率的潜在问题。然后，建立作为模拟网格的直接整数细分的静态模型网格（使用 RMS 中的 LGR 网格划分功能）。将反演的地震体积和四维差积进行深度转换并重新采样到静态模型网格中。为了生成基于目标的相模型，将井和地震数据相结合为每个沉积要素创建相概率函数。一维函数和二维平面图也可用于支持地震概率函数内相目标的垂直和空间排列。建立令人满意的相模型是一个高度迭代的过程，需要进行目视、钻井、平面图、三维体和模拟检查。然后，使用从岩心数据和测井数据获取的基于要素的沉积转换将相模型转换为属性模型。然后将这些模型粗化到模拟网格中，并根据微相模型得出的有效属性对它们进行检查。粗化后的属性模型输出到模拟软件。四维地震数据提供了有关流体渗流遮挡和渗流屏障的位置和强度的更多详细信息。从相干地震体中选取的线状体与四维差异体和平面图相结合，以确定潜在的传导率大小（开启、部分封闭和封闭）。这些线条与模拟网格整合在一起，以确保与模拟网格单沉积相的产状和连续性正确匹配。这些渗流遮挡和渗流屏障是建立历史拟合模型的关键变量。油田开始阶段的合成地震体也被用来检查净毛比大小和分布。模型工作流程的最后阶段是储层不确定性模拟，目的是确定原始地质储量的不确定性和当前油井的开采潜力。

15.2 构造成图和网格设计

Schiehallion 群岛西部以前的建模项目的经验表明，模型构建过程的关键阶段是模拟网格的设计和大小，以及相对于地质网格的相对比例。与以前的所有模型相比，该模型中包含的储层层序更多，并且已确定模型大小可能成为流动模拟效率的重要问题。考虑到这些因素，应用的工作流程认识到应该首先构建模拟网格。地震包络的使用将导致模拟效率低下的网格尖灭和非邻网格连通发生率降到最低。建立的静态模型网格是动态网格的直接整数细分，也称为“缩小”网格。这种方法的好处在于，静态和动态网格都尊重精确的流动模拟所需的地质几何形态，此外，还简化了将属性粗化到模拟网格的过程。最初的模拟网格是在高垂直分辨率下构建的，但具有轻松减少层数而又不影响原始工区目标的能力。随着建模进程的推进，有必要将模拟网格中的层数从 168 减少到 76。模拟网格已尽早纳入这个建模流程，并用虚拟属性测试网格用于模拟。从网格设计中汲取的经验教训是，根据早期运行时间和内存需求的经验，内置灵活性以生成适当尺寸的模拟模型。

15.3 相模型

相模型是基于先前 Schiehallion 和 Loyal 模型的经验而建立的，该模型使用概率函数来约束地震资料的沉积解释。以前用于早期油田模型的岩相方案基本上是小层级别（厘米至米级），并且在很大程度上依赖于测井特征确定每种沉积相类型（即测井相）。使用这种基于测井的电相方案时，存在许多潜在的缺点：

（1）使用没有厚度标准的测井产生大量的单个相单元（通常厚 0.15~1.0m），很难将它们组合成有意义组合。这可能会导致由大量小要素建立的高度复杂的非均质性模型。

（2）几乎没有基于沉积过程的解释，因此很难定义适用于目标建模的沉积学形态和目标体。这样的方案不能轻易地整合岩心的沉积学理解。

（3）由于采样的原因（通常导致在相对较短的水平距离上产生大量的相单元），这种电相方案很难应用于水平井。

用于该建模项目的油藏描述遵循了沉积要素方案（DEs）的简化版本，DEs 是一项与产权相关的研究部分（Ashton，2002）。沉积要素本质上是相组合或成因单元。DEs 具有亚地震下辨率（0.9~12.8m，P90:P10 范围），并能更好地控制地震资料的沉积相约束解释。

取决于所采用的地震体或主条件参数，油藏不同小层的相约束方法略有不同，但是，所有油藏单元的以下几个方面具有一致性：

（1）将离散相或沉积要素（DE）测井重新离散化到每个储层单元的地质网格中。

（2）每个 DE 都赋予目标参数（厚度、宽度、长度、形状、方向等），除非设置为背景相（图 15.4）。

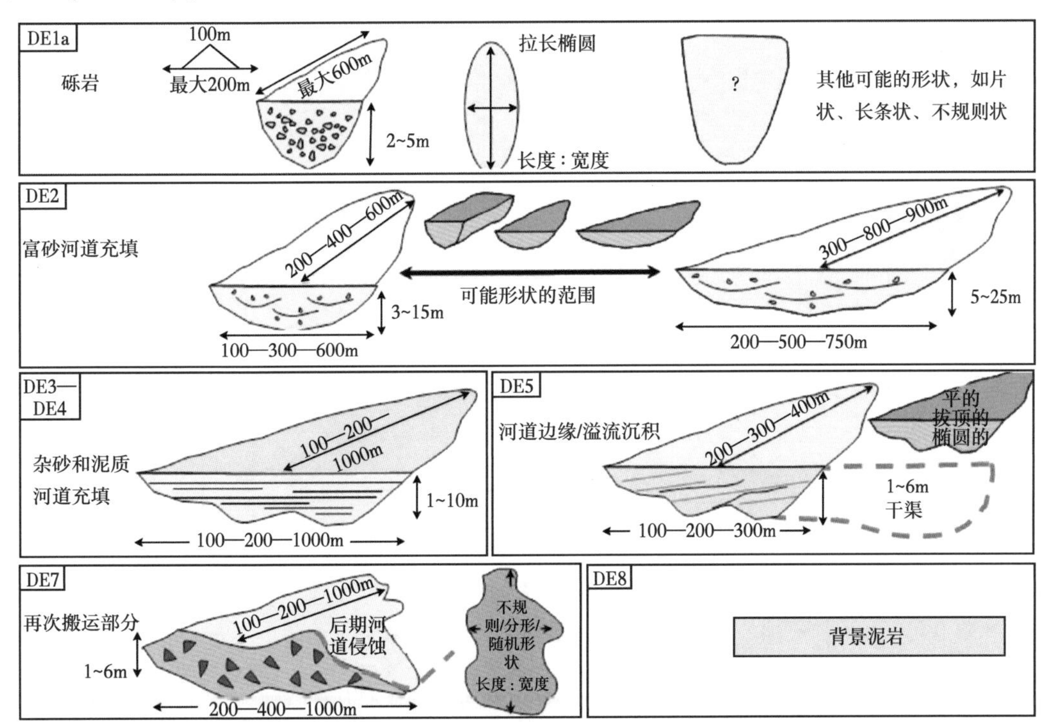

图 15.4 沉积要素（DE）目标模拟形态标准

（3）将地震数据加载为 SEGY 数据，重新采样为地质网格（算术平均法）。

（4）建立了基于反演地震资料的相概率函数。除了原始地震和井数据外，相概率函数（FPF）可能是模型地震约束最关键的输入参数，因为它驱动了相体的分布。根据井点相地震属性（或其他参数）的柱状图来估计 FPF。该概率是通过获取给定相的直方图值并除以所有相的直方图值之和得到的（Lia 和 Gjerde，1998）。在 Schiehallion，FPF 呈典型的三段式分布（图 15.5），反映了三种主要的 DEs：偏砂的河道充填体（DE2，高净毛比）、异类河道充填体（DE3 和 DE4，中等到低净毛比）和背景泥岩（DE8，非常低的净毛比）。对于 Schiehallion 的主要储层 T31，这些相代表了大约 85%的模型单元。优质的 DE2 砂体与质量较差的 DE8 泥岩有明显的区别，不同岩性的 DE3 砂岩或多或少地与 DE2 砂体和 DE8 泥岩有重叠。其余的小 DEs（聚合体、可移动单元等）也使用地震约束进行建模，但更多地强调了它们的层位和环境（例如河道填充序列中的位置）。为了获得更好的结果，对井数据分析中未修正的 FPFs 进行了手工平滑处理，其精度一般都比较高。经验表明，为了不高估井资料的价值并提高算法的收敛性，使用相对光滑的 FPFs 是较好的选择。通过比较使用相同地震输入的不同井组数据的 FPFs，可以评估 FPF 的统计稳健性。这个测试完成时发现了微小的差异，但它表明 Schiehallion 的统计数据集足够丰富，可以限制局部偏差。然而，人们认识到还有更多与地震特征相关的储层属性（如厚度和净毛比）的一致性区域变化，从而导致 FPF 的差异性。这种可变性意味着一个区域的最优 FPF 可能并不适合油田的其他区域。

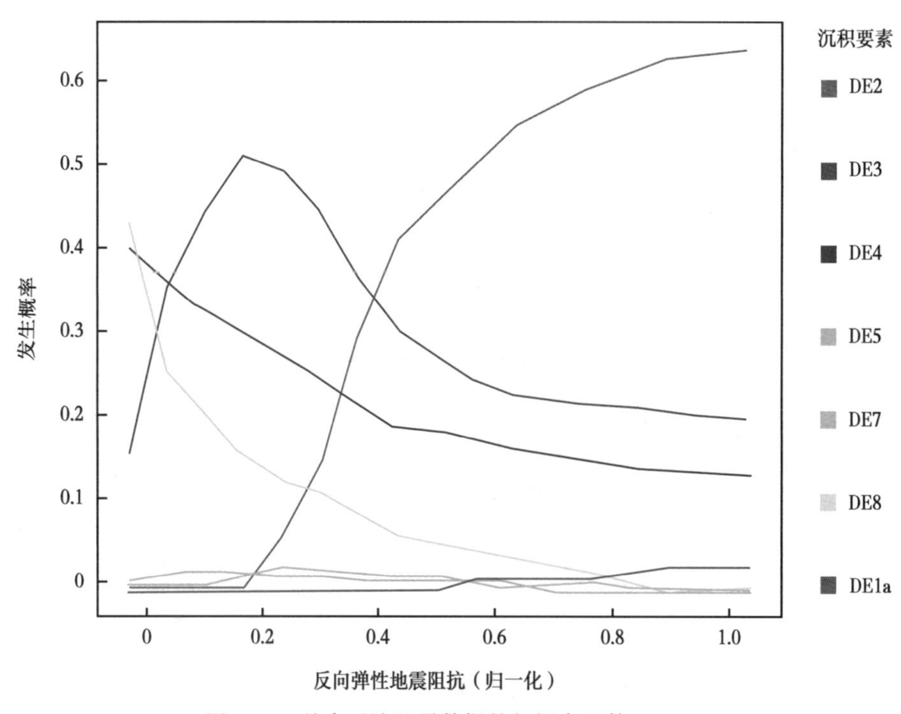

图 15.5　约束反演地震数据的相概率函数（T31）

（5）设置地震权重因子（SWF）——这个参数决定了地震对模型内部相分布的影响程度。经验表明，如果 SWF 设置过低，模型结果不能反映地震振幅分布；如果设置得太高，模型就会看起来很像地震，但在井周围马上就会不同。

（6）地震强度平面图或三维体（通常是剪切或重新标度的波阻抗/岩性体）也被用来聚焦关键相的分布——三维体通常给出更好的结果，因为二维权重平面图并不指示参数垂直分布。在某些情况下，使用简单的一维函数（即 DE 频率与网格层）来控制垂直分布。

（7）全部的沉积相约束之前，对模型运行进行检查，以确保依据地震数据得到的预期体积占比与基于井数据统计的目标或细化的结果相一致。否则，地震数据可能会预测出一个占比过低或者过高的相。

（8）进行相约束运行并检查结果的相体积占比。如果占比不正确或没有达到预期，则增加迭代次数（通常约为 100 万次），并在重新运行之前重复模拟或修改 FPF。

（9）一旦建立了相模型，就可以利用转换法建立另外的属性文件（净毛比、孔隙度和渗透率），然后将其粗化到模拟网格中。这些属性变换将在 15.4 节“有效储层属性”中详细讨论。这种方法可以产生多种地质认识。选取了 16 种实际情况，并根据历史生产数据在油藏模拟器中针对是否单独划出渗流遮挡和渗流屏障进行了“盲测”。这些模型根据单井历史数据的拟合质量进行排序。这样就可以通过将模型划分为不同的区域建立一个混合参考模型，并未每个区域选择一个最优的实现。

15.4 有效储层属性

采用三阶段处理来生成有效的储层属性。首先，分析可用的岩心和测井数据，并为每个 DE 建立孔隙度（ϕ）和水平渗透率（K_h）的转换。其次，通过将变换应用于每个 DE，将静态或精细的相模型转换为属性模型。最后，将精细模型粗化到模拟网格中。

先前的模型都使用了常数值和电相转换。在 Schiehallion 油田，储层砂体的孔隙度相对恒定，大约为 27%，但由于随着埋藏深度的增加，岩石持续压实和胶结作用，两者存在明显的相关趋势。因此，根据可用的岩心数据为每个 DE 建立了孔隙度与深度的转换关系（图 15.6）。岩心数据是在地表环境条件下测量的，因此采用 0.6ϕ 的埋藏校正来反映原位条件。

水平渗透率是使用所有可用的岩心数据建立的模型中每种沉积要素的孔隙度—渗透率转换关系来计算的。在建立孔隙度—渗透率转换关系时，可以在线性孔隙度与对数渗透率之间以及线性孔隙度与线性渗透率之间观察数据。大多数研究仅使用线性孔隙度与对数渗透率曲线图。但是，由于储层对线性渗透率有响应，因此重要的是要了解在对数线性坐标中建立的转换将如何在对数—线性坐标系中实现。使用这两个图来查看数据，并通过肉眼拟合而不仅仅依赖于最小二乘拟合，得出了对于每种沉积要素看起来都是最佳拟合的关系（图 15.7）。

估算静态模型中的垂直渗透率（K_v）更加困难，尺度问题是关键。当相对于水平渗透率作图时，岩心柱塞数据得出的 K_v/K_h 值为 0.98。沉积要素的分辨率比岩心塞的分辨率粗得多，厚度范围为 0.9~12.8m。此外，静态网格的平均分辨率为 50m×50m×1m。结果，垂直渗透率利用简单的 K_v/K_h 关系创建，每种沉积要素对应一个值。三种不同的 K_v/K_h 值用于给精细地质模型赋值：0.5、0.1 和 0.01。这些值是基于大量的一系列微模型和露头类比研究（Stephen 等，2001），并应用于以下各相组合：DE2 和 DE1a = 0.5，DE3 = 0.1，DE4、DE5、DE7 = 0.01。

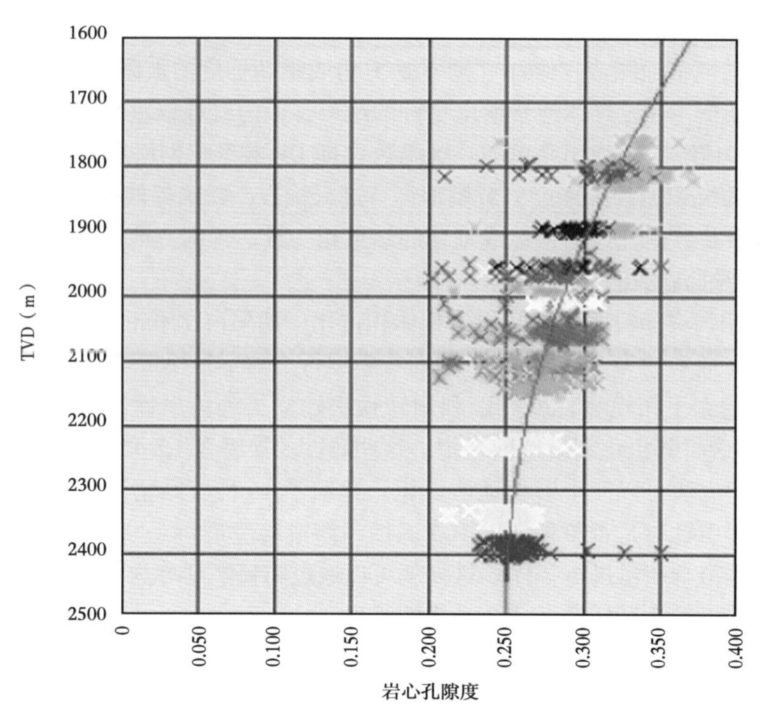

图 15.6　随深度变化的孔隙率趋势

彩色数据点来自多口不同的井

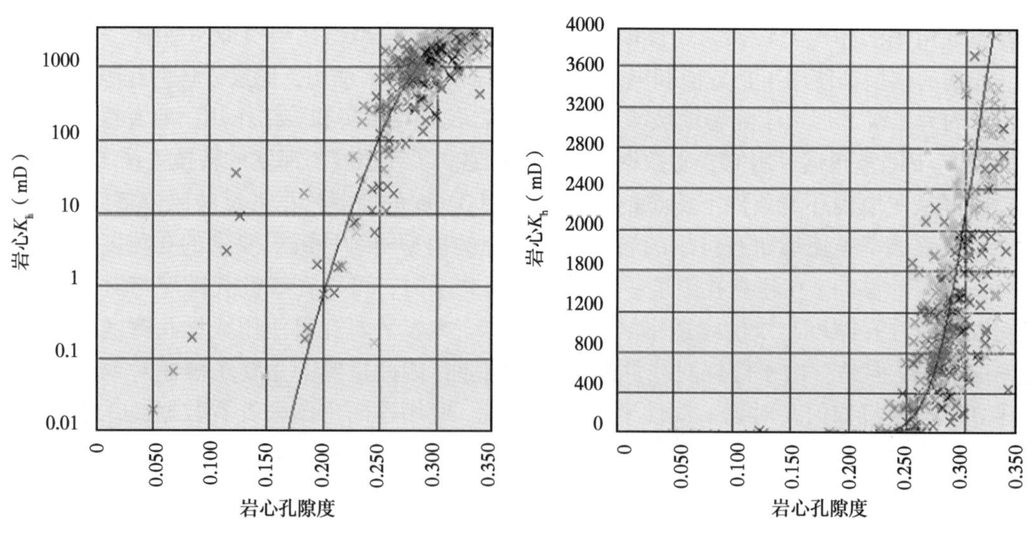

图 15.7　对数—线性和线性—线性坐标系下中的孔隙度—渗透率转换（T28—T35）

彩色数据点来自多口不同的井

15.5　粗化孔隙度和渗透率

孔隙度粗化相对简单，但是必须注意确保模拟模型中粗化的孔隙度合适。在地质模型中，只为有效砂体赋予孔隙度值，因此，为了确保孔隙度正确粗化并保存体积，需要用有效砂体体积加权，而不是总的岩石体积加权。

利用对角张量法将精细地质模型的渗透率粗化到模拟模型。这会导致一些粗化网格中不现实的高垂向渗透率。只由 K_v/K_h 值为 0.5 的细尺度单元组成的粗化网格单元导致了 K_v/K_h 值为 0.5 的粗化网格。对于一个网格单元尺寸为 100m×100m×3m 的模拟模型来说，这个数值太大了。此外，当这些数值用于模型时，它们会导致油井出现不真实的高产，进而引起模拟过程中出现严重的稳定性问题。

通过一个简单的变换，对精细尺度地质模型渗透率的粗化所产生的真实的高垂向渗透率进行调整，从而在粗化网格中构建垂向渗透率（K_v）：

$$\frac{K_v}{K_h}=0.1\ (\mathrm{NTG})^2$$

式中，NTG 为粗化的净毛比；K_h 为粗化的水平渗透率。该函数和它产生值的规模得到了有效属性的微观模型和基于露头类比的模拟的支持（Stephen 等，2001）。

作为油田评估的一部分，对第一口开发井 CP01-C01 进行了延长试井（EWT）。这口井的测试数据为运行历史拟合之前对模型进行测试提供了优质的数据集（图 15.8）。

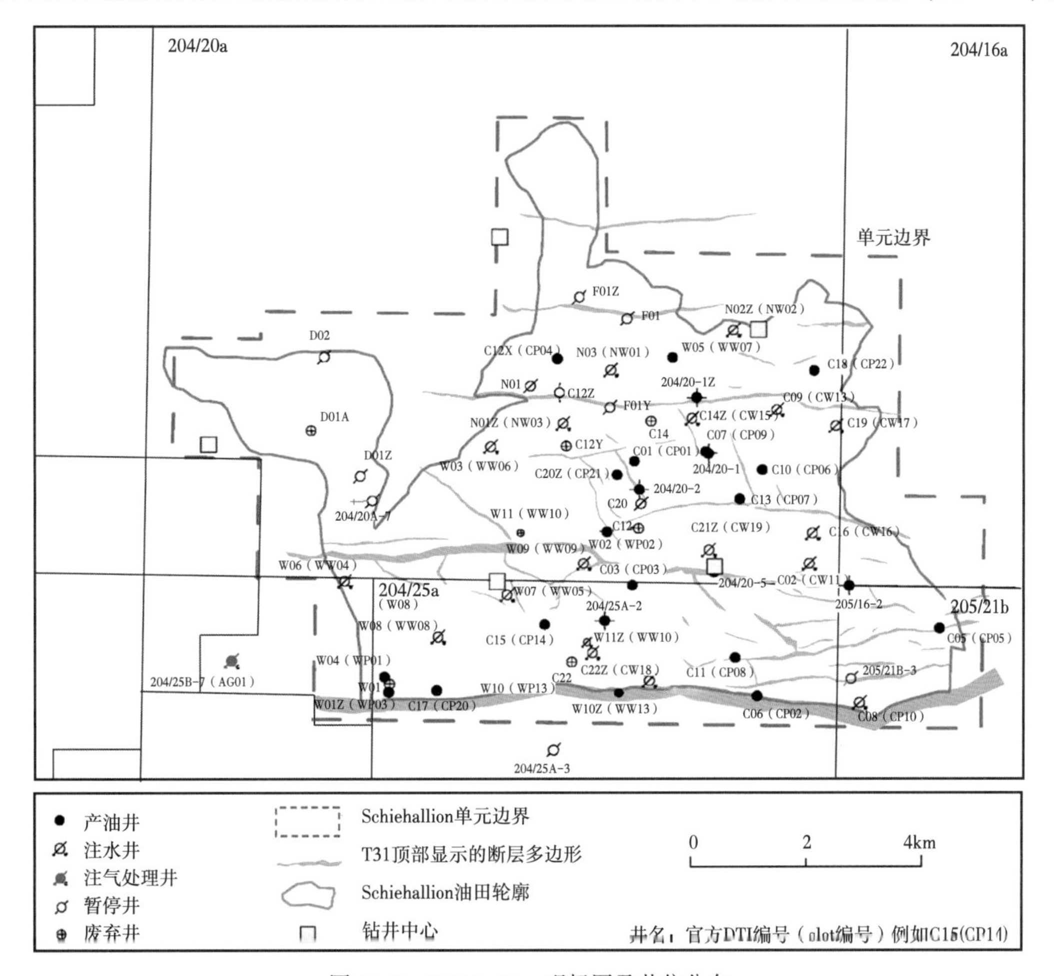

图 15.8 Schiehallion 现场图及井位分布

图 15.9为应用延长试井数据进一步约束模型中渗透率的结果。

在图 15.9 中，红色曲线表示的是细观尺度地质模型的水平渗透率粗化所产生的模型，垂直渗透率由上面给出的函数形式生成。绿色曲线代表的是相同的模型，只是所有的单位产量都乘以了两倍，以减少模型计算的产量下降。图 15.9 中的黑色曲线显示的是渗透率增加一倍、表皮系数降低的模型。考虑到网格对单口井的建模来说是相当粗糙的，而且除了上面提到的模型之外，没有对模型进行其他修复，因此总体拟合效果非常好。作为补充测试，将延长试井后的区块 1 的井（CP09-C07、CW11-C02、CP05-C05、WW06-W03）的重复式地层测试数据与延长试井模型计算的 RFT 数据进行对比（图 15.8）。该模型很好地再现了这些井中出现的衰竭现象。

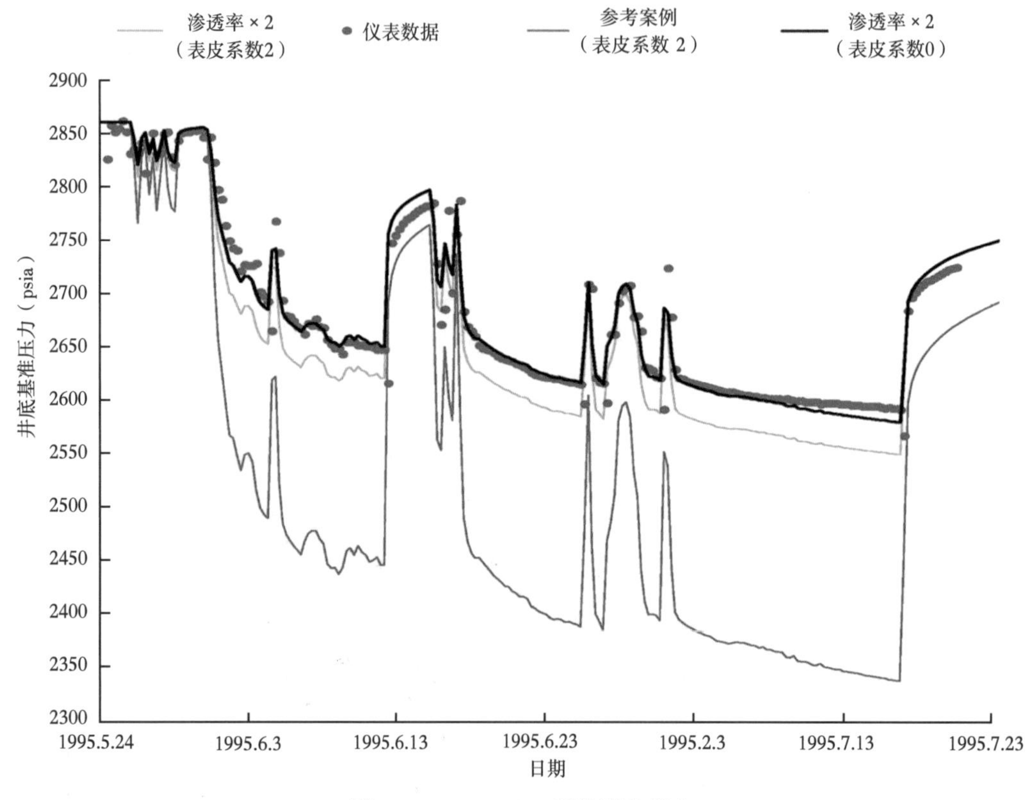

图 15.9　CP01-C01 延长试井拟合

检查从 EWT 获得的认知后的 K_h 变换，注意到在主要的河道砂岩相（DE2）中，孔隙度的 1 个孔隙度单位（pu）的变化近似等于渗透率的 2 个单位变化（图 15.10），这完全位于生成原始转换的岩心数据集的噪声范围内。考虑到使用该因子获得的与延长试井数据高质量的拟合，将水平渗透率乘数 2 应用于历史拟合的起点模型。

尽管延长试井数据集支持增加的渗透率，但是无论是否使用两个乘数因子对水平渗透率进行测试，该模型是在完整的历史拟合数据集上进行测试的，之后才使用起始点模型。在油田级别，这两种模式之间几乎没有选择：它们都达到了相似的拟合质量，这表明绝对渗透率不会是实现历史拟合的最大控制影响因素。对于单口井，两种模型显示出更多的变化。

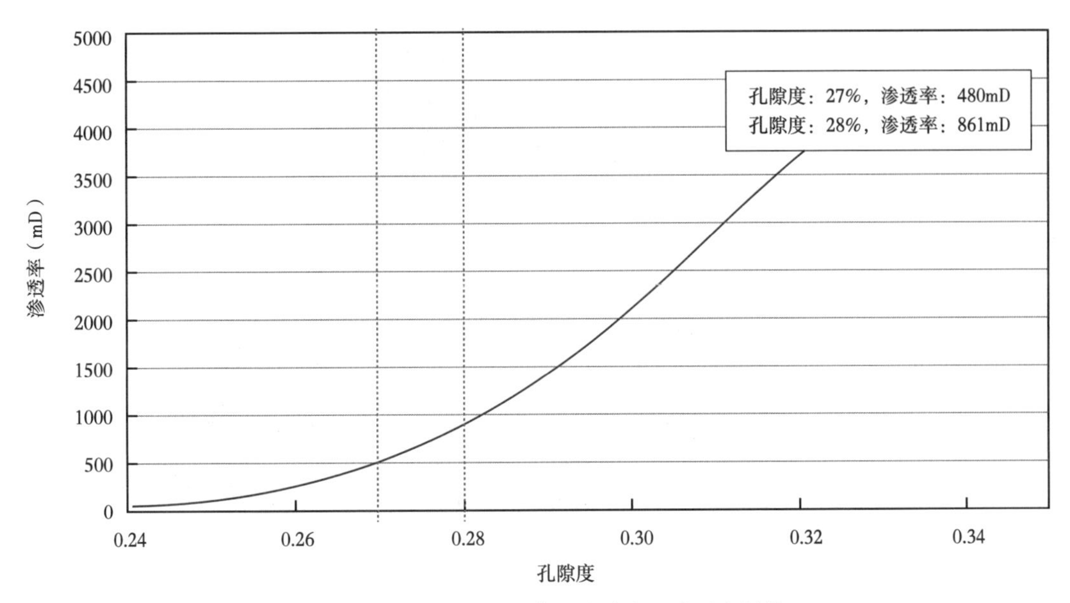

图 15.10 用于精细地质模型赋值的孔隙度—渗透率转换（DE2）

15.6 静态模型可靠性测试

在进行详细的历史拟合之前，对该模型的主要可靠性测试是：（1）检查模型中的井是否在正确的地层内完钻；（2）确定气油界面位置；（3）对比模型和岩心数据的孔隙度及渗透率分布。

检查模型中每口井的完井层段，并将其与已知的完井段位置进行比较，从而揭示了CP07-C13 井区域的网格划分问题（图 15.8）。该井位于区块 1 中两个近似平行的断层之间。由于在 RMS 构造建模中断层周围的外推距离，使得该井所在断层之间的地层层位被平滑和控制。因此，CP07-C13 井在实际完成的油藏单元（T31 上部）中没有任何射孔。在开始详细的历史拟合之前，网格问题已经修复。

在模型构建的各个阶段，都以剖面图的形式检查整个模型，以确保界面合理，并且该模型刻画了砂体的正确并置关系，还要检查断层上下盘天然气的并置。详细的平面图和地震属性确定天然气圈闭在三向闭合构造中，并且气油界面受到过断层的溢出点控制。当遇到这些情况时，它们往往涉及一些孤立的单元。通过改变地质实现的产生方式，比较容易消除这些现象。图 15.11 为参考案例模型中 T31 上部储层的初始水饱和度。

将模型孔隙度和渗透率分布与岩心数据的孔隙度和渗透率分布进行比较，可以对静态模型进行定性检验，特别是在渗透率方面。以地质实现与孔隙度—渗透率转换特定组合模型渗透率分布不匹配为例，说明该模型可能难以进行历史拟合。将最终历史拟合模型的油气孔隙体积加权分布与岩心塞数据进行对比（图 15.12）。

图 15.11　T31 油藏的初始水饱和度

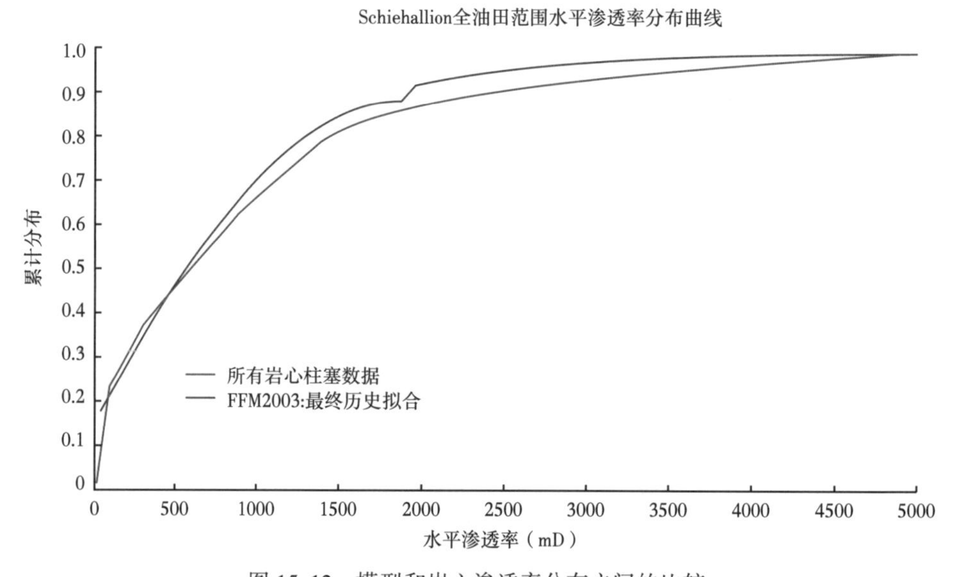

图 15.12　模型和岩心渗透率分布之间的比较

15.7　基于地震相干数据得到的渗流屏障

生产数据和四维地震勘测表明，Schiehallion 油田是区块分割：流体流动受到与断层无关的渗流屏障的强烈影响。从 Schiehallion 油田的先前模型中获得的关键经验是断层、渗流屏障和渗流遮挡在储层中流动的重要性。使用地震相干数据绘制线形并用四维差异体积进行交叉检查，可以估算可能直接纳入模拟模型的潜在渗流屏障的强度。事实证明，识别和使用这些渗流屏障对实现压力和含水率的拟合至关重要。

从地震相干数据中共绘制出215个可能的隔层。这些数据被离散化到模拟网格中，用于历史拟合。图15.13为（i，j）空间的区域网格图，构造断层为红色粗线，215个地震相干数据推导的渗流屏障为蓝色细线。这些渗流屏障的识别和应用为压力和含水率的拟合的实现提供了基础。

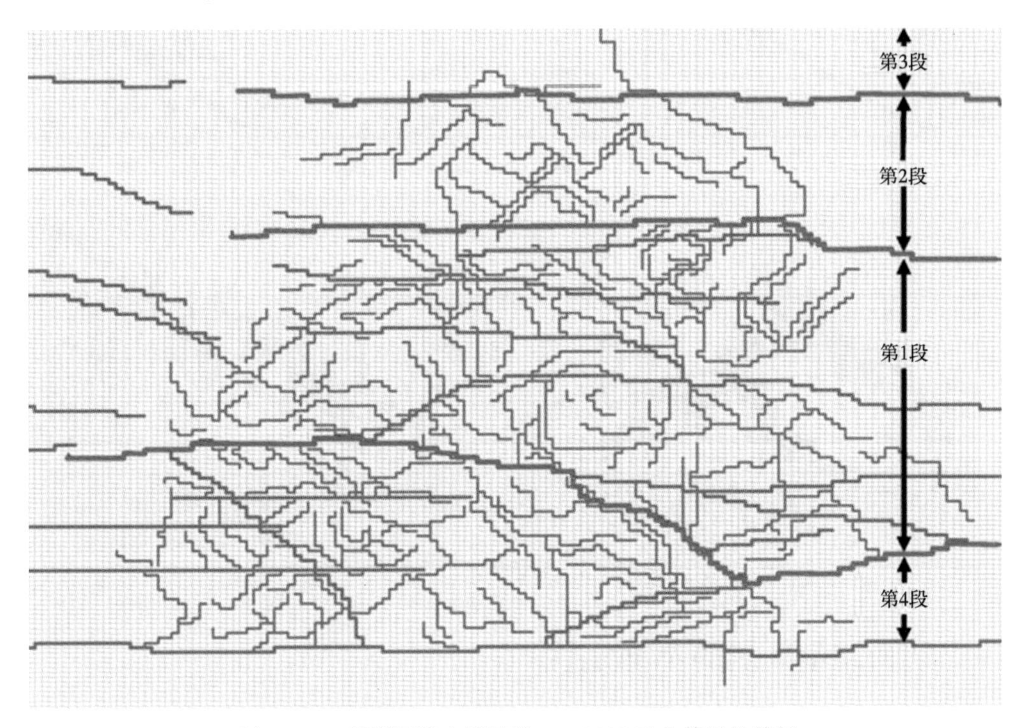

图15.13　规则网格上显示的FFM2003垂向传导性特征

基于地震相干体的渗流屏障/渗流遮挡，即河道边沿和小断层（细线），构造断层（粗线）和主断层（红线）将油田分块

15.8　历史拟合

所有的历史拟合方法是开始时使用连通模型，即无活动渗流屏障，然后依据生产数据显示加入渗流屏障。一般的方法是尽可能少地使用渗流屏障，并允许DEs和相分布中的地质条件对历史拟合产生影响。在历史拟合阶段，可以改变渗流屏障“强度”（即它们传导性的程度）。图15.14为油田级别历史拟合，实线为模拟结果，点为实测生产数据。

历史拟合完成后，利用壳牌公司的MorSyn软件，从模型中生成了T31上部储层的声阻抗图，并与直接从基线地震测量中获得的相关声阻抗图进行了比较。比较过程生成了一个净毛比因子平面图，应用于T31上部油藏的净毛比模型。当这一切完成后，模型重新进行历史拟合，建立第二个模型用于储量预测工作。

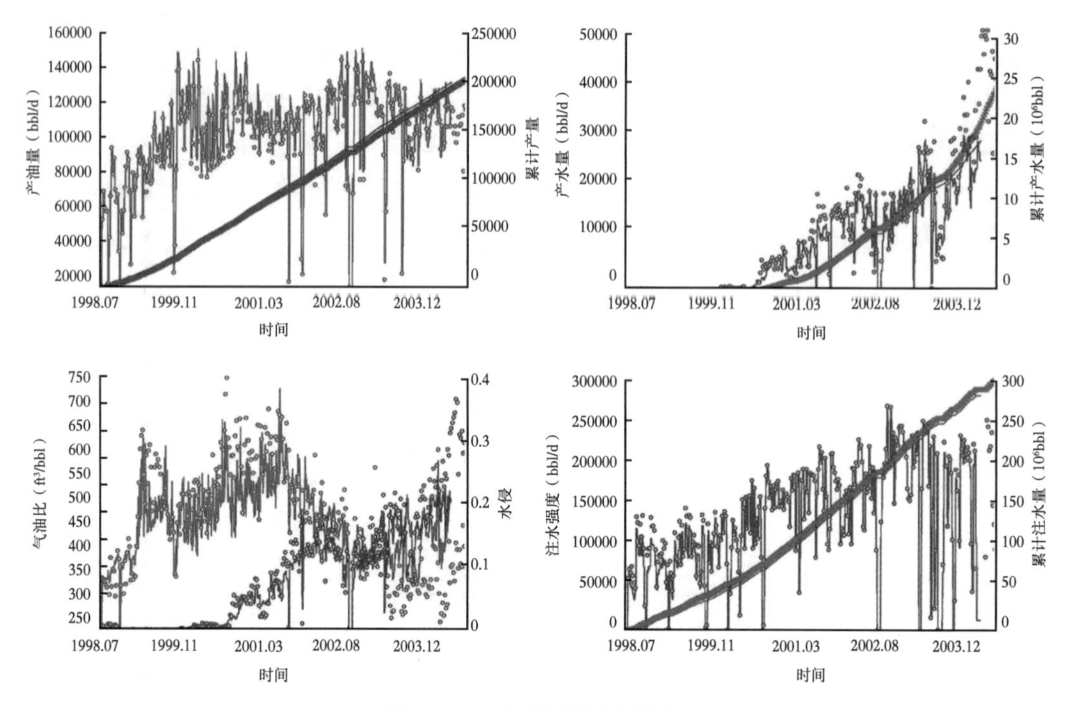

图 15.14　油田级别历史拟合

15.9　刻画储量预测的不确定性

完成生产数据的人工历史拟合后，了解了模拟模型中的主要地质控制因素。然后，利用这些知识来测试地质的不确定性，这些不确定性仍然会产生可接受的历史拟合模型，但在预测模式中可能会有不同的动态特征。然后，这些可选历史拟合案例针对一系列油田开发方案运行，以了解油田生产和采收率的可能范围。

多个历史拟合模型的生成是使用遗传算法方法实现的：定义了与历史数据的拟合程度，然后允许遗传算法改变地质不确定性以进行改进，总共使用了 12 种不同的历史拟合模型。探索不同开发方案下该油田的预期采收率范围。

遗传算法研究的地质不确定性是：（1）相对渗透率；（2）T31 下层储层的净毛比；（3）阻流带强度。

尽管可以将方法扩展到涵盖其他不确定性（例如水平渗透率和垂直渗透率），但必须意识到生成多个模型所需的时间。还必须考虑通过执行更多的模型运行，所得的多个历史拟合在预测结果是否会与仅考察上述三个变量生成的预测结果差异明显。

15.9.1　相对渗透率

尽管相对渗透率曲线不是历史拟合变量，但我们认为重要的是要观察相对渗透率对未来生产动态的潜在影响：Schiehallion 油田注水仍相对不成熟，最终油田历史拟合含水率大约为 25%。考虑到含水率不同于参考案例相对渗透率曲线获得的含水率变化的可能性，我们构造了两组新的水—油相对渗透率曲线。图 15.15 以分相流曲线的形式显示了多个相对渗透率数据。

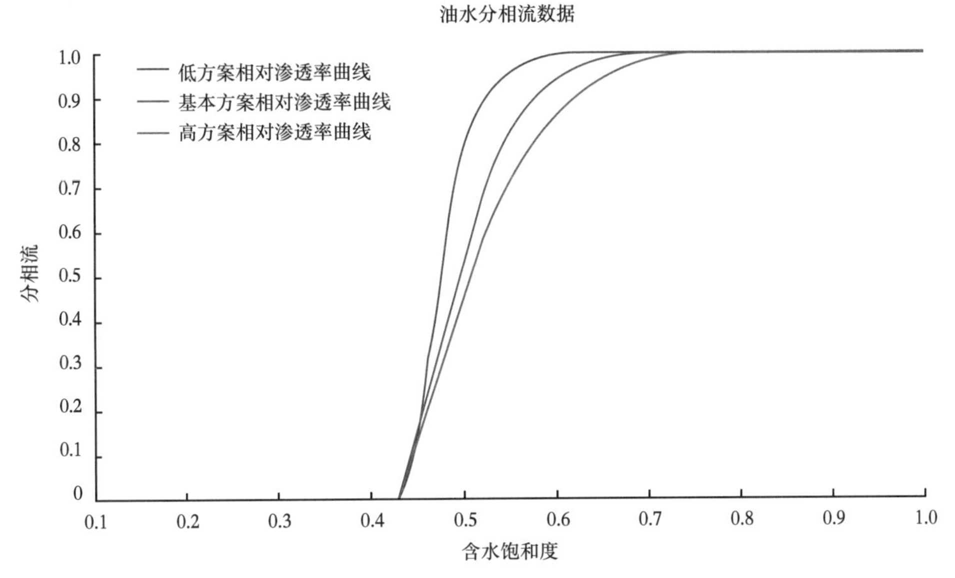

图 15.15　用于生成多个历史拟合模型的分相数流量曲线

15.9.2　T31 下层储层的净毛比

由于上覆 T31 上层储层的遮挡作用，难以提取 T31 下层储层的地震属性数据。因此，从地震数据得出的 T31 下层储层的净毛比存在很大的不确定性。这种不确定性会传递到地下石油的不确定性和储量的不确定性。认识到这一点，假设 T31 下部储层的净毛比在任何地方变化，范围为 0.8~1.4，即允许遗传算法参考案例模型中 T31 下部净毛比乘以 0.8 到 1.4 范围内的常数因子。

改变模型中的净毛比不仅会影响水平方向流体运动（通过水平传导率的标准计算），还会影响垂向流动，因为给定的垂向渗透率是来自在粗化网格单元中的粗化水平渗透率。

本章没有将 T31 上层储层净毛比变化的影响作为遗传算法方法研究的一部分：这已经作为原始历史拟合的一部分进行了考察，并得到了另一种历史拟合模型。

15.9.3　渗流屏障强度

最后的历史拟合模型有 43 条断层和渗流屏障，这些断层和渗流屏障要么封闭，要么传导率较小，即断层传导率因子为 0.001 甚至更小。考虑到注水开发的相对不成熟状态以及这些渗流屏障和断层对完成历史拟合的重要性，我们认为渗流屏障的强度会对未来模型的性能产生相当大的影响。为了探索这种可能性，我们允许遗传算法设置所有的断层和隔层的传导率因子为 0.001 或小于 0.001。同样地，那些为了达到参考案例的历史拟合而完全封闭的断层和隔层，要么保持完全封闭，要么具有非常小的传导率（即给定断层的传导率因子为 0.001）。

15.10 结论

（1）在建立任何模型之前，对所有模型输入参数的完整评估是一个关键步骤，包括重新评价所有的测井和岩心分析数据、生物地层数据和储层的沉积学解释。此外，还从条件约束模型推导了新的振幅对偏移量（AVO）和四维差分体积。

（2）仔细评估以前的建模工作证明是有意义的，目的是重复最佳实践和改进次优工作流。

（3）依据地震包络作图而不是严格基于振幅的地质体得到储层分层与生物层序约束的层序地层的相关性更好。这使得地层单元内地层关系得到更好的保留，如地层单元内的相转变（如河道到河道间）。生成的层位也确认了从井中观察到的局部现象，地震数据并不总是能清楚地表现储集砂体；为了使井数据和生产动态相匹配，允许使用的层面在模拟油藏范围和比例时具有更大的灵活性。

（4）尽早考虑模拟网格的设计是非常重要的。通过建立地质模型作为模拟网格的“网格细化”，模型的粗化和比较是有效且透明的。但是，在创建模拟规模的构造模型时，尤其是在断层区域周围，必须格外谨慎。

（5）对于用三维地震方法圈定和开发的油藏，必须使静态模型适应三维地震体。然而，在使用这项技术时需要注意，重新认识地震数据的局限性（空间振幅变化、振幅屏蔽、调谐和带宽问题）和重要的刻度问题（将间隔 12.5m 的地震数据重新取样到 50m×50m 的网格中）。此外，相对于最大地震分辨率（约 10～15m），DEs（厚约 5m）的相对比例也是如此。检查通过生成合成地震体的最终结果是条件约束方法质控的一个关键步骤。

（6）渗流屏障的详细制图和四维数据的整合很关键，特别是对于历史拟合。虽然耗时，但这一步在模拟水突破和拟合压力响应方面是非常有用的。这在每一个用于理解 Schiehallion 油田动态特征的全油田模拟模型中都是真实的。

（7）垂向和水平渗透率是关键的历史拟合敏感性因素之一。该研究表明了理解岩心塞与模拟网格单元之间的尺度关系的重要性。Schiehallion EWT 被证明是非常有用的，它提供了对模型属性的前期检查，并能够修改粗化渗透率的估算。

（8）在非技术方面，BP 和壳牌的合作努力，以及合作伙伴的全力支持，形成了对结果的共同拥有感（和责任感）。

参考文献

Ashton，M. 2002. Sedimentary Organisation and Depositional Models. *In*：*Schiehallion Field*，*Construction of the Deterministic Benchmark Static Model*，*Volumetrics and Associated Equity Ranges.*，Unpublished proprietary BP-Shell Equity Report，vol. 1，9-33.

Carr，A. D. & Scotchman，I. C. 2003. Thermal history modelling in the southern Faroe-Shetland Basin. *Petroleum Geoscience*，9，333-345.

Clark，J. D. & Pickering，K. T. 1996. *Submarine Channels*：*Processes and Architecture.* Vallis Press，London.

Ebdon，C. C.，Granger，P. J.，Johnson，H. D. & Evans，A. M. 1995. Early Tertiary evolution and sequence stratigraphy of the Faeroe-Shetland Basin：Implications for hydrocarbon prospectivity. In：Scrutton，R. A.，Stoker，

M. S., Shimmfield, G. B. & Tudhope, A. W. (eds) *The Tectonics, Sedimentation and Palaeoceanography of the North Atlantic Region.* Geological Society, London, Special Publications, 90, 51-69.

Knott, S. D., Burchell, M. T., Jolly, E. S. & Fraser, A. J. 1993. Mesozoic to Cenozoic plate reconstructions of the North Atlantic and hydrocarbon plays of the Atlantic margin. In: Parker, J. R. (ed.) *Petroleum Geology of Northwest Europe.* Proceedings of the 4th Conference. Geological Society, London, 953-974.

Lamers, E. & Carmichael, S. M. M. 1999. The Paleocene deepwater sandstone play west of Shetland. In: Fleet, A. J. & Boldy, S. A. R. (eds) *Petroleum Geology of Northwest Europe: Proceedings of the 5th Conference.* Geological Society, London, 645-659.

Lia, O. & Gjerde, J. 1998. A marked point process model conditioned on inverted seismic data. *In: IAMG'* 98 *Proceedings of the Fourth Annual Conference of the International Association for Mathematical Geology*, 794-799.

Mitchell, S. M., Beamish, W. J., Wood, M. V., Malacek, S. J., Armentrout, J. A., Damuth, J. E. & Olson, H. C. 1993. *Paleogene sequence stratigraphic framework of the Faroe Basin. In: Parker, J. R. (ed.) Petroleum Geology of Northwest Europe: Proceedings of the 4th Conference.* Geological Society, London, 1011-23.

Morton, A. C., Boyd, J. D. & Ewen, D. F. 2002. Evolution of Palaeocene sediment dispersal systems in the Foinaven sub-basin, west of Shetland. In: Jolley, D. W. & Bell, B. R. (eds) *The North Atlantic Igneous Province: Stratigraphy, Tectonics, Volcanics and Magmatic Processes.* Geological Society Special Publications, London, 197, 69-93.

Stephen, K. D., Clark, J. D. & Gardiner, A. R. 2001. Outcrop based stochastic modelling of turbidite amalgamation and its effects on hydrocarbon recovery. *Petroleum Geoscience*, 7, 163-172.